毛线球 49
keitodama

流转春光里的钩编花片

日本宝库社　编著　　蒋幼幼　如鱼得水　译

河南科学技术出版社
·郑州·

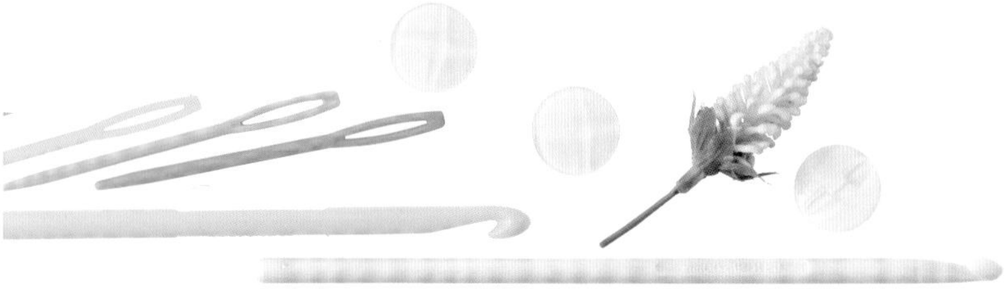

keitodama

目 录

KEITODAMA

世界手工新闻

拉脱维亚
连指手套国度的编织夹克

上/卢察瓦旅社Bajāri在举行编织疗愈活动
下/在卢察瓦的民族学展馆发表演讲的编织名师

拉脱维亚是一个酷爱编织的国家。配色花样的连指手套是这个国家著名的手工艺品。除此之外，那里还保留着传统的编织夹克。

19世纪后期，这种夹克流行于库泽默（Kurzeme）地区西南部的尼察和卢察瓦一带，与民族服装搭配穿着。基本的编织针法是蜂窝元宝针，特征是针目紧密，织物表面有轻微的凹凸感。根据个人的情况，一边调整尺寸一边编织，呈现出贴合人体轮廓的优美线条。蜂窝元宝针织物有恰到好处的弹性，所以活动很方便。更值得注意的是，前门襟和袖口都设计了配色编织的彩色边缘。具体的编织技法因地而异。卢察瓦的主流设计是用棒针编织的2~3 cm宽的彩色边缘，而尼察比较常见的是用钩针编织的5~10 cm宽的彩色边缘。宽宽的边缘不仅可以使用几何图案编织花样，还可以用成片的花草图案进行装饰，非常华丽。顺便说一下，前门襟等处反面用布料进行加固，增加了毛衣的耐用性。

库泽默地区还有色彩丰富的连指手套和分指手套。近年来，尼察和卢察瓦也成为民族服装中心Sena Klets举办编织疗愈活动的地方。在当地的民族学展馆，不仅可以了解编织的技法，还可以接触到它的历史背景。远离日常的生活，沉浸于喜欢的事情中度过时光，以及聆听编织名师的演讲，都很有魅力。拉脱维亚编织的乐趣还远未穷尽。2024年，还计划开展来自日本的编织疗愈活动。如果您感兴趣，一定前来参加。

撰稿/中田早苗
图片提供/Sena Klets

边缘非常有特色的卢察瓦分指手套

右/南库泽默地区的编织夹克图书
下/尼察的编织夹克

日本
从羊毛到布，再到家纺织物

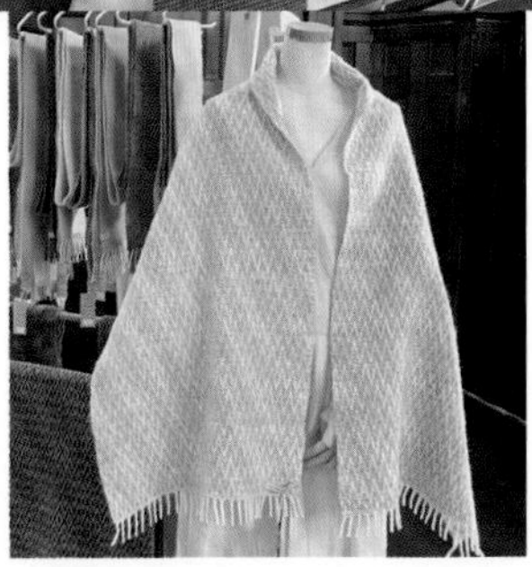

上/岩手县是日本国内唯一将家纺织物生产作为当地产业发展下去的地方
下/大披肩有着家纺织物特有的轻柔手感。明媚的色调很吸引人

2023年10月7、8日两天，岩手县盛冈市的岩手银行红砖馆，举办了家纺织物的庆典活动“遇见家纺织物（Meets the Homespun）”。

会场展出了当地工作室以及作为个体活跃的作家们的手感和设计各不相同的富有魅力的作品。岩手县的家纺织物已经有百年历史，我采访了一些人，询问他们对于家纺织物的看法。

“我们在重视传统的同时，也有意识地创造‘现在所需要的样式’。希望家纺织物能够长长久久地被大家喜欢、使用。”（中村工房 中村和正）

“同伴协作很重要。一个人无法把所有的工序全部搞定，完成自己的工序后交给下一个手艺人继续进行，这一点非常重要。”（陆奥赤根会 渡边先生）

匠人的热切心情，也与家纺织物的温暖气息相连。

前来参观的客人都乐此不疲地试穿着，希望能找到自己最喜欢的一件。大家也一定要亲自感受一下岩手县家纺织物的魅力。

撰稿/石井明子

日本
安和卡洛斯来日本了

上/同时通过Zoom进行线上授课
下/后面是使用Rowan品牌挪威传统色毛线编织的毛衣

2023年10月，挪威的编织设计二人组安和卡洛斯时隔4年再次来到日本，在日本宝库学园东京校区举办了为期一天的特别编织课程。

在线下授课的同时，还进行了线上教学，来自日本各地的编织爱好者聚集在一起交流。上午讲解的是挪威传统图案塞尔布的围脖。下午讲解的是适合用作圣诞节装饰的迷你毛衣。用于装饰的迷你毛衣是以袋编技法开始的，毛衣设计成可以在其中放入小礼物的样子，多织一些的话可以作为圣诞日历使用。

当天，西村知子作为翻译参加了讲座。除了学习编织技巧外，我们还听到了许多有趣的故事，包括他们的日常生活，为挪威的圣诞季做的准备，以及过圣诞的习惯等。他们也在英文网站（YouTube）上传了在日本期间的生活。

撰稿/《毛线球》编辑部

W O R L D　N E W S

丹麦

在初夏的欧洲，参观丹麦毛线店

在伊萨格总部。与会者们自取午餐，在喜欢的地方享用

新冠管控政策解除以后，我决定每年要出国一次。2023年，我的心愿是参加伊萨格（Isager）（丹麦著名毛线品牌）公司的国际展销会议。

《毛线球》读者们熟悉的伊萨格公司，总部设在其创始人之一玛丽安的故乡丹麦的Tversted。它由旧小学改建而成，设有工作坊、旅馆、餐厅等，并配备了新的仓库和展厅（可供购物）。这里竟然还养着羊驼。夏季，餐厅会雇佣当地厨师或学生来做兼职。每周也会邀请设计师和讲师举办讲习班，也有日本人慕名而来。

会议的目的是将伊萨格遍布世界各地的零售商聚集在一起，增进友谊，分享想法。从亚洲地区而来的，只有来自日本的我和伊萨格日本分公司的上村先生，以及中国台湾“织物学”商店的Ting女士。大约有20人来自欧美，包括美国、英国等。丹麦的乡村夏季凉爽，和编织一起度过的周末对于来自各地的人们来说是非常幸福的时光，因此每年都有不少参加的人。我也一样，在美妙的自然中品尝着健康的食物，感受着舒适的环境，全身好像焕然一新。无论哪个地区的商家，都有一个共同点，那就是非常喜欢伊萨格的毛线。琳琅满目的伊萨格毛线手编制品，真是令人大饱眼福。每年6月，伊萨格日本分公司也会举办面向日本客户的参观总部游学活动，请大家一定前来参观哟。

经受周末洗礼的我离开伊萨格总部之后，前往据说居住着丹麦约25%人口的首都哥本哈根。这里给我留下深刻印象的是优美的建筑和随处可见的绿色。另外，在寻找大名鼎鼎的、据说号称“说起丹麦就不得不提的毛线店”的SOMMERFUGLEN的途中，我看到了很多穿着手工编织毛衣的孩子和穿着编织门户网站Ravelry上流行款式毛衣的成年人。SOMMERFUGLEN是家都市毛线店，商品种类丰富，很受欢迎。然而让我印象深刻的，是偶遇的一家毛线店。在安徒生沉睡的墓地附近，一条古老的街道上，我随意地浏览着一家家商店，途中遇到了一家很棒的毛线店。在店里，老奶奶一边看店，一边聚精会神地编织着什么，让人都不好意思说话，害怕破坏了这种美感。店内主要经营意大利和德国的品牌毛线，摆满了色彩斑斓的样品，非常吸引人。我还看到了其他卖手工编织的毛衣和配饰的商店。毛衣简单却很吸引人，还有很多关于编织的要点提示。在编织成为生活的一部分的欧洲，我仿佛看到了与日本不同的编织世界，不禁心生羡慕。

让人不禁驻足的丹麦街头的毛线店

撰稿/小嶋有里

毛线一直堆到天花板，样品种类丰富

右上/伊萨格总部的展厅
右下/SOMMERFUGLEN。位于哥本哈根市的街边，在丹麦语中的意思是蝴蝶
下/SOMMERFUGLEN店里的橱窗，商品陈列非常棒

季节流转
叠穿的钩编毛衫

photograph Shigeki Nakashima styling Kuniko Okabe,Yuumi Sano hair&make-up Daisuke Yamada model Aria (175cm)

春天来了！脱下厚重的外套，编织轻薄的春衫吧。
钩针编织的春日毛衫，很适合叠穿，可以从感到微凉的季节穿到容易出汗的季节。
还可以尝试一件衣服不同搭配，感受季节的变化，享受穿搭的乐趣。

夏

亚麻风情法式袖背心

用清爽的亚麻线钩织方形背心，设计成肩部自然下垂的法式袖。自然的亚麻色调，不挑搭配。搭配的衣服不同，给人的印象也截然不同。颇具匠心的镂空花样，其实只使用了长针、锁针和短针，比想象中的针法简单。

设计/风工房
编织方法/80页
使用线/芭贝

春

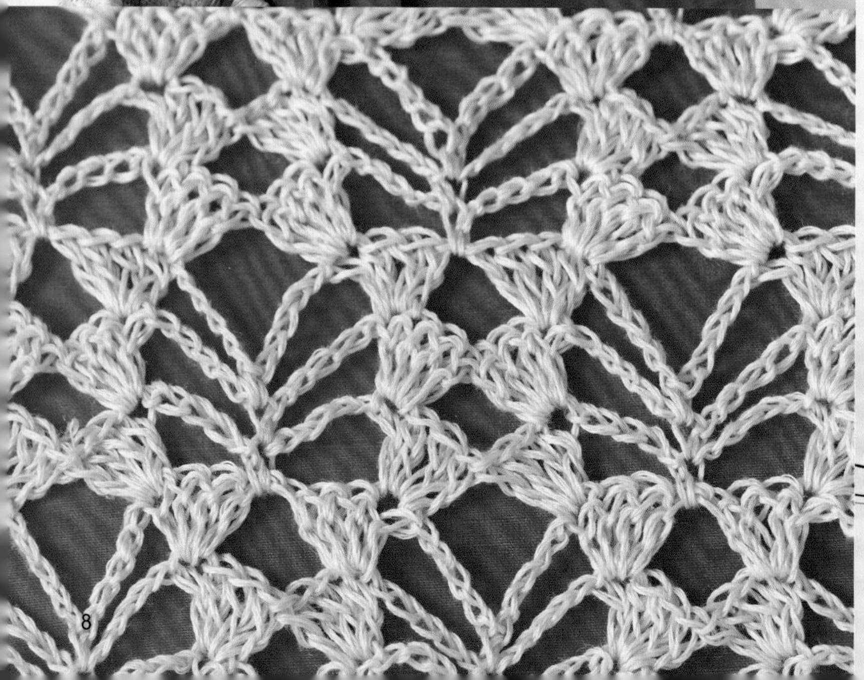

糖果色镂空
花样方领毛衫

这件从领口开始编织的镂空花样毛衫使用了色彩鲜亮的糖果色，并在方领处设计了前开口，用纽扣扣上。搭配厚重的衣服穿着，给人增添几缕轻盈感；套在简单的背心外面，又会成为一件令人心情愉悦的罩衫。

设计 / 奥住玲子
编织方法 /77 页
使用线 / 芭贝

夏

春

夏

春

花朵花样中长款套头衫

从育克开始编织的方眼花样套头衫，上面的花朵花样令人印象深刻，增添了几分少女风情。含有金银丝线的线材，素净的颜色，让这件花朵花样的套头衫不会显得过于甜美。

设计/大田真子
制作/须藤晃代
编织方法/104页
使用线/Ski毛线

夏

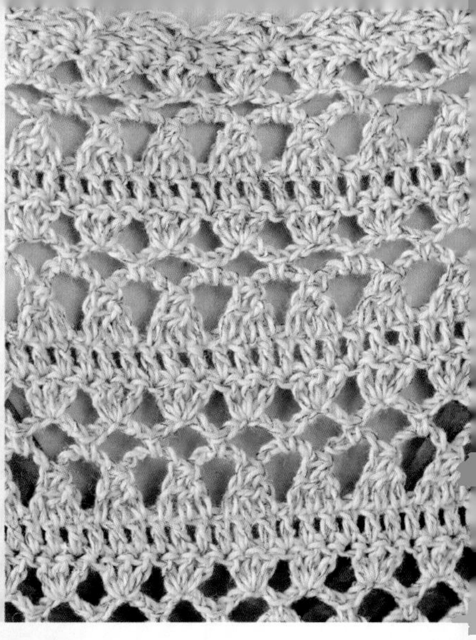

春

大圆领落肩短袖毛衫

这是一款落肩短袖的毛衫，版型贴合身体线条，非常好穿。带着微妙质感的绿色线含有金银丝线，让成品更显高档。简单的基础花样，可以有多种搭配穿法。

设计 / 武田敦子
制作 / 饭塚静代
编织方法 /87 页
使用线 /Ski 毛线

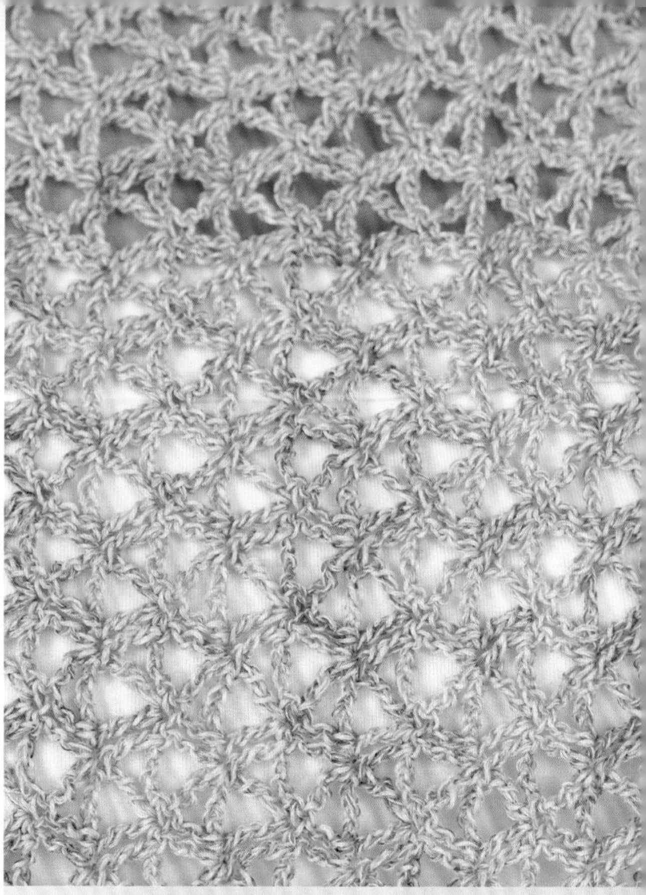

横向编织的宽松套头衫

这是一款横向编织的套头衫，段染线给基础花样带来了微妙的感觉。中心和胁部改变了编织花样，营造出层次感。短款很适合搭配半身裙或者连衣裙，当然也可以搭配裤子。如果想加长，可以增加起针的针数。

设计 / 河合真弓
制作 / 松本良子
编织方法 /102 页
使用线 / 钻石线

条纹花样镂空开衫

镂空花样的开衫在春夏季的使用率非常高。清凉的款式，经典的条纹花样。简单的编织方法组合在一起，却带着别样的美感。为避免条纹倾斜，设计了落肩的款式。

设计/岸 睦子
编织方法/82页
使用线/钻石线

春

夏

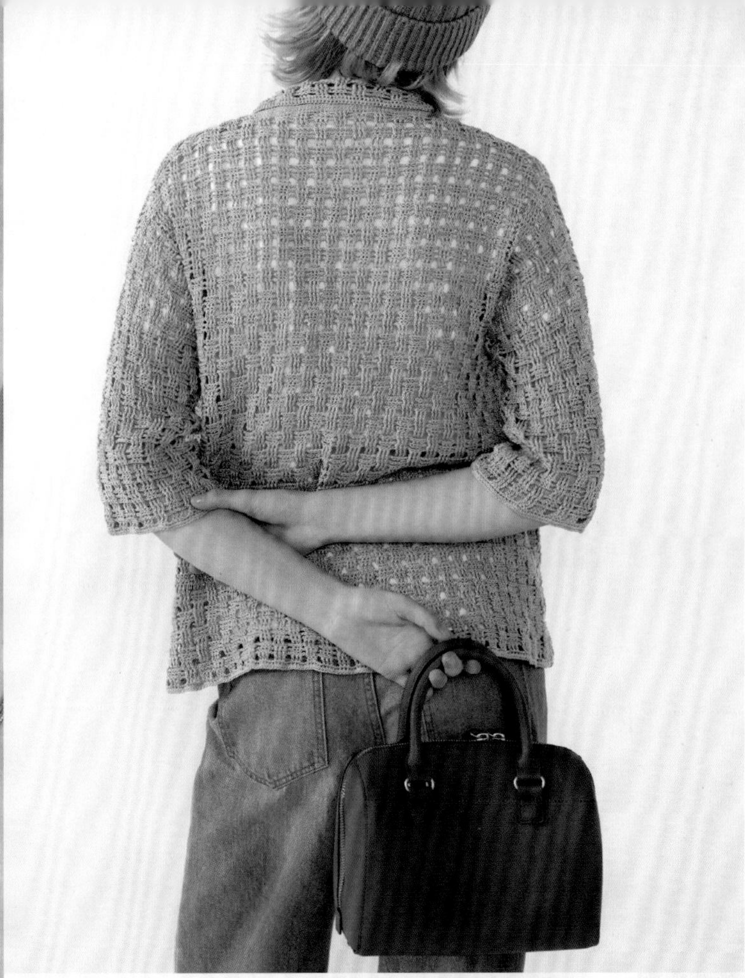

格子花样女士夹克

用帅气硬朗的编织花样钩织一件女士夹克。自然滑落的肩部设计很吸引人。长针的拉针和长长针的拉针组合成格子花样。无论是搭配休闲的裤子，还是搭配复古风情的衣物，都不影响它自身带给人的休闲感觉。

设计/柴田 淳
编织方法/89页
使用线/奥林巴斯

夏

花样优美的 法式袖开衫

这件法式袖的开衫，如果把扣子全部扣上，可以像马甲那样穿着。主体花样编织成条状，再从中仔细编织出其他花样。选择中性的灰色线，非常百搭。

设计/冈本真希子
编织方法/93页
使用线/奥林巴斯

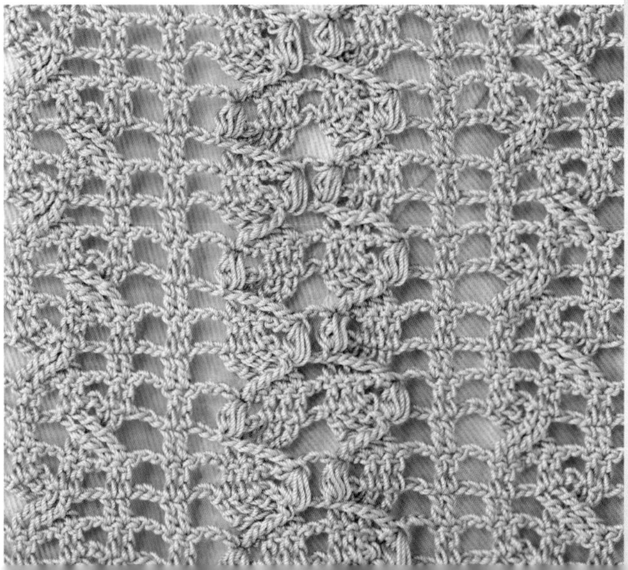

春

［第30回］
野口光的织补缝大改造

织补缝是一种修复衣物的技法，在不断发展、完善中。

野口 光

创立“hikaru noguchi”品牌的编织设计师。非常喜欢织补缝，还为此专门设计了独特的蘑菇形工具。处女作《妙手生花：野口光的神奇衣物织补术》中文简体版已由河南科学技术出版社引进出版，正在热销中。第2本书《修补之书》由日本宝库社出版。

【本期话题】
让端庄正式的衣服变得柔美的织补术

织补前

仔细看，会发现很多小虫洞

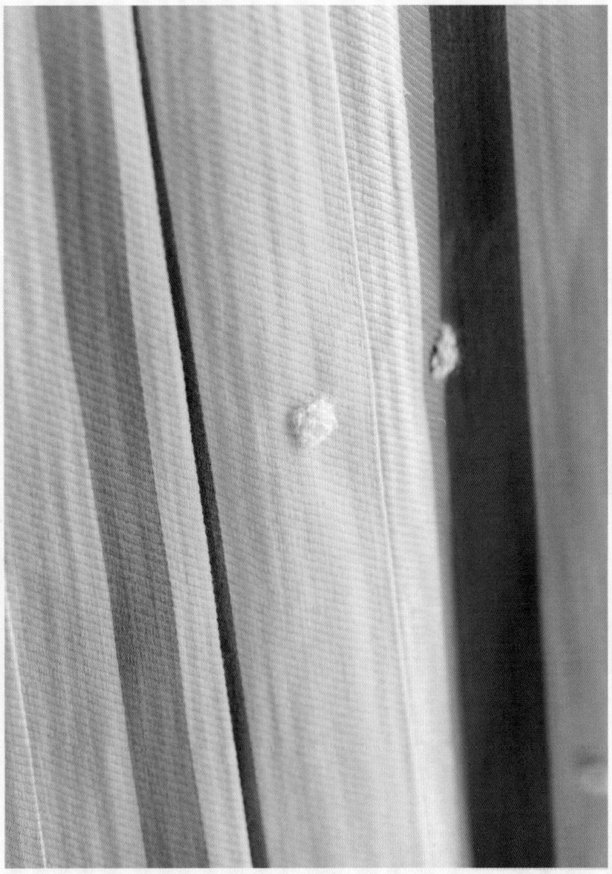

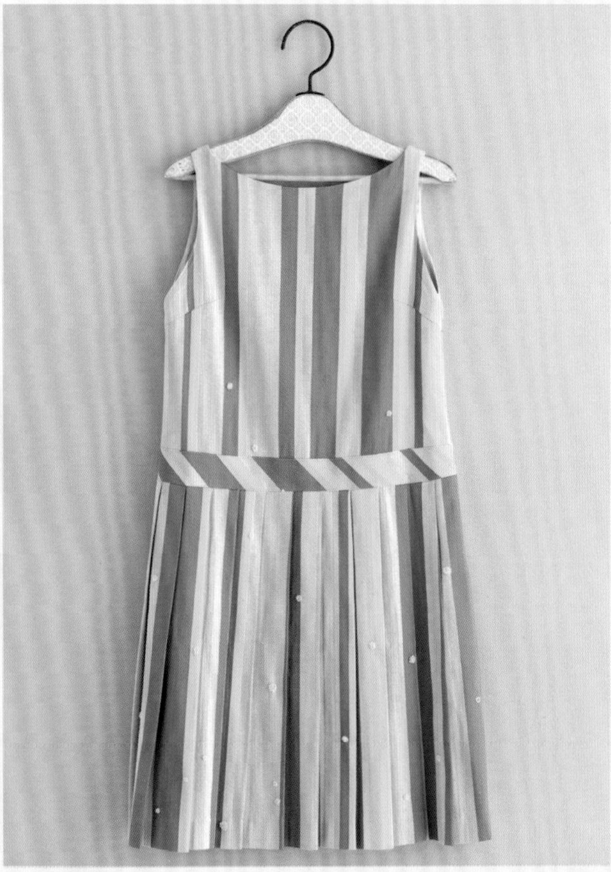

photograph Toshikatsu Watanabe styling Terumi Inoue

这是一件知名设计师品牌minä perhonen（皆川明）所创的连衣裙。衣服款式端庄，版型周正，上面细小的虫洞非常显眼。这种端庄而且非常具有设计感的连衣裙，如果用常规修复方法很容易影响它的美感，因此我费了很多心思。

左思右想，最后我决定采用由芝麻盐织补技法改造而来的圈圈芝麻盐织补技法来修复这件衣服。芝麻盐织补技法虽然只是简单地重复回针缝，但它却可以呈现多种修复效果，而且还可以很好地加固衣物，很适合初学者使用，因此在我的教室里颇受欢迎。这次，我选择使用柠檬黄色的真丝马海毛线，在小洞处绣出细密的线圈。线材起毛的质感，让人想起一滴滴的柠檬汁，增加了衣服的柔美感觉。在修复好小虫洞之后，再根据整体的修复痕迹，合理给连衣裙刺绣上圈圈芝麻盐织补针迹作为点缀。如果孔洞较大，需要在反面放上衬布再在上面修复。修复时，使用2根或3根线针迹会更有蓬松的感觉。剪开圈圈针迹，还会呈现天鹅绒般的质感。

本期使用的织补工具

十刻®
懂织女的手编线
光荫缤纷版
67%莱赛尔 28%亚麻 5%亮片
50克/175米
十刻®
懂织女的手编线
【光荫】
缤纷版
6PLY
67%莱赛尔
28%亚麻
购买渠道：
天猫 十刻旗舰店
淘 十刻手编线
十刻旗舰店
十刻家居旗舰店
十刻®光荫缤纷版
夏季的花和叶总是那么热情浓烈，仿佛要用色彩惊艳这世界，竞相在这蒸腾的匆匆时光中留下自己最美的妆容。
光荫继经典版和鎏光版之后，再次焕新，推出光荫缤纷版！段染的色彩取自夏季花木的缤纷繁华；莱赛尔、亚麻、亮片的组合让线材丝滑柔软，带来绵绵凉感。
将整个夏季的物语安静蛰伏于线中，用它织出属于自己的缤纷时光！

[第22回] michiyo 四种尺码的毛衫编织

本期介绍的是线条给人深刻印象的马甲。
清清爽爽的款式，也可以当作套头衫穿。

photograph Shigeki Nakashima styling Kuniko Okabe,Yuumi Sano hair&make-up Daisuke Yamada model Aria (175cm)

插画风格的背心

像是把插画直接穿在了身上。棉线编织的织物富有弹性，而且还突显了花样的线条感。版型略显宽松，可以搭配衬衫或者连衣裙穿着。当然，也可以作为一件无袖套头衫单穿。袖口较大，单穿时需要注意搭配合适的吊带。边缘罗纹针编织的配色花样，配色编织部分为上针。它比纯下针编织的配色花样稍微复杂一点点，但只需要一针一针向前编织即可，所以也并不复杂。使用左手带线的法式编织方法，配色线在左侧，底色线在右侧，这样编织起来很方便。最后用引拔针编织出黑色的线条，仿佛是在毛衣上作画，很有趣。

将二次元的插画三次元化，设计成一件仿佛是用签字笔画成的背心。除了显眼的配色花样罗纹针，还有引拔针，仿佛用笔描绘的黑色线条。品牌再生棉线，让主体的下针编织不会显得厚重。

制作/饭岛裕子
编织方法/110页
使用线/Saredo ririri

领窝

4种尺码领窝的弧度是一样的，通过调节中央平直部分和肩宽来调整尺寸。

口袋

口袋分为两种尺寸，S号和M号一样，L号和XL号一样。

袖窿

4种尺码袖窿的减针是一样的。没有随着尺码加大袖窿的深度，可以露出纤长的手臂。

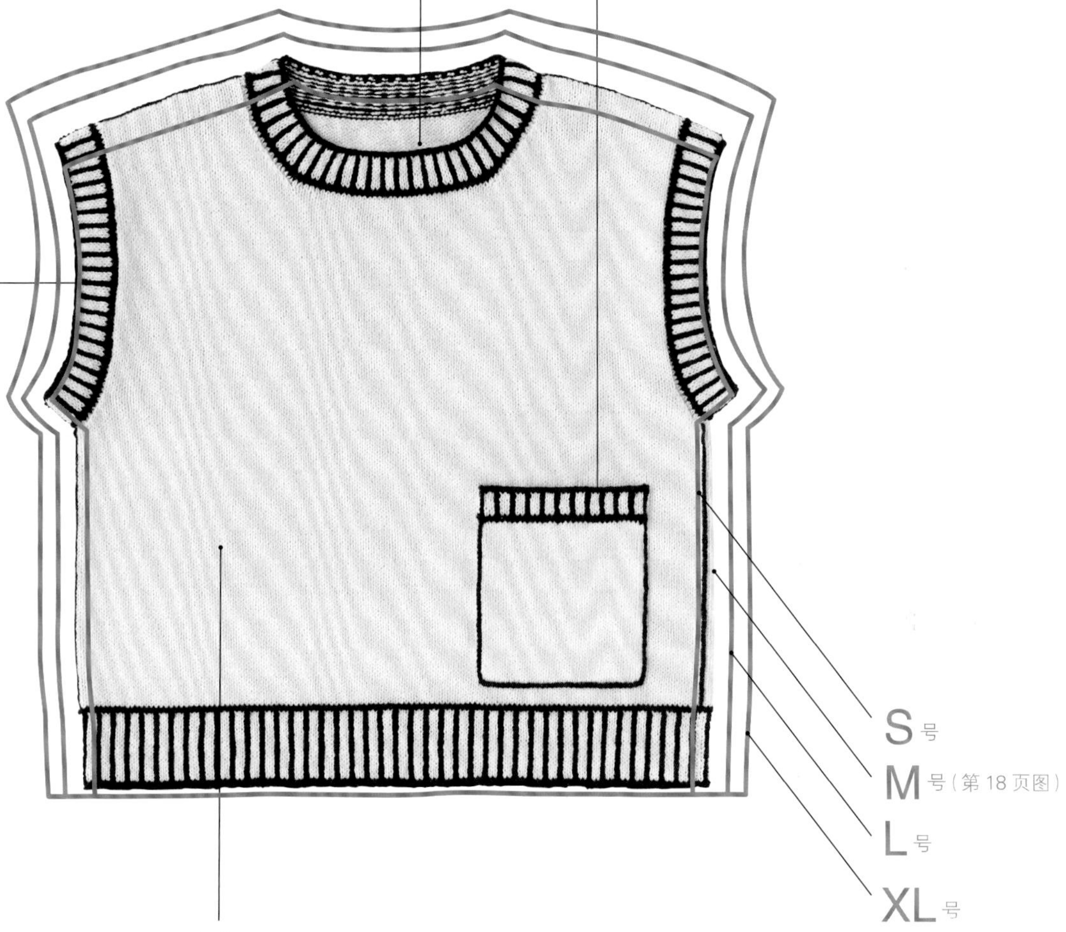

身片

身片全部使用下针编织，一点点耐心编织即可。下摆要根据罗纹针的编织花样合理调整针数。

（河南科学技术出版社已引进，即将出版）

michiyo

曾在服装企业做过编织策划工作，1998年开始以编织作家的身份活跃。作品风格稳重、简洁，设计独特，从婴幼儿到成人服饰均有涉及。著书多部。现在主要以网上商店Andemee为中心发布设计。

以编织花样为基础调整尺寸，所以尺寸变化并不均匀。

我想编织的作品

「小仓美帆」

photograph Bunsaku Nakagawa text Hiroko Tagaya

立体效果的
奇妙花样

幻方抱枕

喜欢绿色。后背是咬过的水果的图案

这款包包呈现出不可思议的立体感

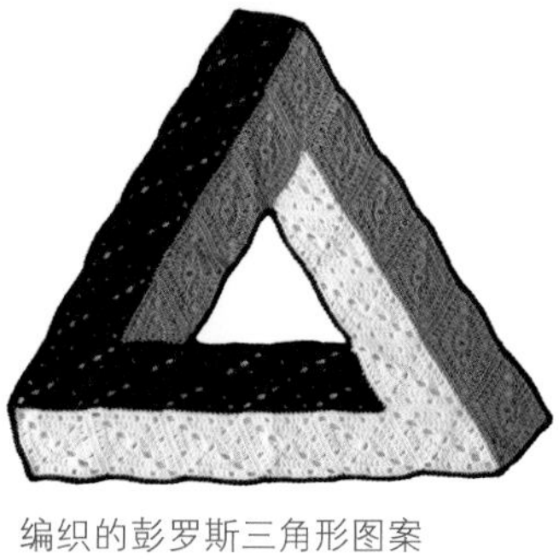
编织的彭罗斯三角形图案

小仓美帆(Miho Ogura)

现居东京都。母亲是著名的刺绣作家小仓幸子。自幼喜爱手工艺，也从事过编织相关的工作，但是现在只纯粹地编织自己想编织的作品。受与8只猫一起生活的影响，她给自己创造了一个笼子（工作室），据说最近几年终于变成了理想的状态。对“鳄鱼”有种狂烈的热爱，创作了很多与鳄鱼有关的作品。比起时装书刊，更喜欢侧重技法的编织书。

本期邀请的嘉宾是小仓美帆老师，轻快的氛围给我们留下了深刻的印象。美帆老师在成熟知性中自然流露出的个性让人丝毫感觉不到年龄或身份的差距，交流非常自由、愉快。她的母亲是众所周知的刺绣作家。

“从小母亲就对我说‘编织和别人一样的作品有什么意义呢？’，这仿佛变成了一句真言密咒。”

难怪刚开始编织时，作品就那么厉害。其中有一件黑白配色的鳄鱼毛衣，是早期美帆老师自己设计的配色编织作品，据说从小就喜欢鳄鱼。

“我想编织没见过的东西。编织完成后可以先睹为快，所以即使得了肩周炎也要亲自动手尝试（笑）。”

这种实验精神在一系列数学主题的作品中表现得淋漓尽致。

“自从在手工艺展会上展出圆周率毛毯和 π 字抱枕后，很多数学家联系我，并且开始了一些交流，比如‘这里有一些很有趣的图形，你可以编织吗？’。回过神来时，已经编织出很多了。”

其中一件作品就是被称为“开罗砖（埃及开罗街道的瓷砖）”的五边形密铺盖毯。

“正五边形无论如何平铺都会产生空隙，但是改变角度就可以不断拓展，密铺平面。数学界有很多人都在研究这种可以密铺的模块。2023 年美国数学家发现的就是这种无缝密铺图形。”

美帆老师给我们展示了由不规则形状的相同模块拼接而成的盖毯。

“最初编织这种密铺图案的人是将模块直接拼接在一起，但是这种模块是由六边形分割而成的，如果只是连接模块，接合部分变得杂乱无章就太遗憾了。所以我先以六边形进行构图，再试着进行配色编织。”

能注意到由六边形分割而成这一点并非易事。不过，美帆老师并不以作家自居，而是称自己为“编织爱好者”。

“也有一段时间将编织当作一份工作。我知道自己喜欢什么，却不懂社会上流行什么，或者别人喜欢什么。所以，为了照顾家人辞去工作后，我开始随心所欲地编织自己喜欢的作品。就好像在做实验一样，所以也有很多失败的作品。”

纯粹地编织想要编织的作品，这是多么难能可贵啊。房间里高高低低放满了作品和毛线，低矮的架子拼成了宽大的凳子，这样的室内陈设也很符合美帆老师的风格，让人对编织世界充满期待。当天穿着的毛衣也充满了趣味和实验精神。

“因为买了一条蜂巢挂坠的项链，便想编织一件蜂巢图案的毛衣。我还在备忘录上写了‘蜂巢配蜂巢’（笑）。”

另外，美帆老师还向我们展示了一款简约的毛衣，上面编织了毛线店的各种图标。“浅玩了一下。编织就是可以用来玩的，而且毛线具有弹性，可塑性非常强。这一点我也很喜欢（笑）。”

实际上，编织可能没有所谓的规则。美帆老师的世界就是那么自由惬意。

1 / 反复调整后，决定将毛线收纳在脚边　2 / 在亲戚中间，美帆老师喜欢鳄鱼这件事也是出了名的。侄子送给她的鳄鱼图画也被编织成了玩偶　3 / 用独创的编织方法表现了最近美国发现的可以无限密铺的图形　4 / 抱着好玩的心态编织了毛线店（Keito）图标的毛衣　5 / π和圆周率作品，打开了“数学+编织”的大门　6 / 也编织了棋盘游戏的棋子，作为主题的糖果充满了关于父亲的回忆　7 / 参加一起编织花片的活动（KCAL，即Knit or Crochet Along的缩写）后开始发现按图解编织的乐趣，好似冲破了当年的“真言密咒”　8 / 以五边形开罗砖为主题的盖毯　9 / 第一次编织鳄鱼图案是在二十几岁的时候

1 | 2
3 | 4 | 5
6 | 7
8 | 9

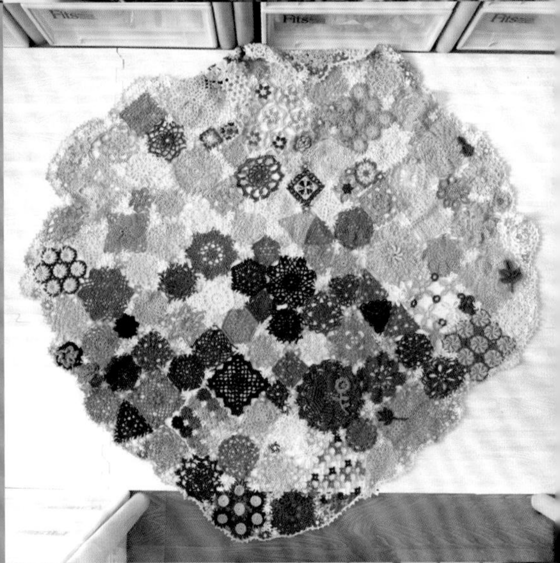

用花片迎接春天

这个季节，和煦的阳光普照大地，让人不禁想要出门踏青。
在生机勃勃的春季，穿上钩编花片装饰的毛衫吧。

photograph Hironori Handa styling Masayo Akutsu hair&make-up Yuri Arai model Paulina (174cm)

花片点缀的麻花花样毛衣

双色配色的花片点缀在棒针编织的毛衣上，令人耳目一新。花片位于前身片中间和衣袖上，后身片全部使用棒针编织。镂空的花片和两侧的麻花花样很像花与叶的组合。

设计/冈 真理子
制作/水野 顺
编织方法/112页
使用线/Ski毛线

连接花片的素色短袖毛衫

在“五一”前像夏季一样的天气里，穿上连接花片的短袖毛衫吧。清爽的颜色，不会过于吸热。连接花片搭配方眼编织的带子，用卷针缝的方式连接。

设计 /YOSHIKO HYODO
制作 / 仓田静香
编织方法 /114 页
使用线 /Ski 毛线

春花烂漫的手提包和手链

这是一款缀满烂漫春花的手提包。在绿色方眼编织的基础花样包身上，点缀着大大小小、色彩各异的花朵。一共使用了10种颜色，五彩缤纷的。再搭配一条同款手链是不是更棒了？

设计/冈木启子
制作/宫崎满子
编织方法/126页
使用线/奥林巴斯

花片点缀的波莱罗上衣

连在一起的花片为这件波莱罗上衣增添了女人味。它是由四边形的立体花片和2种用于填充缝隙的三角形花片组成的。将前后身片连在一起钩织。去花园时，穿上它和真花比美吧。

设计/河合真弓
制作/冲田喜美子
编织方法/116页
使用线/奥林巴斯

带风帽的花朵花片中袖开衫

这款带风帽的开衫很有季节感，宽松的款式很好穿。身片使用方形花片连接而成，没有需要变形的花片，很方便。风帽中央使用了和袖子相同的花样。宽松的中袖可以很好地遮住大臂，露出纤细的小臂。穿上它，去感受春日的美好吧。

设计／镰田惠美子
编织方法／99页
使用线／内藤商事

花朵花片的背心

立体花朵的配色令人耳目一新，简约中不乏亮点。富有存在感的大花朵连接成背心，钩织方法其实并没有那么复杂。赶快穿上它出门吧。

设计 / 奥住玲子
编织方法 /106 页
使用线 / 内藤商事

七彩花片挎包

一到春天，就想背上。新的际遇，新的挎包！季节流转，想用的颜色也随之而变。背着柔和的春日色调花片组成的挎包出门，去邂逅新的风景吧。

设计 / HOBBYRA HOBBYRE
编织方法 /145 页
使用线 / HOBBYRA HOBBYRE

七彩花片毯子

打开窗户，春风迎面扑来。感受着春天的气息，把室内装饰也更换一下吧。糖果色的配色非常明快，像万花筒一般的花片连接成毯子，铺在沙发上，给司空见惯的房间带来春天的气息。

设计 / HOBBYRA HOBBYRE
编织方法 /120 页
使用线 / HOBBYRA HOBBYRE

镂空花样的华美毛衫

将24片大大的方形花片连接在一起，就织成了这件花样华美的毛衫。大面积的镂空花样，也适合在夏天穿着，一点儿也不会觉得热。既可以搭配休闲服饰，也可以搭配优雅服饰，非常百搭的款式。

设计 / HOBBYRA HOBBYRE
编织方法 /134 页
使用线 / HOBBYRA HOBBYRE

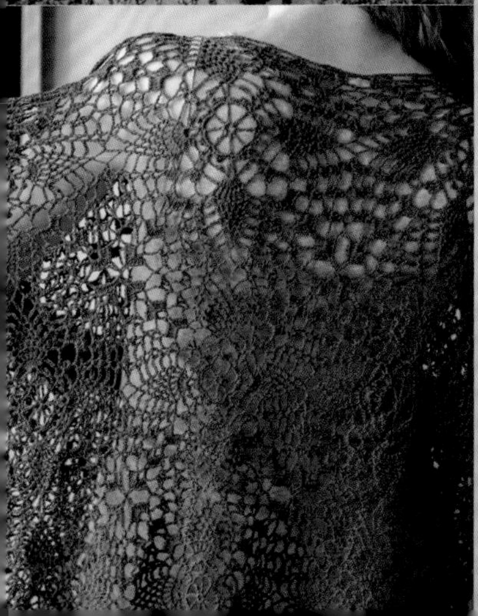

参展商编织的作品也烘托了欢快的气氛

五彩斑斓的毛线展销会 乐享Ito Market！

撰文／《毛线球》编辑部

会场人头攒动，热闹非凡。大家共同打造了一个空间，在这里所有人都是编织迷

1／作为展会主角的各色毛线装饰着整个会场　2／展会现场。人们各自寻找着自己的目标　3／还有“可以看到内容”的福袋　4／最近几年筒装的毛线也越来越普遍　5／贝恩德·凯斯特勒也参加了展会，让会场气氛更加热烈

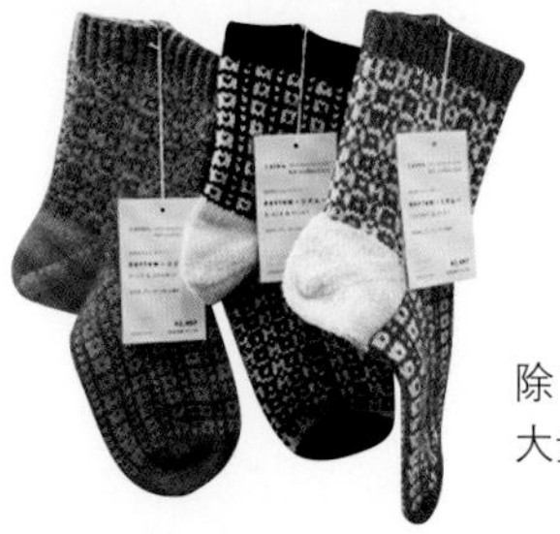

除了袜子之外，现场还展出了大量编织样品

2023年11月2日、3日的两天时间，《毛线球》编辑部主办的“乐享Ito Market！”展销会在日本宝库社附设的手工艺术展厅顺利举行。这次是第5届展销会，备受大家关注的27家毛线店参加了展会。看来“Ito Market!”的知名度逐年提升……现场盛况空前，远胜于往年。到场的除了《毛线球》读者、编织和毛线爱好者外，还有设计师、业界相关人士，以及来自海外的参观者，共计迎来了1800多名各行各业热爱编织的新老朋友。

延续上一届的入场方式，我们采取了网络预约和2小时错峰观展制度。不过，从本届开始，《毛线球》的年度订购读者（tezukuritown网络订购者或日本宝库社通信订购者）还可以享受无须预约、优先入场的优惠待遇。《毛线球》团队也做了万全的准备以应对这次不同寻常的入场管理工作。看来辛苦没有白费，展会期间没有出现什么大问题，在参展商以及观众的齐心协力下，我们成功打造了一场安全又放心的“Ito Market！”。

除了人气高涨的Chappy Yarn、ITORICO、芭贝下北泽店之外，羊之惠、Knittingbird、itobatake、QUE?ITO、YARN工作室等品牌厂商也首次亮相展会。与2022年相比，毛线种类更加丰富，整个会场琳琅满目。各家参展商面向有诚意的客户也做了充分的准备，比如为展会特别准备的特价商品、特别颜色的线材、材料包以及周边产品等。这些商品甚至主办方也很想拥有，参观者更是打心底里羡慕不已。现场也少不了一些惊喜活动，比如目前备受关注的梅本美纪子（amuhibi）老师和大神级人物风工房老师还为大家举办了签名会。

会场仿佛一个魅力巨大的“秘密集市”，色彩斑斓的毛线让人目不暇接，现场观众尽情享受的场景让同为编织迷的我们差点感动到落泪。《毛线球》的老朋友203gow老师带来的编织装置作品是造型可爱的虫子和水母，和大家编织的彩旗一起欢乐地舞动着。

会场内还有YouTube的“编织频道”进行现场直播。也有一些观众向我们打招呼说经常观看我们的节目，主播团队（成员津田俊春老师和小说家横山起也老师）也越发激情洋溢。有的朋友看了直播才认识某个毛线品牌，这就有可能引发一段新的相遇、相知、相伴。本次展销会结束后，我们召开了深入的“反省会”，收集了很多反馈意见。

需要改善的地方还有很多，下次我们将进一步提升自己，努力让大家更加满意。再次向大家表示由衷的感谢！！

2024年
和麻纳卡编织大赛

ハマナカ

主办机构：和麻纳卡株式会社
和麻纳卡（广州）贸易有限公司

参赛对象

全年龄段、全段位的编织爱好者

参赛说明

*编织技法不限于棒针和钩针
*比赛组别分：成衣组、配饰小物组
*所有参赛作品仅限原创设计
*必须由参赛者自行设计和制作（禁止机编）
*所发的初选图片不能修图
*每位参赛者不限参赛作品数量（可多于1件）

参赛日程

*报名截止日期为2024年6月底
*初选日期为2024年7月中旬
*最终结果将于2024年10月18—20日现场公布

特邀评审

滨中知子女士（日本）、
广濑光治老师（日本）、张博蔚老师、
中村和代老师（日本）

奖项设置

*初选约20名入围者，所有入围者均颁发证书
*从入围作品里评选出金奖、银奖、铜奖和优秀奖
*金奖、银奖、铜奖和优秀奖均颁发奖座

参赛咨询

020-83200489（09：00—17：00）

报名网站

www.hamanaka.com.cn

大家好，我叫向井诗织，目前在印度西部和日本滋贺两地用雕版印花工艺进行创作。在我工作的印度工坊，大家使用一种叫作“阿兹勒格（Ajrakh）”的技法给布料染色。工坊位于古吉拉特邦（Gujarat）的喀奇县（Kutch），该地区曾经是一个独立王国，至今还可以看到独特的文化。尤其是该地区生产的布料吸引着全世界的纺织品爱好者，我也是其中之一。

喀奇县的纺织品

在了解阿兹勒格之前，先来介绍几种喀奇县的纺织品。最有名的要数手工刺绣的布料了。喀奇县大致可以分为12个村落，各自拥有独特的刺绣文化。也有饲养骆驼的游牧民族，对于将全部家当装到骆驼背上过着迁徙生活的他们来说，既方便折叠收纳又可以摊开来装饰空间和生活的刺绣布料尤为重要。也有不少非政府组织（NGO）致力于喀奇县传统刺绣布料的传承工作，现在已经有很多女性稳定持续地生产着精美的布料。

经过煮染工序后铺在地上晾晒的纱丽。宽敞的工坊建于新型冠状病毒肆虐期间

世界手工艺纪行㊽（印度）

印度西端喀奇县广为流传的雕版印花

阿兹勒格

采访、撰文、当地摄影／向井诗织　摄影／森谷则秋　协助编辑／春日一枝

罗根艺术（Rogan Art）画布更是独具特色。据说原本是起源于波斯（伊朗的古称）的古代纺织品，约400年前传到了喀奇县的尼洛纳村（Nirona）。使用蓖麻油和颜料加工成染料，再徒手将染料以线条或滴落的形式绘制在布料上。1950年开始，机织布料传入后迅速普及，到了1985年左右，罗根艺术本身已然没落。好在通过向村落以外的地区开拓市场，从当地装饰用品升华到国际艺术品，这项传统技艺得到了传承。印度总理——古吉拉特邦出生的纳伦德拉·莫迪（Narendra Modi）将罗根艺术画布作为国礼赠送他国，也被传为佳话。

除此之外，诸如巴迪克蜡染印花布（Batik Block Print）、使用当地未经品种改良的棉花纺线织成的卡迪土布（Khadi）、不织布等，喀奇地区还有其他多种纺织品以及好几种富有魅力的工艺。

拥有4500年历史的阿兹勒格

我平时进行创作的工坊在喀奇县一个叫作“阿兹勒格普尔（Ajrakh Pur）”的村庄。Pur是村庄的意思，也就是制作阿兹勒格的村庄。原来，阿兹勒格是在别的村庄制作的，但是2001年古吉拉特邦发生了大地震，喀奇县深受影响，水流方向以及水质都发生了变化。因为水质对于使用天然染料的阿兹勒格的染色效果起着决定性作用，所以根据合适的水源，从零开始建起了这个村庄。

据说阿兹勒格拥有4500年的历史。在相传大约4500年前毁灭的摩亨佐·达罗古城的遗址中发掘出了祭司神像，上面雕刻的衣服花纹就是阿兹勒格印花的起源，由此人们推断阿兹勒格雕版印花技艺就是从那个时候开始的。阿兹勒格的几何花纹很多都是受到了大自然的启发，花草树木、云朵、波浪、星星等都变成了图案。

与罗根艺术一样，1950年前后随着便宜的机织布料和化学染料的兴起，阿兹勒格印花的市场需求逐渐减少，这项技艺在长达20年的时间里销声匿迹。我所在工坊的负责人是阿兹勒格印染世家的第10代传承人苏菲安·卡特里（Sufiyan Khatri）。他的祖父是第8代传承人，复兴了阿兹勒格技艺。第9代是他的父亲，在2001年大地震后建起了阿兹勒格普尔村庄。然后就是第10代的苏菲安，他正致力于在国内外推广阿兹勒格技艺。真不愧是代表阿兹勒格的印染世家。我们花了16天时间完成了阿兹勒格雕版印花的全套16个工序，下面为大家简单讲解其中几个步骤。

阿兹勒格的制作步骤

<布料的预处理>为了使布料的染色效果更加精美，需要进行预处理，去除杂质以及纺织过程中附着的浆料。先将苏打灰、蓖麻油、骆驼粪倒入热水中溶解，然后将布料浸泡在溶液中，拧干后放置一晚，第二天拿到太阳下晒干，再放入水中进行敲打清洗。

<诃子液浸染>

用一种叫作诃子的天然染料对完成预处理的布料进行染色。用于草木染的天然染料单独使用具有不稳定性，需要借助媒染剂提高固色效果，诃子中的单宁酸即可起到这个作用。

排列在工坊架子上的模板。有的模板因为使用过靛蓝染料被染成了蓝色

A / 在第1版花样的基础上叠加印染第2版花样的场景　B / 在工坊工作的都是穆斯林男性。也有染匠直接住宿在工坊　C / 将印染后的布料浸泡在靛蓝染液中染上底色　D / 用诃子液浸染后的纱丽变成了浅黄色　E / 经过2次靛蓝浸染，布料的底色染成了深蓝色。防染的白色线条格外清晰　F / 白、黑、红、蓝的色彩组合是阿兹勒格的代表性配色之一

<使用模板印花>用雕刻了细腻花纹的模板蘸取染料，在诃子液浸染过的布料上印染。代表性的染料和助剂有使用阿拉伯树胶等材料制作的防染糊、含有铁质和明矾的媒染剂、靛蓝染料等。近年来，为了提高工作效率，满足对新色的需求，工坊陆续研发出了新的染料，每次来印度都能看到新颖的印花布。

<蓝染>蓝染分为靛蓝染料印花和浸染 2 种。浸染可以进行 1 次、2 次或多次，相反也可以加水稀释，还可以用植物染料进行套染使颜色发生变化等，阿兹勒格最后呈现的蓝色其实有很多种。

<清洗>将印染后的布料放在流水中清洗。因为印上去的染料会在布纤维上凝固，通过反复水洗，在水泥板上敲打，可以去除多余的染料。

将完成印染的布料搬到室外，在太阳底下晒干

<煮染>将清洗后的布料放入架于火上加热的染料中浸染。用含明矾的染料印过的地方会与植物染料发生化学反应，呈现出各种不同的颜色。虽然印花的染料数量本身在某种程度上是有限的，但是通过煮染这个步骤，最后呈现的颜色种类非常丰富。而且颜色数量逐年增加，这得益于工坊在新型冠状病毒肆虐期间进行了大量的实验。

世界手工艺纪行 48
（印度）

阿兹勒格

关于自己的活动

我每天都在摸索雕版印花新的表现形式。相较于可量产、技术更加先进的丝网印刷和机器印花，雕版印花可以说是两者的前身。如今怎样才能更快速、更精美地批量生产出同样的作品，是对匠人能力的极大考验，因为印花中的错位等现象往往被视为瑕疵。丝毫没有夸大其词，从早到晚兢兢业业忙于印花的工匠们，是我永远无法企及的这个领域的大咖。他们的注意力之集中、体力之充沛以及完成作品质量之高，我在旁边看着倍感惊叹，打心底里对他们充满了尊敬。但是我又觉得，一个一个通过人手按压出来的图案出现一点偏差不正是雕版印花的妙趣之一吗？因此，在我自己的作品设计中，经常会特意使图案偏移一点，呈现一定的飞白效果，使作品不具备复刻性。比起重新设计雕刻模板印刷，我更喜欢使用工坊里现有的模板，每天在制作中摸索更有意思的发现。

我的每个设计都会染成 2 件作品：一件带回日本，在自己的展会上展览；另一件作为工坊的资料保存起来。工坊方面会根据这份资料调整出适合印度市场的设计和配色进而将其转化为产品。

这样的工作流程形成后不久就暴发了新型冠状病毒疫情。因为在那之前都是在印度完成制作的，所以日本的制作环境很不完善，就连阿兹勒格印染的染料也没有。幸运的是，同时期与京都田中直染料店合作研发的、可以最大限度再现阿兹勒格技法的“天然染料雕版印花材料包”上市了。真是恰逢其时。我自己也能在日本进行制作，继续举办展览了。另外，我还举办了阿兹勒格讲习会，因此注意到市场上草木染雕版印花的需求。看到参加活动的朋友们从不同的角度理解并运用雕版印花技艺，我也学到了很多。

天然染料雕版印花材料包的一部分销售额每年都会回馈给阿兹勒格普尔的小学，在日本喜爱雕版印花的人越多，阿兹勒格普尔的村民也好，田中直染料店也好，当然包括我在内，都会非常开心，慢慢形成了这样的良性循环。

最近，除了阿兹勒格普尔以外，又增加了 2 个制作工坊。其中一个是喀奇县的非政府组织“Shrujan”。以手工刺绣为中心，制作并销售喀奇县的各种手工艺品，特别为那些以刺绣为生计的女性提供支持，改善她们的经济环境，承担了传统工艺传承的一部分工作。除了刺绣，Shrujan 还兼顾喀奇县的其他各种手工艺，其中的雕版印花部门同样在摸索新的表现形式，包括其他纺织领域在内，都在努力拓展活动范围。

另一个工坊是“SIDR craft”，他们是用扎染、夹缬（夹版印花）、喀奇县传统工艺“Bandhani”（与日本鹿点花纹扎染类似的小碎纹扎染）等技法对布料进行染色。这家工坊也在使用这些技术摸索新的表现形式。虽然同样是染色，但其与雕版印花的思路截然不同。在各个工坊之间来回穿梭对我来说也是一种很积极的刺激方式。

说到来回穿梭，一段时间内轮流在日本和印度生产制作也大有裨益。制作环境和工具自然不必多说，生活节奏、饮食、人际关系、语言、运动量，身边的一切都不同，日常制作的思维方式也一定在不断变化。将在印度学到的技法带回滋贺县，活用在自己的制作中，与参加讲习会的朋友一起分享，进而获得新的灵感，转身又带到印度与当地的匠人和非政府组织的朋友们分享，这样的一种循环方式也让我乐此不疲。不由得畅想，今后将这些技法和灵感带到第 3 个国家是不是也很有趣呢？

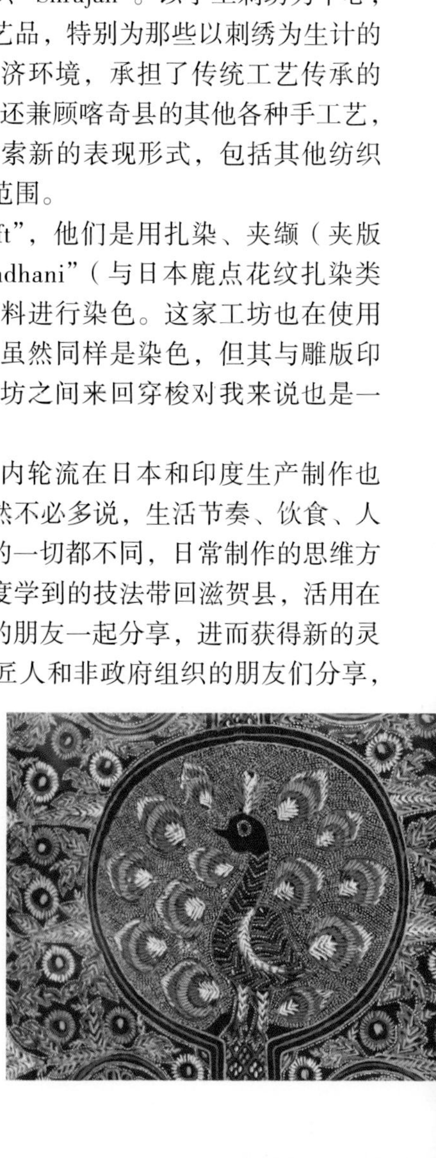

罗根艺术画布的放大图。上面有生命之树和孔雀等图案

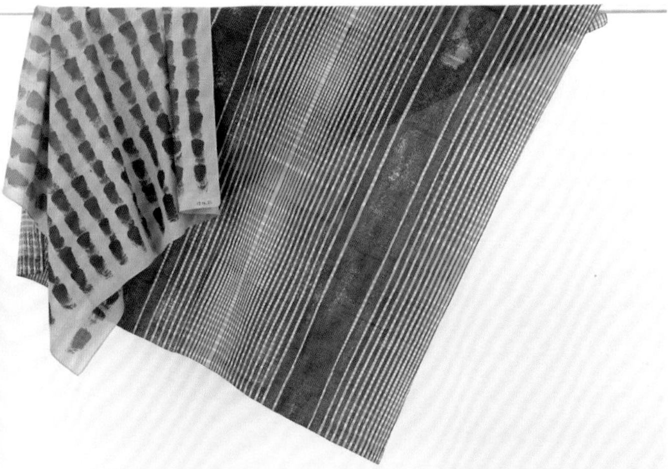

G

H

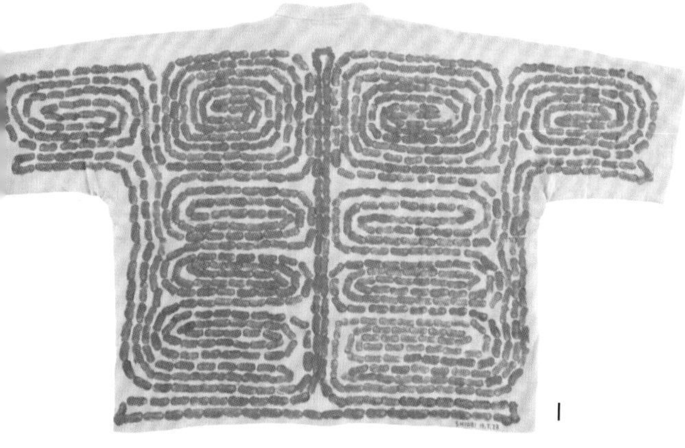

I

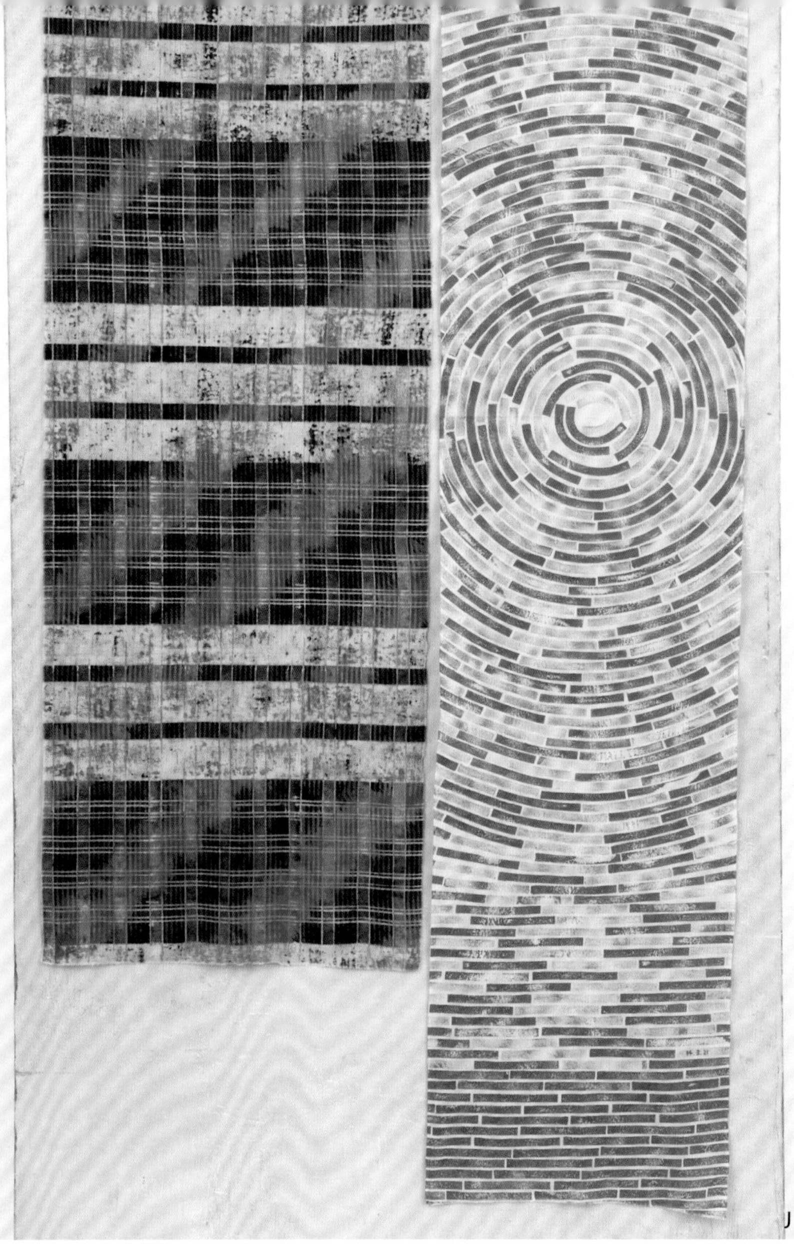

J

G / 左边的作品制作于日本，右边的作品制作于印度。呈现不同的风格也非常有意思　H / 从美术大学毕业后，留在印度工坊第1年制作的作品。运用了很多飞白效果　I / 在印度制作的卡迪衬衫，上面的花纹是用手指按压的　J / 左边的花纹是雕版印花的平行线和刷子手绘的斜线叠加的效果。右边的花纹是用两手将细长的橡胶模板弯曲，一边调整模板的形状一边印制而成的　K / 与阿兹勒格普尔小学的教师（左）和第10代传承人苏菲安（右）的合影

K

向井诗织(Shiori Mukai)

出生于北海道。毕业于武藏野美术大学造型学院工艺工业设计专业。在印度西部的喀奇县和日本的滋贺县两地，开展天然染料的雕版印花创作。喀奇县的工坊里本来只有穆斯林男性，向井作为纺织艺术家加入其中，摸索前所未有的雕版印花特色的花样。在日本主要以创作和展览为基础，开展讲习会和演讲等活动。

春天的使者——球根植物

各种球根看上去像极了洋葱。将根部浸泡在水中……哎呀，太不可思议了！
一个接一个地冒出嫩叶，开出截然不同的花朵，真奇妙。
一起来编织3种球根，让它们尽情绽放吧！

photograph Toshikatsu Watanabe styling Terumi Inoue

风信子和郁金香

说到球根植物，最具代表性的就是风信子。花如其名，姿态雍容典雅。常见于大街小巷的郁金香竟然也是球根植物，不免感到新奇。外形高挑而优雅，特别推荐。

设计 / 松本薰
编织方法 / 136页
使用线 / 奥林巴斯

雪滴花

雪滴花在组合盆栽中备受青睐，雪白的花朵惹人怜爱。雪滴花的球根也可以水培。在球根植物中花期比较早，花语是“希望”。

设计/松本薰
编织方法/136页
使用线/奥林巴斯

球根植物最令人开心的是长出点什么的时候！先是长出白色的根须，密密麻麻越长越多，然后球根的顶部开始冒出叶子，接着正中间出现了变色前的花蕾……已经按捺不住激动的心情了。真花当然很好，但是也不妨先动手编织起来，美美地装饰一番。风信子的花朵用深浅2种颜色钩织。花朵钩织完成后再稍微调整一下才能打造出逼真的效果。郁金香也分别用2种颜色钩织，内侧与外侧花瓣使用不同的钩织方法。雪滴花巧妙地再现了花瓣的形状以及低垂的身姿。真是栩栩如生！

乐享毛线 Enjoy Keito

本期为大家介绍的是用Keito的原创毛线“ururi”编织的作品。
无论是精致的设计还是简约的设计，用这款毛线编织都很适合。

photograph Hironori Handa styling Masayo Akutsu hair&make-up Yuri Arai model Paulina（174cm）

Keito ururi

羊毛65%、锦纶30%、亚麻5%　颜色数／8　规格／每团100 g　线长／约400 m　线的粗细／中细　使用针号／棒针3~5号

这是Keito的一款原创毛线，拥有羊毛的柔软性和锦纶的结实度，再加上染成彩色的亚麻，浑然天成。除了毛衣和披肩之外，也非常适合编织袜子。

基础款圆领背心

Keito店铺备受好评的“基础款毛衣”系列开始推出了背心。主体为下针编织，圆领设计，斜肩无须引返编织。很适合作为第一次尝试编织的毛衣。

设计／Keito
编织方法／125页
使用线／Keito

Keito

销售来自世界各地的优质毛线。
2023年开始以网上销售为主要业务。

HASEGAWA SEIKA

马海毛60%、真丝40% 颜色数 / 40 规格 / 每团25 g 线长 / 约300 m 线的粗细 / 极细 使用针号 / 棒针0~3号

因为芯线是真丝，所以散发着雅致的光泽。松软又轻柔，织物让人仿佛置身于温暖的怀抱。也适合与稍细的毛线合股编织，可以增加一定的质感和光泽感。

春日褶边披肩

使用粗细和材质不同的2种毛线编织的轻薄披肩洋溢着春天的气息。并非合股编织，而是交替编织，编织花样和褶边别有一番韵味。

设计 / hiquali
制作 / 须藤晃代
编织方法 / 121页
使用线 / Keito、Silk HASEGAWA

休闲运动毛衫

天气逐渐变暖，仿佛身心都得到了释放。
在春日阳光下，
一起享受手工编织的运动风穿搭的乐趣吧。

photograph Shigeki Nakashima styling Kuniko Okabe,Yuumi Sano
hair&make-up Hitoshi Sakaguchi model Anna (173cm)

百搭基础款连帽外套

休闲运动毛衫将运动服变成了日常服饰。百搭的基础款连帽外套编织成短款更加方便活动。加上鲜艳的颜色作为点缀，运动风的设计活力十足!

设计 / 冈 真理子
制作 / 内海理惠
编织方法 / 124页
使用线 / DMC

蓝白配色
蒂尔登背心

以网球运动员名字命名的蒂尔登背心也是当下非常经典的时尚单品。大开衩的设计别出心裁，另有一番味道。使用了100%再生纤维制成的环保线材，棉的质感也毫不逊色。

设计 / 风工房
编织方法 / 140页
使用线 / DMC

嫩绿色

这是一款嫩绿色披肩，在蓝天的映衬下显得格外柔和。松叶针和狗牙针交替钩织成基础的编织花样，网格针边缘增添了优雅的气息。

Color Palette

春意盎然的披肩

本期带来了五彩的披肩，可以为自己喜欢的单色调穿搭增添一抹亮色。
佩戴颜色和风格各异的披肩，度过一个愉快的春天吧。

photograph Shigeki Nakashima styling Kuniko Okabe,Yuumi Sano
hair&make-up Hitoshi Sakaguchi model Anna (173cm)

设计/冈 真理子
制作/冈 千代子、真野章代
编织方法/128页
使用线/奥林巴斯

灰色

带点蓝调的灰色披肩十分亲肤，给人温婉沉静的感觉。在这几款披肩中，不算流苏的话，这款作品的宽度和长度都是最大的。边缘比较细窄，给人更加知性的感觉。

粉色

这是一款双色披肩，宛如花朵颜色的浓淡粉色让人瞬间感受到了春天的到来。虽然是轻便的窄幅短款设计，但是丰富的褶边极具存在感，十分抢眼。

米色

这是一款米色披肩，随风摇曳的流苏仿佛在召唤着春天。简单地围起来就让人感觉很幸福。也可以像首饰一样，根据心情选择佩戴。

蓝绿色

百搭的蓝绿色搭配任何服装都很放心。丰富的褶边给人新颖时尚的印象。柔软的手感也是一大魅力，无论什么时间和场合都可以佩戴。

Yarn Catalogue

「春夏毛线推荐」

轻灵的质感、舒适的手感、漂亮的颜色……
思考用哪款线编织也是一件很幸福的事。

photograph Toshikatsu Watanabe styling Terumi Inoue

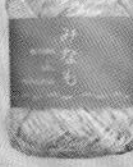

Ski Minamo
Ski毛线

这款花式线由棉麻混纺的杂色调平直毛线加上彩色金属线和迷你圈圈线加工而成。天然材质的朴实感与若隐若现的彩色金属光泽相得益彰。这是一款春夏线材，特别适合钩针编织。

参数

棉57%、麻24%、腈纶10%、涤纶5%、锦纶4% 颜色数 / 7 规格 / 每团30 g 线长 / 约102 m 线的粗细 / 中细 适用针号 / 3~4号棒针，3/0~4/0号钩针

设计师的声音

春天般柔和的色调加上雅致的金属光泽，十分漂亮。手感也很舒适，是一款很容易编织的毛线。（大田真子）

Eco Vita 388再生棉
DMC

这是一款环保的空心纱线，由80%的再生棉和20%的其他再生纤维加工而成。质感柔软清凉，散发着大自然的气息。30种颜色丰富齐全，任何人都可以找到适合自己的颜色。更为独特的是，毛线的标签是水溶性的，可以代替洗涤用的肥皂。

参数

再生棉80%、其他再生纤维20% 颜色数 / 30 规格 / 每团100 g 线长 / 约250 m 线的粗细 / 中粗 适用针号 / 7~9号棒针，7/0~8/0号钩针

设计师的声音

虽然是棉线，但是捻合加工成锁链状，轻柔又有弹性，编织交叉花样也很漂亮。（风工房）

Diasicily
钻石线

纤细、富有光泽感的竹节花式线和棉线等不同材质的线，按相同色系组合，打造出了具有阴影效果的混染色。在若干股线的外面捻合极细的透明金属线，使表面散发透明的光泽，宛如明媚的春光。

参数

涤纶37%、腈纶28%、人造丝21%、棉7%、锦纶7%　颜色数／8　规格／每团30g　线长／约99m　线的粗细／粗　适用针号／5~6号棒针，4/0~5/0号钩针

设计师的声音

夹杂着纤细闪烁的金属线，透着低调的奢华感。编织的感觉很棒，手感也很顺滑。（岸 睦子）

Diapuglia
钻石线

这款线是由随机染色的竹节花式线、纯色平直毛线、多色极细平直毛线等不同材质和颜色的线组合起来制作而成的。竹节形状为颜色的转换增添了强弱变化，使织物纹理更加丰富多彩，令人赏心悦目。

参数

腈纶56%、涤纶28%、人造丝16%　颜色数／8　规格／每团30g　线长／约102m　线的粗细／粗　适用针号／5~6号棒针，4/0~5/0号钩针

设计师的声音

手感舒适，编织起来柔软又顺滑。织物有一定的垂感，能够贴合身体曲线形成漂亮的轮廓。（河合真弓）

Superwash Spanish Merino
达摩手编线

这是一款使用西班牙美利奴羊毛加工而成的袜子线，细腻柔软，却具有良好的韧性和弹性。与一般的防缩加工效果不同，这款毛线拥有自然的光泽和蓬松的质感。加入锦纶混纺，增加了摩擦力，编织起来更加顺手。

参数
羊毛80%（西班牙美利奴羊毛，防缩加工）、锦纶20%　颜色数/9　规格/每团50g　线长/约212m　线的粗细/中细　适用针号/1~3号棒针，3/0号钩针

设计师的声音
虽然偏细，却有良好的弹性和耐磨性，是一款很容易编织的毛线。从基础颜色到鲜亮的颜色，比较齐全，颜色的选择也充满乐趣。（西村知子）

Everyday Solid
内藤商事

经过抗起球处理，即使产生毛球也很容易去除。100%腈纶却有着意想不到的柔软手感和光泽，以此为特点备受欢迎的Everyday系列毛线再次升级，更加容易编织。

参数
腈纶100%　颜色数/24　规格/每团100g　线长/约250m　线的粗细/中粗　适用针号/6~7号棒针，6/0号钩针

设计师的声音
虽然是100%腈纶成分，但是手感柔顺，还有自然的光泽，粗细也恰到好处，是一款非常容易编织的毛线。（镰田惠美子）

河南科学技术出版社
精品图书推荐

人气品牌包包钩编1
BEYOND THE REEF的包包世界

人气品牌包包钩编2
和BEYOND THE REEF一起编织

Tatting Lace Accessories
精美绝伦的梭编蕾丝饰品精选集

LACY CROCHET SCARF & SHAWL
优雅的
蕾丝花样
围巾和披肩

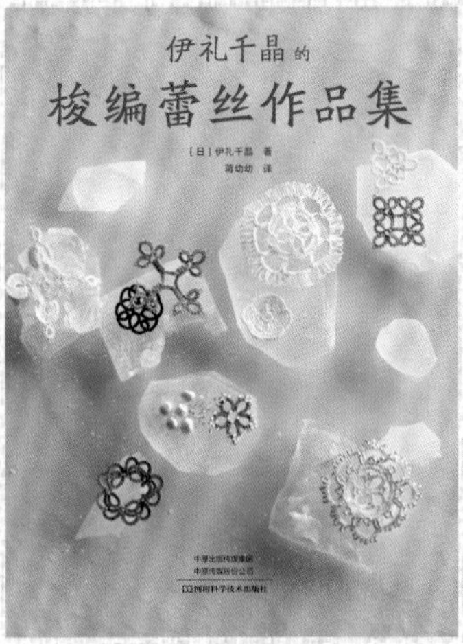
伊礼千晶的
梭编蕾丝作品集

marché
编织大花园
10周年纪念版

marché
编织大花园6
怦然心动的
美妙编织

marché
编织大花园7
趣味十足的
时尚编织
泡泡针和花漾钩编

32款优雅的
家居蕾丝钩织
从小装饰垫到台布
共32款作品

优雅的古典蕾丝精选集
精美的
网眼花样和
方眼花样蕾丝
Crochet Lace

青木惠理子的
四季钩编包包

街头到处都是音乐家！
独具爱尔兰音乐特色的
班卓琴和笛子的音色
令人心情愉悦

港口城市科克（Cork），
是爱尔兰第二大城市

被誉为“科克厨房”的英国市场
（English Market）

［新连载］Chappy的世界手染线寻访之旅

拥有迷人色彩的刺猬线

Hedgehog Fibres（爱尔兰）

大约十几年前开始在欧美流行的手染线逐渐风靡全球，
最近日本也出现了越来越多的经销商和染匠（手染艺术家）。
本身也是一名染匠的Chappy老师，
一边介绍各国的手工染匠，一边探索着手染线的世界。

采访、图、文/Chappy

值得纪念的第一期带来的是色彩绚烂而浓烈、在全世界都备受欢迎的 Hedgehog Fibres（刺猬线）。我有幸在爱尔兰科克市的 HHF 总公司对品牌主理人贝娅塔·耶泽克（Beata Jezek）进行了采访。

自小就对使用颜色的艺术和手工情有独钟的贝娅塔出生于斯洛伐克，18 岁时移居爱尔兰的科克市，因为 2008 年金融危机公司裁员，她开始与编织结缘。最初染色的毛线只是供自己使用。

她笑着说：“迷上编织后，对线的要求越来越高，不知不觉对手染线产生了浓厚的兴趣。我就是那种容易沉迷的性格。”她会反复进行染色试验。凭借编织社团的口碑，精美的毛线很快收获了超高的人气，于是她创立了小型的染色工作室。据说公司名称来自她的姓氏（Jezek），在斯洛伐克语中的意思是“刺猬（Hedgehog）”。与斯蒂芬·韦斯特（Stephen West）等知名设计师的合作接踵而至，贝娅塔逐渐成为世界知名的染色艺术家。现在工作室从世界各地进口优质的原创毛线，使用生物降解性化学染料进行染色。

不做广告，仅凭口碑出名，引以为豪的还有自学的染色配方，当问到色彩与线材的组合秘诀时，她不假思索地回答“追求自己想要的”。

“自己都想用这样的色彩和线材编织……这是首要的判断标准。这是一定要坚持的。令人心情愉悦的漂亮颜色最讨人喜欢了。”

“追求自己想要的”这个标准也同样适用于毛线以外的周边产品，再现了独特色彩的包包和拼图游戏也是她的创意。先于同行其他公司研发的 Tweedy 线是一款利用零头线加工而成的环保线材，听说也策划了很长时间。

“虽然不全是，如果有什么好的想法，也会听取项目团队的意见。我们也尊重团队的艺术创作自由，大家可以自由地发表各种想法。可以说，员工就像是家人。”

的确如此，与员工的聊天非常轻松，很家常。听说有的员工曾经是编织社团里的朋友。采访时还发生了这样一幕，当贝娅塔

Chappy：
手染艺术家。手染线品牌Chappy Yarn的染匠兼主理人。东京都出生，现居中国香港。2015年开始研发“让人看了就想编织、穿着愉快、手感舒适的手染线”。主要通过展会和网络等平台介绍深受编织者喜爱的手染线。

色彩浓烈的毛线架（HHF提供）

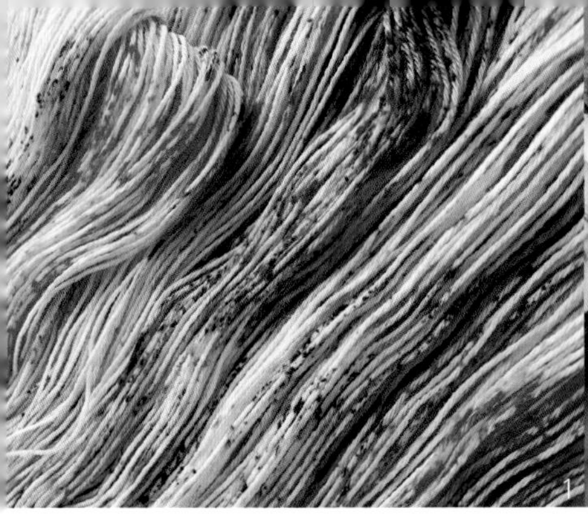

1/Hedgehog Fibres独具特色的“标志性黑色小斑点”（HHF提供） 2/利用废弃毛线重新加工而成的环保结粒花式线Tweedy也是贝娅塔的创意 3/刚完成染色的毛线要小心地挂在干燥室内晾干

发牢骚说“样品太多了，收纳起来真麻烦”时，陪同采访的一位年纪大一点的员工就像母亲一样地打趣说“那就租一个迷你仓库吧”。在采访结束后的闲聊中，这位员工告诉我：“她真的很有才能，每天要处理大量的工作。我一直都很佩服她。”这位员工眼神里透着由衷的尊敬和信赖，令人印象深刻。

坚定、自信、对色彩充满热情、才华横溢、勇往直前的“刺猬”艺术家的背后是全力支持她的员工家人们……“追求自己想要的”，坚定的回答干净利索。Hedgehog Fibres的毛线完美融合了精湛的工艺与缤纷绚烂的色彩，或许它正是这样的艺术家和员工之间发生“化学反应”的产物吧。

最后，贝娅塔给《毛线球》读者留下了一段寄语：“编织是一种极致的休闲活动，我们将自己宝贵的时间、金钱和努力倾注其中。一定要用自己编织起来轻松愉快、带来幸福感的毛线编织！……如果刚好是Hedgehog Fibres的毛线，我会感到十分荣幸。”

Hedgehog Fibres

在爱尔兰风格的绿色2层建筑里开设了工坊和展厅的HHF总公司。共有10位染匠在这里染线。

4/最近从园艺上获得色彩灵感的染匠兼主理人贝娅塔。听说经常发现挑战和意料之外的惊喜是园艺的魅力所在 5/工作室内到处摆放着小刺猬 6/九成的样品都是贝娅塔自己编织的。无论多忙，每天都会用棒针或钩针编织

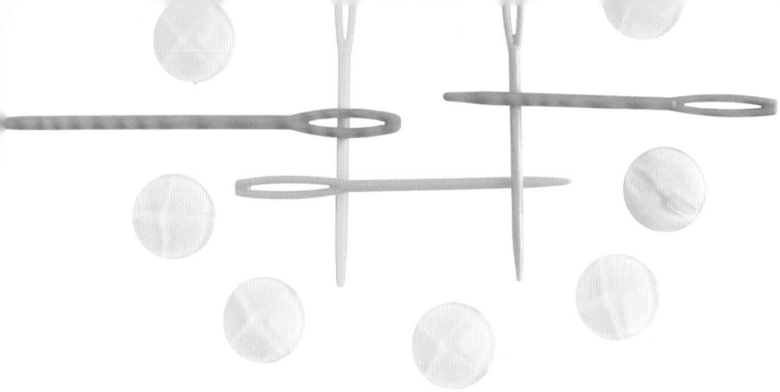

Let's Knit in English!
西村知子的英语编织—⑭

普通针目可以延长?

photograph Toshikatsu Watanabe　styling Terumi Inoue

你是否一边钩织针目，一边想着如果能编织得再快一点就好了？……

特别是连续钩织短针的时候，就会冒出这样的念头。短针有着独特的纹理，织物比较厚实，想充分利用这个特点的情况另当别论，本期为大家介绍的是一种改编的技法。虽然还是钩织短针，但是织物会薄一点，短针会呈现延长的效果，编织起来也会更快一点。

操作步骤如下。在钩针编织说明中，往往像下面这样详细地写出针目的钩织步骤。

〈Pattern A〉Extended Single Crochet（ESC）

Step 1: Insert hook into foundation chain (or into top of stitch worked in the previous row).

Step 2: Yarn over hook.

Step 3: Draw loop through fabric.

Step 4: Yarn over and draw through first loop only, forming a chain stitch.

Step 5: Yarn over and draw through two loops on hook.

※各针目名称为美式英语的钩针编织用语

〈花样A〉延长短针

①在起针的锁针（或者前一行针目的头部）里插入针头。

②针头挂线。

③将线拉出。

④针头挂线，引拔穿过针上的1个线圈（形成1针锁针）。

⑤针头挂线，引拔穿过剩下的2个线圈。

步骤④在普通的短针引拔步骤前加了1针锁针，使针目延长（变高）了。这个延长后的短针在英语中叫作“Extended Single Crochet（ESC）”。

翻译过来，也可以叫作“延长短针”。

中长针和长针的情况，思路也是一样。照常先在针头挂线，在步骤④钩织锁针后，接着钩织中长针或长针，就变成了“Extended Half Double Crochet（EHDC，延长中长针）”和“Extended Double Crochet（EDC，延长长针）”。

这几种针法与普通针目的纹理不同，十分新颖。

想给织物加上一点变化，或者想要调整针目高度时，也不妨试试这几种延长针法。

延长短针的钩织方法

1

在起针的锁针（或者前一行针目的头部）里插入钩针，挂线后拉出。

2

针头挂线，引拔穿过针上的1个线圈。

3

形成1针锁针后的状态。

4

针头挂线，引拔穿过剩下的2个线圈。

5

延长短针完成。

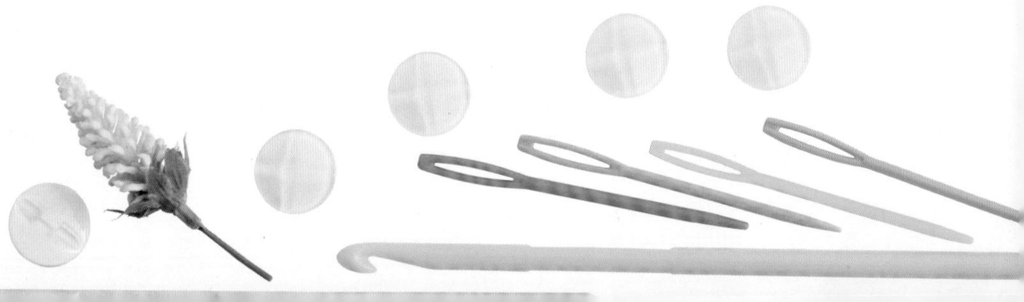

A：延长短针（ESC）　B：延长中长针（EHDC）　C：延长长针（EDC）

< Pattern B > Extended Half Double Crochet（EHDC）

Step 1: Yarn over hook.

Step 2: Insert hook into foundation chain (or into top of stitch worked in the previous row).

Step 3: Yarn over hook and draw loop through fabric.

Step 4: Yarn over and draw through first loop only, forming a chain stitch.

Step 5: Yarn over and draw through three loops on hook.

〈花样B〉 延长中长针

①针头挂线。

②在起针的锁针（或者前一行针目的头部）里插入针头。

③针头挂线，将线拉出。

④针头挂线，引拔穿过针上的1个线圈。

⑤针头挂线，引拔穿过剩下的3个线圈。

< Pattern C > Extended Double Crochet（EDC）

Step 1: Yarn over hook.

Step 2: Insert hook into foundation chain (or into top of stitch worked in the previous row).

Step 3: Yarn over hook and draw loop through fabric.

Step 4: Yarn over and draw through first loop only, forming a chain stitch.

Step 5: Yarn over and draw through only two loops on hook.

Step 6: Yarn over and draw through remaining two loops on hook.

〈花样C〉 延长长针

①针头挂线。

②在起针的锁针（或者前一行针目的头部）里插入针头。

③针头挂线，将线拉出。

④针头挂线，引拔穿过针上的1个线圈。

⑤针头挂线，引拔穿过针上的2个线圈。

⑥针头挂线，引拔穿过剩下的2个线圈。

西村知子（Tomoko Nishimura）：
幼年时开始接触编织和英语，学生时代便热衷于编织。工作后一直从事英语相关工作。目前，结合这两项技能，在举办英文图解编织讲习会的同时，从事口译、笔译和写作等工作。此外，拥有公益财团法人日本手艺普及协会的手编师范资格，担任宝库学园的“英语编织”课程的讲师。著作《西村知子的英文图解编织教程+英日汉编织术语》（日本宝库社出版，中文版由河南科学技术出版社引进出版）正在热销中，深受读者好评。

第4回 阅读、调研、试编

林琴美的快乐编织

photograph Toshikatsu Watanabe, Noriaki Moriya(process) styling Terumi Inoue

鲁赫努岛精美的白色编织

2019年的美国手作杂志*PIECEWORK*。封面的半指手套是研究爱沙尼亚编织的美国人南希・布什（Nancy Bush）老师的设计

关于爱沙尼亚传统编织技巧的图书，阿努・品克老师是著作者之一

使用品克老师教我的技法，根据国立博物馆的藏品（中）和资料再现的编织半指手套

选自品克老师的鲁赫努岛编织图书

2018年“白色编织”展览会上展示的毛衣袖口。配色花样和横向锁链针漂亮极了

在爱沙尼亚一个叫作“鲁赫努岛（Ruhnu）”的小岛上，至今保留着白色基底的独特的编织技法。爱沙尼亚还有其他因为精美的手工艺闻名于世的岛屿，比如基努岛（Kihnu）和穆胡岛（Muhu）。配色特别丰富的穆胡岛编织与鲁赫努岛编织在色彩运用上可以说是两个极端。

2018年，北欧编织研讨会在爱沙尼亚的维尔扬迪（Viljandi）召开时，当地博物馆举办了以“白色编织”为主题的小型展览会。其中有一件毛衣是第一次看到，基底是用白色线编织的，用上针编入花样，袖口部分设计了藏青色的配色花样。上针编织的花样与丹麦的衬衫式长睡衣上使用的花样很相似，不过是用白色线编织，浮现的花样清晰可辨。袖口3 cm左右的藏青色配色花样起到了收拢整体的视觉效果，真是一件让人过目难忘的毛衣。直到2022年，我才知道这是鲁赫努岛的毛衣。以前经常购买的美国手作杂志*PIECEWORK*中就刊登过关于鲁赫努岛的文章。实际上是刚好闲下来，取出了买来就压箱底的那一期，发现我在2018年看到的毛衣就是杂志里介绍的鲁赫努岛毛衣。后来，我咨询了2023年夏天“手创营”（举办地点在维尔扬迪）的举办方，是否可以告知2018年“白色编织”展览会作品的收藏者。得知有一部分作品是阿努・品克（Anu Pink）老师的藏品，而且她对鲁赫努岛的编织非常精通。很幸运，我得到了她的联系方式，于是决定前去拜访。

阿努・品克老师经营着咖啡馆和工作室，还出版过自己的图书，也是《爱沙尼亚编织（*ESTONIAN KNITTING*）》这套优秀图书的著作者之一。在第1卷中刊登了鲁赫努岛毛衣上使用的花样。她刚好正在创作鲁赫努岛编织方面的书，所以给我看了一些作品，并且简单介绍了编织的历史。我在2018年看到的那件毛衣是女性在特别的日子里穿着的，轻薄的下摆形状十分可爱。平常穿着的毛衣是用灰色线编织英式罗纹针，无论男女老少款式都一样。白色的半指手套是女性去教堂等情况下佩戴的。品克老师还讲解了半指手套上使用的编织技法。她说最大的特点是起针以及加入镂空效果的之字形流动花样，随后又教授了起针方法。我还请教了到塔尔图（Tartu）国立博物馆参观实物的方法，最终在国立博物馆看到了鲁赫努岛的半指手套和长筒袜。观看实物和观看照片的感觉完全不同，测量一下尺寸，数一下针数，激动不已。可惜的是，鲁赫努岛毛衣在爱沙尼亚几乎没有保存下来，一番搜索后也只能在鲁赫努博物馆看到破损的毛衣照片，据说实物如今收藏在赫尔辛基的博物馆里。听说斯德哥尔摩的博物馆里也收藏了半指手套。

鲁赫努岛的半指手套虽然是小件物品，却包含了各种编织技法，成品非常精致。我将这种花样特点和半指手套的技法结合起来，尝试设计了一款背心。当然，鲁赫努岛并没有背心这种款式，希望可以编织出鲁赫努岛毛衣那种白色与藏青色的撞色之美。

鲁赫努岛韵味的背心

身片使用了传统的编织花样。
前、后身片的肩部加入了毛衣袖口常用的配色花样。
下摆和袖口使用了半指手套上常见的双色横向锁链针。

设计 / 林琴美
编织方法 /142页
使用线 / 手织屋

双色横向锁链针的编织方法

❶ 从编织起点的前一针（即前一行的最后一针）里拉出藏青色线，将线圈移至左棒针上。此针就是横向锁链针。

❷ 与编织起点的针目（ ● ）交换位置，用原白色线在编织起点的针目里编织。

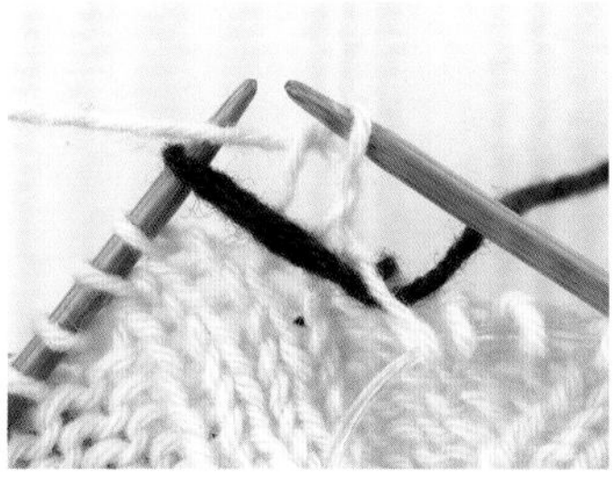

❸ 横向锁链针横跨在织物的前面，主体的针目编织完成。

❹ 用藏青色线在横向锁链针里编织下针，再移回左棒针上（横向锁链针完成了2针）。

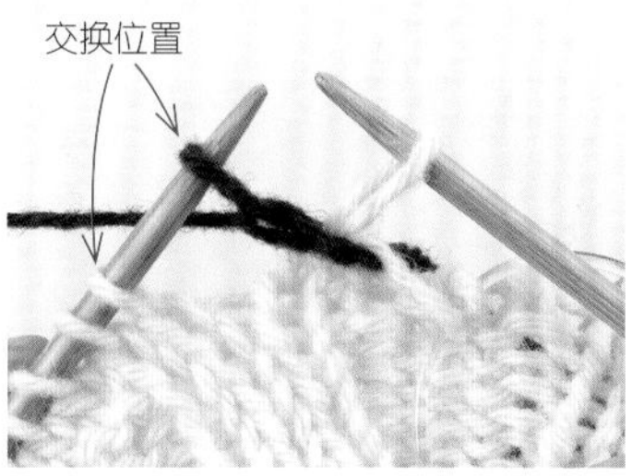

❺ 将横向锁链针与下一针交换位置。注意横向锁链针位于织物的前面。

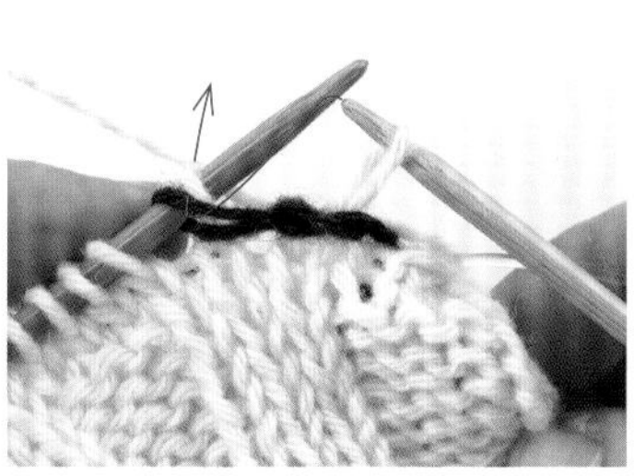

❻ 用原白色线在主体的针目里编织。

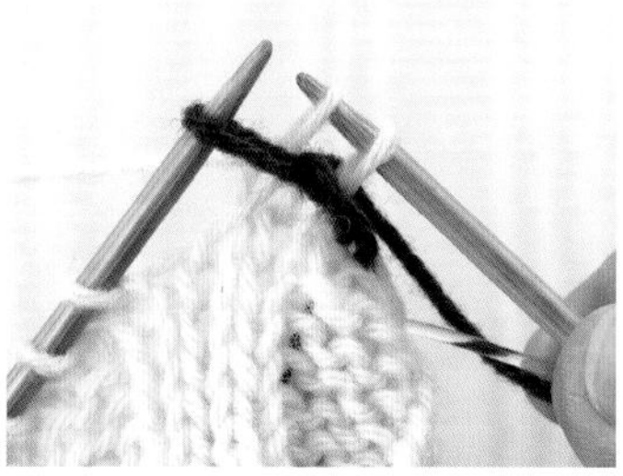

❼ 至此，完成了2针横向锁链针和2针主体的针目。

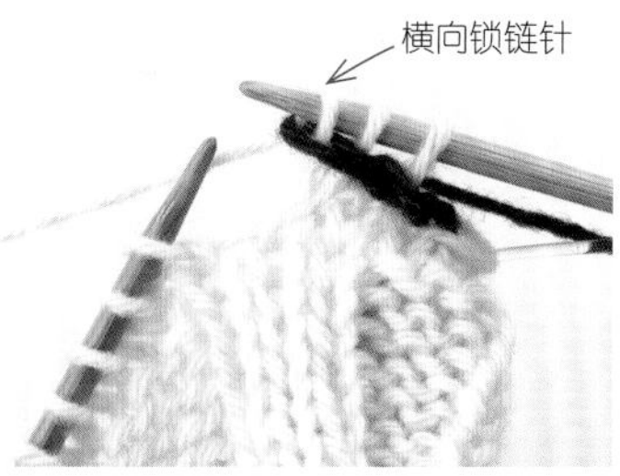

❽ 接着用原白色线在横向锁链针里编织，再移回左棒针上。

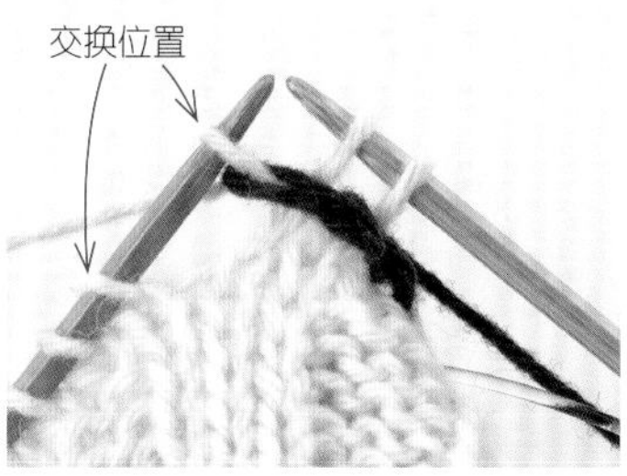

❾ 将横向锁链针与下一针交换位置。注意横向锁链针位于织物的前面。

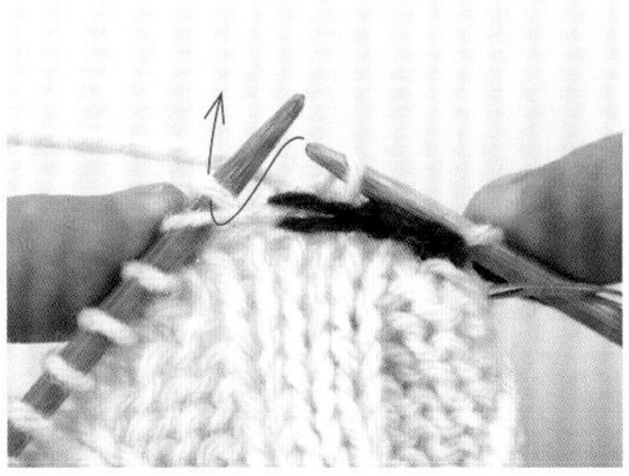

❿ 在交换后的针目里编织下针。

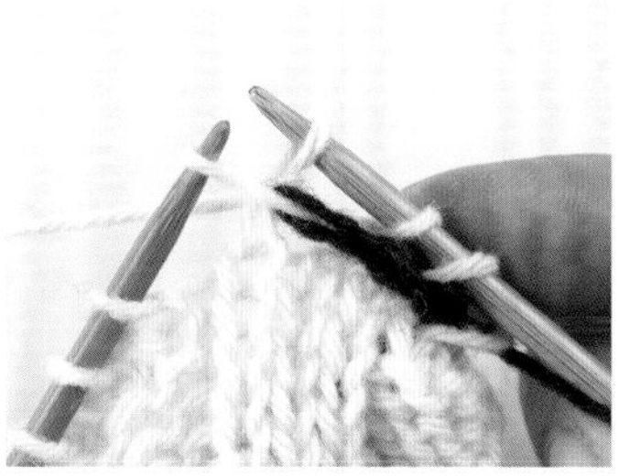

⓫ 重复步骤❽～❿，横向锁链针交替用藏青色和原白色线各编织2针。

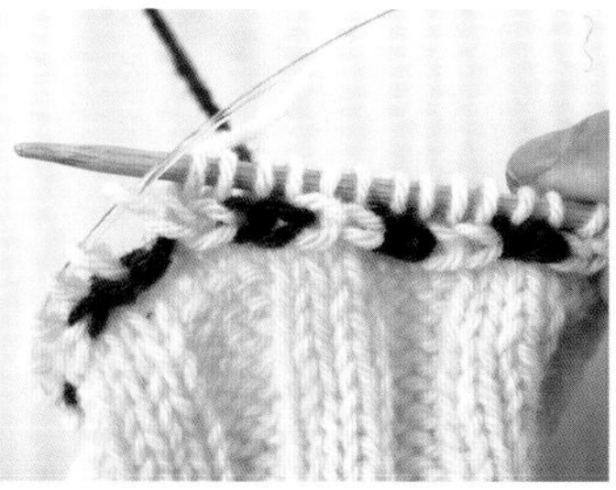

⓬ 一边编织横向锁链针一边编织1行主体完成后的状态。参照符号图，下一行也按相同要领编织。

林琴美(Kotomi Hayashi)

从小喜爱编织，学生时代自学缝纫。孩子出生后开始设计童装，后来一直从事手工艺图书的编辑工作。为了学习各种手工艺技法，奔走于日本国内外，加深了与众多手工艺者的交流。著作颇丰，新书有《北欧编织之旅》（日本宝库社出版）。

横向编织的竖条纹背心

100%棉的空心带状纱线轻柔爽滑。纵向条纹配色的设计乍一看好像很难，其实将横向编织的2片织物对齐缝合即可，非常简单。这款作品可以让人感受到编织花样的乐趣。

设计/宇野千寻
编织方法/133页
使用线/芭贝

自然舒适的

天然材质简约毛衫

穿着单薄的季节，直接接触皮肤的毛衣最重要的就是使用让人放心的材质。棉和真丝等天然材质能让人尽享那份独特的舒适感！

photograph Shigeki Nakashima styling Kuniko Okabe,Yuumi Sano
hair&make-up Hitoshi Sakaguchi model Anna（173cm）, Danila（183cm）

不挑性别的蓝色鸡心领背心

如果是经典的靛蓝色背心，平常不太习惯穿毛衣的他应该也会很喜欢吧。宽大的版型煞是可爱，也可以轮流穿。100%棉的背心手感轻柔爽滑，穿着舒适，或许还会被要求再织一件呢。

设计/伊藤直孝
编织方法/144页
使用线/芭贝

无须缝合的插肩袖套头衫

这是一款中粗棉线编织的套头衫，镂空花样十分雅致。偏粗的毛线编织镂空花样也可以很轻灵。这款线材呈色漂亮，颜色丰富齐全，选线的过程也可以体会到无比的幸福。

设计 / YOSHIKO HYODO
制作 / 山田加奈子
编织方法 / 160页
使用线 / 手织屋

休闲风泡泡袖套头衫

用高品质的线材编织休闲的毛衫也是成人服饰编织的妙趣所在。这是用100%真丝线与类似竹节花式线的优质棉麻混纺线合股编织的泡泡袖套头衫，可以感受到真丝特有的爽滑感和亚麻的韧性。装饰边缘的1针交叉花样也宛如浮雕一般精美。

设计 / yohnKa
编织方法 / 164页
使用线 / 手织屋

春意融融的袜子

镂空花样宛如锁链，穿上可爱的袜子，走入新的季节。
春天的时尚从脚下开始！赶紧迈出第一步吧。

photograph Shigeki Nakashima styling Kuniko Okabe,Yuumi Sano
hair&make-up Hitoshi Sakaguchi model Anna（173cm）

3种风格各异的镂空花样袜子

稍稍改变基础设计就可以编织出3种袜子。右上款是基础色，以上针为底，将镂空花样连续编织至袜口。左上的双色袜洋溢着春天的气息，一边配色，一边按右上袜子的方法编织，不过袜口没有加入花样，最后呈自然卷曲的状态。左下的奶黄色袜子交错编织基础花样，袜口折成了双层。是否有心仪的袜子？或者3双都一起编织吧。

设计/西村知子
制作/八木裕子（右上）
编织方法/162页
使用线/达摩手编线

Couture Arrange

志田瞳
优美花样毛衫编织新编 21
扇形边缘开衫

photograph Hironori Handa styling Masayo Akutsu hair&make-up Yuri Arai model Paulina（174cm）

选自中文版《志田瞳四季花样毛衫编织》

原作是一款连续水滴花样的套头衫。

春天带着它那温煦的阳光缓步走来。植物渐渐苏醒，吐露出嫩芽，树木和大地披上了色彩，仿佛在向我们宣告春天的到来。

本期改编的作品选自《志田瞳四季花样毛衫编织》，是一款粗、细蕾丝花样交替纵向排列的半高领半袖套头衫。这次尝试将其改编成圆领长袖的开衫。

从套头衫改编成开衫，在款式上做了较大的调整，花样也在胸部分成了上、下两部分。原来每行都要操作的蕾丝花样改成了每2行操作1次的花样，只有领窝保留了弧度，身片和衣袖都是直线设计，使其更加容易编织。为了使作品更加轻薄，选择了偏细的带状棉线。颜色上选择了偏成熟的颜色，浅灰色中泛着一点紫调，别有一番韵味。

这次在款式、线材、花样等多个方面进行了改编，打造出了一款比较正式的开衫。可以在春、夏两个季节穿，应该会非常实用。大家不妨在颜色、边缘编织、纽扣的数量和大小等方面再增加一点小巧思，根据自己的喜好尝试改编。

detail（细节说明）

身片下半部分的大型蕾丝花样加入了4根扭针线条，重复编织，整个身片排满花样。顺势延伸至上半部分的花样，纵向对称排列细窄的蕾丝花样。衣袖也与身片一样，从大型蕾丝花样过渡到纵向花样，进行等针直编，再与身片做针与行的接合。

前门襟和衣领连续做边缘编织，中间插入几行上针。转角在前门襟和衣领侧对称加针形成圆润的弧度，编织终点做扭针的单罗纹针收针。

为了灵活利用扇形边缘，采取了另线起针。主体编织完成后再解开另线编织起伏针。为了使扇形边缘看上去更加美观，松松地做上针的伏针收针。

选自中文版《志田瞳四季花样毛衫编织》
制作/Keiko Makino
编织方法/147页
使用线/钻石线

冈本启子的 Knit+1 第39回

春天的阳光日渐明媚，
让我们穿得靓丽一点，生活得更加充满活力。

photograph Shigeki Nakashima styling Kuniko Okabe,Yuumi Sano
hair&make-up Hitoshi Sakaguchi model Anna（173cm）

初次见面的人，之后忘了外貌和名字，却记得服装的颜色！你是否有过这样的经历？比起暗沉的颜色，身穿亮色服装的人感觉更加亲切。服装的颜色不仅给人留下不同的印象，对穿着者的心情也有很大的影响。应该也有人听说过“色彩心理”这个词语吧。人与色彩印象是紧密相关的。

本期将为大家介绍 2 款花样细腻、设计大胆的钩针编织作品。虽然明亮柔和的清新色调也不错，还是特意选择了更加富有朝气和活力的、比较鲜亮的黄色调和绿色调。黄色给人开朗、喜欢社交的印象，对于初次见面的人来说也更有亲切感。不过，黄色的缺点是看上去略显稚嫩，所以选择了稍微深一点的亮色调。绿色对眼睛很友好，让人感觉很安心。自然亲和，不会给对方压迫感。不过需要注意的是，服装上绿色所占面积如果太多，会显得个性太强。

本期作品使用了最适合钩针编织的 CAPPELLINI 线。棉花的等级是由纤维长度决定的。我们使用的是一种叫作 MAKO（音译“马科”）的顶级棉，具有良好的吸湿性和透气性，远远优于普通棉。丝绸般的光泽更是其一大优点。

今年的春夏两季，就让我们穿得鲜艳一点吧！心情也一定会变得更加愉悦。

冈本启子（Keiko Okamoto）

Atelier K’s K的主管。作为编织设计师及指导者，活跃于日本各地。在阪急梅田总店的10楼开设了店铺K’s K。担任公益财团法人日本手艺普及协会理事。著作《冈本启子钩针编织作品集》《冈本启子棒针编织作品集》（日本宝库社出版，中文简体版均由河南科学技术出版社引进出版）正在热销中，深受读者好评。

线名/CAPPELLINI

飘逸的大花片拼接开衫

第62页作品/这是由大型花片拼接而成的开衫，大胆的组合排列令人印象深刻。袖下无须缝合，飘逸的灵动感别有一番妙趣。

制作/笹岛美千代
编织方法/149页
使用线/K' s K

菠萝花样短开衫

本页作品/这款开襟短上衣纵向排列了菠萝花样，看起来清爽简洁。在下摆点缀圆形花片，增添了一分趣味。

制作/宫本宽子
编织方法/155页
使用线/K' s K

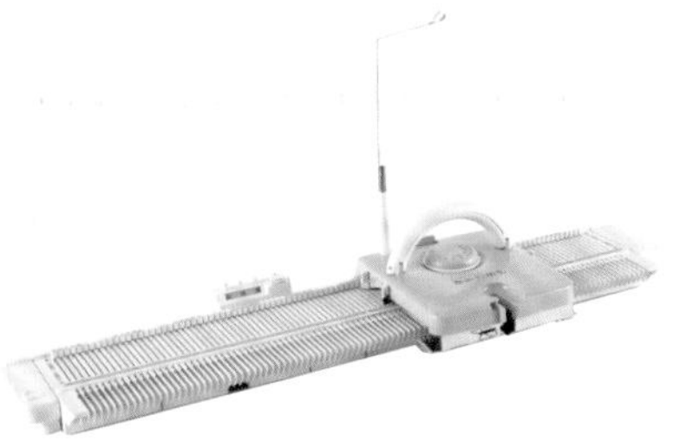

可以快速编织，
乐趣十足

面向初学者的

新编织机讲座⑨

这次要挑战的竟然是“花片”！
你知道编织机可以编织花片吗？

photograph Hironori Handa styling Masayo Akutsu hair&make-up Yuri Arai model Paulina（174cm）

花片拼接的春日
系带背心

这是一款机器编织和手工编织相结合的侧边系带背心，用编织机编织花片，再用钩针进行拼接。花片中间加入镂空花样，给人柔和的印象。缝在中心的钩编小花更是增添了春日的气息。

设计/银笛编织研究会
编织方法/166页
使用线/钻石线

独具创意的简约套头衫

用编织机编织正方形花片，装饰在简约的套头衫上。改变大小和颜色，按个人喜好排列，一款富有创意的作品就完成了。大家务必试试用编织机编织花片啊。

设计 / 奥村利惠子（银笛编织研究会）
编织方法 / 168 页
使用线 / 芭贝

新编织机讲座

用编织机挑战奇妙的花片编织吧！
将几个小部件拼接起来，
就可以完成孔斯特编织效果的花片了。

摄影/森谷则秋

正方形花片的编织方法（以第65页作品的花片A为例）

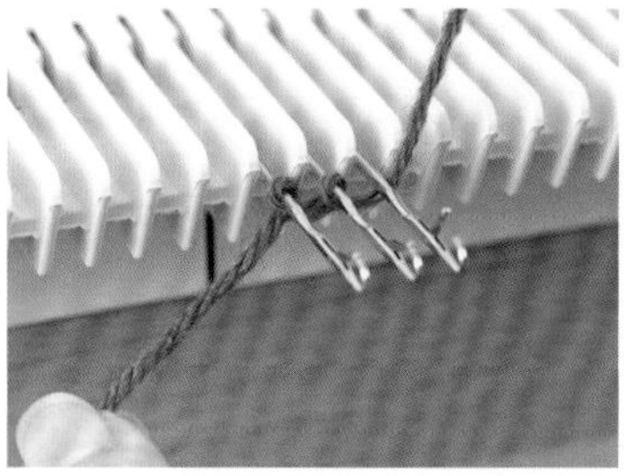

1
编织a部分。在将机头放在右侧的状态下，从左往右做3针卷针起针。

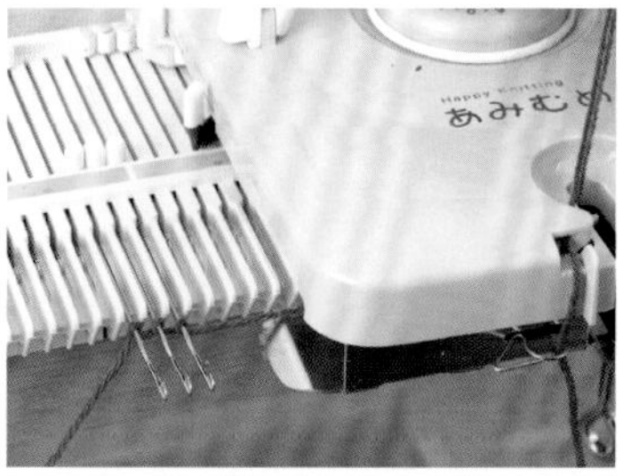

2
将线穿入机头，从右往左编织1行。

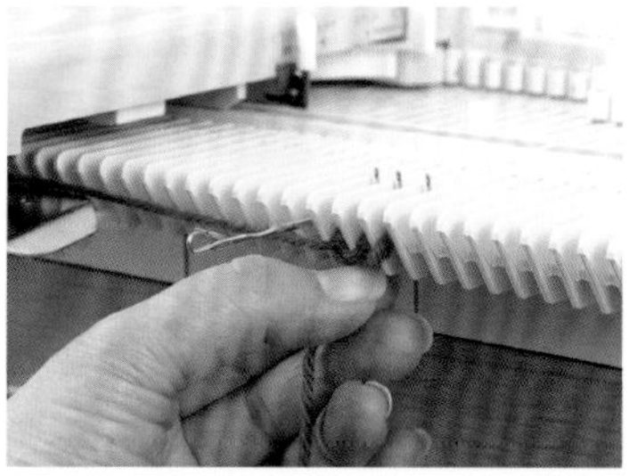

3
将左侧的1针空针推出至D位置，再将其他机针也推出至D位置，从左往右编织1行。不需要使用爪锤，直接用手轻轻地拉住织物。

4
毛线挂在了左侧的空针上，形成1个线圈。

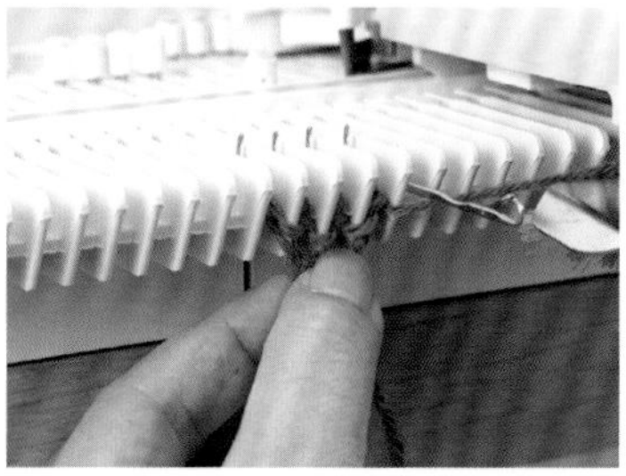

5
将右侧的1针空针推出至D位置，再将其他机针也推出至D位置，从右往左编织1行。

6
毛线挂在了右侧的空针上，形成1个线圈。

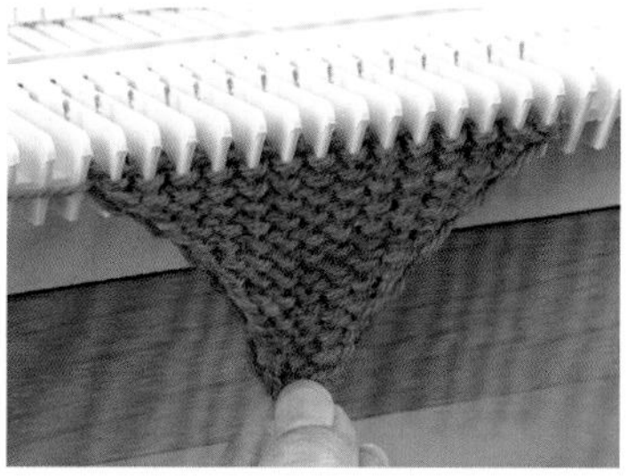

7
重复步骤3~6。针数增加后挂上爪锤，编织至15针为止。

8
编织至15针后，接着编织几行另色线，然后取下织片。按相同要领再编织1片。

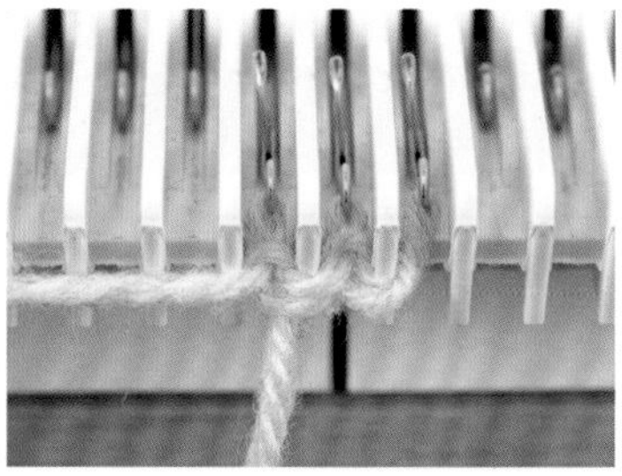

9
编织b部分。按步骤1、2的要领编织至第2行。

10
推出右侧的1针空针，将a部分第3行左端的线圈挂在空针上，再将机针推出至D位置，编织第3行。

11
毛线挂在了右侧的空针上，与a部分的第3行连接在一起。

12
推出左侧的1针空针，将另一片a部分第4行右端的线圈挂在空针上，再将机针推出至D位置，编织第4行。

花片A
（下针编织）
D＝4
绿色 3片
红色 1片
（短针）

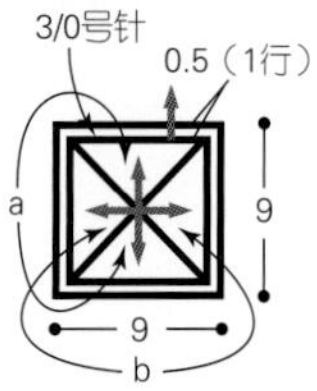

a部分（花片A）

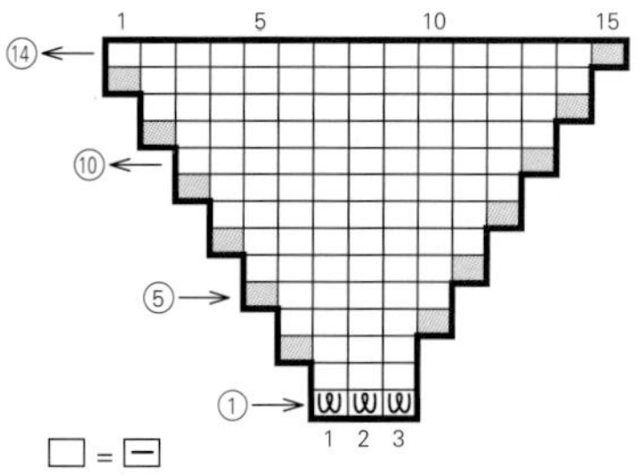

□＝⊟
▒＝将空针推出至D位置

b部分（花片A）

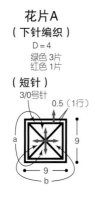

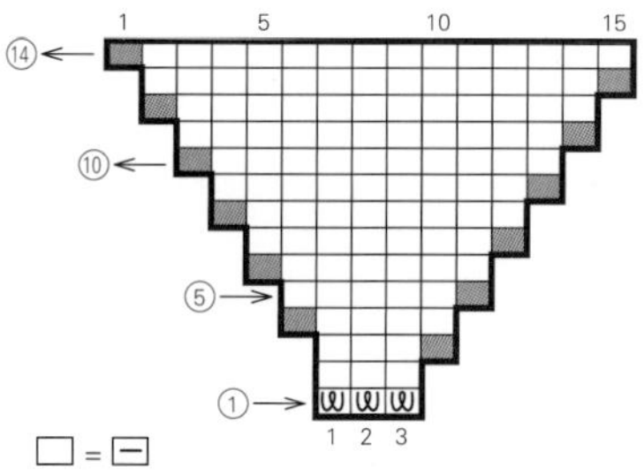

□＝⊟
■＝将空针推出至D位置，挂上a部分的线圈

13
毛线挂在了左侧的空针上，与另一片a部分的第4行连接在一起。按步骤10~12的要领编织至15针为止。

14
编织至15针后，接着编织几行另色线，然后取下织片。图为3片连接在一起后的状态。

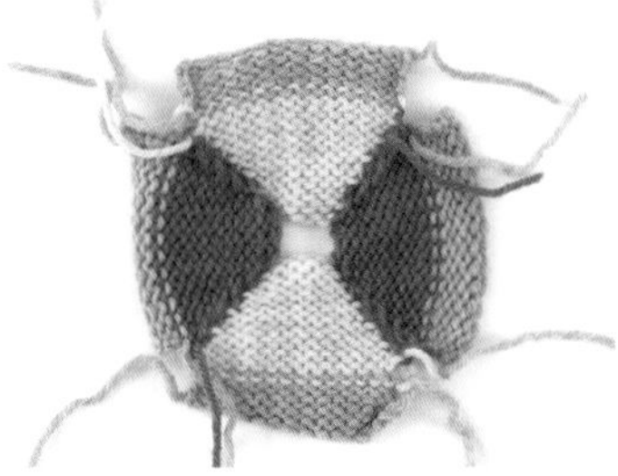

15
按相同要领再编织1片b部分。4个部分拼接在一起形成正方形花片。

16
用编织起点的线头连接相对的2个部分，缝合中间的小孔。

编绳方法

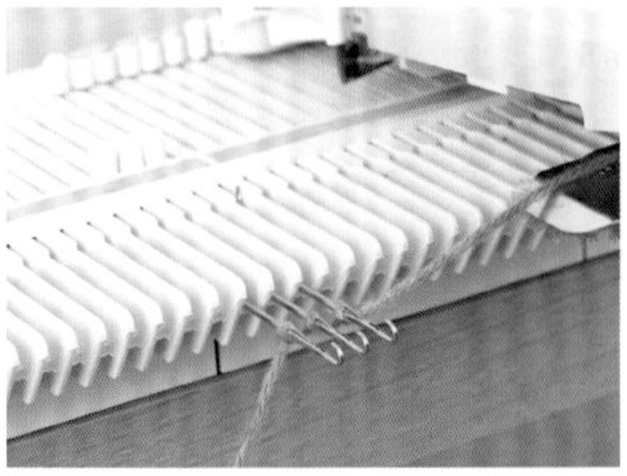

1
在将机头放在右侧的状态下，从左往右做3针卷针起针。

2
将罗塞尔杆右侧调至架空位置，左侧调至平针位置。

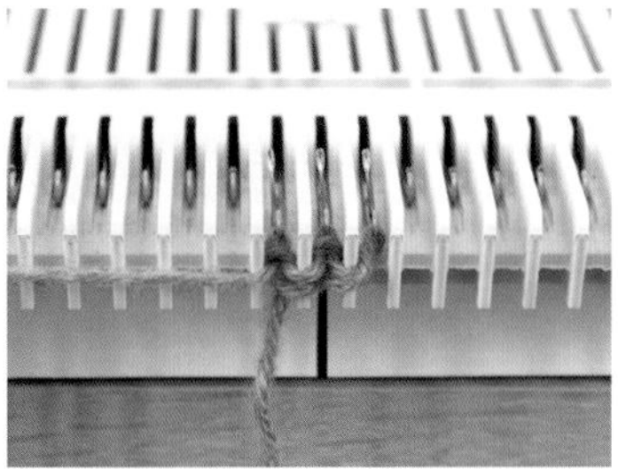

3
从右往左编织1行（所有针目都要编织）。

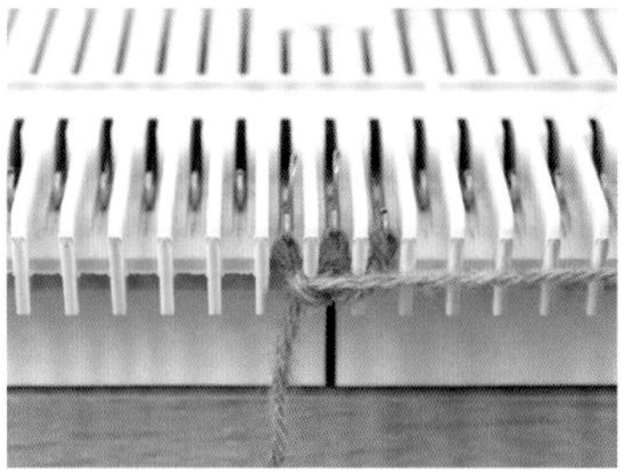

4
从左往右编织1行（针目呈架空状态）。

5
重复步骤3、4。机头往返编织1次完成1行。

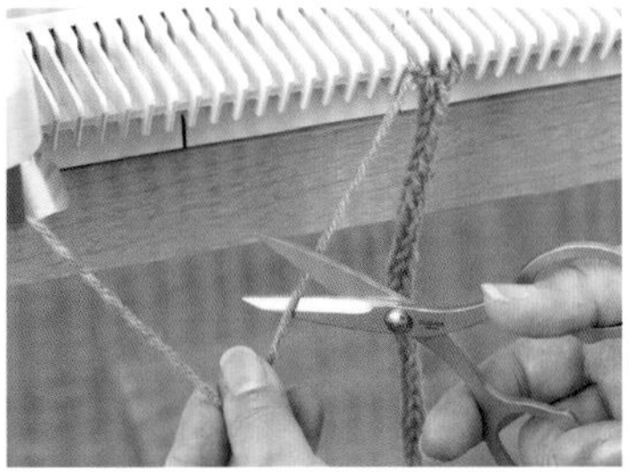

6
编织所需行数后将线剪断。

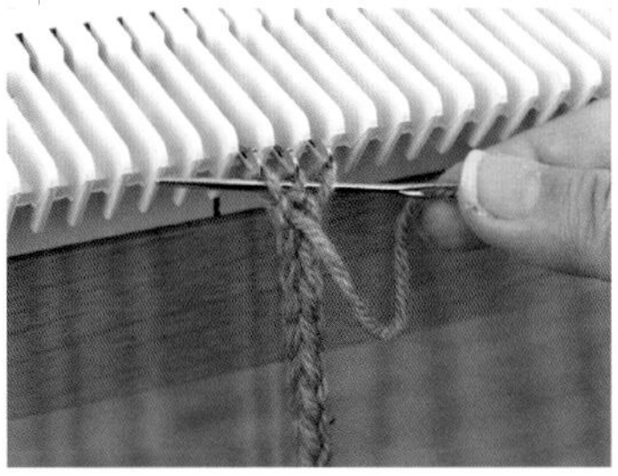

7
将线头穿入缝针，在机针上的针目里穿线收紧。

8
从编织机上取下织物，再次穿线收紧。

photograph Toshikatsu Watanabe　styling Terumi Inoue

编织方法/170页
使用线/DMC

中里华奈的微钩花草②

黄色的魔法——金合欢

空气中尚带着丝丝凉意，却已让人感受到春意。

抬头望去，一片片黄花在迎风招手。

仔细一看，一粒粒小圆球形状的黄花聚集在一起，可爱极了，让人的心情也不禁变得明媚。

叶子形态各异，通过多次绘图、试织，才呈现出现在的效果。

一边钩织，一边和实际的叶子对比，反复调整、修改，这也是设计的乐趣之所在。

观其形态，我还得以了解到植物相关的各种知识。植物的形态，一下子就能把人深深吸引住，真令人感到不可思议。

金合欢的花朵是娇嫩的黄色，让人感受到明媚的春意。怀着这样的想法，我设计了这款金合欢。

Lunarheavenly

中里华奈

2009年创立了Lunarheavenly品牌，致力于用极细蕾丝线钩编自然界中的花草，在个展以及各种活动中展示、销售。对钩编完成的花草进行染色，颜色变化梦幻微妙，备受好评。宝库学园讲师。现已出版《中里华奈的迷人蕾丝花饰钩编》和《钩编＋刺绣 中里华奈的迷人花漾动物胸针》等五本图书（简体中文版均为河南科学技术出版社引进出版）。

编织师的极致编织

【第49回】汪汪裱花西点铺的“编织裱花小狗蛋糕”

49

芝士蛋糕、巧克力蛋糕、
奶油泡芙、布丁……
圆形、三角形、正方形、长方形
西点铺里总是漂亮地摆放着
各式各样的点心和蛋糕

要说有什么特别的
那就是狸猫蛋糕了
在最近常见的动物造型奶油蛋糕中
人气攀升，居高不下

除此之外
小狗造型的裱花奶油蛋糕也极具魅力
星形裱花嘴挤出的条纹花样
像极了可爱的狗狗毛发
表情各异的小脸
也让人为之心动不已

心动不如行动
于是编织了这款“小狗蛋糕”

编织师203gow：
持续编织非同寻常的“奇怪的编织物”。成立让编织充满街头的游击编织集团“编织奇袭团”，还涉足百货店的橱窗、时尚杂志背景、美术馆、画廊展示等的设计以及讲习会等活动。

文、图/203gow 作品

编织方法图的看法
□=□
斜肩：提前1行在棒针上留6针，每2行留6针1次，每2行留7针1次，照此引返编织留针，最后编织1行消行
10.5（19针） 16（28针） 10.5（19针）
2（4行）
2-7-1
2-6-1
（6针）
2行平
2-2-1
（24针）伏针
减了12针
2（4行）
19（46行）
中间的24针编织伏针（或休针），每2行减2针1次，然后编织2行无加减针。右侧提前1行开始编织
30行平
4-1-1
2-1-4
2-2-2
行 针 次
（-12针）
袖窿：编织3针伏针，每2行减2针2次，每2行减1针4次，每4行减1针1次，到肩部不再加减针
后身片
（下针编织）
8号针
（3针）伏针
用8号针做下针编织
29（70行）
起针90针，长50cm
胁部编织29cm、70行，不加减针
※编织符号图表示从正面看到的状态
※本书图中未注明单位的表示长度的数字均以厘米（cm）为单位
50（90针）起针
箭头表示编织方向
（单罗纹针） 6号针
（-8针）
8（22行）
表示罗纹针的状态
（82针）挑针
平均减针8针
衣领（单罗纹针） 6号针
（31针）挑针
从后领窝（31针）挑针
3（9行）
衣领一圈圈做环形编织
（49针）挑针
从前领窝（49针）挑针
V形领（V领）
16（29针）
25（60行）
4行平
4-1-14
行 针 次
（1针）休针
4行
（1针）
Y形领
8（14针）
6行平
6-1-1
4-1-12
行 针 次
4行
4行
25（60行）
每4行减1针12次，每6行减1针1次，6行无加减针
（1针）减针
10.5（19针） 16（28针） 10.5（19针）
领窝：每2行减2针2次，每2行减1针3次，每4行减1针1次，6行无加减针。右侧提前1行开始编织
8（20行）
6行平
4-1-1
2-1-3
2-2-2
行 针 次
与后身片相同
（12针）伏针
中间的12针做伏针收针（或休针）
袖窿和后身片袖窿的减针方法相同，斜肩做引返编织。●左侧错开1行
（-12针）
30行
前身片
从袖窿底部到领窝的行数
伏针收针
只标注单侧的针数。另一侧也按照相同的针数编织加减针。只是，2针及以上的加减针无法在同一行完成，左侧会错开1行。领窝右侧提前1行开始编织
剩余的18针做伏针收针
（18针）伏针
2行平
2-3-1
2-2-3
2-1-6
2-2-3
（3针）伏针
（-24针）
12（28行）
37（66针）
衣袖
（下针编织）
8号针
33（80行）
每8行加1针7次，每6行加1针3次，6行无加减针
6行平
6-1-3
8-1-7
行 针 次
（+10针）
26（46针）起针
（单罗纹针）
6号针
（-10针）
7（18行）
（36针）挑针
8行
8行
不同线条的含义
编织方法图的轮廓线
中心线
环编线
折叠线
设计、编织花样的切换线、贴边线
引导线

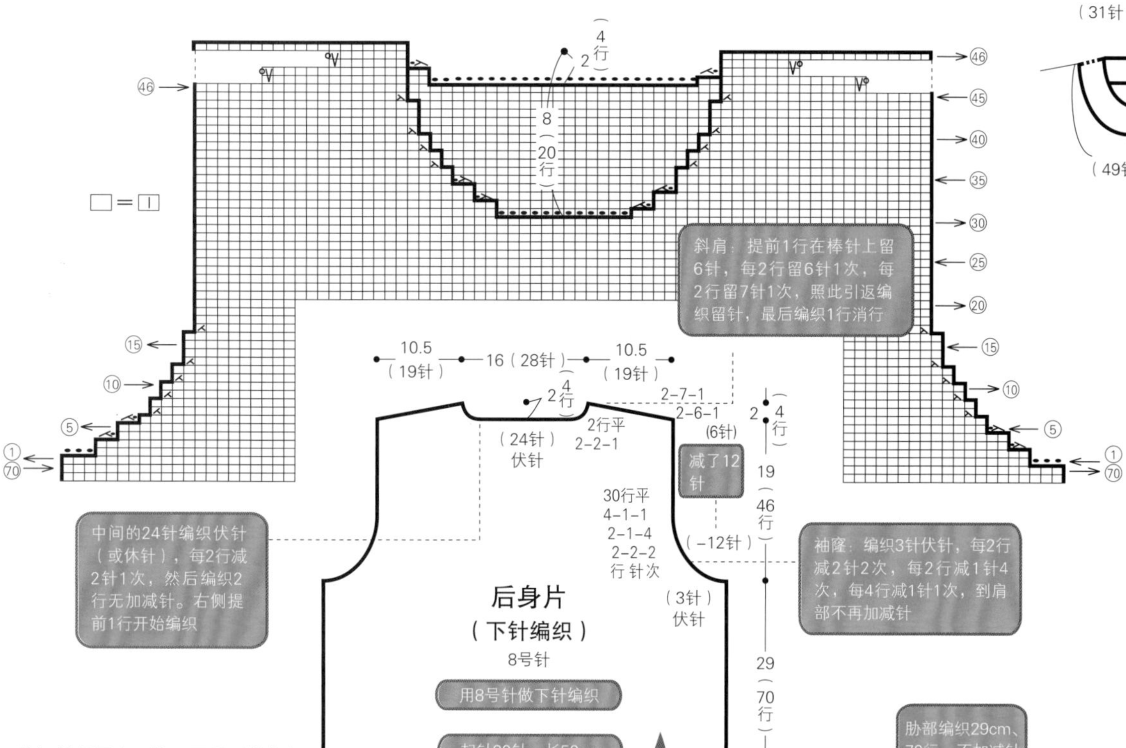

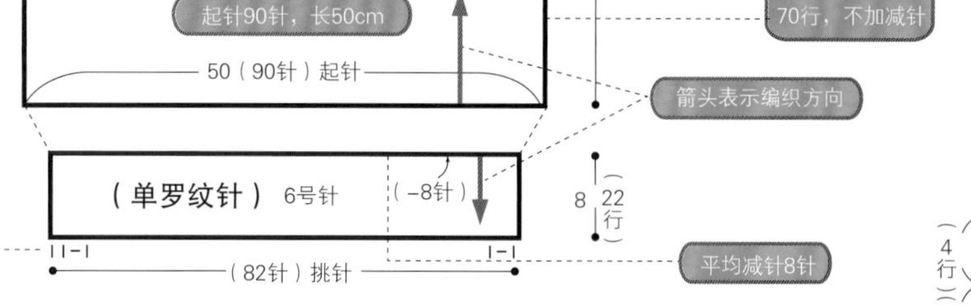

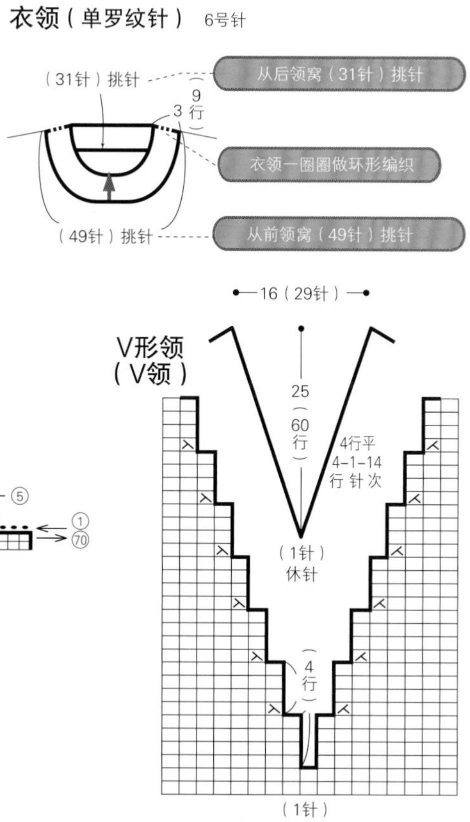

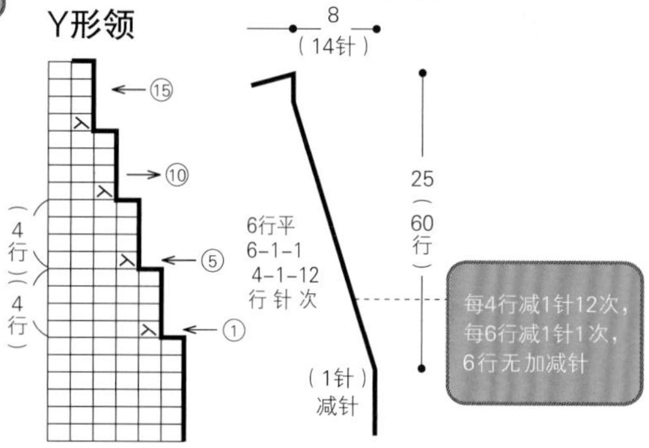

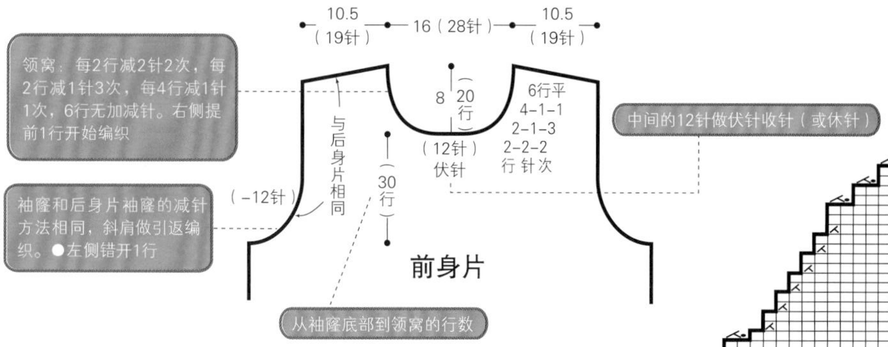

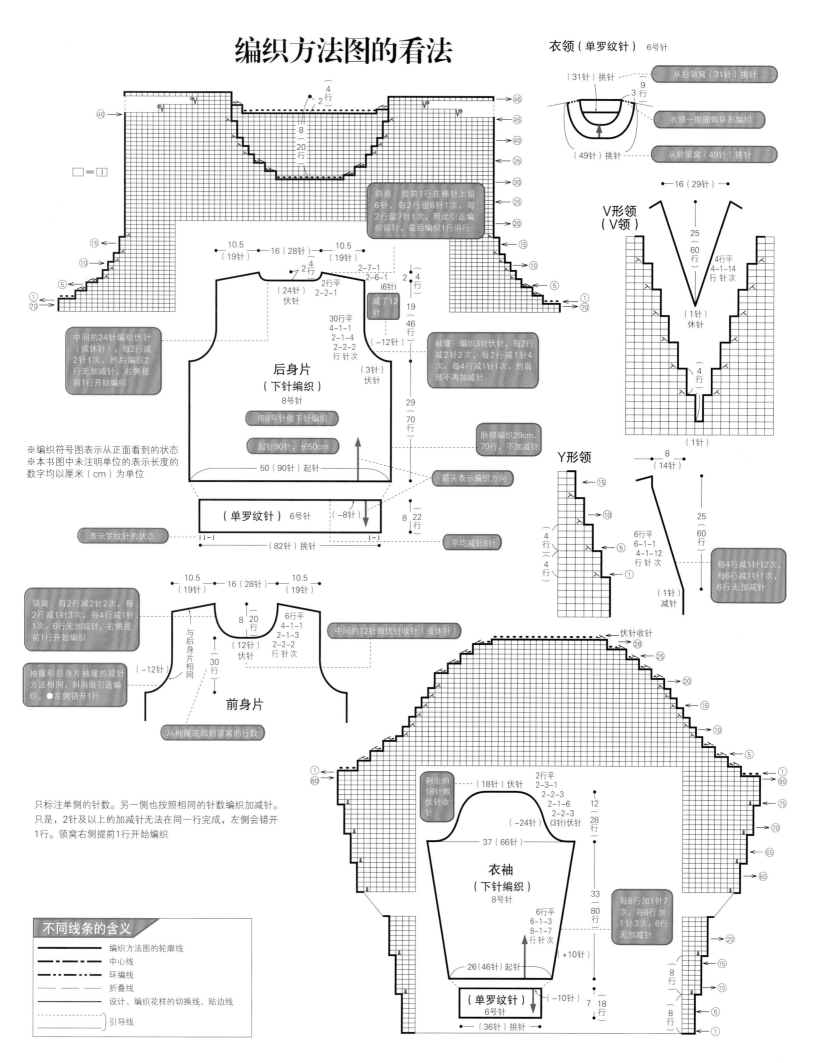

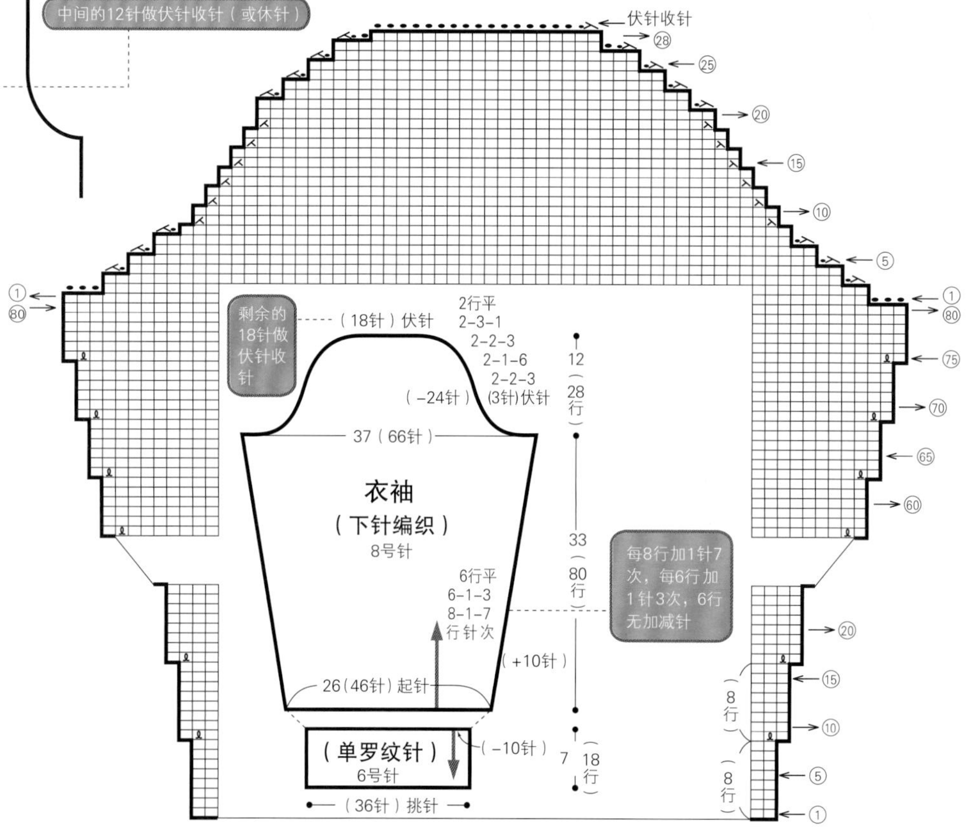

毛线球快讯

毛线世界

编织符号真厉害

第27回　思考如何使用也是一种乐趣的符号【钩针编织】

了不起的符号 1 越绕越有趣的“卷针（绕7圈）”

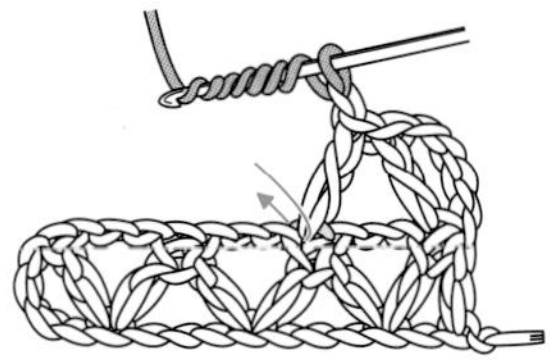

1 在针上绕7圈线，如箭头所示在前一行针目的头部2根线里插入钩针。

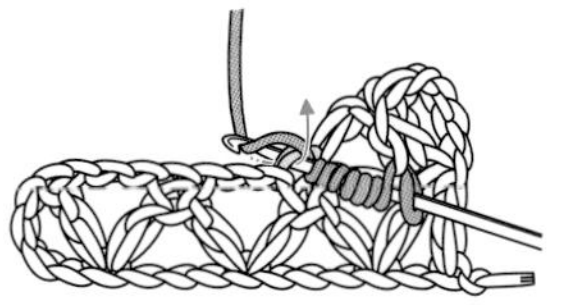

2 挂线后拉出。

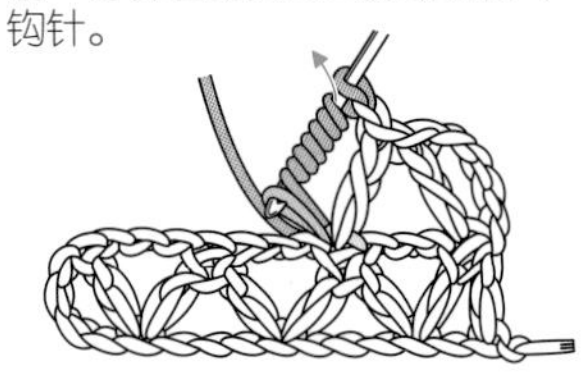

3 将刚才拉出的线直接从针头的7个线圈里拉出。

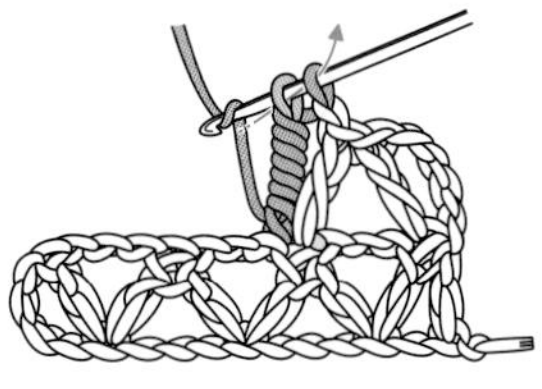

4 再次挂线，引拔穿过剩下的2个线圈。

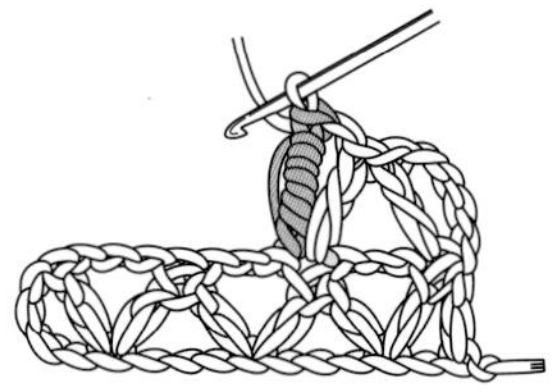

5 绕7圈的卷针完成。

了不起的符号 2 直接成形的“三角针”

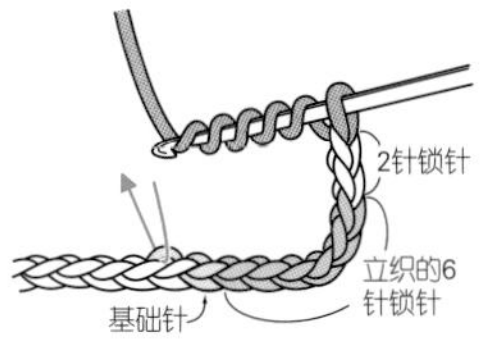

1 在针上绕5圈线，在锁针的里山插入钩针，钩织未完成的5卷长针。

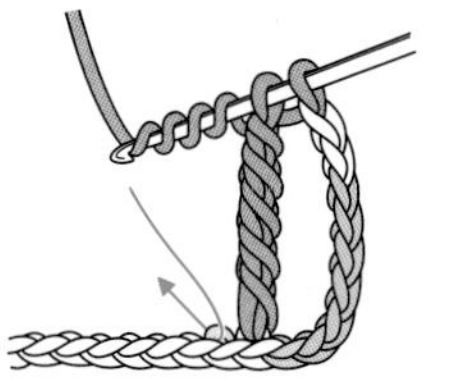

2 接着依次钩织未完成的4卷长针、3卷长针、长长针、长针。

3 针头挂线，引拔穿过针上的2个线圈。

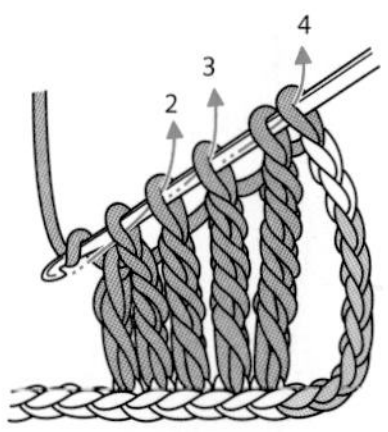

4 用相同方法再引拔2次，依次穿过针上的2个线圈。最后在3个线圈里一次性引拔。

5 三角针完成。

你是否正在编织？我是对编织符号非常着迷的小编。又迎来了春季。正如日语和歌中的季节用语“春钩”（译者注：原意应该是“春天是开启四季的一把钥匙”，“钥匙”的发音与“钩”字相同，此处相当于谐音），希望大家都能享受钩针编织的乐趣。本书也收录了大量钩针编织的内容，我们将竭尽所能传递编织符号的魅力。

这次选择了2个令人着迷的符号，可能会让你愉快地思考如何使用。我自己也试编过样片，但是没有在作品中实际应用过……那就是卷针和三角针。单从符号上看就很标新立异，格外显眼。

卷针是在钩针上缠绕数圈后引拔，针目饱满又富有立体感。引拔时的难易程度与绕线次数成正比。图中是绕7圈线，理论上绕10圈甚至绕20圈都是可行的。我个人觉得绕5圈左右刚刚好。期待钩针编织中并不常见的卷针花样可以经常出现在袖口、衣领、边缘等处。加油！不要气馁啊，卷针！！

接下来要介绍的三角针直接按符号钩织成三角形。按高度顺序钩织未完成的5卷长针、4卷长针、3卷长针、长长针、长针，就能形成三角形。图中到此就结束了，但是想象一下，如果接着钩织中长针和短针，应该会更接近三角形，不过这样一来织物会发生歪斜。所以“恰到好处”非常重要。

真是令人着迷的符号，“那么用在哪里好呢？”，思考的过程又是一大乐趣。如何使用就要看大家的技能和感觉了，都来试试这两种具有挑战性的针法吧！

小编的碎碎念

我们一般都是根据结构和花样进行设计，或许可以尝试从1种针法开始设计。不过，如果对针法没有足够的热爱，可能很难实现……

毛线球快讯

毛线世界

时尚达人的手艺时光之旅：
时尚达人的“明美编织”

谁穿都很合适的外套

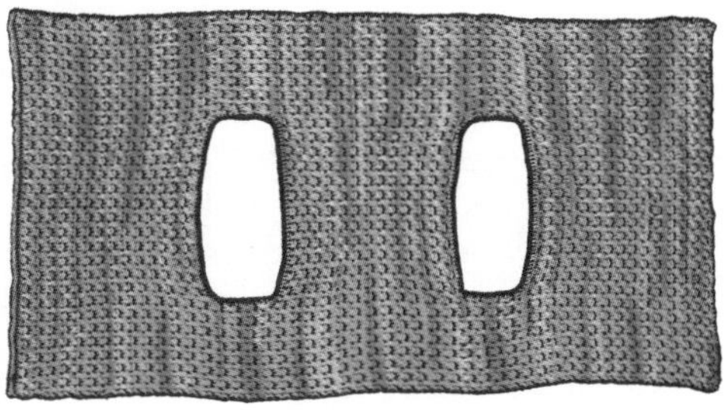

编织方法非常简单的外套展开后的状态

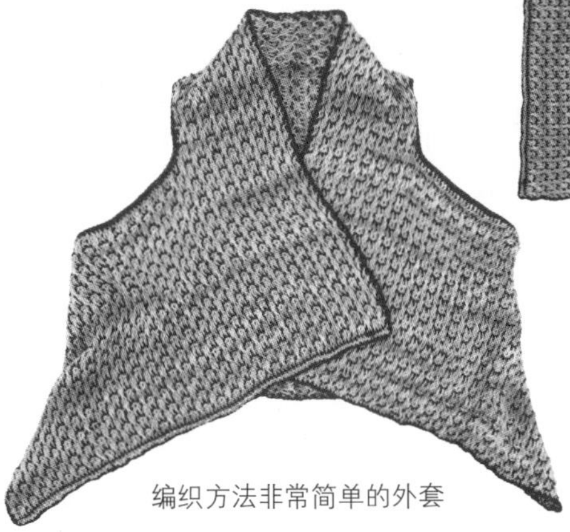

编织方法非常简单的外套

独特的明美编织钩针，两端的粗细不同

明美编织的花样教科书

堀江老师关于色彩和生活的随笔

明美艺术成立时的照片（最右边是堀江老师）

资料室有幸迎来了手工艺界的大咖，她就是“明美编织”的创始人堀江明美老师。本期将为大家介绍堀江老师关于编织的梦幻人生。

所谓“明美编织”，是用粗针和细针合二为一的编织针分别编织粗线和细线，独特的技法编织出来的作品宛如纺织的面料一般。因为使用2种线材编织，可以一边享受色彩的变化一边在花样上发挥自己的创意。

堀江老师告诉我们，在中学时代，比起编织，她更喜欢爬山等户外运动。

不过，25岁以后，作为白领女性的她问自己，一直这样过下去真的好吗？她开始想要掌握一门可以让自己走上社会能够自食其力的手艺。回想起曾经上过白萩洋裁学校，觉得自己不擅长洋裁的缝纫机操作，而日式缝纫要花很长时间才能缝出漂亮的针脚，插花呢又感觉自己审美上还差了一点。一位朋友建议说编织不是很好吗，虽然朴实了一点。在一个晴空万里的日子，头顶一道美丽的白云漫步时，偶尔看到一家店铺里醒目地摆放着一排编织机，迫不及待地跑了进去，那就是“萩原编织教室”。后来通过努力学习编织，终于自己开设了编织教室。但是，她并没有满足于现状。

某一天，朋友转让给她一本明治时代的编织教科书。尽管时代变迁，很多编织工具仍然被珍惜地使用着，身边也有很多人享受着编织的乐趣，这让她感慨万分。于是她想，如果出现新型的编织针，大家应该会很开心吧。她用橡皮筋将细细的钩针绑在阿富汗针上编织了一款背心，没想到织出的花样大获好评。这就是“明美编织”的第一步。

在作品展示会上，堀江老师无论如何都想举办成外国模特的编织服装秀。虽然通过横田培训教室的关系找到了模特，但是因为演出费用不足，最后模特穿过的作品也直接赠送给他们了。真是令人怀念又愉快的回忆。

之后，为了进一步的发展，堀江老师对日本宝库社进行了业务拜访。越往楼上走越能碰上高层领导吧，这样想着便乘坐电梯径直来到了社长办公室，因此幸运地与社长进行了面谈。而且获得了在杂志 *Amu* 上刊登作品的机会。

如今，堀江老师最大的梦想就是希望繁忙的白领女性们可以在日常生活中用简单的毛线编织自己喜欢的小物，从而享受被治愈的感觉以及手作的乐趣。

彩色蕾丝资料室 北川景

日本近代西洋技艺史研究专家。为日本近代手工艺人的技术和热情所吸引，积极进行着相关研究。拥有公益财团法人日本手艺普及协会的蕾丝师范资格，是一般社团法人彩色蕾丝资料室的负责人。担任汤泽屋艺术学院蒲田校区、浦和校区的蕾丝编织讲师。还在神奈川县汤河原经营着一家彩色蕾丝资料室。

现在还不知道？

《毛线球》的阅读指南

接着上一期的内容，我们将继续为大家介绍《毛线球》编织图的规则细节。
掌握这些规则后，以前没能完成的作品或许也可以编织了……

摄影／森谷则秋

其一　各种线条的含义

是否注意到编织图中使用的线条有很多种类？
复杂的作品也尽量利用线条的差异使图解变得更加容易理解。

点线的种类

引导线
用于图虽然分开，但是连续编织的部分

折叠线
用于折成双层等情况的翻折位置

环编线
用于环形编织的部分

中心线
《毛线球》中用于往返编织时连续编织的部分

粗细的种类

细线
引导线

中粗线
花样的切换线

粗线
用在编织图的最外侧、起针和挑针等位置

其二　编织图的规则

在呈现作品整体结构的编织图中，为了涵盖尽可能多的信息，
绘制时有各种各样的规则。
下面就来介绍几个可能被忽视的规则。

罗纹针的排列方式

罗纹针的编织起点位置虽然在符号图中也有标注，
但为了拼接时花样呈连续状态，作为细节要点，尽可能也标注在编织图中。

两端均为2针下针的双罗纹针

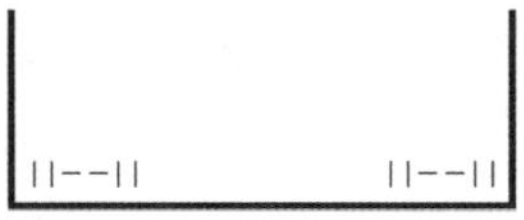

两端均为1针下针的单罗纹针

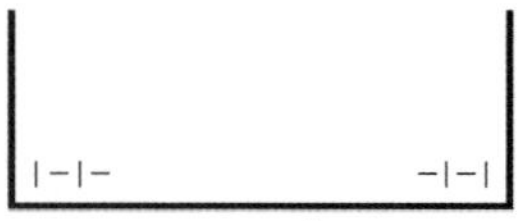

两端均为2针下针的单罗纹针

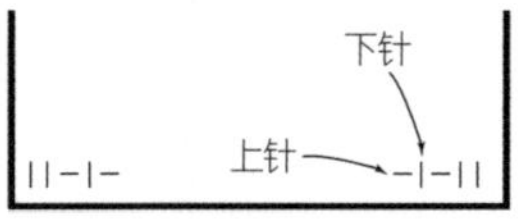

表示编织方向的箭头

这里的箭头表示编织方向以及编织起点的位置。
同一个图中出现2个及以上的箭头时，按长一点的箭头的方向开始编织。

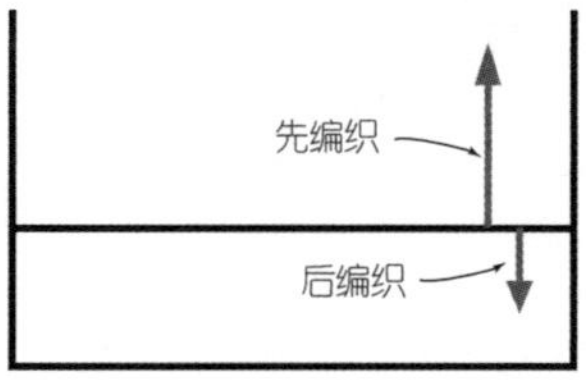

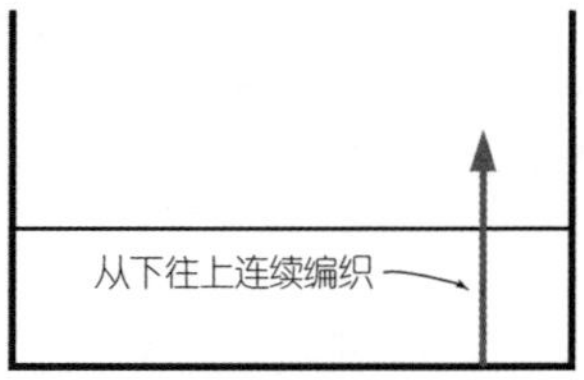

立起边针的减针

这是立起边上几针的减针，常见于插肩线等位置。
有图解时没什么关系，但是受篇幅的限制省略图解的情况，看到此处就能明白边针的状态了。

在边上第3针与第4针里减针

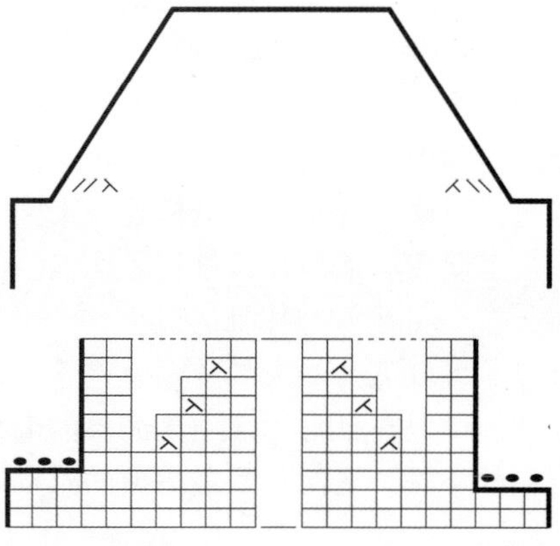

立起边上3针减针

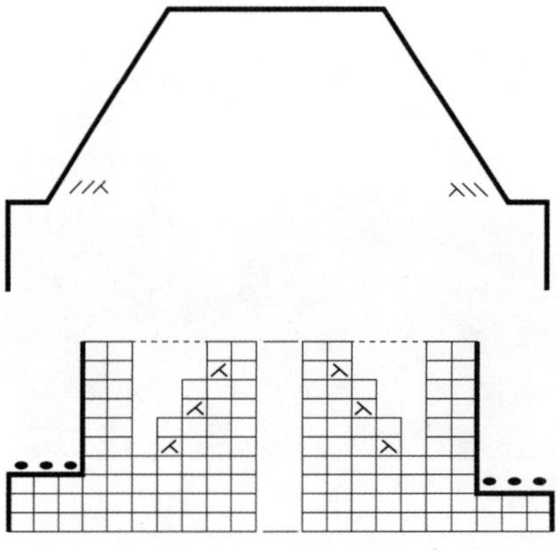

立起边上2针减针

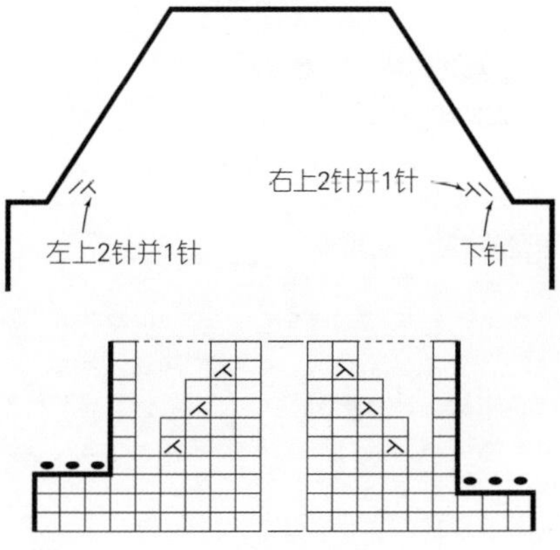

全部？一半？

同样是环形编织的图，环编线也分为粗、细两种情况。
这里并不是画错了。两者的区别在于：
一种已经是环形状态的图；
另一种虽然是环形编织，却是横向展开的图。
通过总的尺寸标注方法就可以辨别，应该不成问题。

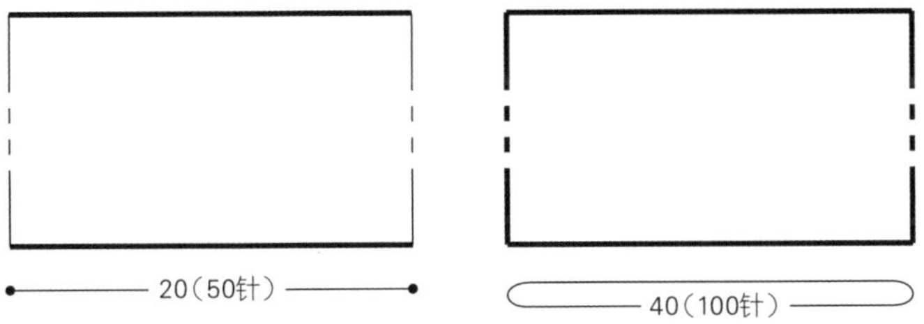

环形编织？往返编织？

前面已经讲过，往返编织还是环形编织可以通过线条的种类辨别。
但是袖窿和领窝等宽度比较细窄的部分无法用线条的种类加以表现，
如下图所示，根据线条中间是否有空隙进行判断。

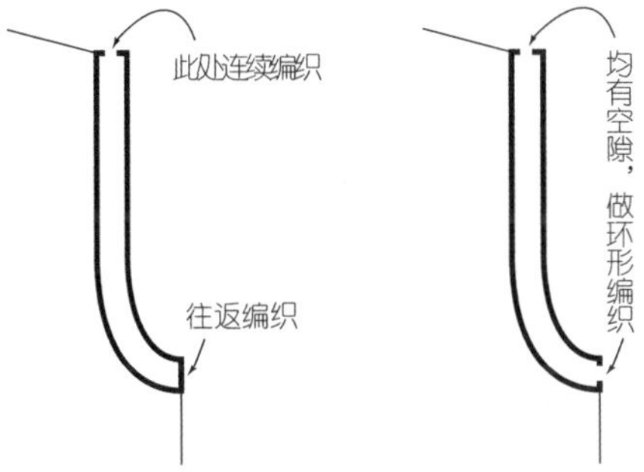

其三 图解的规则

“没有图解就无法编织”，经常听到这样的话。但是因为篇幅的关系，简单的作品往往会省略图解。
下面介绍的是根据算式转化成图解的方法。
仅凭算式无法编织的朋友，开始正式编织前不妨先在方格纸上标出具体的编织方法。

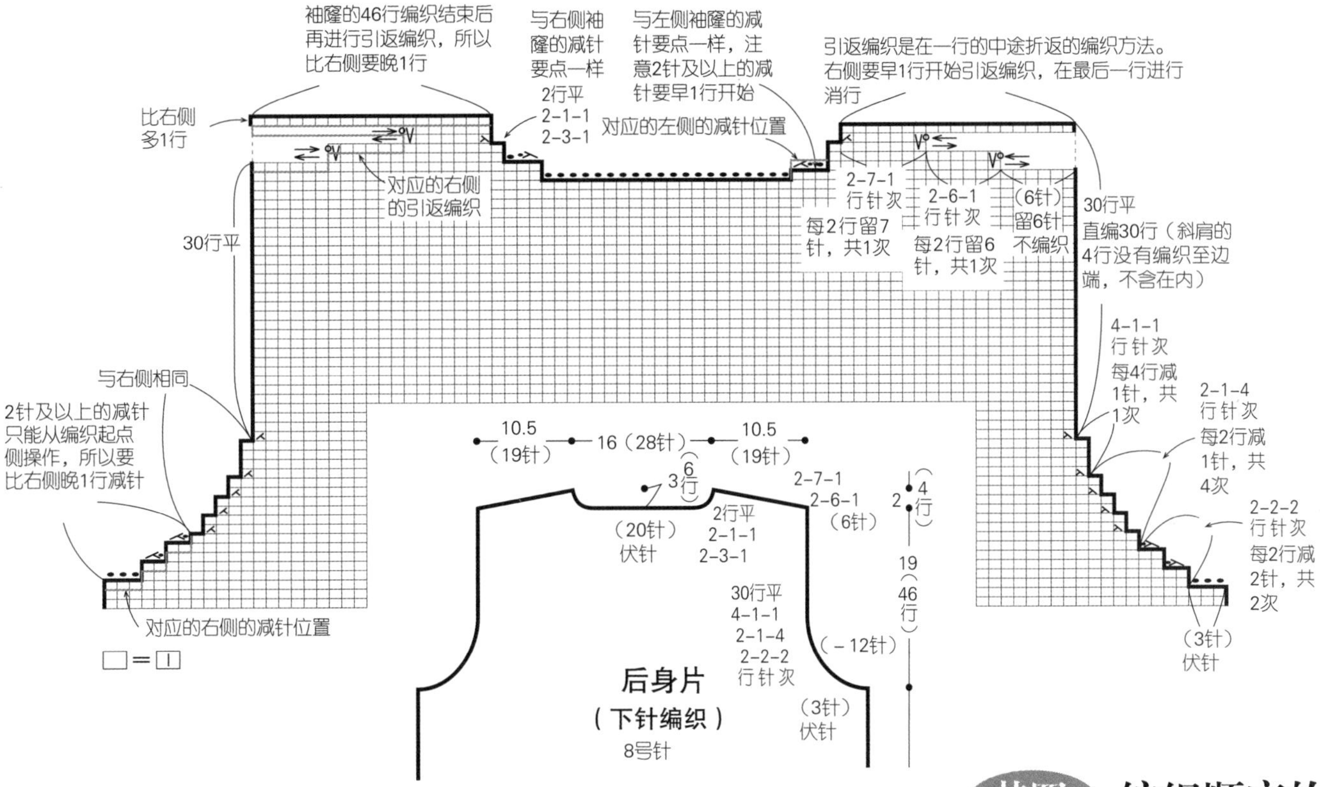

其四 编织顺序的规则

大家应该都会确认书中使用的线材和针号，
但是编织要点是否也会阅读呢？
这个部分写出了编织图中没有标注（或特别重要）的起针、拼接等方法。
而且是从编织起点到结束按顺序表述，请务必阅读后再开始编织。

《毛线球》省略了基础的编织方法，
建议初学者结合基础编织图书一
起阅读，这样更容易理解

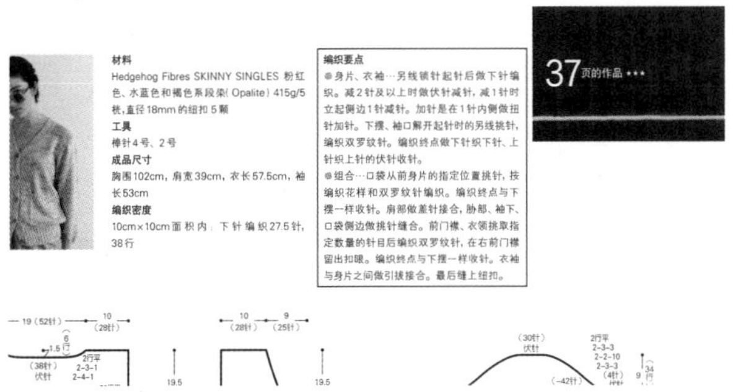

37页的作品 ***

材料
Hedgehog Fibres SKINNY SINGLES 粉红色、水蓝色和褐色系段染（Opalite）415g/5桄，直径18mm的纽扣5颗
工具
棒针4号、2号
成品尺寸
胸围102cm，肩宽39cm，衣长57.5cm，袖长53cm
编织密度
10cm×10cm面积内：下针编织27.5针，38行

编织要点
●身片、衣袖…另线锁针起针后做下针编织。减2针及以上时做伏针减针，减1针时立起侧边1针减针。加针是在1针内侧做扭针加针。下摆、袖口解开起针时的另线挑针，编织双罗纹针。编织终点做下针织下针、上针织上针的伏针收针。
●组合…口袋从前身片的指定位置挑针，按编织花样和双罗纹针编织。编织终点与下摆一样收针。肩部做盖针接合，胁部、袖下、口袋侧边做挑针缝合。前门襟、衣领挑取指定数量的针目后编织双罗纹针，在右前门襟留出扣眼。编织终点与下摆一样收针。衣袖与身片之间做引拔接合。最后缝上纽扣。

作品的编织方法

★的个数代表作品的难易程度和对编织者的水平要求　★…初学者可放心选择　★★…拥有一定自信者都可以尝试
★★★…有毅力的中上级水平者可以完成　★★★★…对技术有自信者都可大胆挑战
※ 线为实物粗细

材料

芭贝 Sympa Douce 紫色(505) 255 g/7团，水蓝色(506)60 g/2团，橙色(503)25 g/1团；直径9 mm的纽扣2颗

工具

钩针5/0号

成品尺寸

胸围118 cm，衣长57.5 cm，连肩袖长52.5 cm

编织密度

条纹花样A 1个花样1.6 cm，8行7 cm

条纹花样B 1个花样1.6 cm，8.5行10 cm

编织要点

●育克、身片…育克共线锁针起针，往返钩织条纹花样A。参照图示加针。条纹花样B环形编织，注意加针位置和前开口的挑针方法。后身片往返编织4行，织出前后差。后身片、前身片从育克和腋下的共线锁针起针挑针，环形编织条纹花样B、条纹边缘。衣袖从育克、腋下和前后差挑针，按照和身片相同的方法编织。

●组合…衣领、前开口参照图示挑针，做边缘编织。右前端钩织扣眼。缝上纽扣。

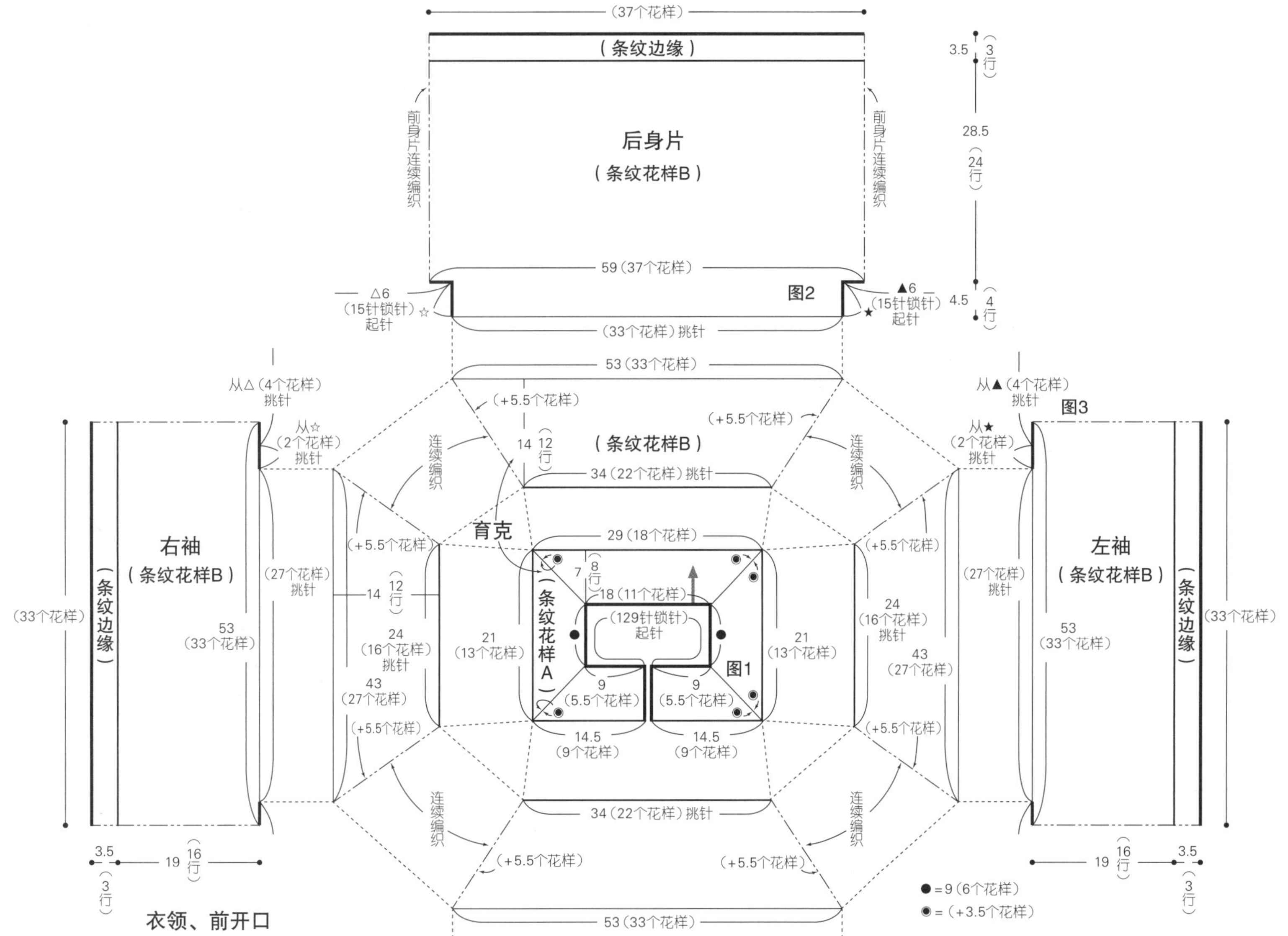

衣领、前开口
(边缘编织)

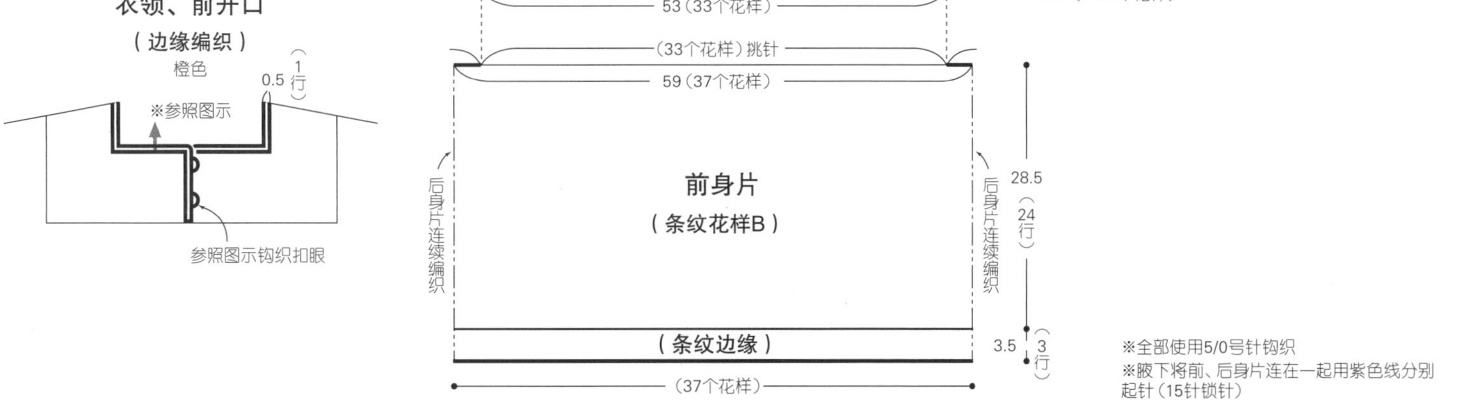

※全部使用5/0号针钩织

※腋下将前、后身片连在一起用紫色线分别起针(15针锁针)

条纹花样B和角部的编织方法

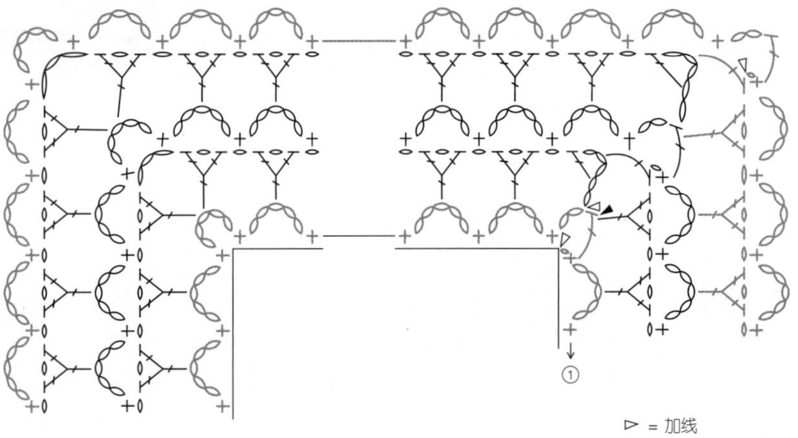

▷ = 加线
◀ = 剪线

条纹花样A

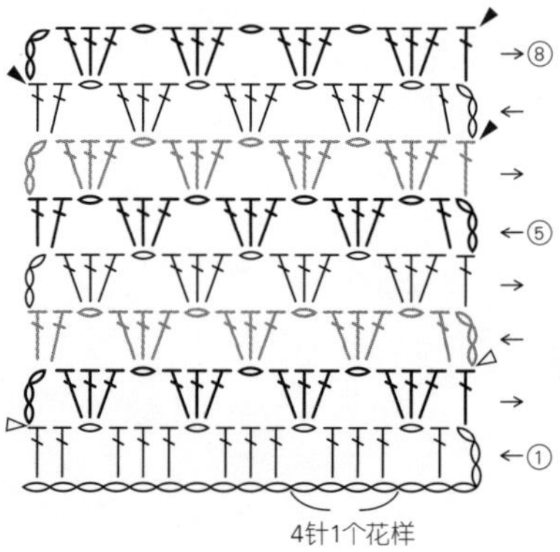

配色
- ——— = 紫色
- ——— = 橙色
- ——— = 水蓝色

条纹边缘

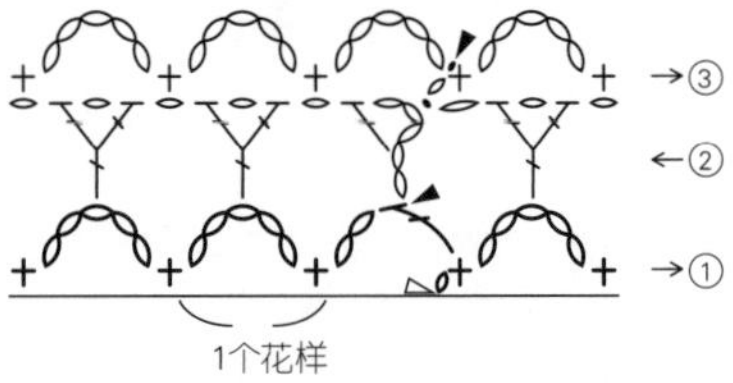

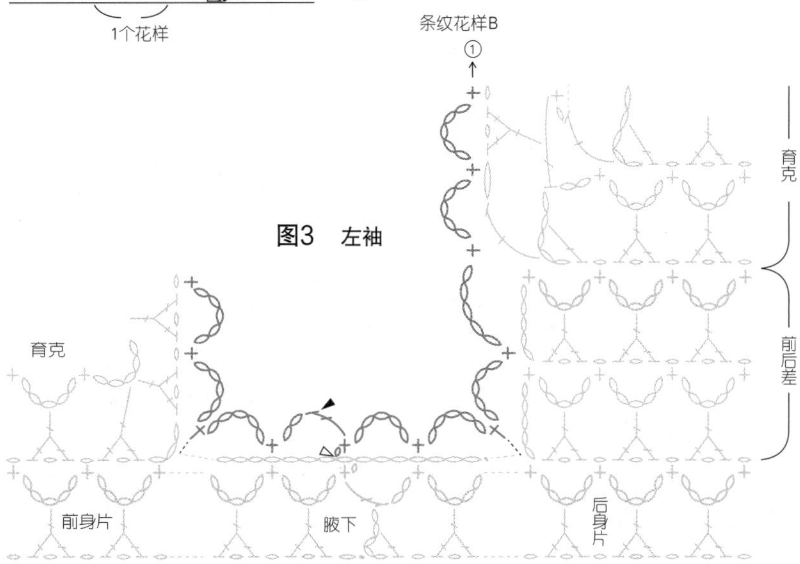

图3 左袖

条纹花样B

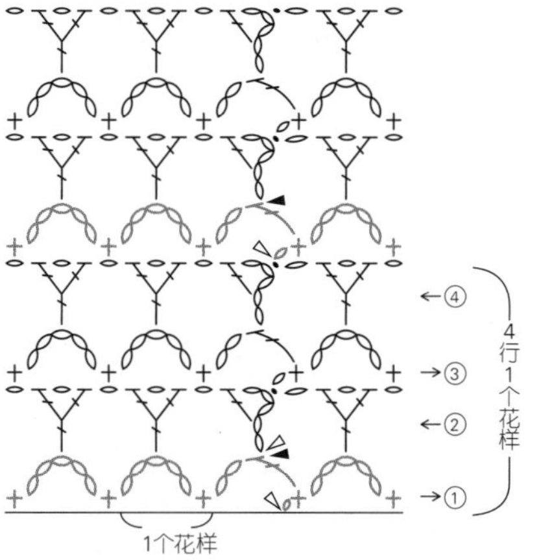

※水蓝色线每行剪线，紫色线不剪断，用水蓝色线编织时包住向下一行渡线

=Y形针

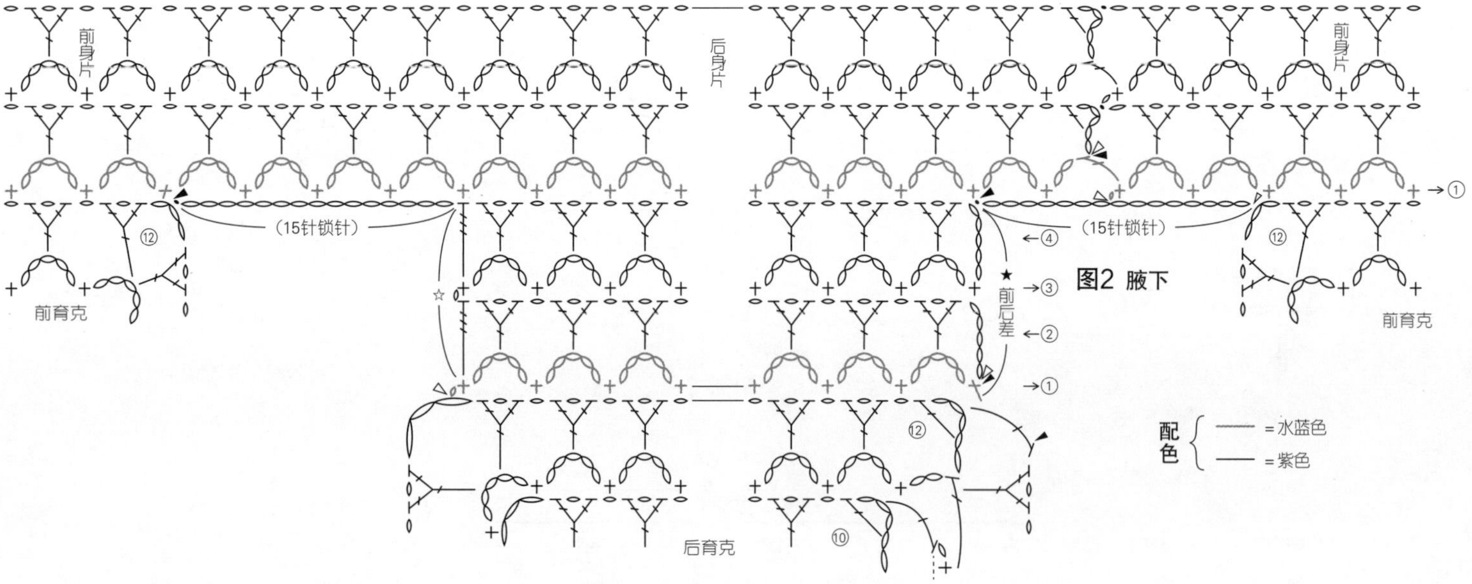

图2 腋下

配色
- ——— = 水蓝色
- ——— = 紫色

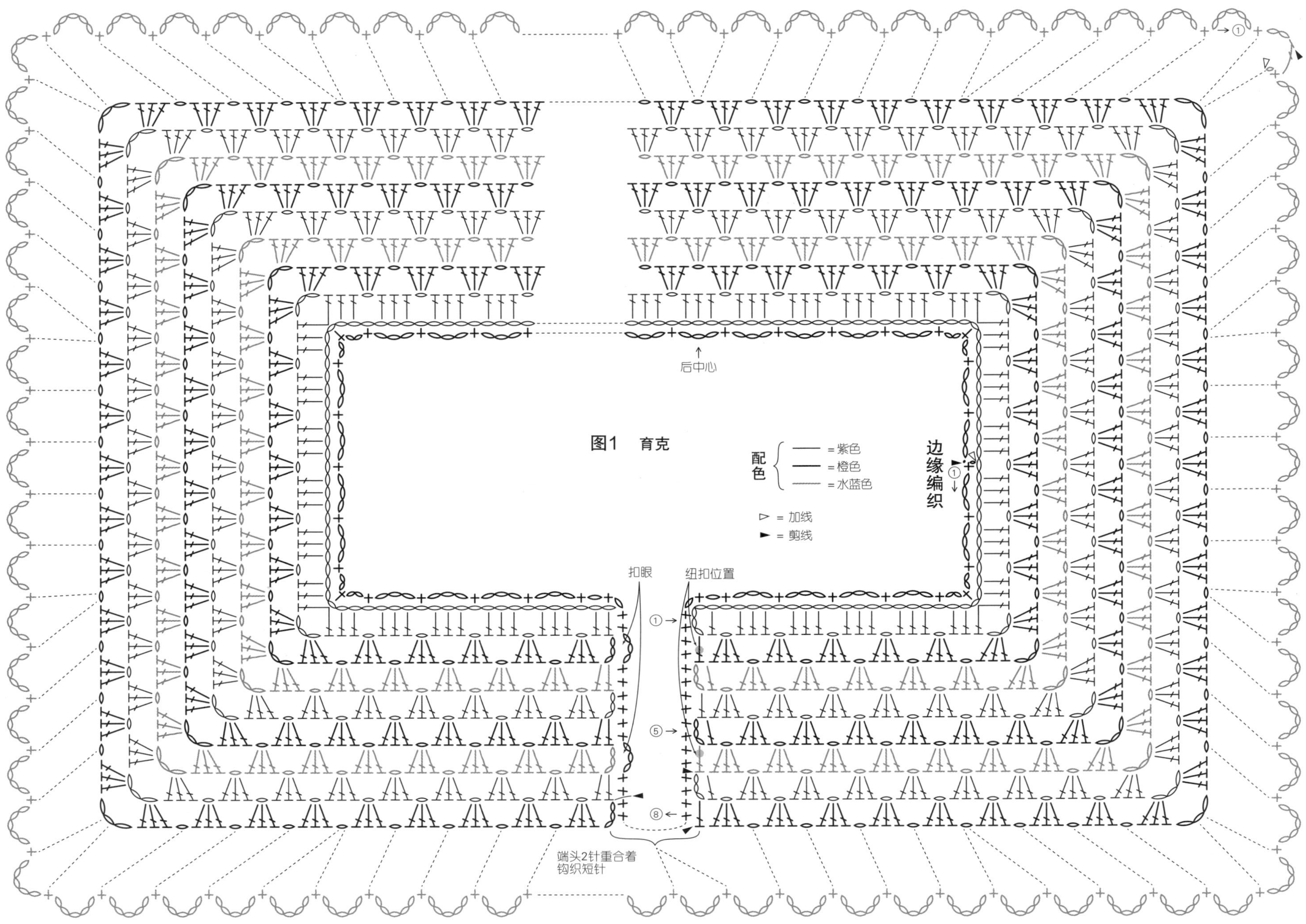

后中心
图1　育克
配色
=紫色
=橙色
=水蓝色
边缘编织
= 加线
= 剪线
扣眼
纽扣位置
端头2针重合着
钩织短针

材料
芭贝 Puppy Linen 100 米色(902) 185 g/5团
工具
钩针 5/0 号
成品尺寸
胸 围 114 cm，衣 长 51 cm，连 肩 袖 长 29.5 cm
编织密度
编织花样 1 个花样 6.3 cm，9.5 行 10 cm

编织要点
●身片…锁针起针，做编织花样。下摆做边缘编织。
●组合…肩部钩织引拔针和锁针接合，参照图示调整领窝。衣领做边缘编织。胁部、袖口将前、后身片连在一起做边缘编织，在指定位置做卷针缝。

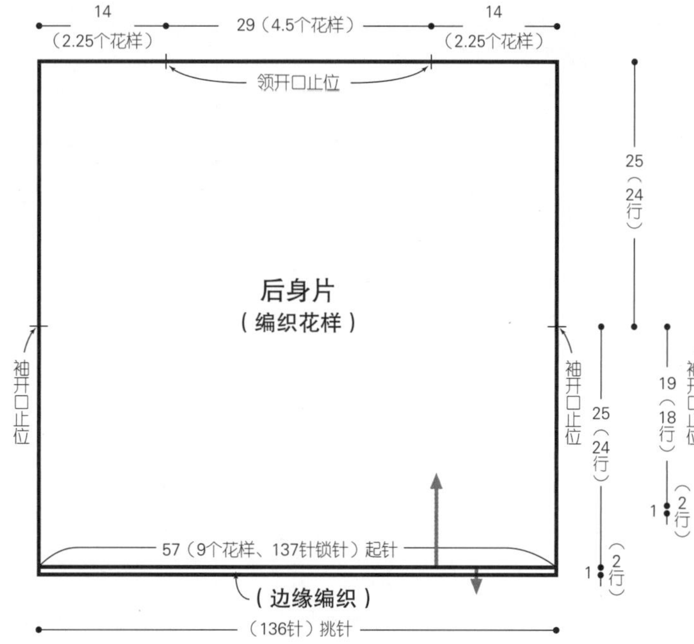

※全部使用5/0号针钩织

编织花样

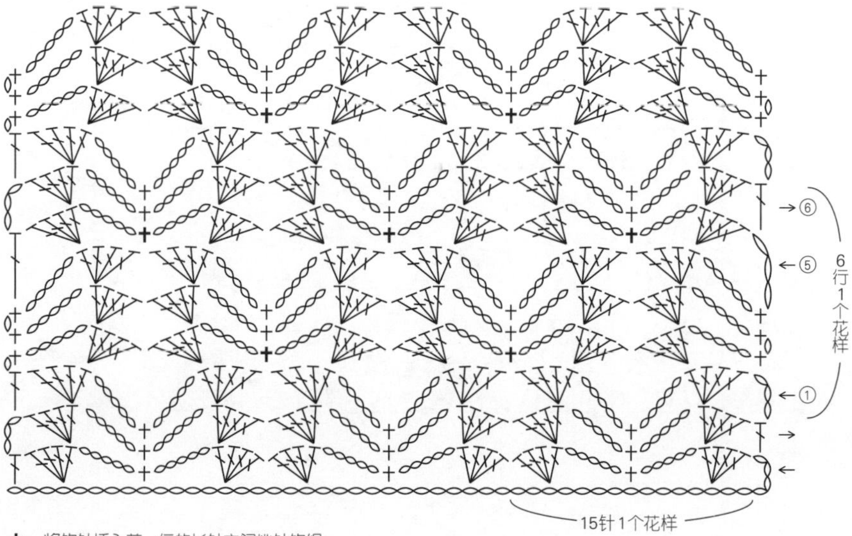

✚ = 将钩针插入前一行的长针之间挑针钩织

▶ = 剪线

边缘编织 (胁部、袖口)

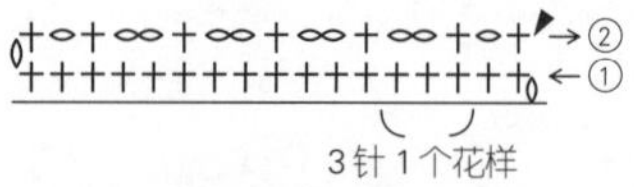

边缘编织 (衣领)

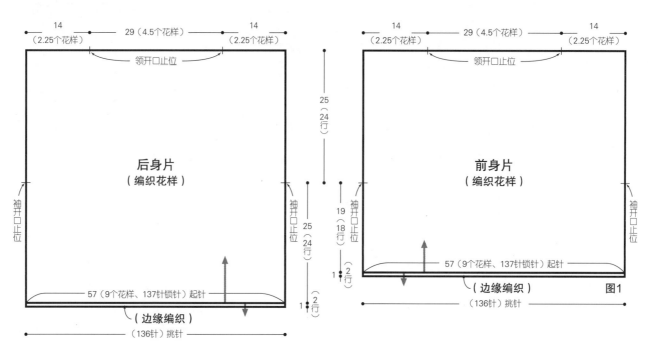

图2
衣领

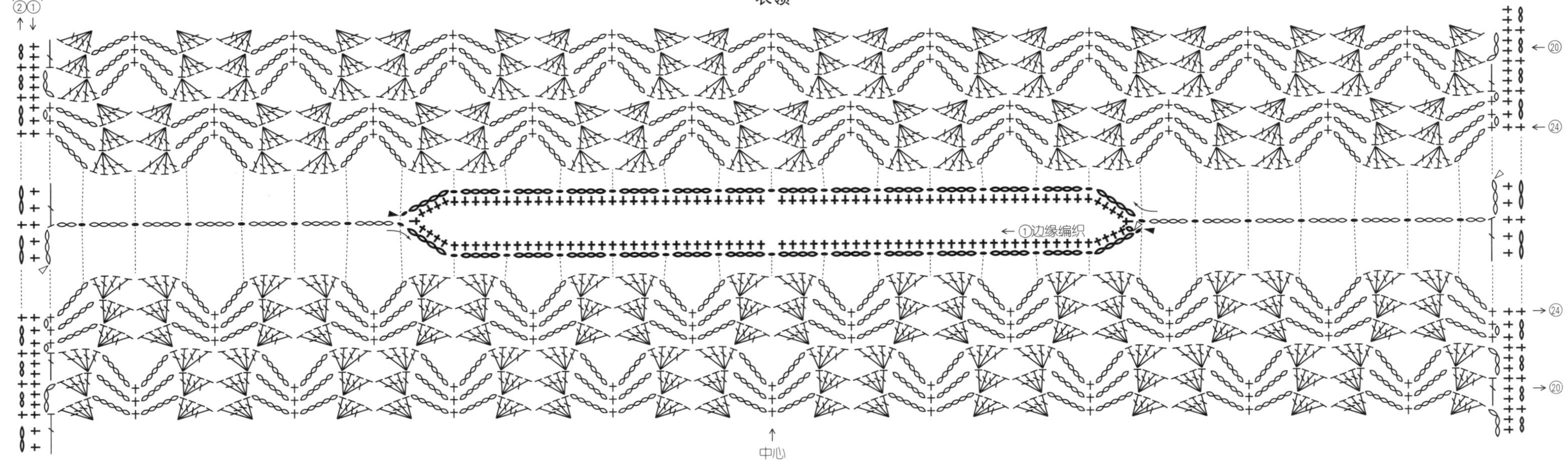

=正面相对对齐，钩织引拔针和锁针接合

=接着锁针接合处看着织物反面整理边缘

※边缘编织翻到正面编织

▷ = 加线

► = 剪线

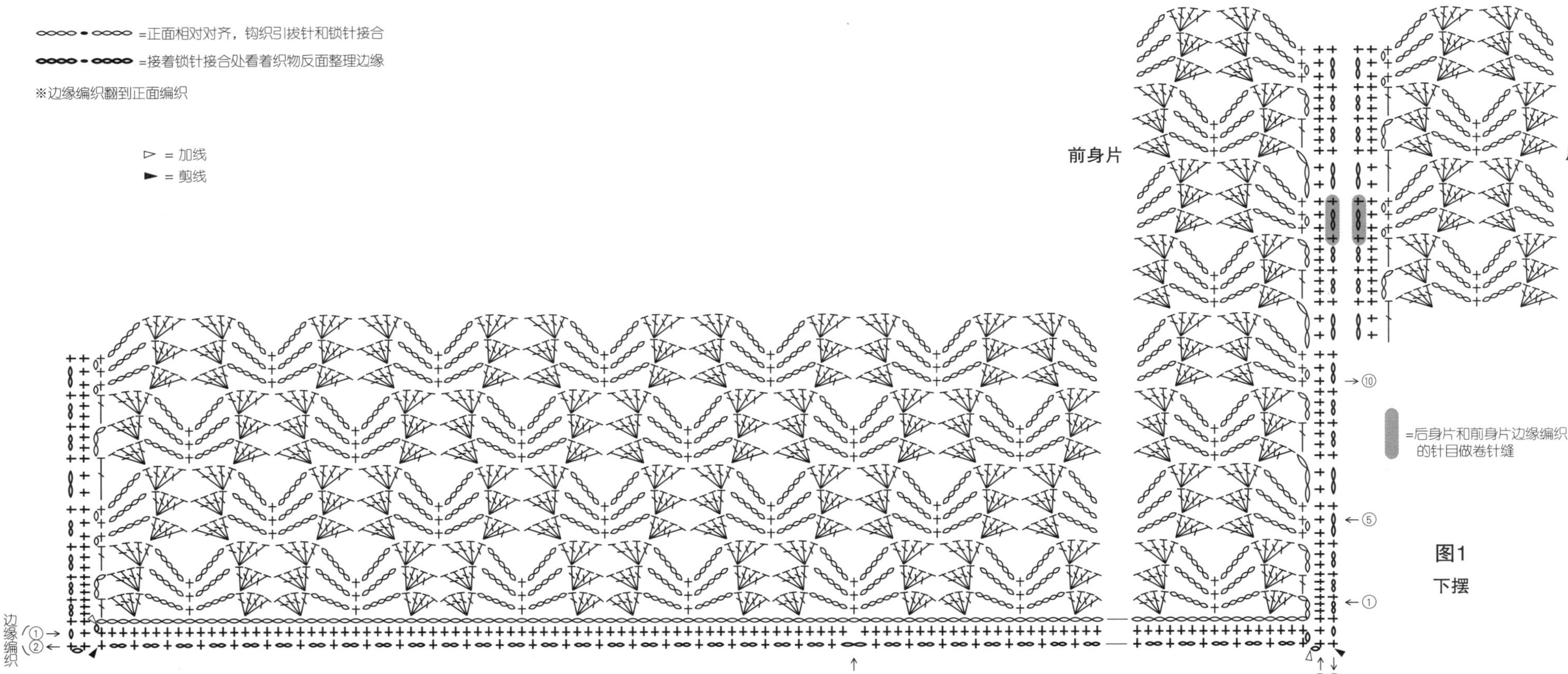

=后身片和前身片边缘编织的针目做卷针缝

图1
下摆

材料

钻石线 Diasicily 芥末色（4104）125 g/5团，灰色（4102）110 g/4团，原白色（4101）95 g/4团；直径15 mm的纽扣2颗

工具

钩针 4/0 号

成品尺寸

胸围 115 cm，衣长 51.5 cm，连肩袖长 52.5 cm

编织密度

10 cm×10 cm面积内：条纹花样29针，9.5行

编织要点

●身片、衣袖…身片锁针起针，编织条纹花样。不断线，绕在织物边针中，向上渡线。参照图示减针。肩部钩织短针和锁针接合。衣袖从身片挑针，编织条纹花样。参照图示减针。

●组合…胁部、袖下钩织引拔针和锁针接合。下摆、前门襟、衣领钩织条纹边缘。右前门襟编织扣眼。袖口环形钩织条纹边缘。缝上纽扣。

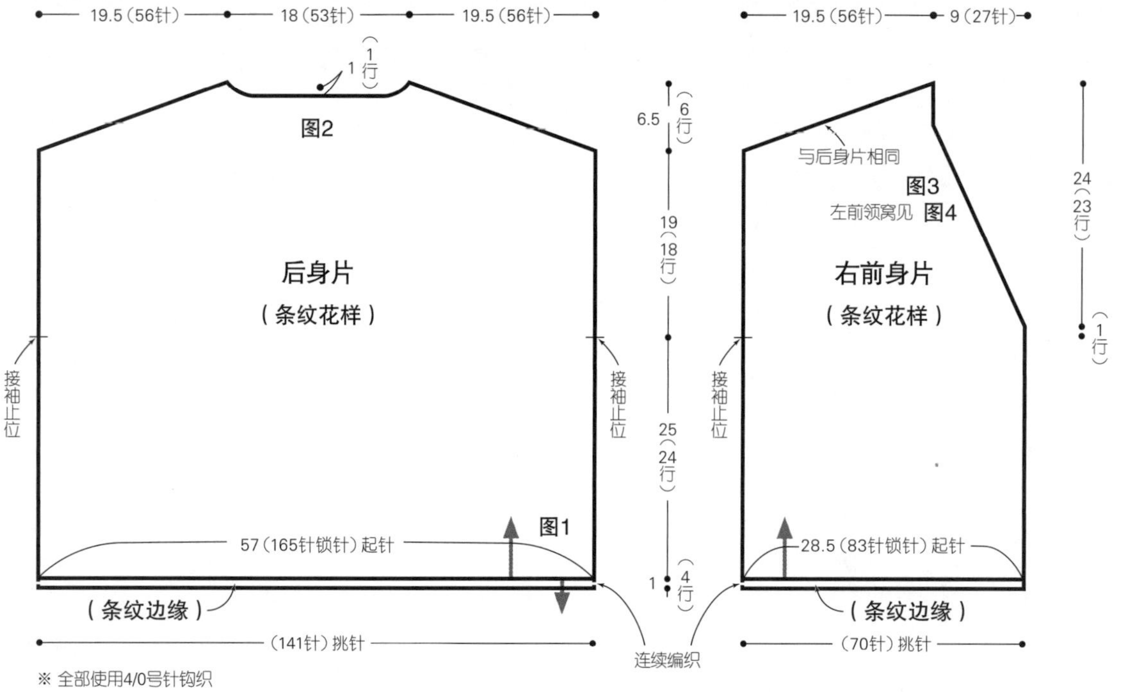

※ 全部使用4/0号针钩织

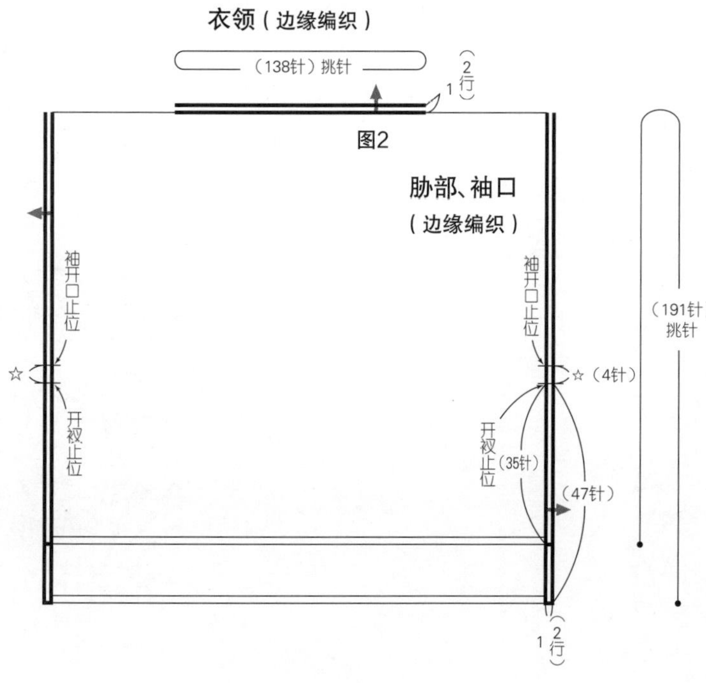

☆＝后身片和前身片边缘编织的针目头部做卷针缝

条纹花样
18行1个花样
⑱
⑮
⑩
⑤
①
◎ = 1行
左前身片、衣袖
后身片、右前身片
编织终点
4针1个花样
右前身片、衣袖
后身片、左前身片
编织起点
※ 条纹花样的配色请参照右表
※ 衣袖第1行钩织短针（参照图5）
= 长针的十字针
条纹花样的配色
原白色 (3行)
芥末色
灰色
原白色
芥末色
灰色
原白色
芥末色 (3行)
灰色
原白色
芥末色
灰色
原白色
芥末色
衣袖编织起点
灰色 (3行)
原白色
芥末色
灰色
原白色
芥末色
灰色
身片编织起点
重复
(76针) 挑针
(条纹边缘)
31 (89针)
图6
衣袖
(条纹花样)
图5
(-10针)
1 (4行)
23 (22行)
38 (109针) 挑针
前门襟、衣领
(条纹边缘)
(47针) 挑针
1 (4行)
(60针) 挑针
转角 (1针) 挑针
扣眼
※参照图示
(62针) 挑针
(3针) 挑针
= 加线
= 剪线
条纹边缘 (袖口)
2针1个花样
条纹边缘 (下摆、前门襟、衣领)
2针1个花样
④
③
②
①
配色
= 芥末色
= 灰色

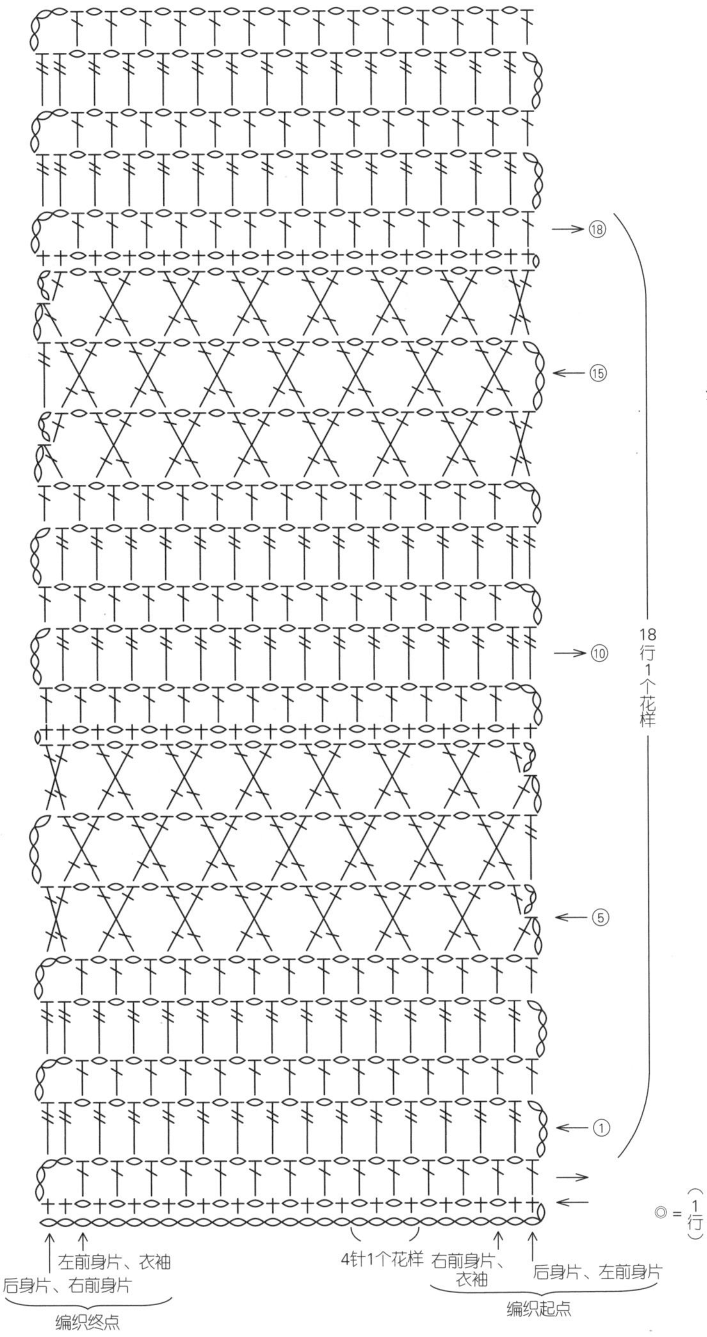

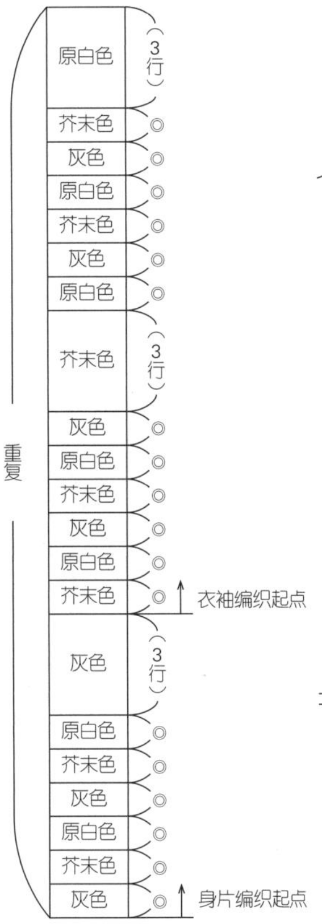

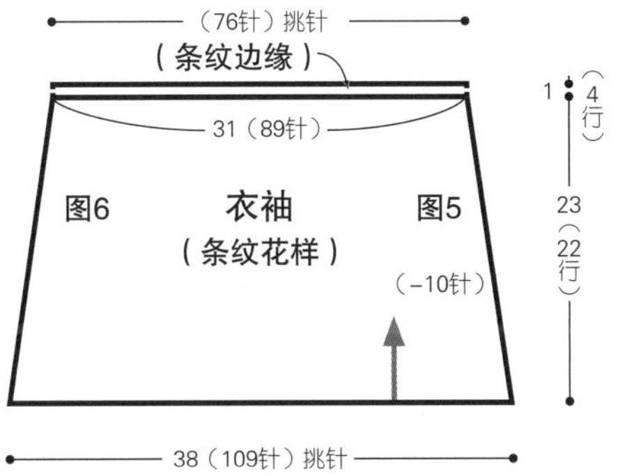

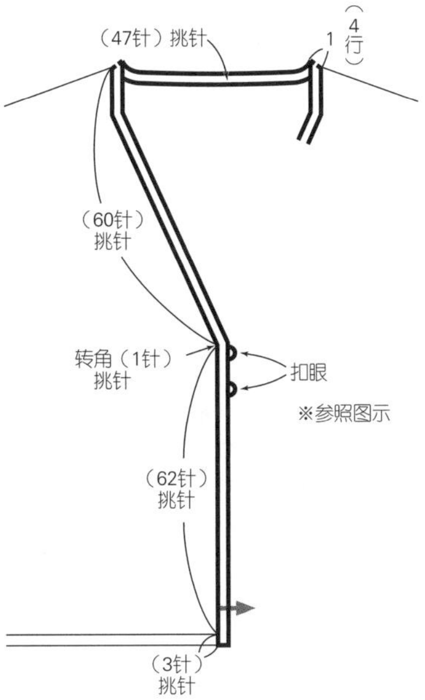

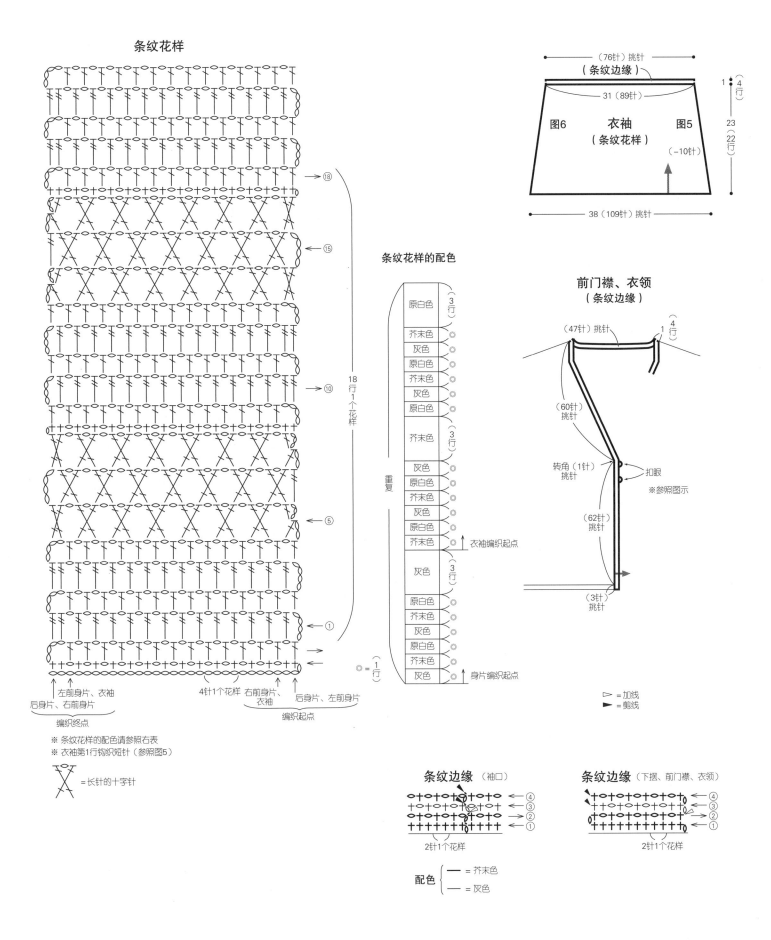

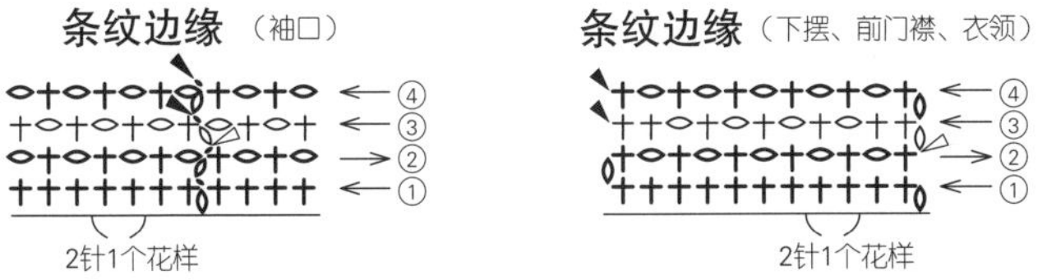

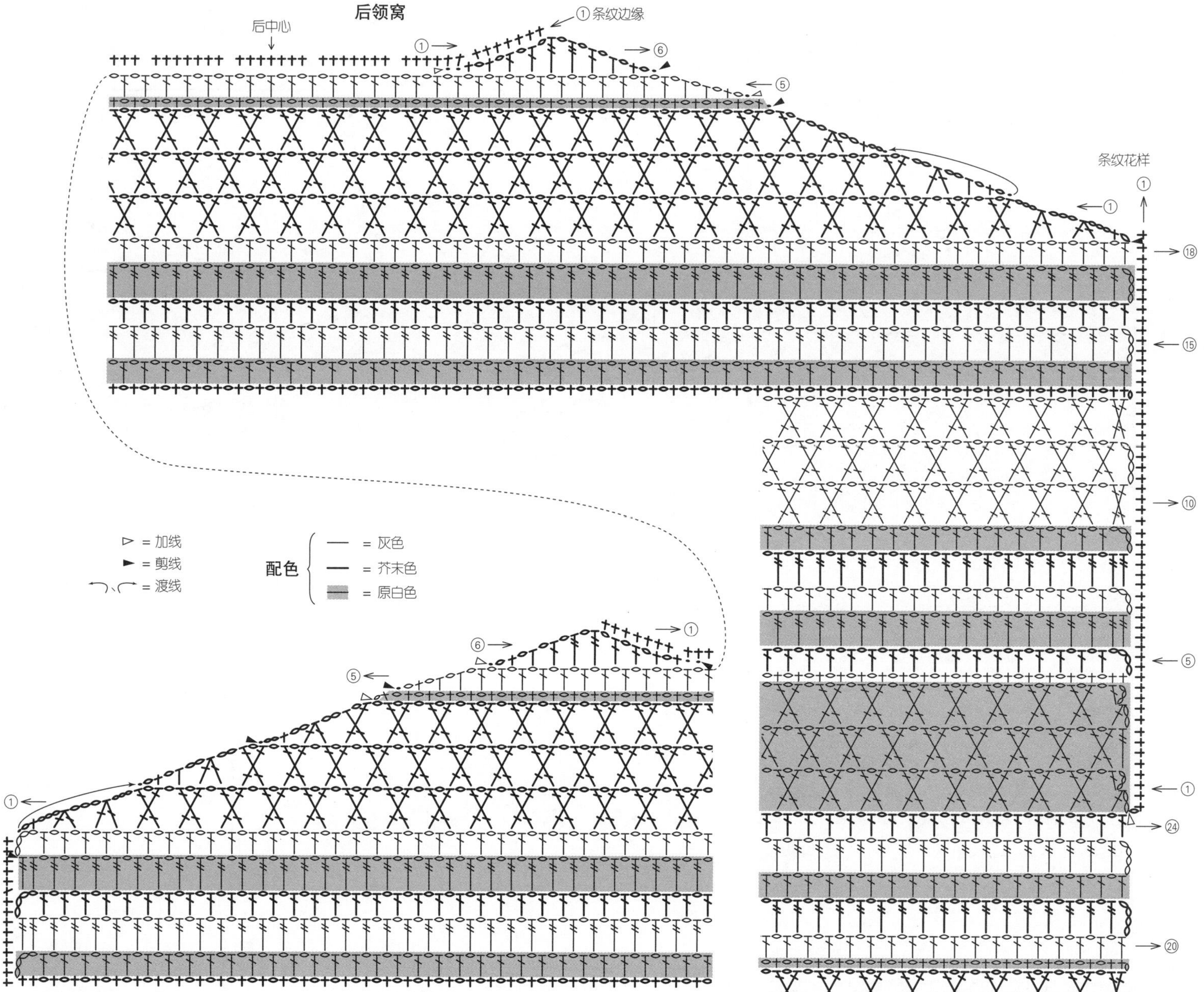

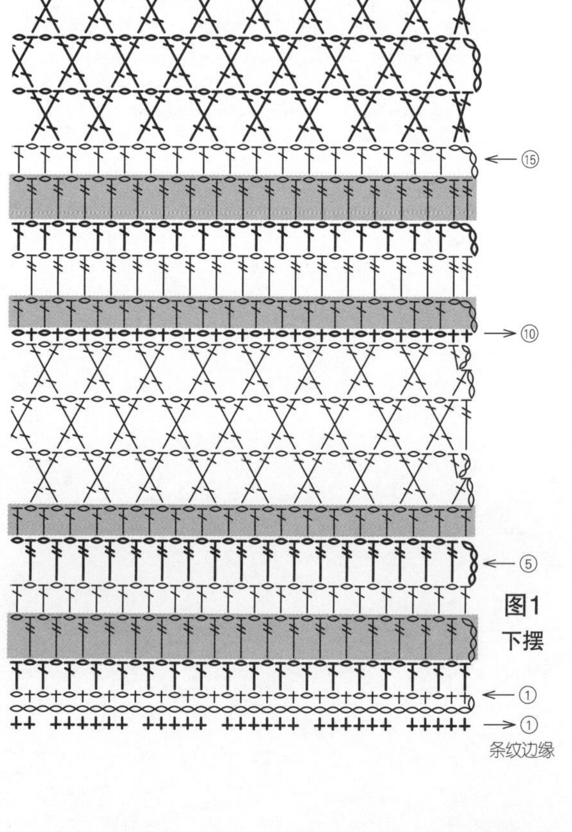

长针的十字针

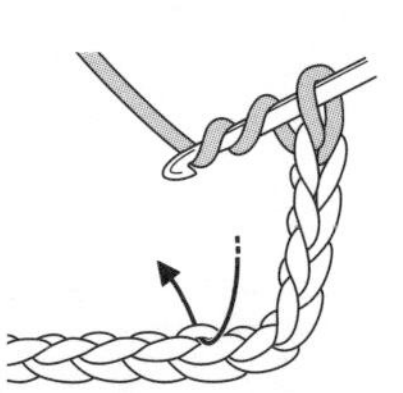

1 在钩针上挂 2 次线，将钩针插入锁针的里山，钩织未完成的长针。

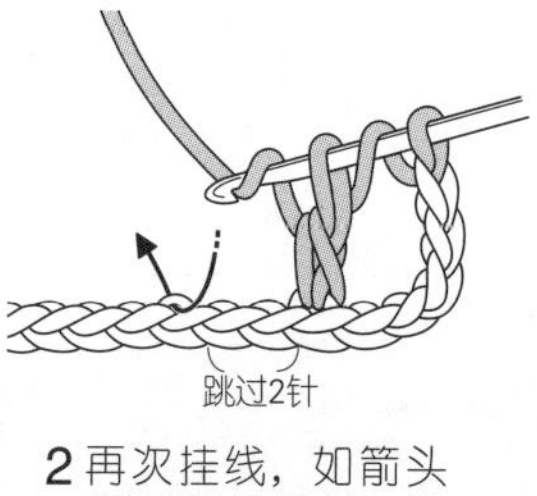

2 再次挂线，如箭头所示插入钩针，钩织未完成的长针。

3 挂线，从钩针上的 2 个线圈中拉出。

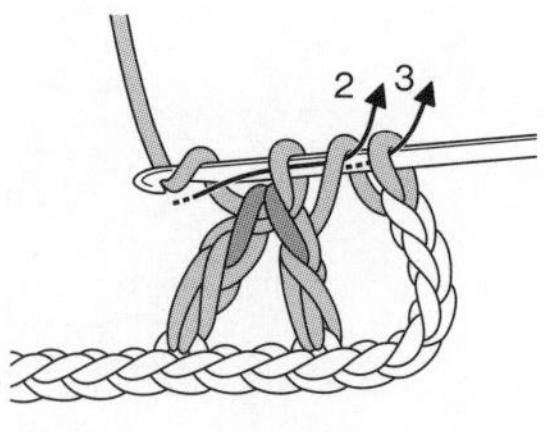

4 继续挂线，依次从钩针上的 2 个线圈中拉出。钩织 2 针锁针。

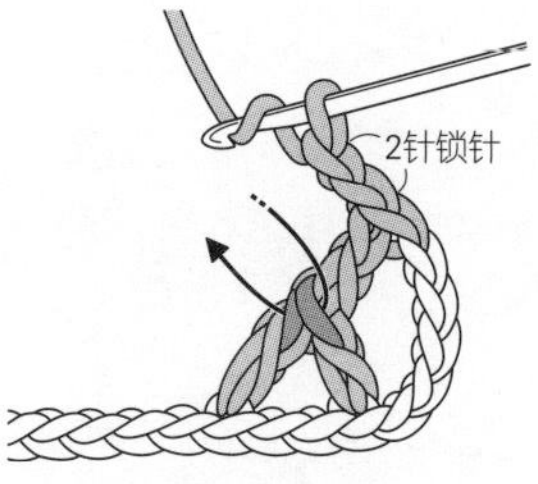

5 挂线，如箭头所示插入钩针钩织长针。

6 长针的十字针完成。

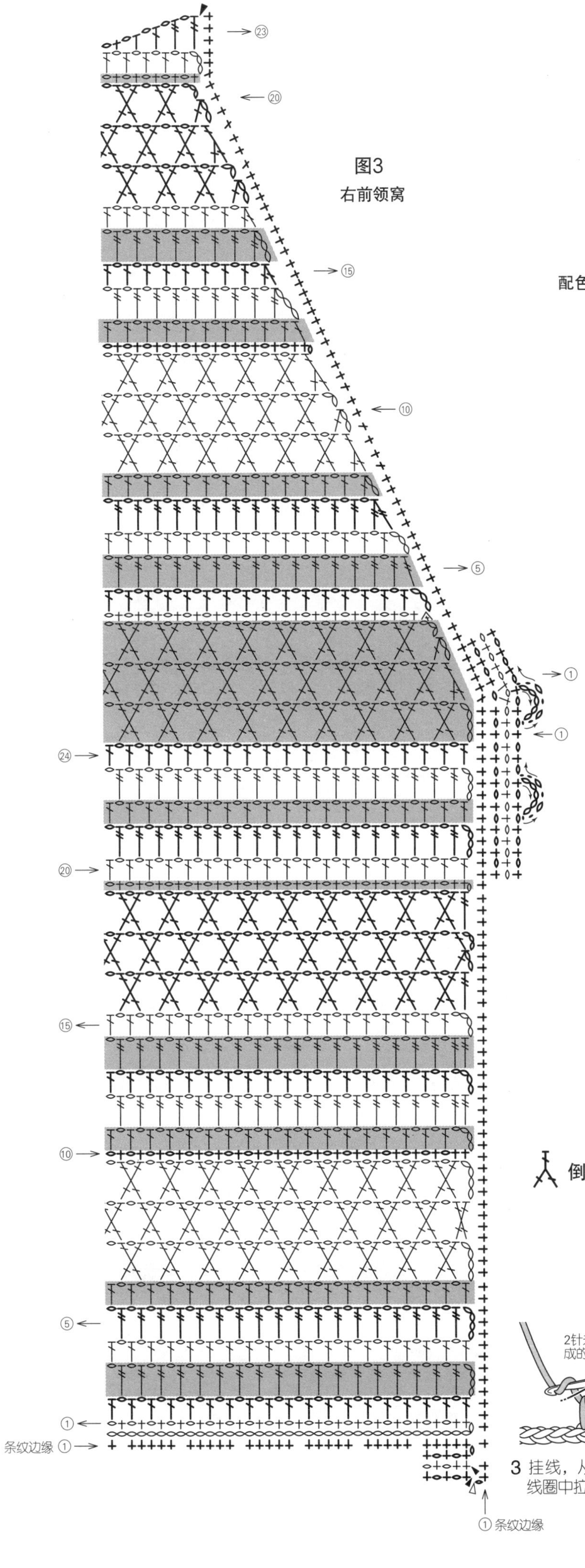

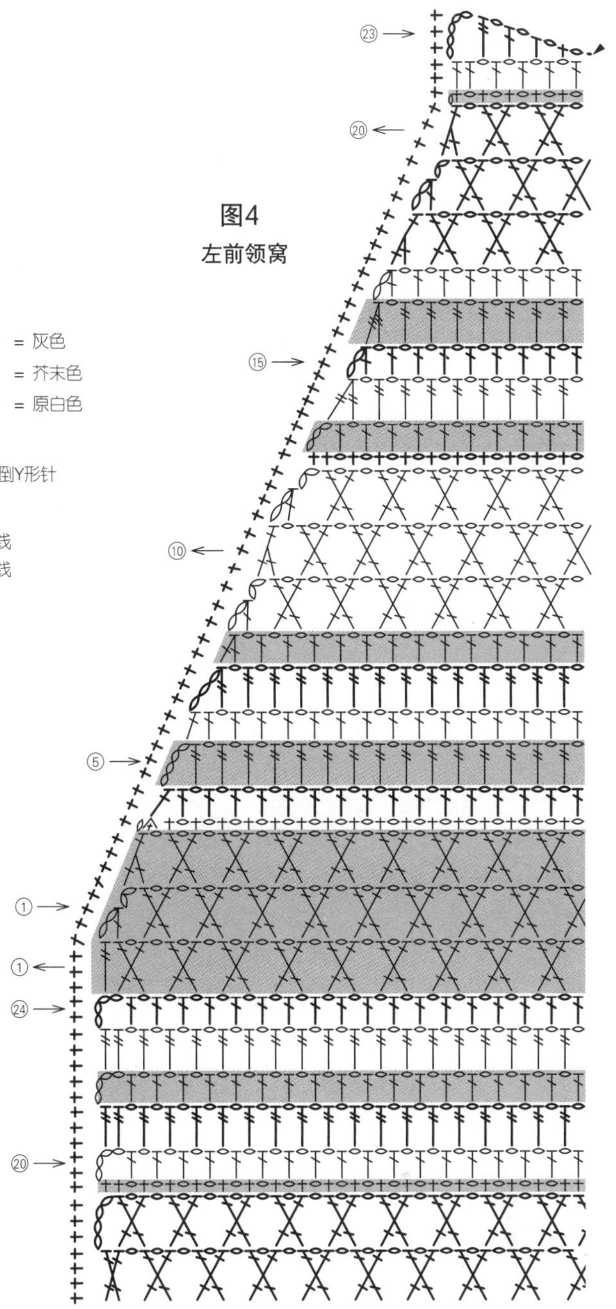

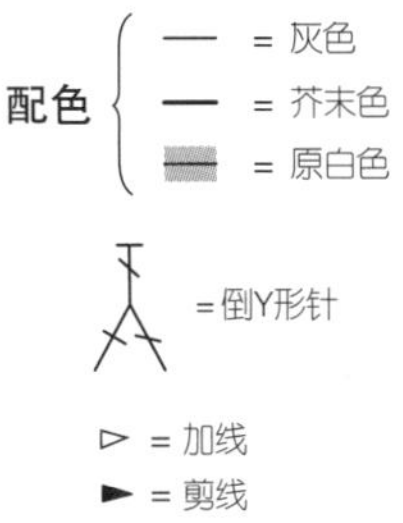

倒Y形针

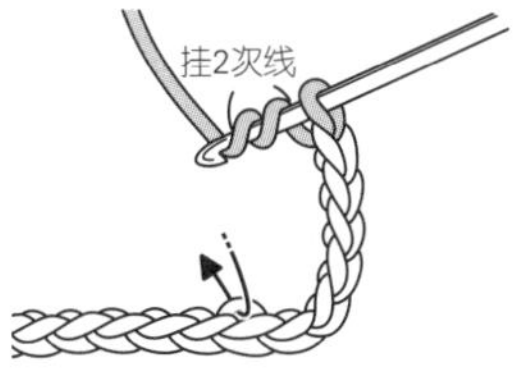

1 在钩针上挂 2 次线，将钩针插入锁针的里山，挂线并拉出。

2 钩织未完成的长针。再次挂线，如箭头所示插入钩针，钩织未完成的长针。

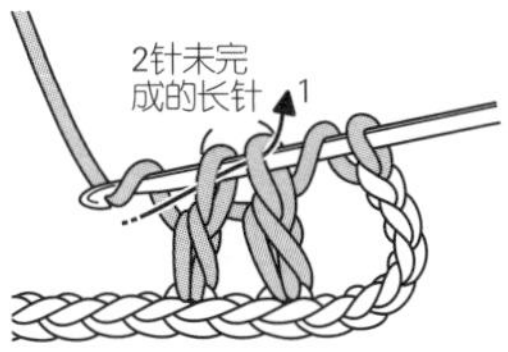

3 挂线，从钩针上的 2 个线圈中拉出。

4 继续挂线，依次从钩针上的 2 个线圈中拉出。

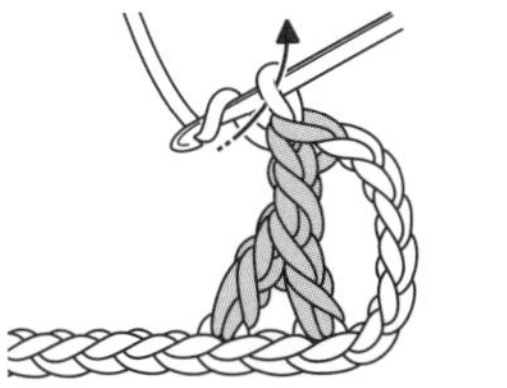

5 倒 Y 形针完成。

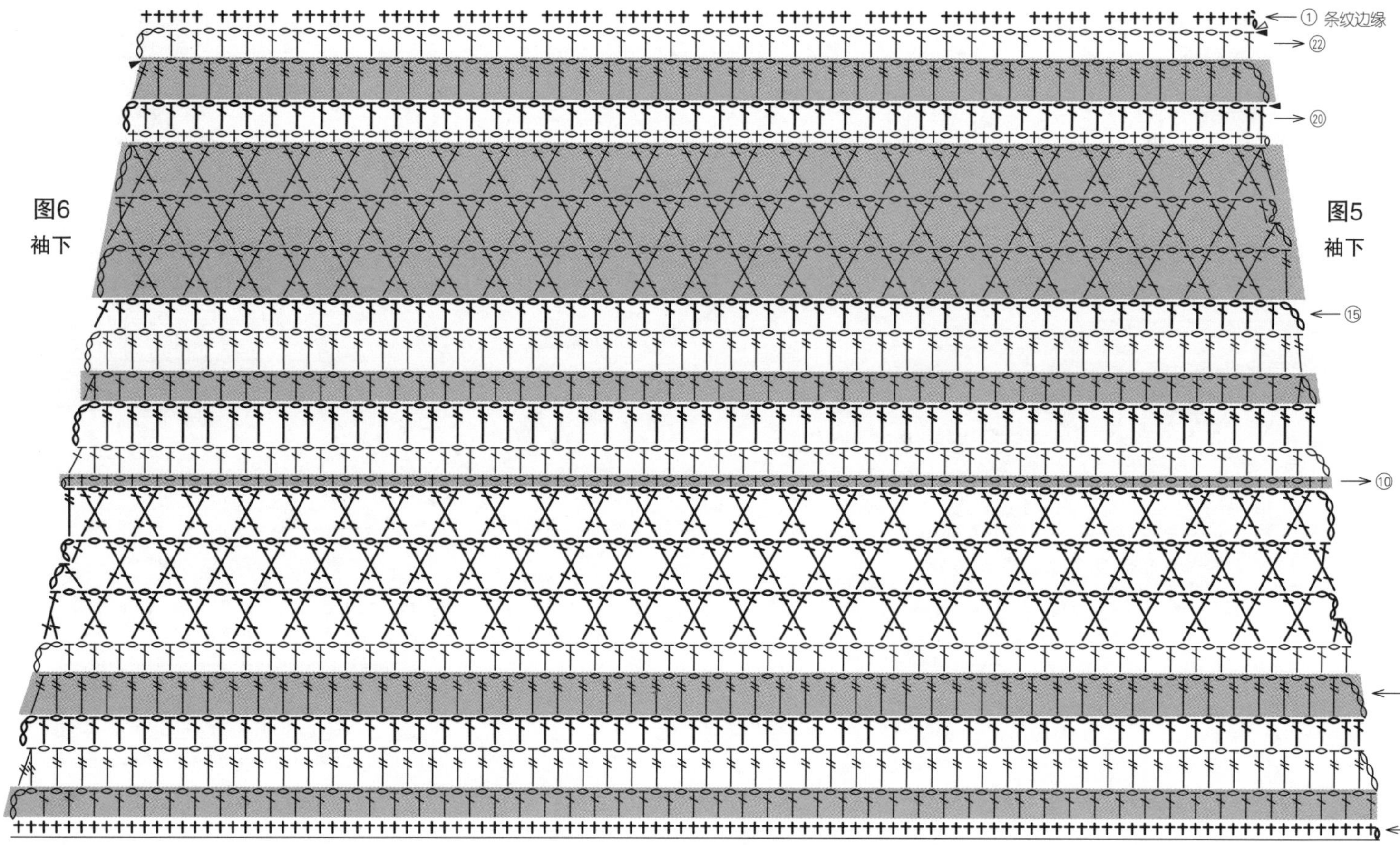

▶ = 剪线

配色
— = 芥末色
— = 原白色
— = 灰色

编织花样A的编织方法

1 第1行钩织中长针。第2行立织2针锁针，挂线，如箭头所示将钩针插入2根线。

2 挂线并钩织中长针。

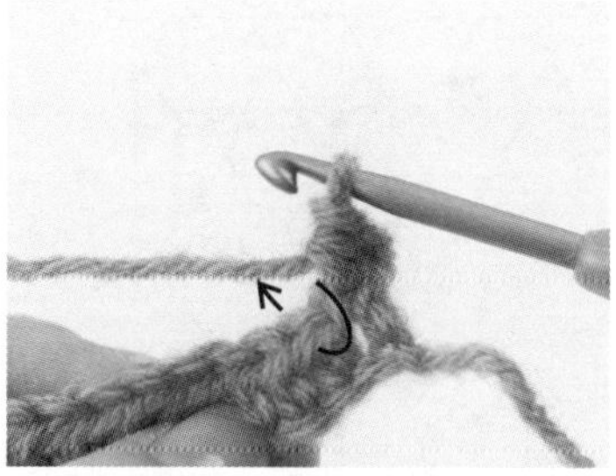

3 钩织完成1针。按照相同方法钩织至端头。

4 第2行完成。不用挑起前一行立织的针目。反面可以看到中长针头部的1根线。

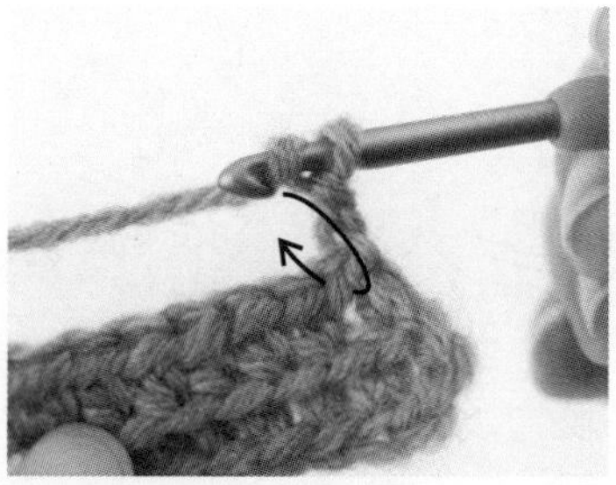

5 第3行立织2针锁针，翻到反面，如箭头所示插入1根线。

6 钩织中长针。

7 按照相同方法钩织至端头。不用挑起前一行立织的针目。正面可以看到中长针头部的2根线。

8 重复上述钩织方法。

材料

Ski毛线 Ski Minamo 绿色系混合(1916) 250 g/9团

工具

钩针4/0号

成品尺寸

胸围122 cm，衣长47.5 cm，连肩袖长32 cm

编织密度

10 cm×10 cm面积内：编织花样B 22.5针，9.5行

编织要点

●身片…下摆锁针起针，做编织花样A。后身片、前身片从下摆挑针，做编织花样B。参照图示减针。

●组合…肩部对齐针与针钩织引拔针和锁针连接，胁部对齐行与行钩织引拔针和锁针连接。袖口、衣领挑取指定数量的针目，环形做边缘编织。

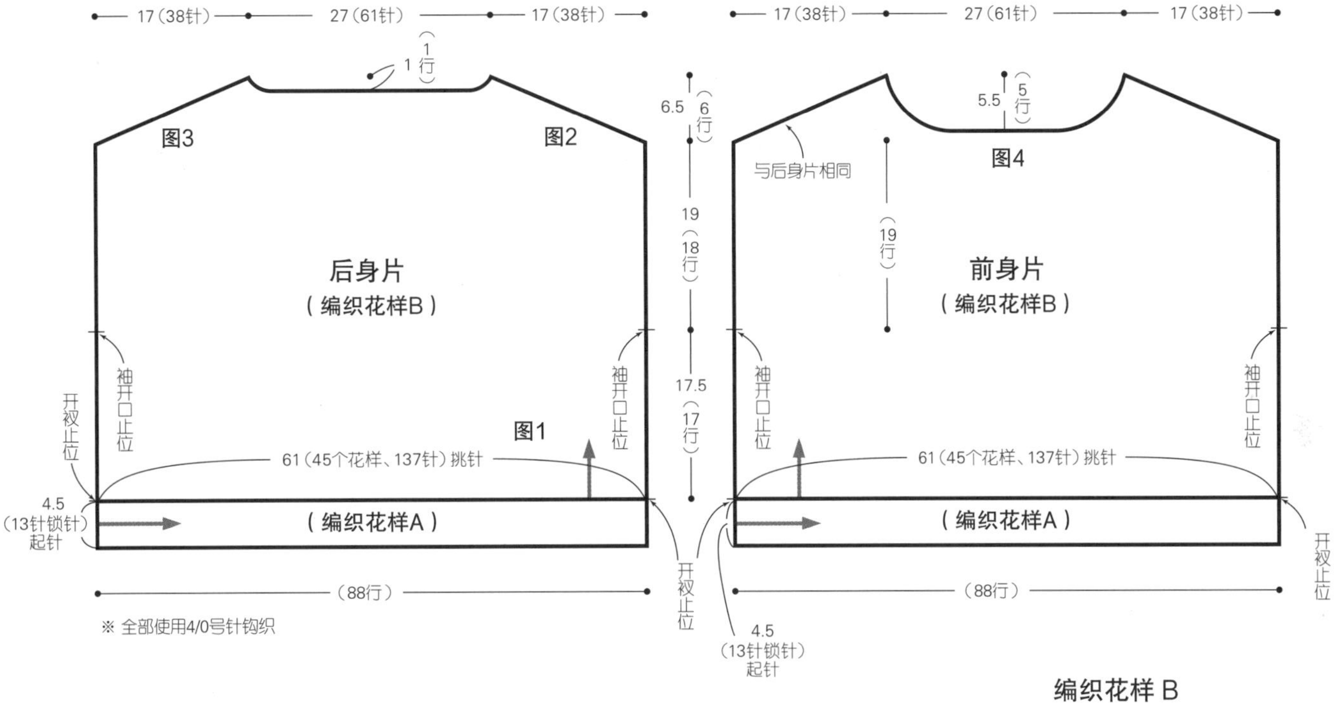

※ 全部使用4/0号针钩织

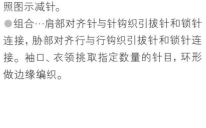

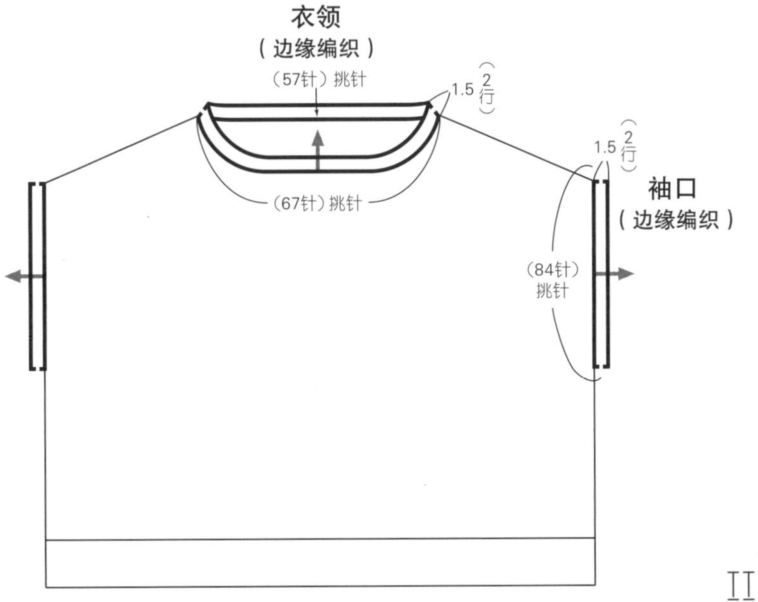

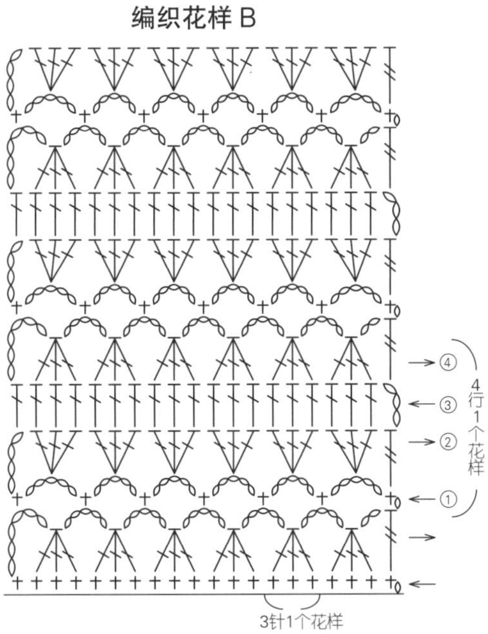

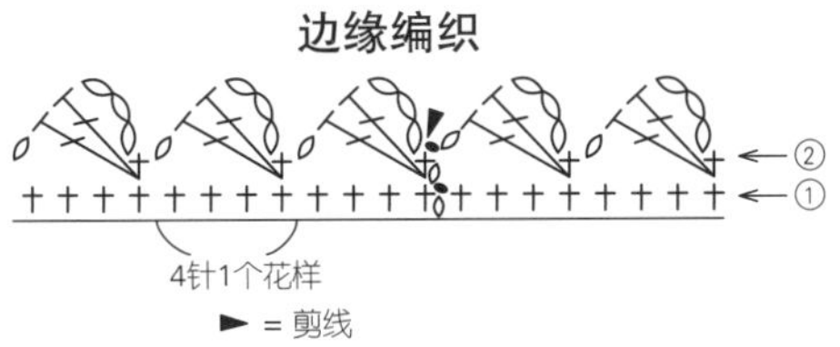

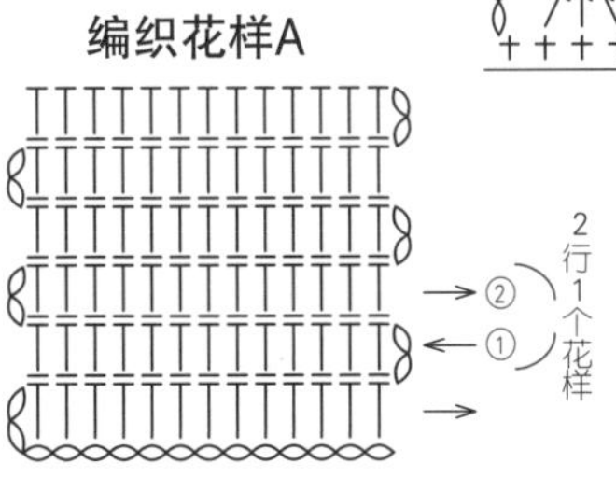

※编织方法请参照第 86 页

图1 下摆
①
重复挑针
后领窝
① 边缘编织
①
⑥
⑤
图2
斜肩
▷ = 加线
▶ = 剪线
渡线
①
⑱
⑮
⑩
⑤
①
⑰
①
边缘编织
后领窝
①
⑥
⑤
图3
斜肩
边缘编织
①
①
⑱
⑮
⑩
⑤
①
⑰
① 边缘编织
⑥
⑤
⑤
⑥
图4
前领窝
①
①

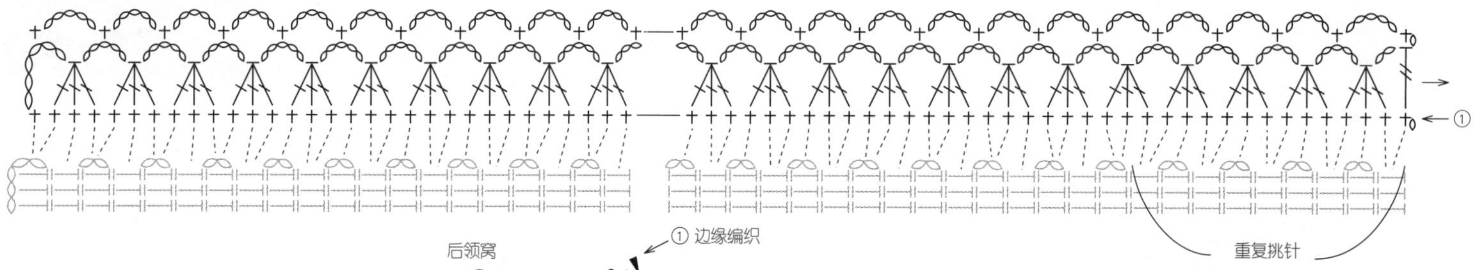

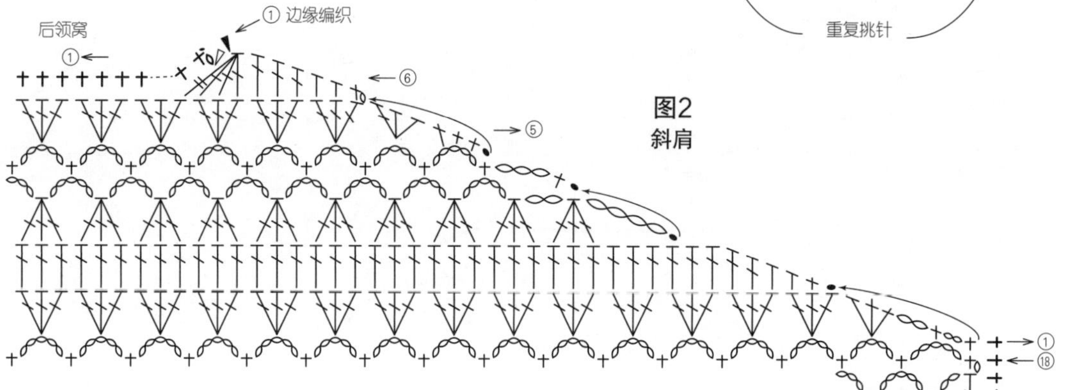

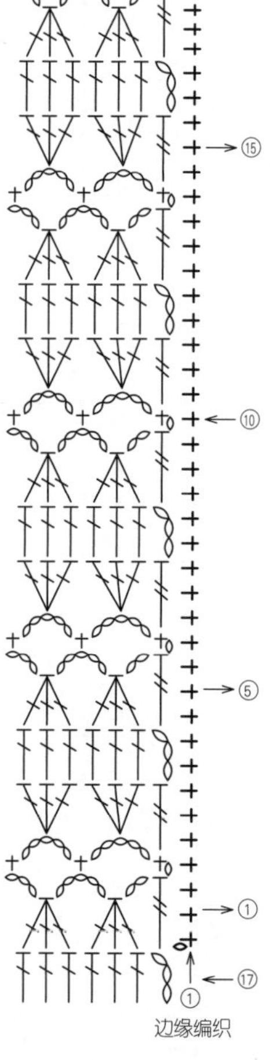

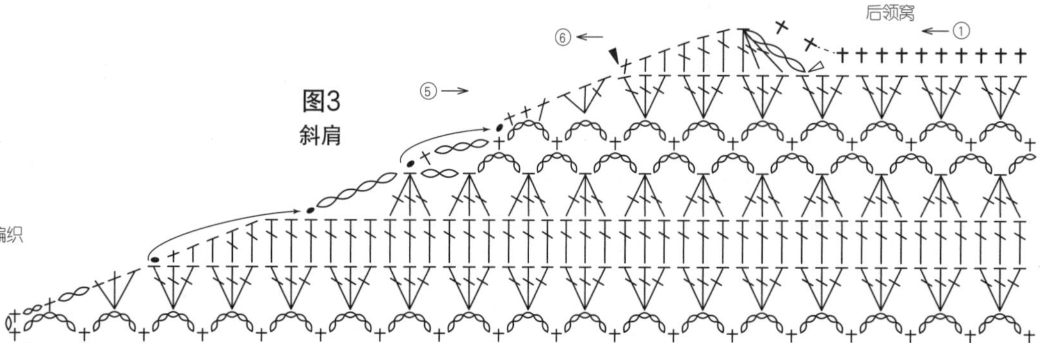

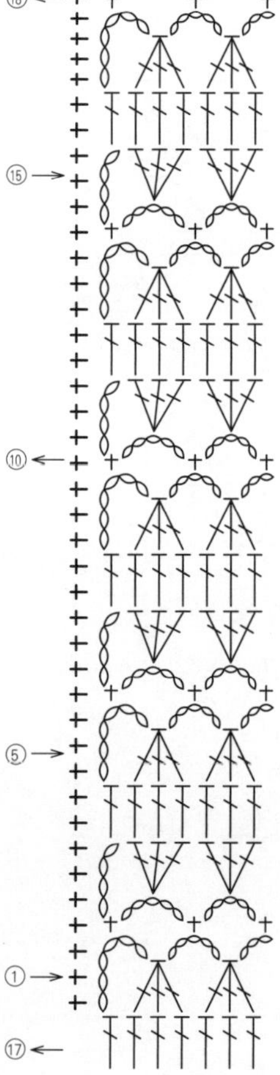

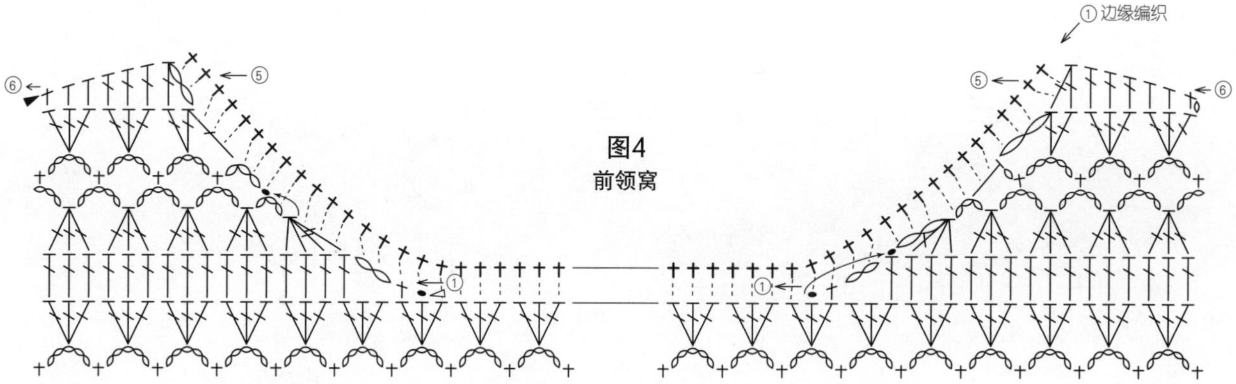

材料

奥林巴斯 Emmy grande 浅褐色（814）425 g/9团，直径25 mm的纽扣2颗

工具

钩针2/0号

成品尺寸

胸围93 cm，肩宽40 cm，衣长59 cm，袖长30 cm

编织密度

10 cm×10 cm面积内：编织花样31针，15行

编织要点

●身片、衣袖…身片锁针起针，前、后身片连在一起做编织花样。钩织40行以后，在胁边做分散减针。腋下以上部分将右前身片、后身片、左前身片分开编织。参照图示减针。肩部钩织引拔针接合。衣袖从身片和腋下挑针，往返钩织短针、编织花样、边缘编织。袖下参照图示减针。

●组合…袖下做挑针缝合。衣领挑取指定数量的针目，一边用短针做引返编织，一边继续做编织花样。周围做边缘编织。下摆、前门襟挑取指定数量的针目，做边缘编织。前门襟两端和衣领边缘编织的端头参照图示做卷针缝。扣眼在指定位置钩织短针。缝上纽扣。

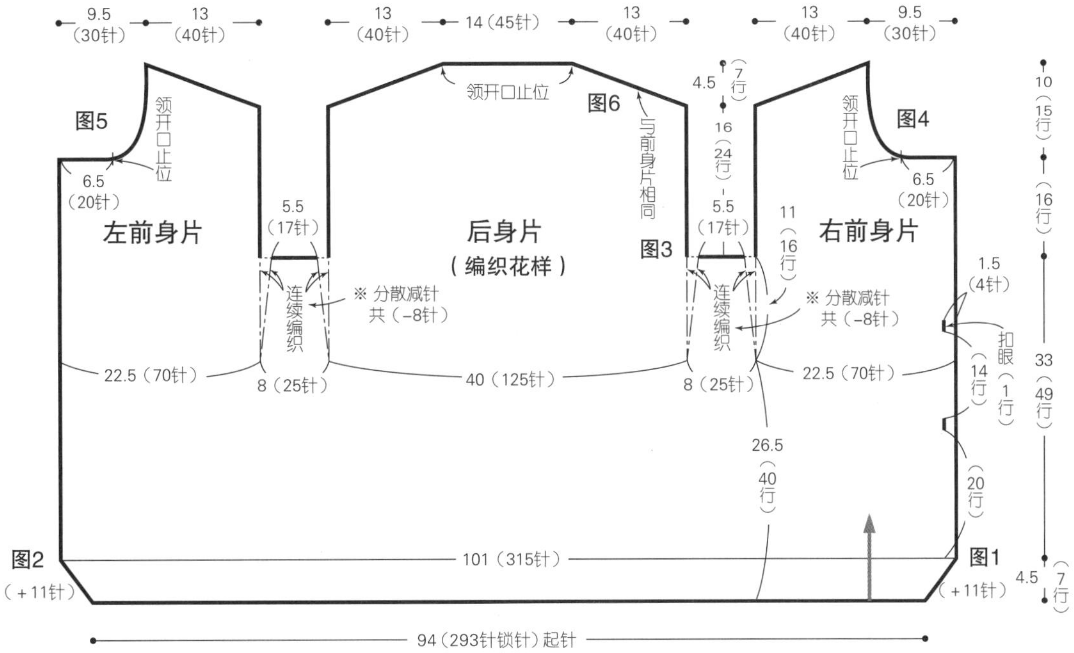

※ 全部使用2/0号针钩织

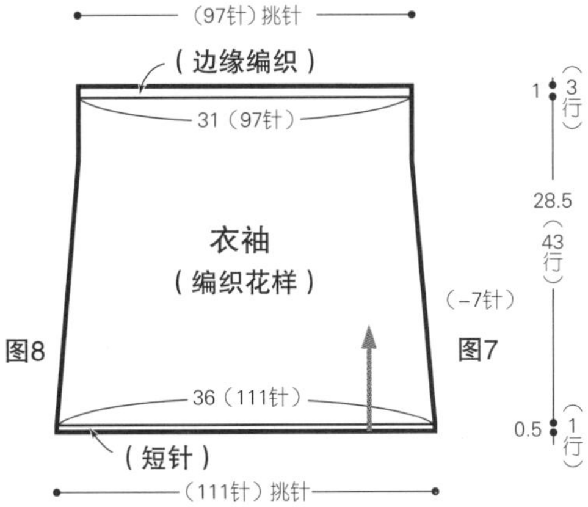

※挑针方法请参照第92页

衣领

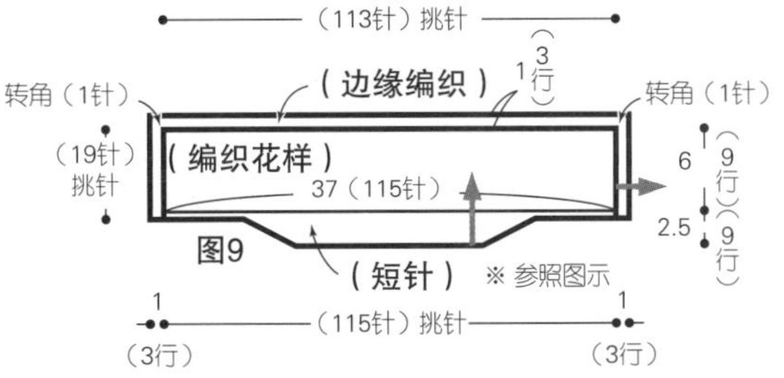

※看着身片的正面挑针

边缘编织

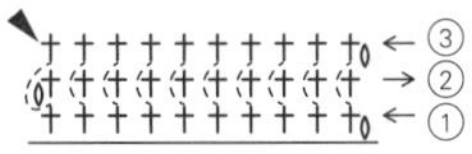

※ 第3行将钩针插入第1行，包住第2行钩织

► = 剪线

编织花样（身片）

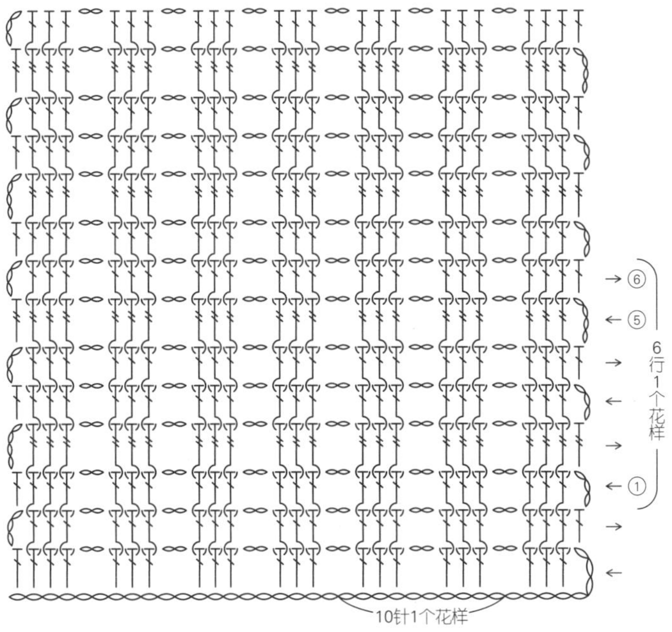

= 长针的正拉针

= 长针的反拉针

= 长长针的正拉针
※ 从反面钩织时钩织反拉针

= 长长针的反拉针
※ 从反面钩织时钩织正拉针

图3
胁部
(17针)
(25针)
下摆、前门襟（边缘编织）
引拔接合
②前门襟的端头和衣领缝合
(19针)挑针
①衣领边缘在前门襟的后面缝合于身片
转角（1针）
纽扣
(7针)
(129针)挑针
扣眼
钩短针整理形状
※ 参照图示
(14针)挑针
(293针)挑针
1(3行)
▷ = 加线
▶ = 剪线
边缘编织
扣眼的制作方法
图2
左前下摆
图1
右前下摆
= 扣眼

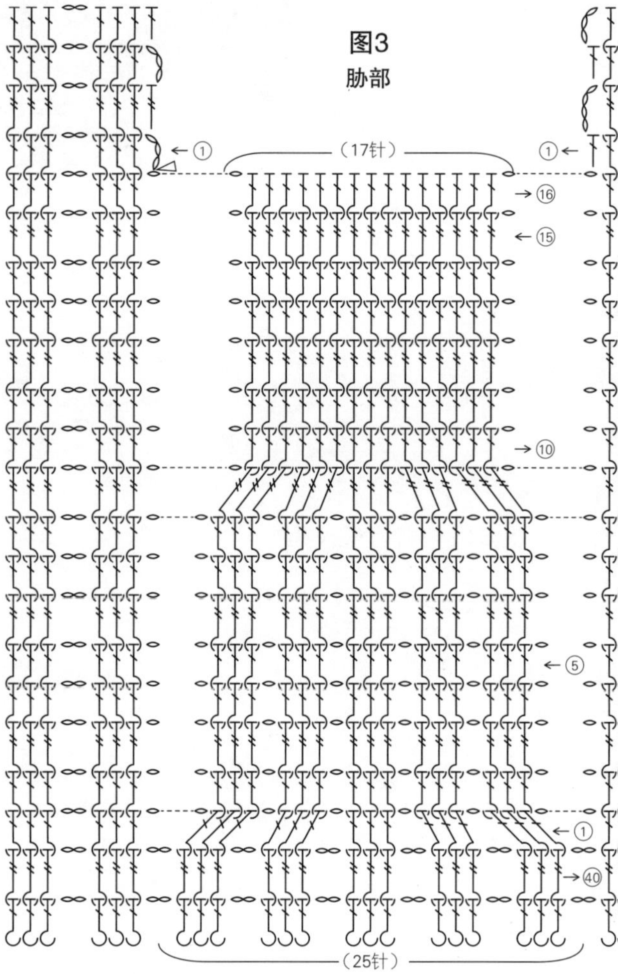

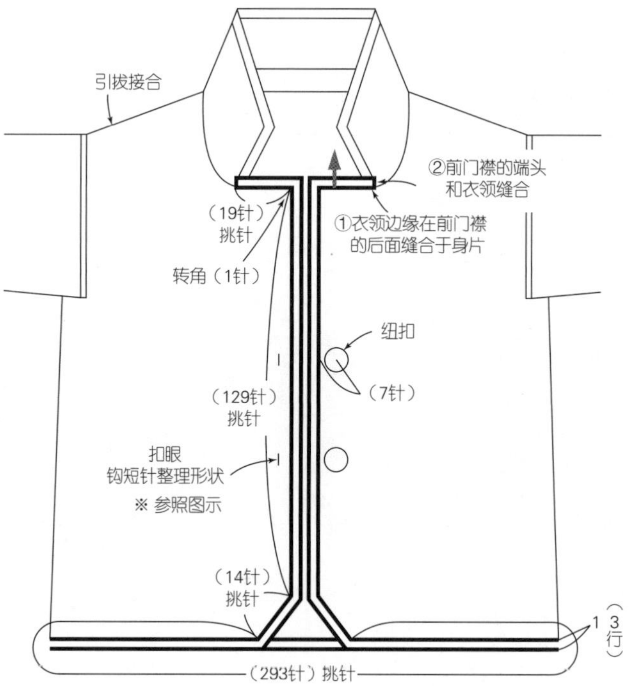

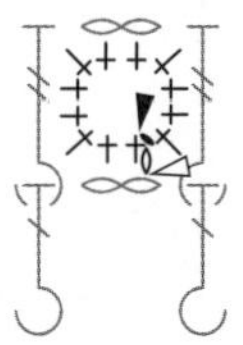

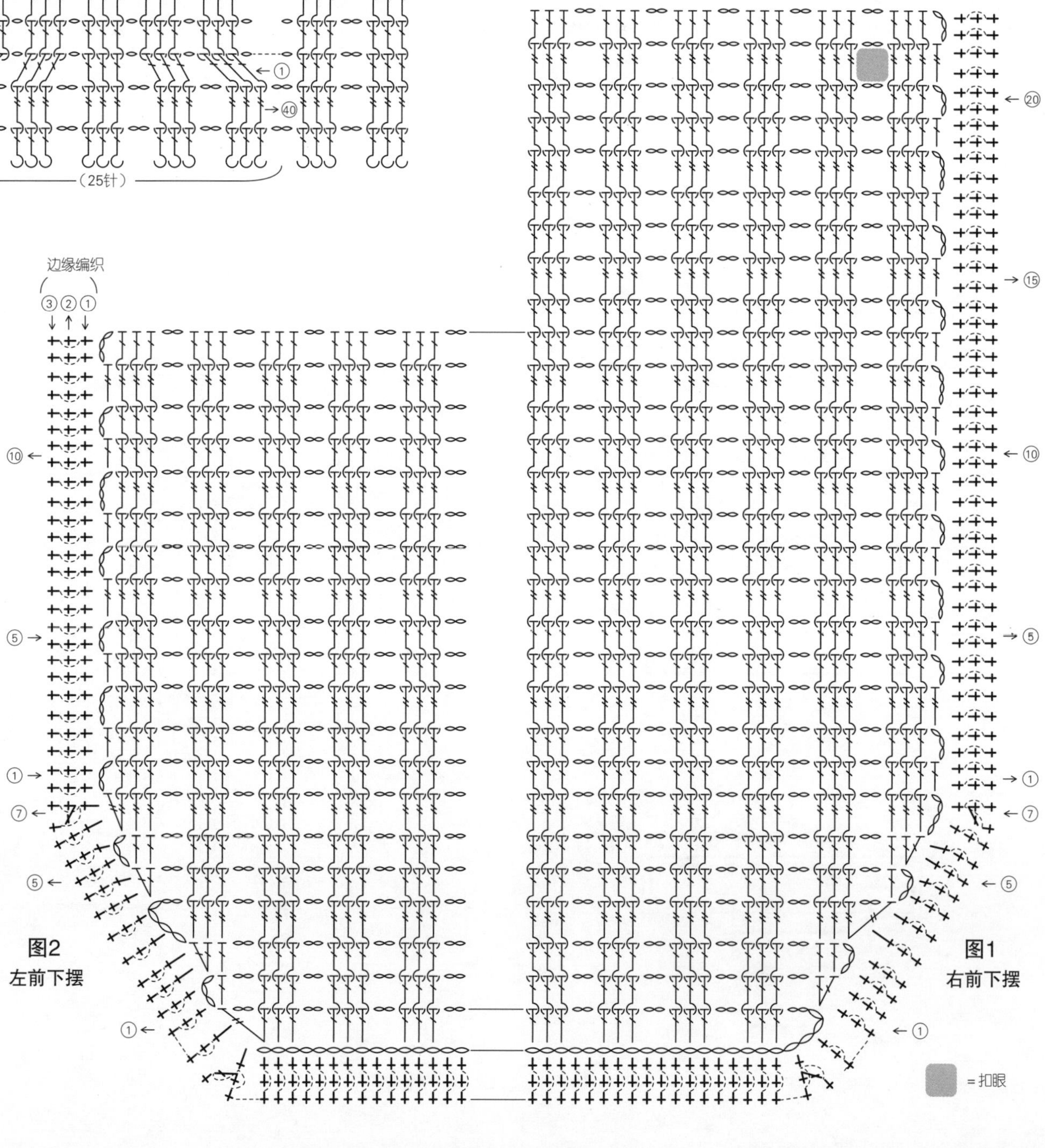

▷ = 加线

▶ = 剪线

⟵、⟶ = 渡线

• = 衣领的挑针位置

图4

右前领窝

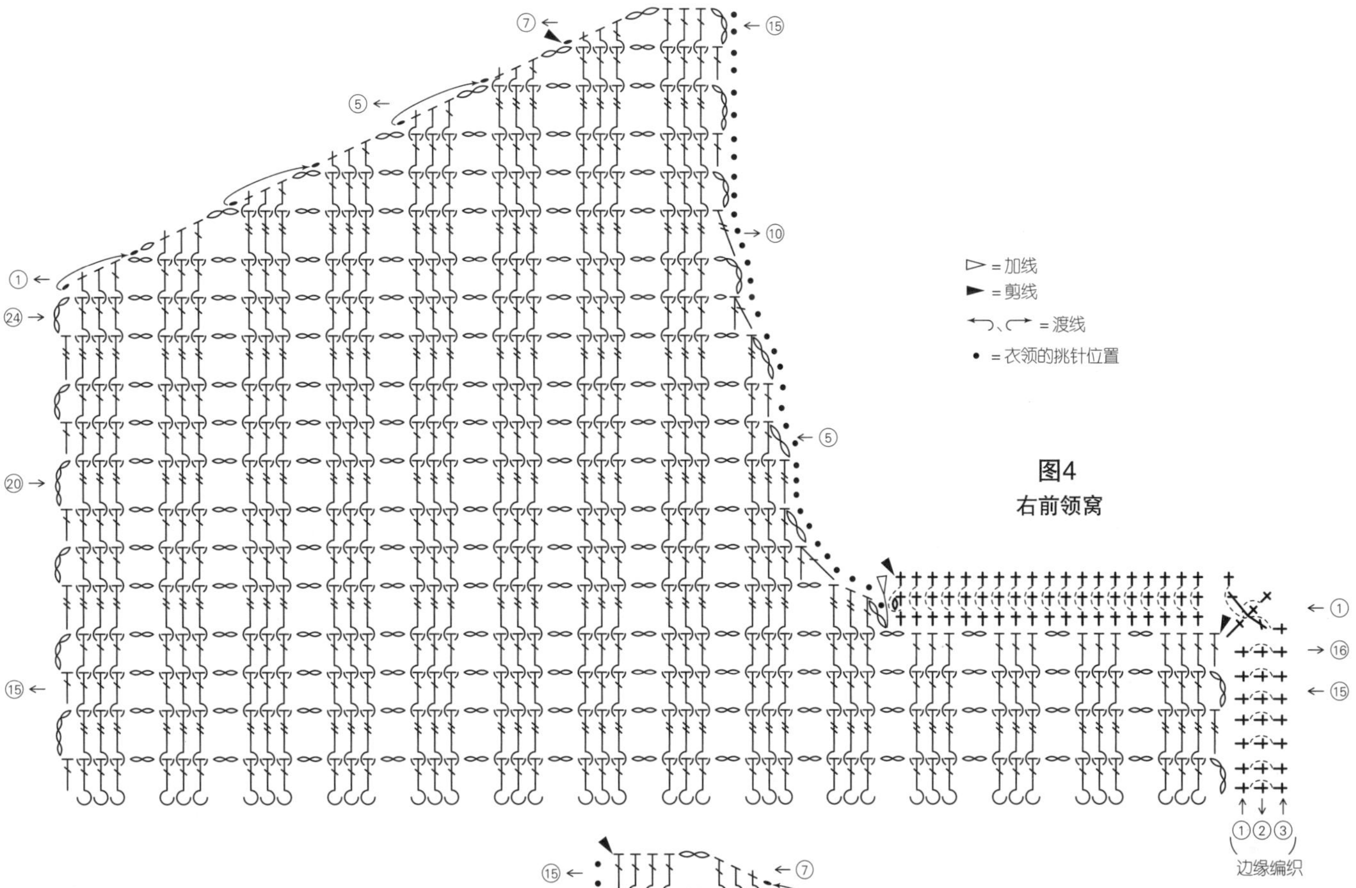

图5

左前领窝

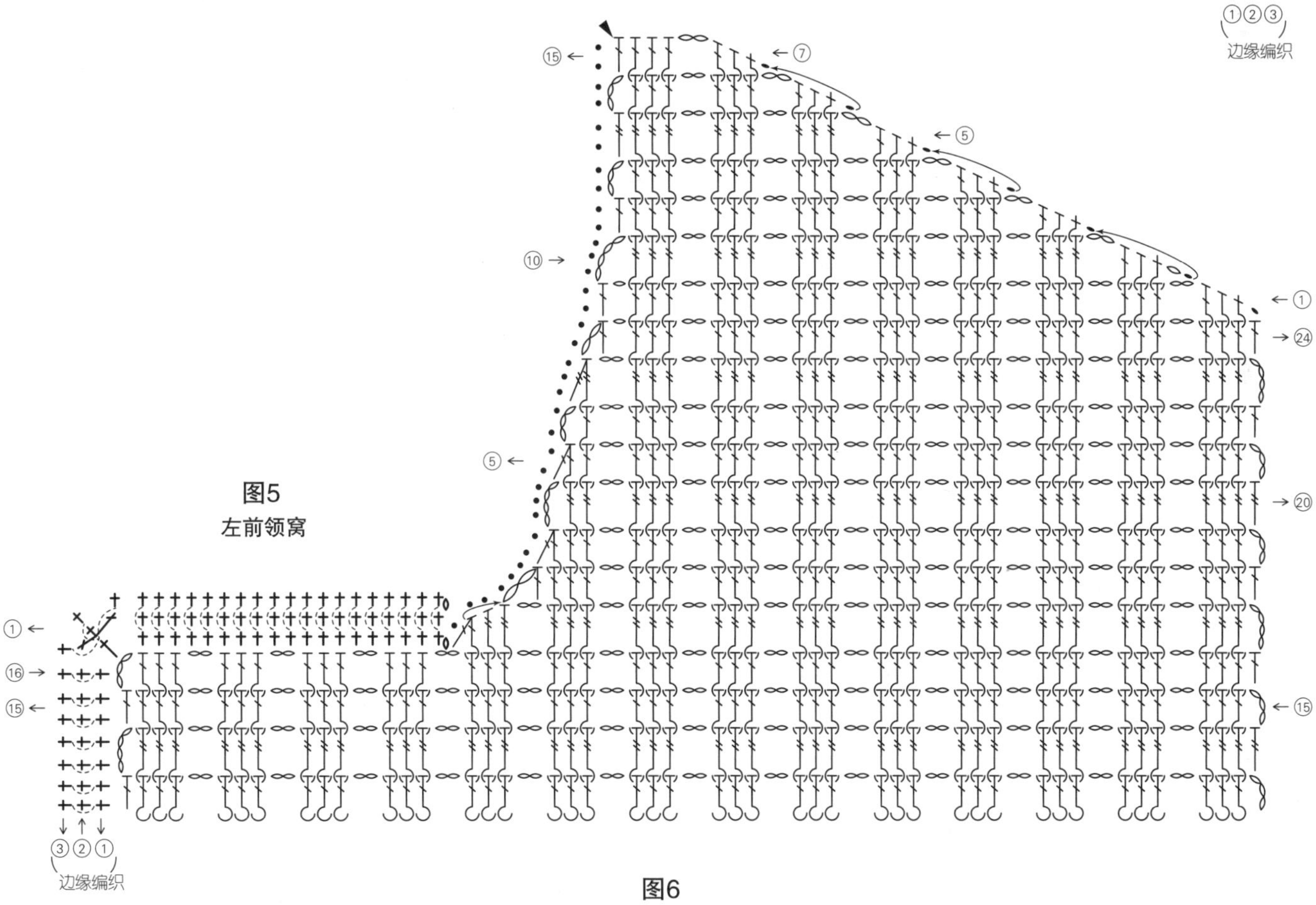

图6

后领开口

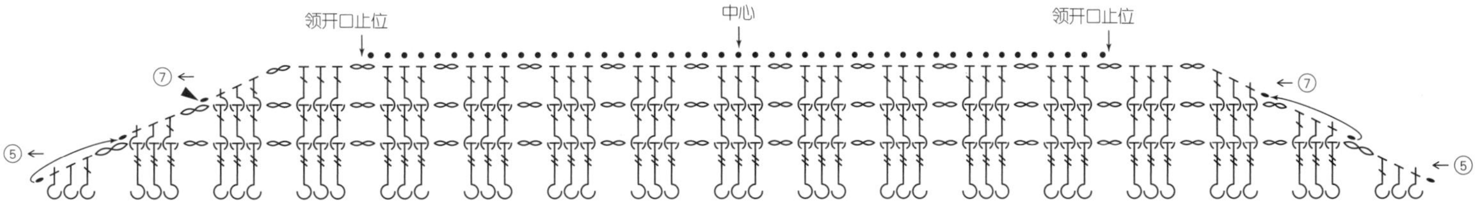

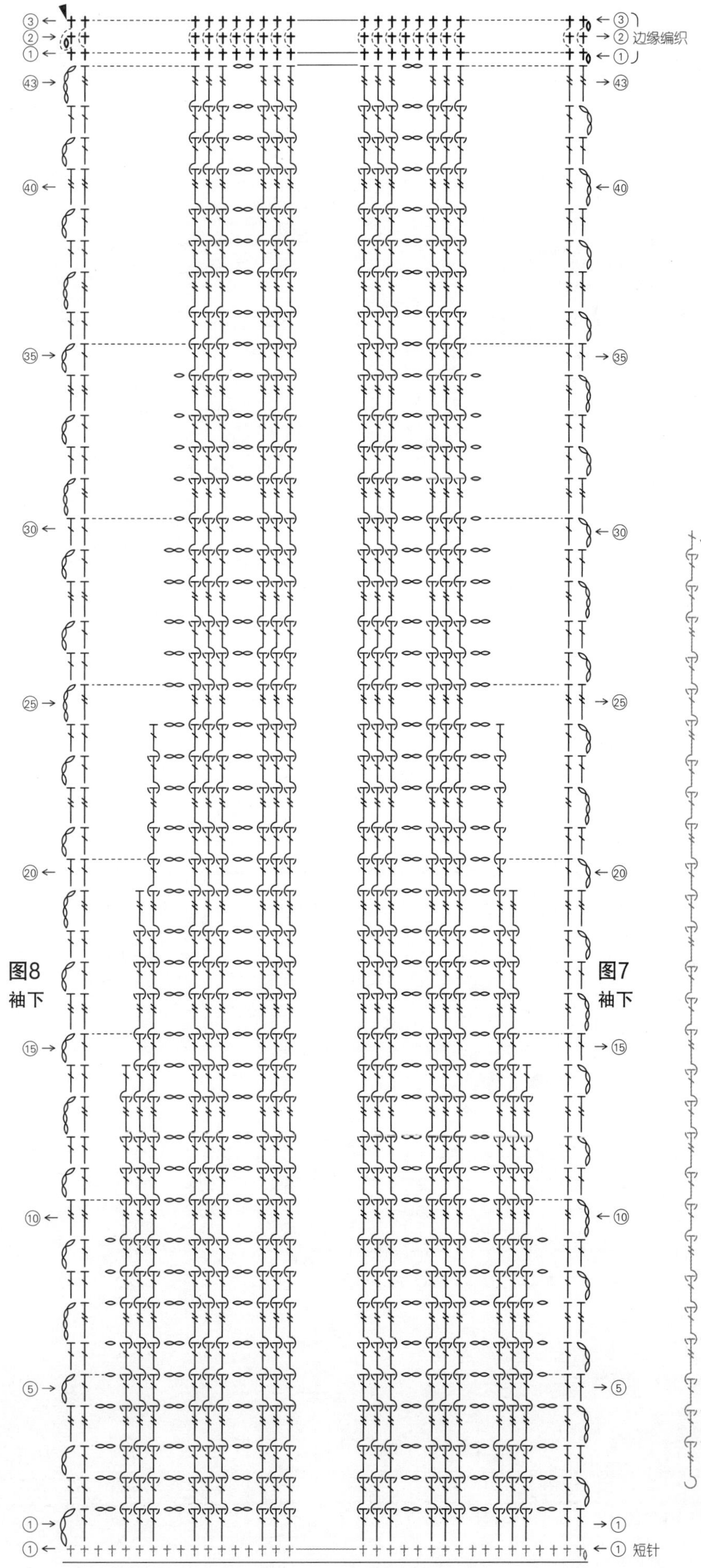

▷ = 加线
▶ = 剪线

衣袖的挑针方法

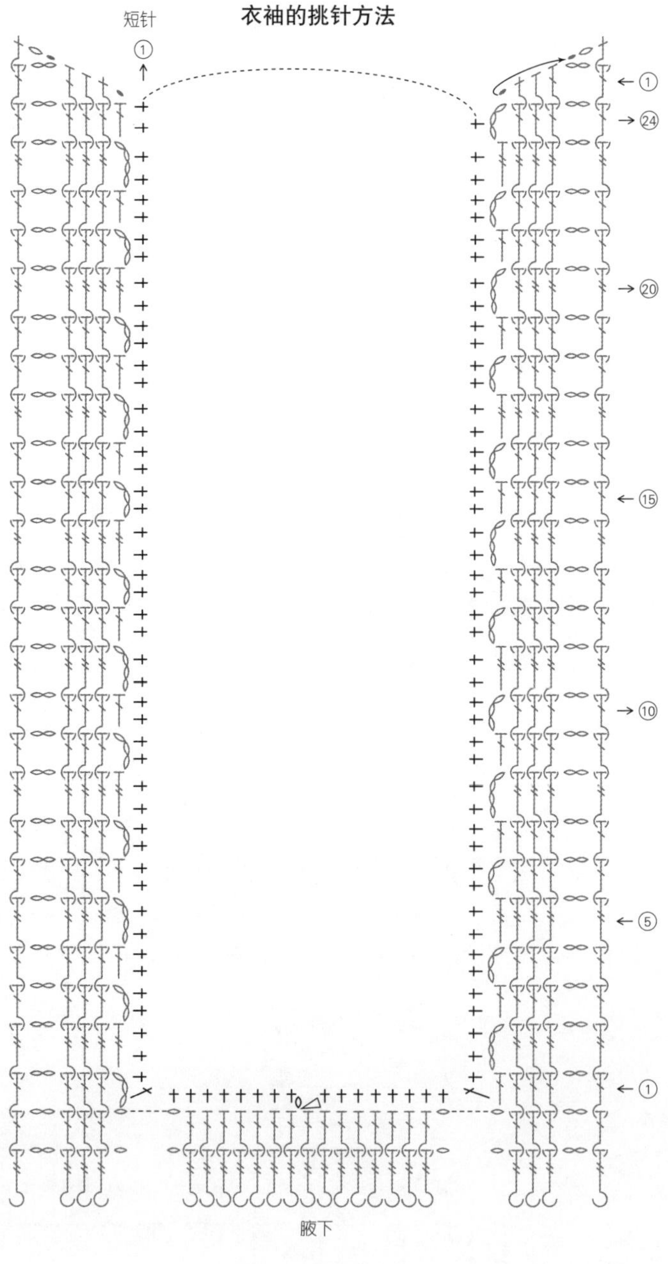

材料

奥林巴斯 Emmy grande 灰色(484) 260 g/6团，11 mm×9 mm的纽扣10颗

工具

钩针2/0号

成品尺寸

胸围98.5 cm，衣长49 cm，连肩袖长29.5 cm

编织密度

10 cm×10 cm面积内：编织花样F 40针，14.5行

编织要点

●身片…下摆锁针起针，做编织花样A。前、后身片〈下〉从下摆挑针，搭配做编织花样B~F、A'~E'、B"。编织28行后，将前身片、后身片分开编织。参照图示加减针。

●组合…肩部做卷针缝。从指定位置挑针，下摆边缘做边缘编织A，衣领做边缘编织B，前门襟做边缘编织C，边缘编织A、B、C最终行连在一起编织。右前门襟开扣眼。袖口环形做边缘编织D。缝上纽扣。

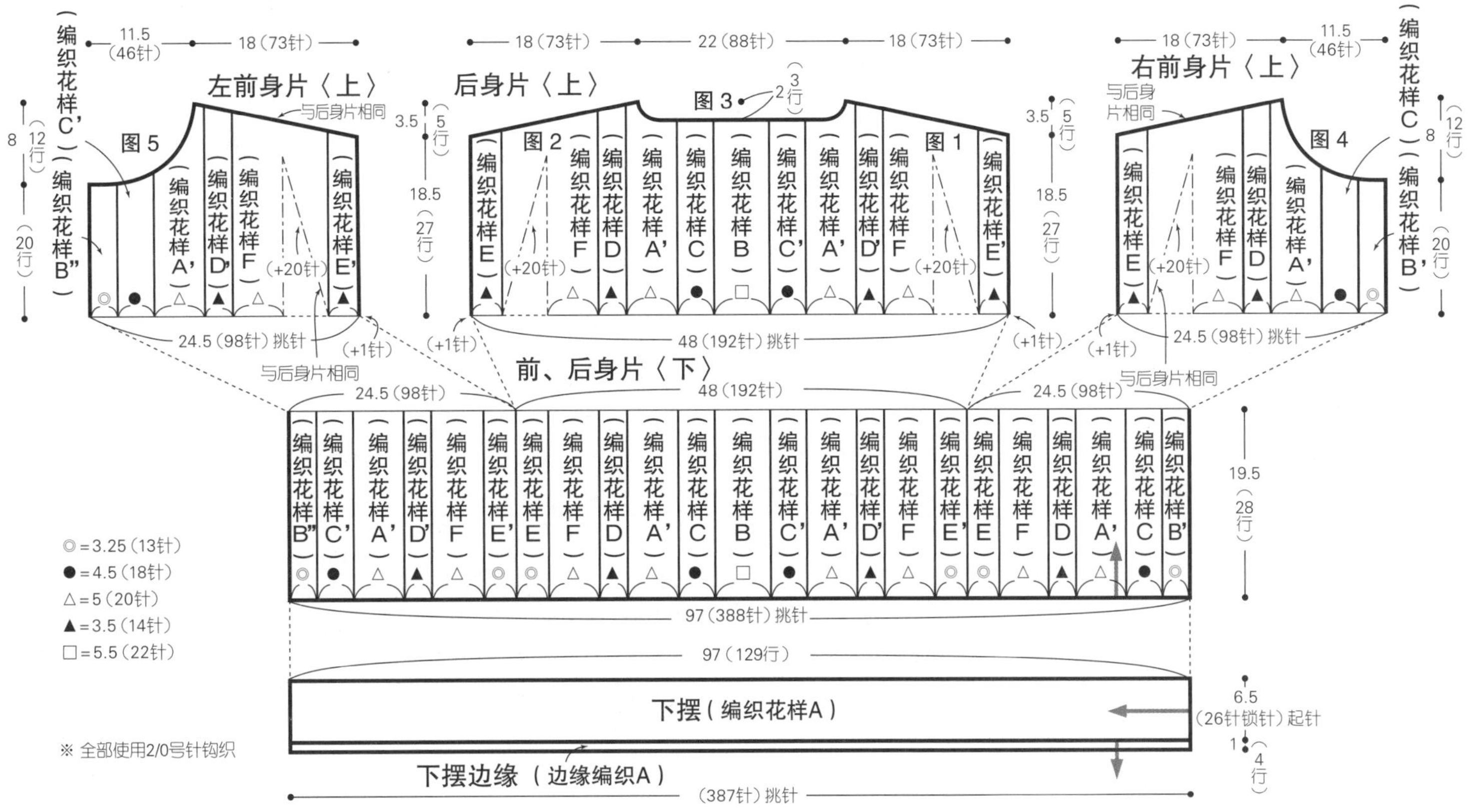

图9 衣领

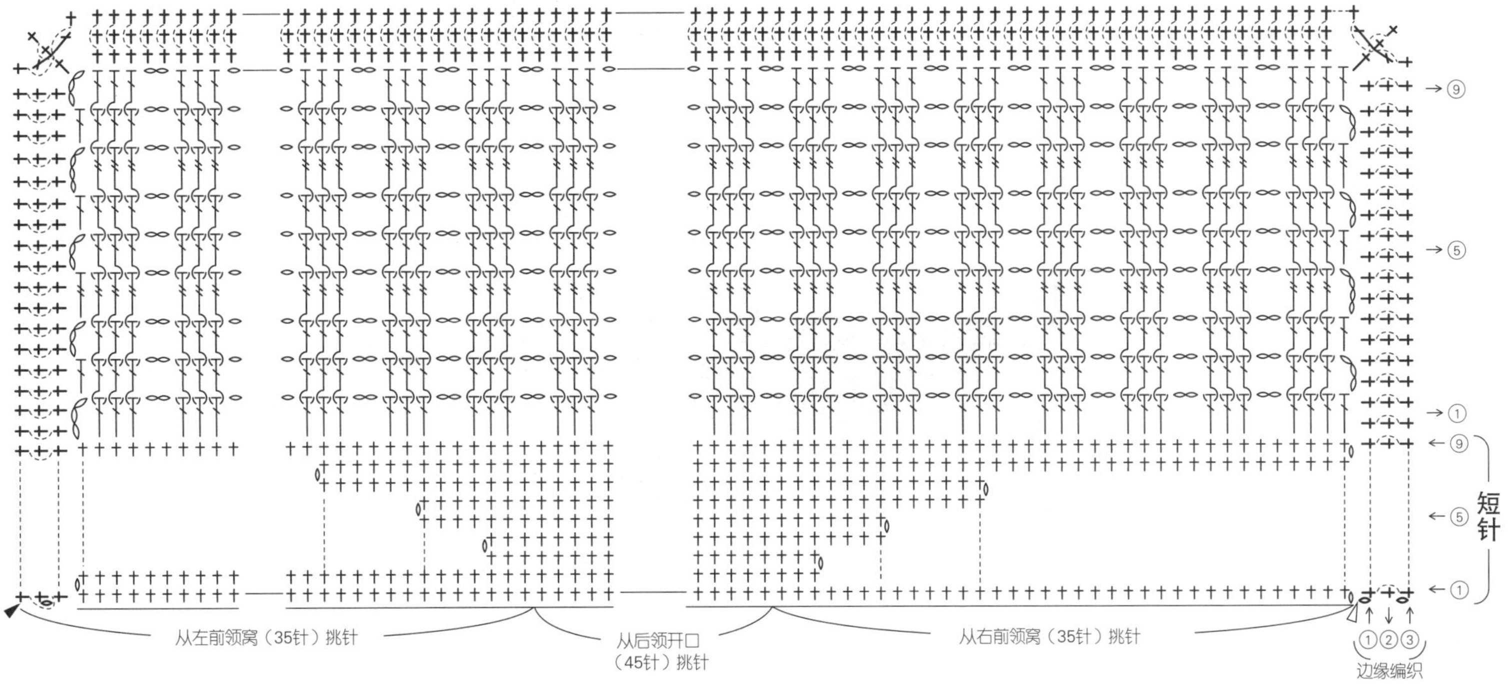

衣领

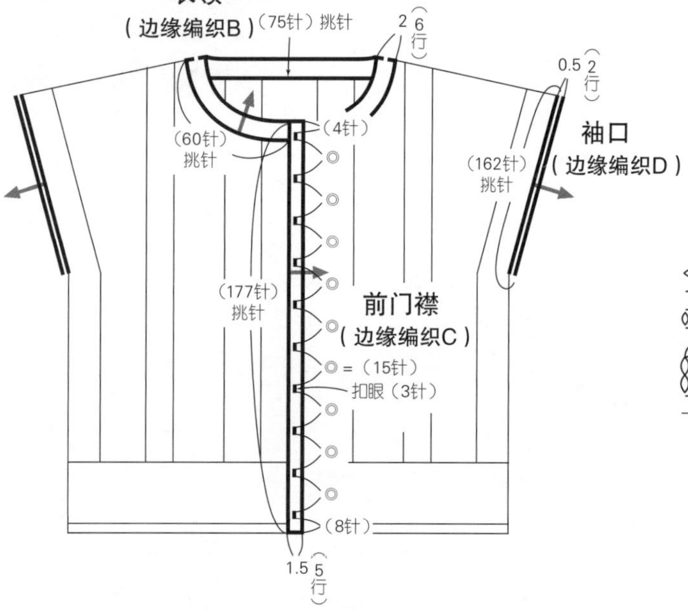

边缘编织 A

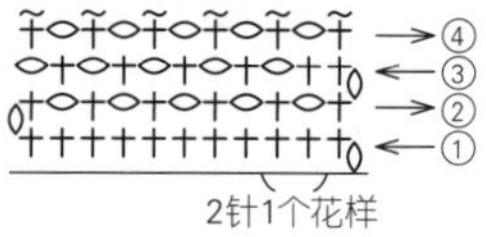

边缘编织 C

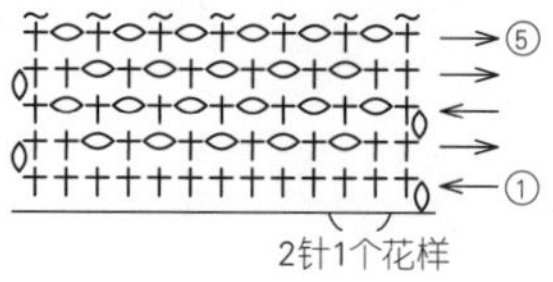

边缘编织 B

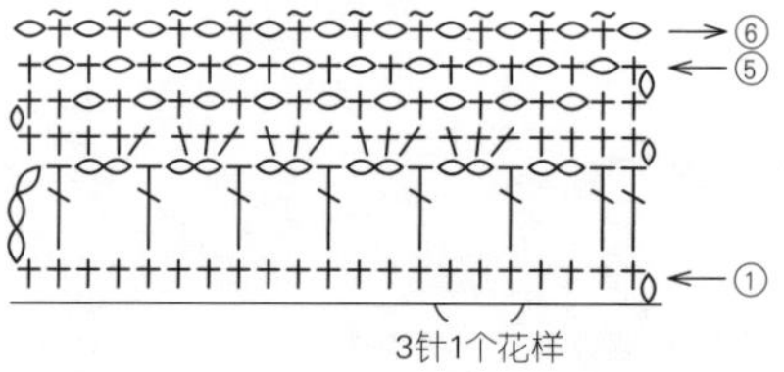

※ 边缘编织A、B、C最终行连在一起编织

边缘编织 D

$\tilde{+}$ = 反短针

▷ = 加线
▶ = 剪线
⌒ = 渡线

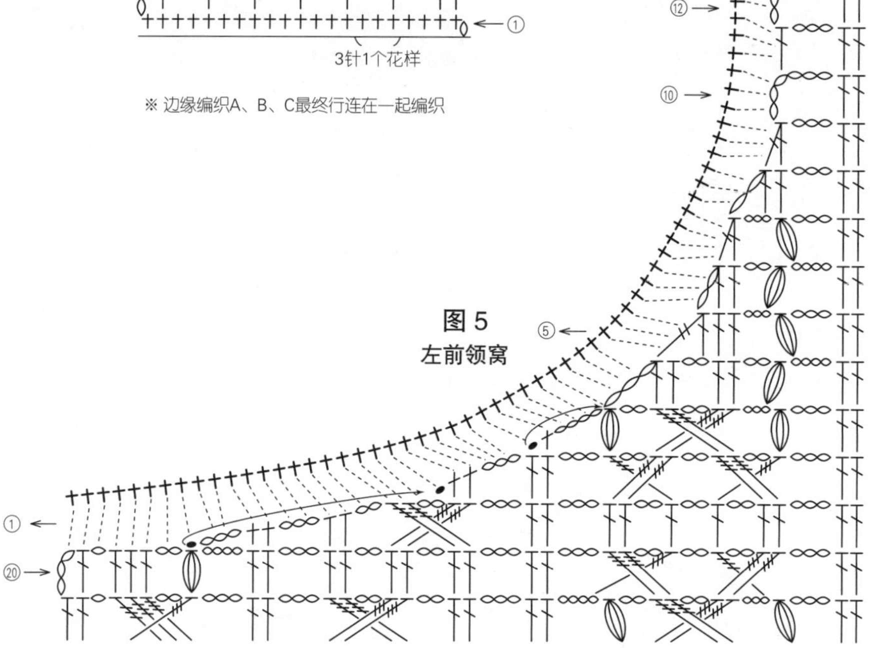

图 5
左前领窝

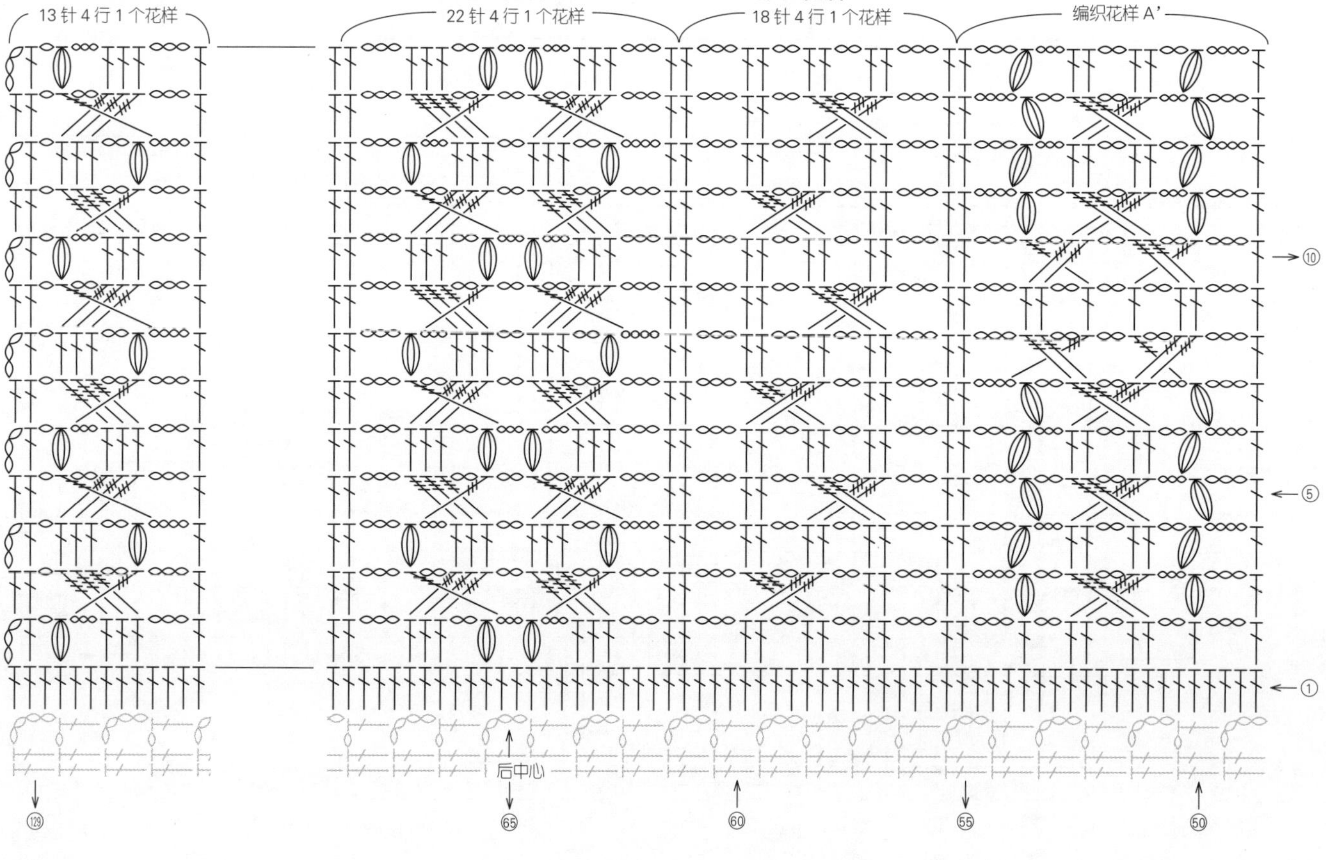

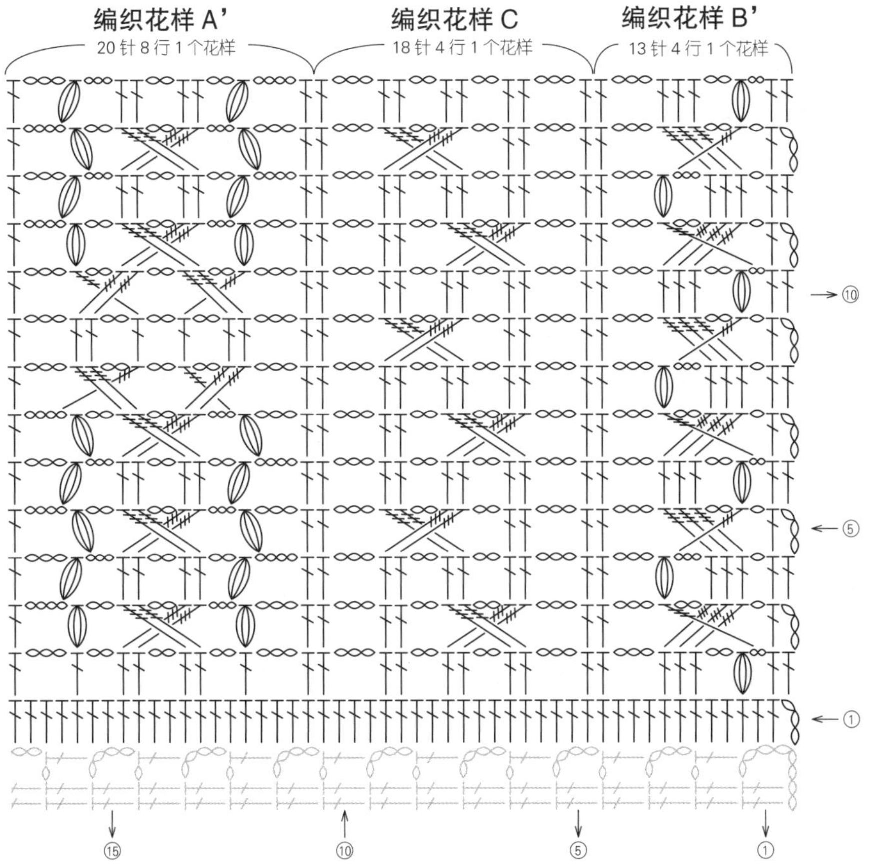
编织花样 A'
20 针 8 行 1 个花样
编织花样 C
18 针 4 行 1 个花样
编织花样 B'
13 针 4 行 1 个花样
⑩
⑤
①
⑮
⑩
⑤
①

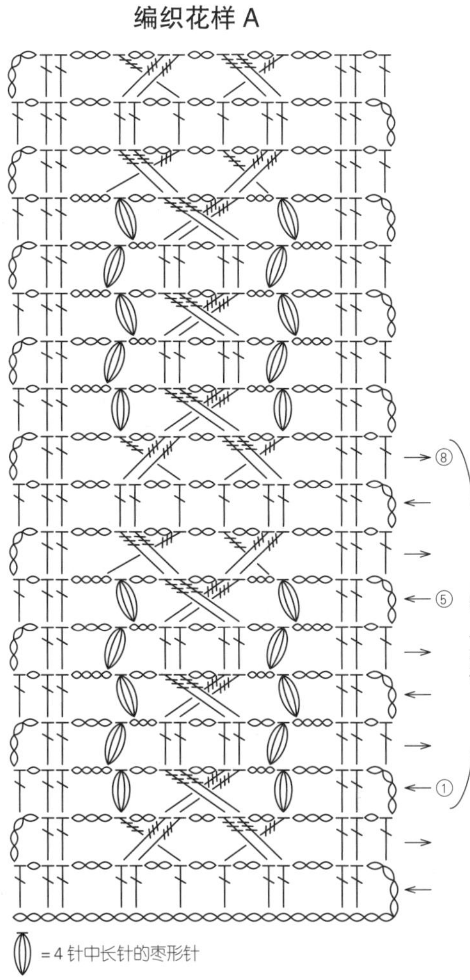
编织花样 A
⑧
⑤
①
8 行 1 个花样
= 4 针中长针的枣形针

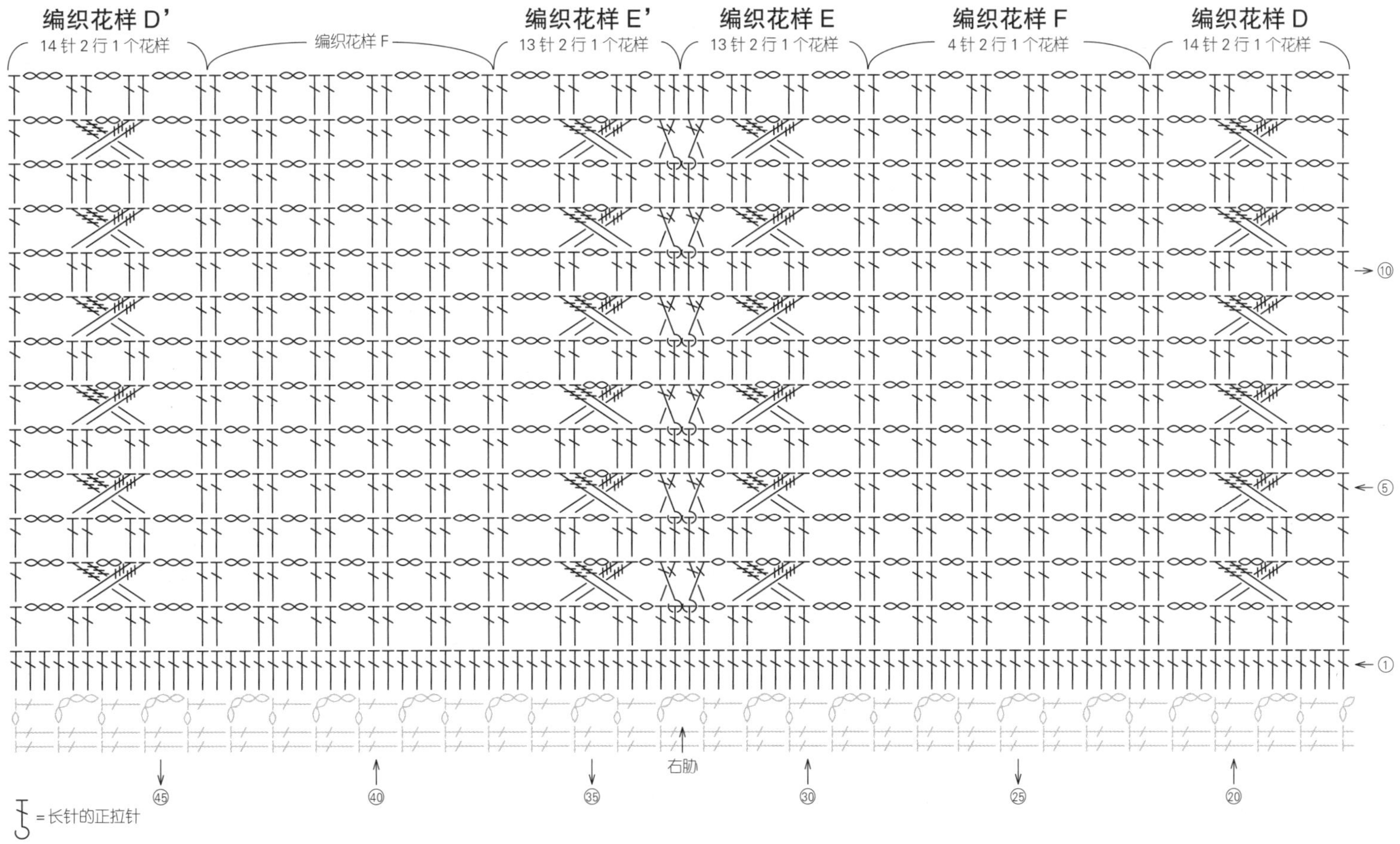
编织花样 D'
14 针 2 行 1 个花样
编织花样 F
编织花样 E'
13 针 2 行 1 个花样
编织花样 E
13 针 2 行 1 个花样
编织花样 F
4 针 2 行 1 个花样
编织花样 D
14 针 2 行 1 个花样
⑩
⑤
①
右胁
㊺
㊵
㉟
㉚
㉕
⑳
= 长针的正拉针

图 3
后领窝
中心
① 边缘编织 B
③
②
①
③
⑤
②
①
㉗
㉕
⑳
⑮
⑩
⑤
①
① 边缘编织 D
㉘
= 加线
= 剪线
= 渡线
图 1
右后身片〈上〉

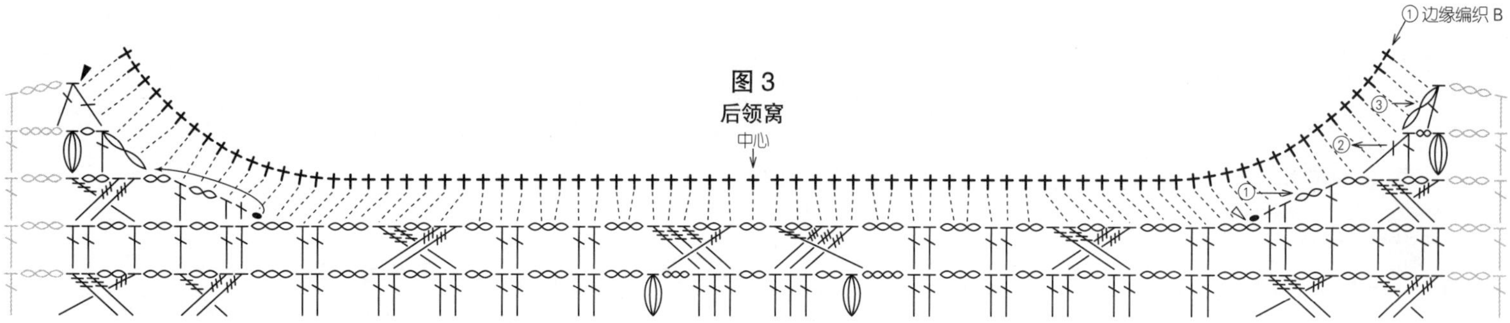

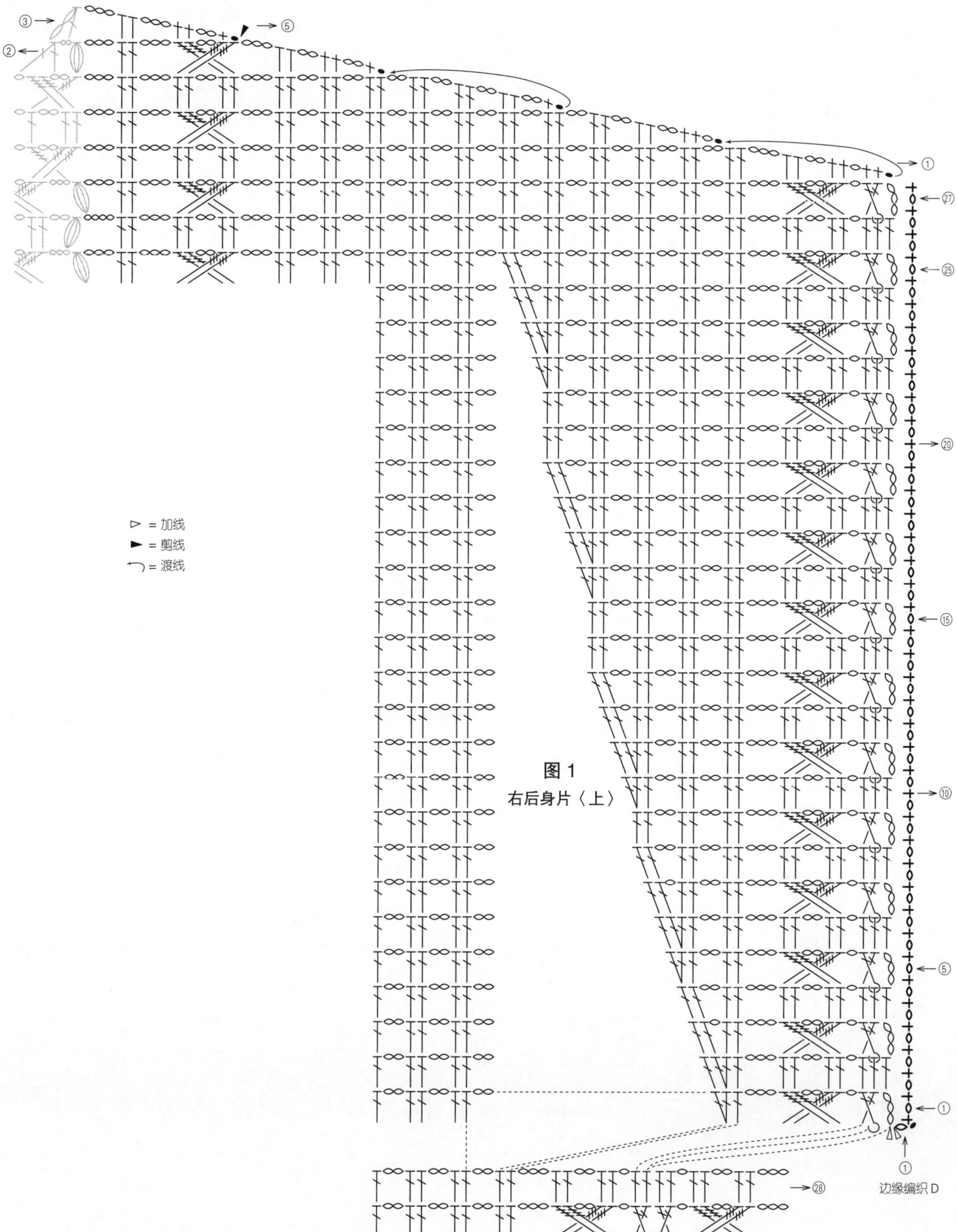

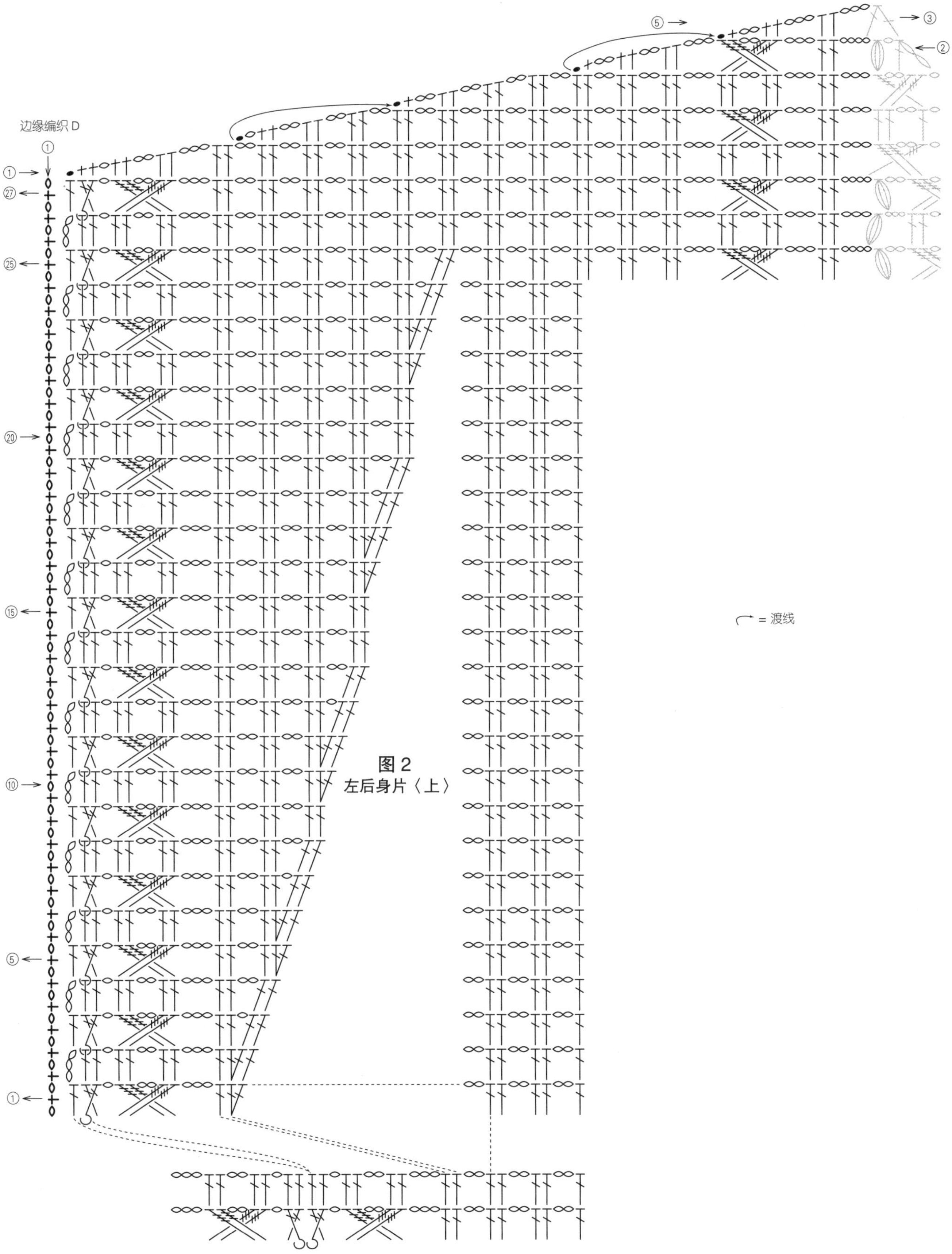

图 2
左后身片〈上〉

= 渡线

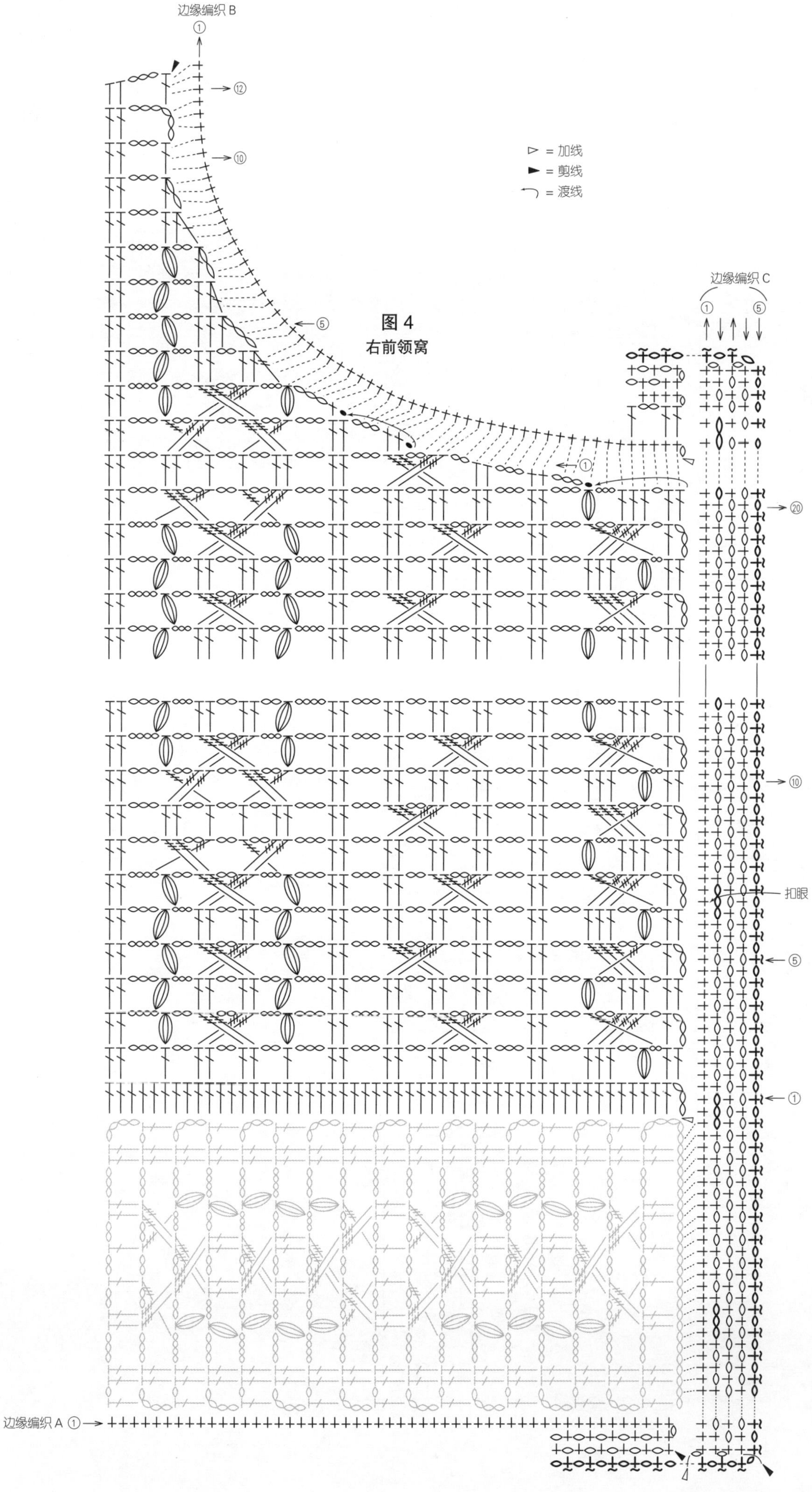

边缘编织 B
①
⑫
⑩
⑤
①
▷ = 加线
▶ = 剪线
= 渡线
图 4
右前领窝
边缘编织 C
①
⑤
⑳
⑩
扣眼
⑤
①
边缘编织 A ①

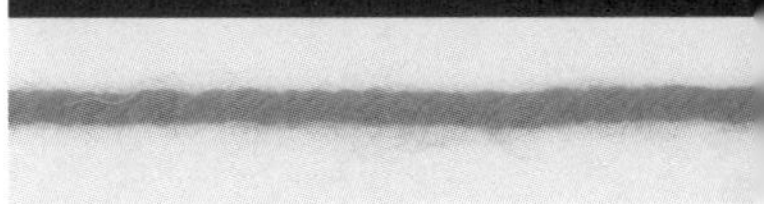

材料

内藤商事 Everyday Solid 灰色（30）295 g/3团，绿色（54）、水蓝色（102）各120 g/各2团；直径20 mm的纽扣3颗

工具

钩针5/0号

成品尺寸

胸围106 cm，衣长53 cm，连肩袖长51.5 cm

编织密度

花片边长13 cm

10 cm×10 cm面积内：编织花样22.5针，10行

编织要点

●身片、衣袖…身片用连接花片的方法钩织。从第2片花片开始，一边在最终行和相邻花片连接，一边钩织。钩织32片花片之后，从指定位置挑针，风帽往返做编织花样。风帽参照图示减针。帽顶用卷针缝的方法缝合。风帽两侧接着身片钩织，通过花片连在一起。衣袖从指定位置挑针，环形做编织花样和短针。

●组合…下摆、前门襟、风帽边缘挑取指定数量的花样，做边缘编织。右前门襟编织纽襻。缝上纽扣。

风帽

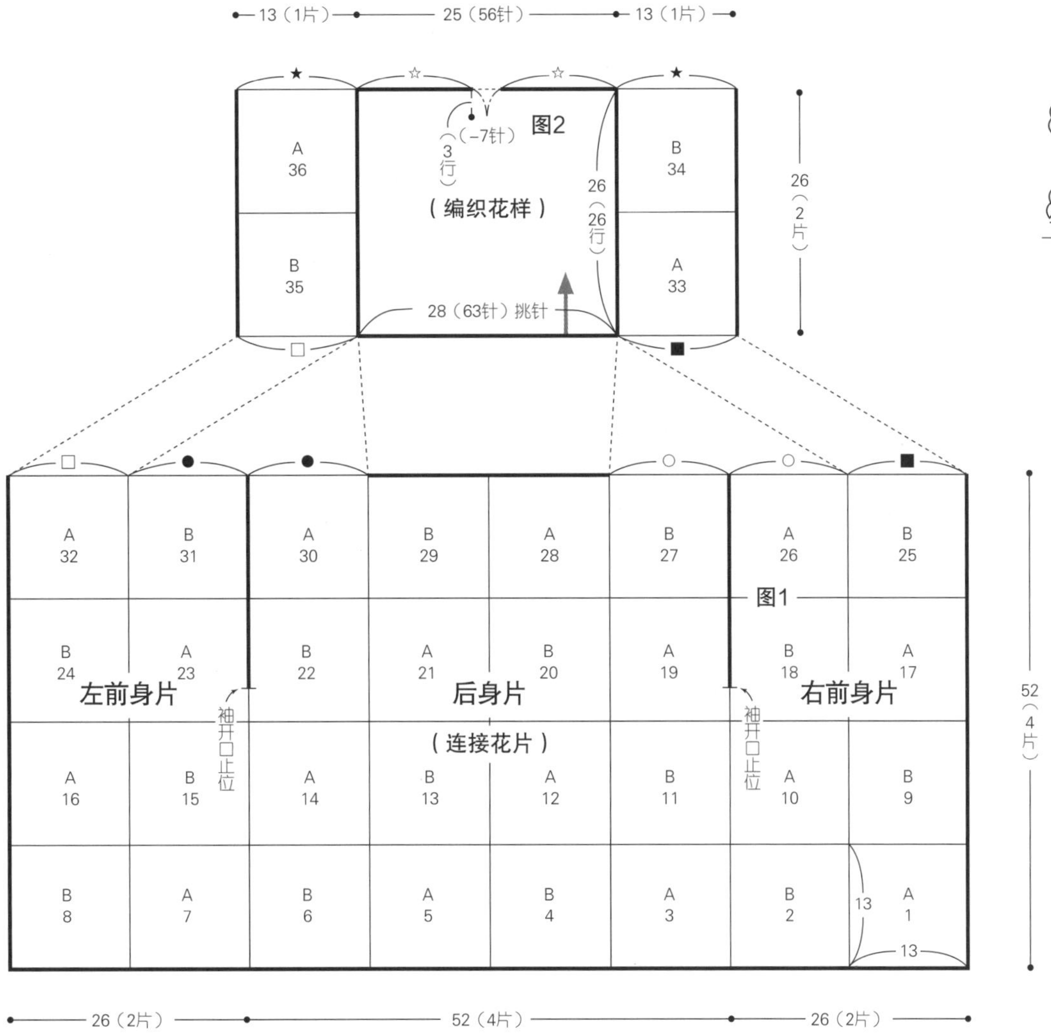

编织花样（风帽）

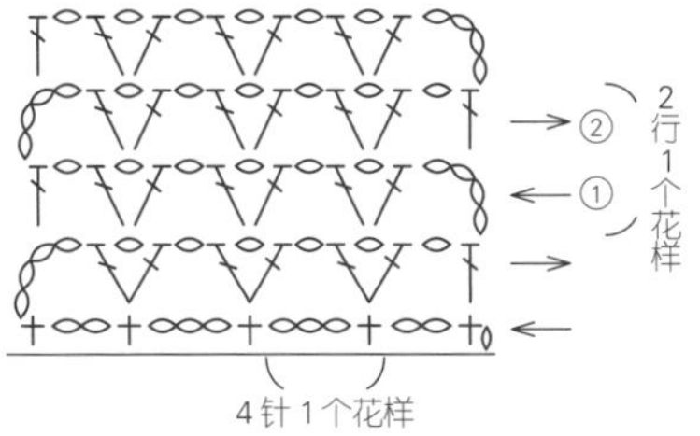

※ 全部使用5/0号针钩织

※ 花片内的数字表示连接顺序

※ 除指定以外均用灰色线编织

※ 对齐☆标记做卷针缝，其他标记在编织时连接

编织花样（衣袖）

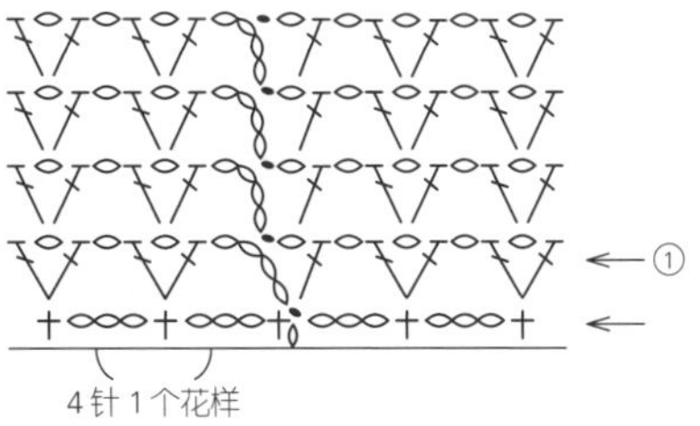

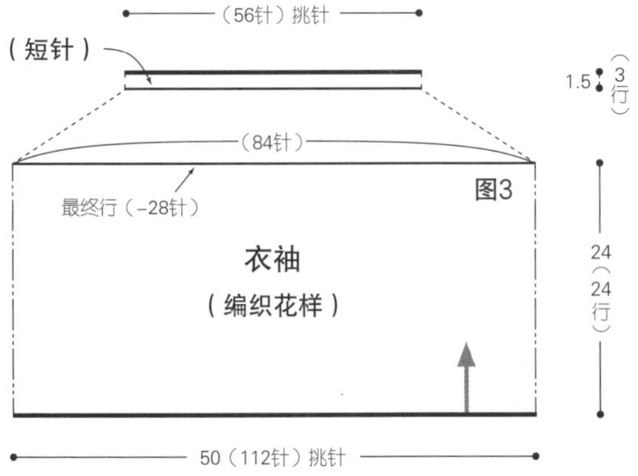

花片 A 18片、B 18片

花片配色

	A	B
7行	灰色	
4～6行	绿色	水蓝色
1～3行	水蓝色	绿色

▷＝加线
▶＝剪线

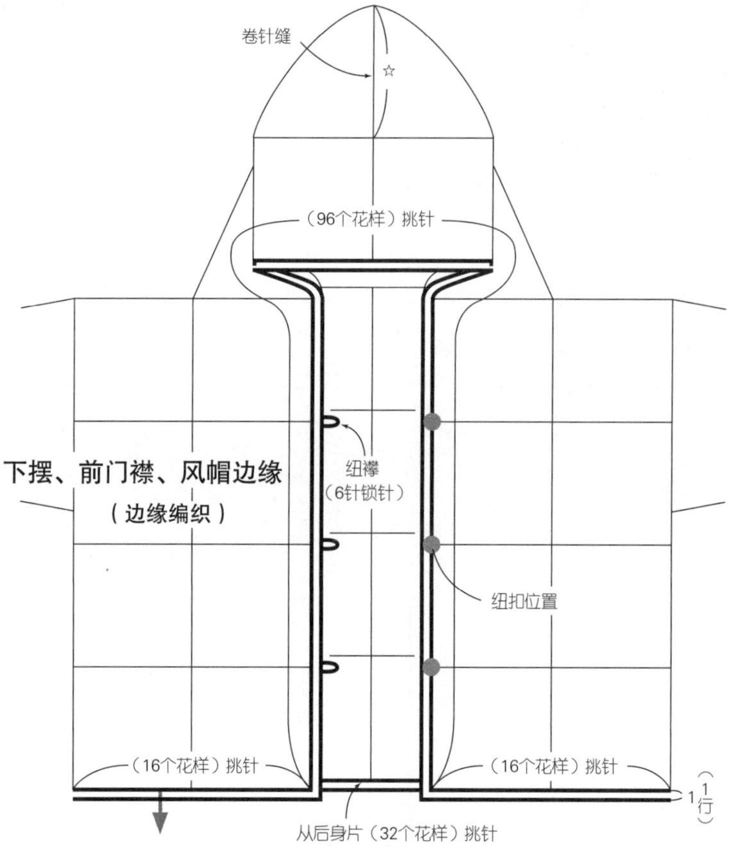

花片的连接方法

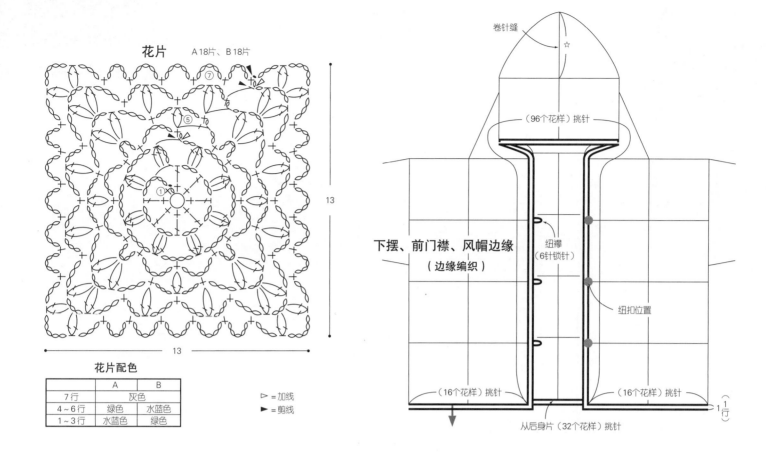

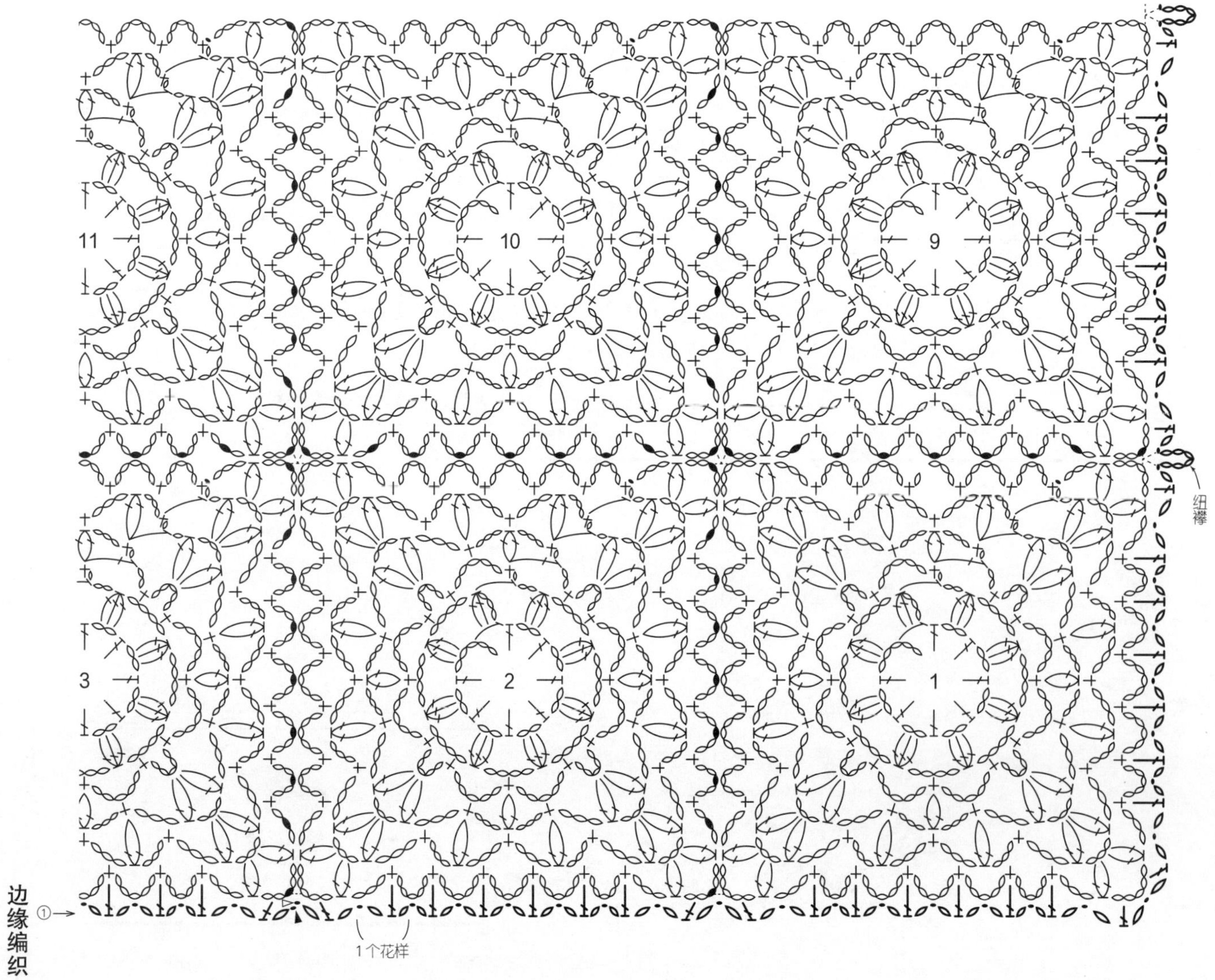

图1　袖开口
27
26
19
18
①
编织花样
图2　风帽
中心
㉖
㉕
⑳
⑮
⑩
⑤
①
34
33
29
28
与花片25连接
与花片27连接
图3　袖口
中心
③
②
①（56针）
㉔（-28针）(84针)
㉓（112针）
短针
编织花样
▷ = 加线
▶ = 剪线

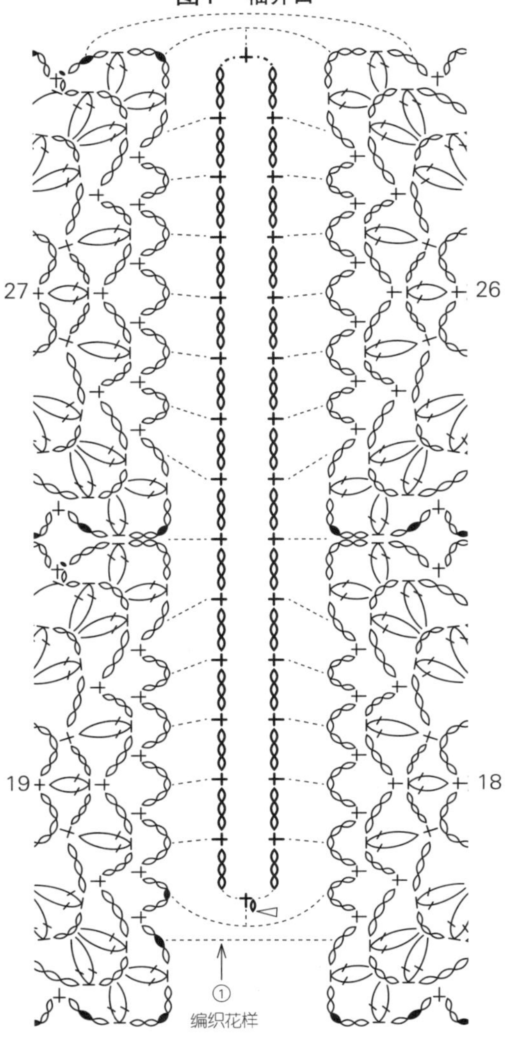

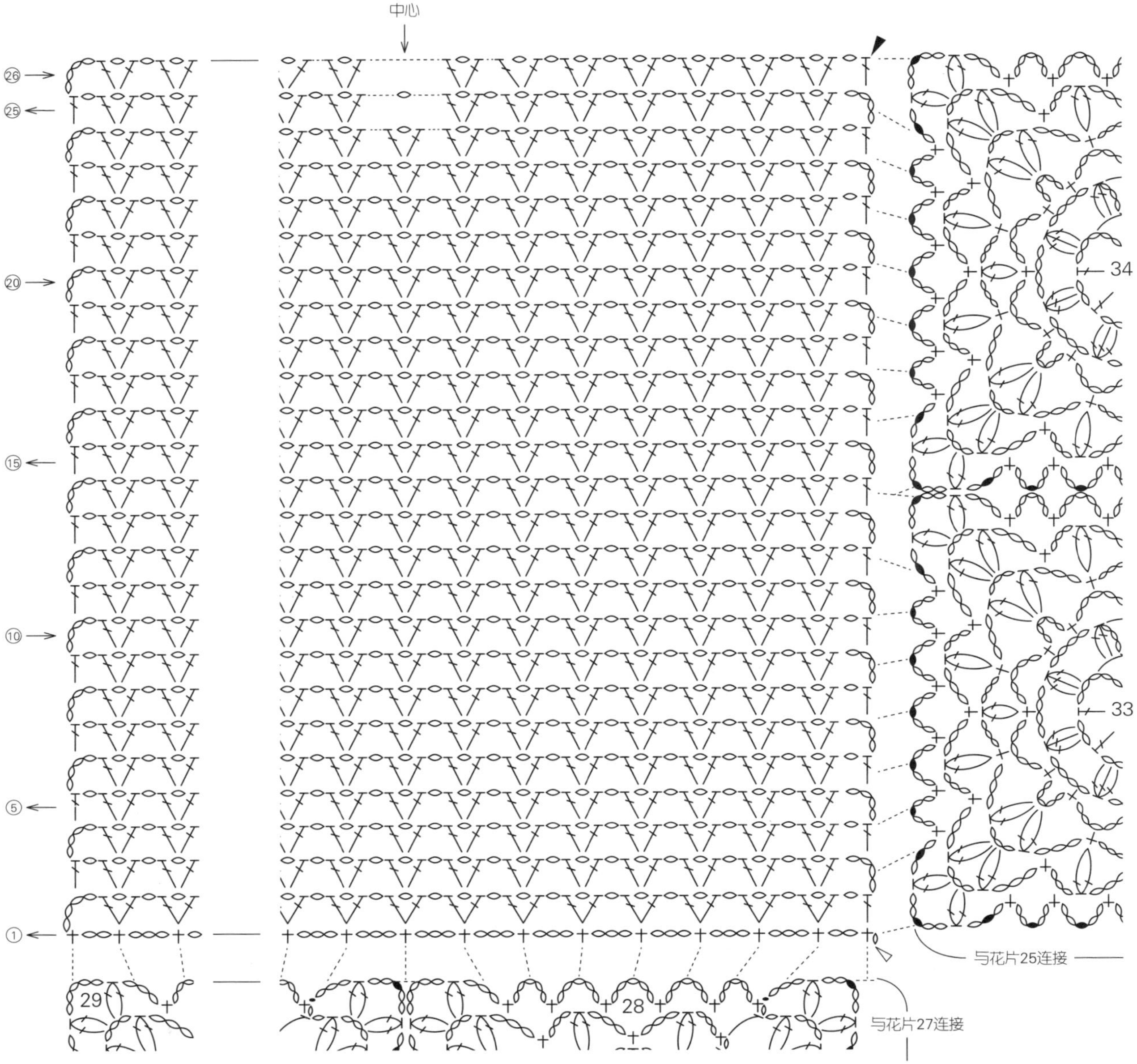

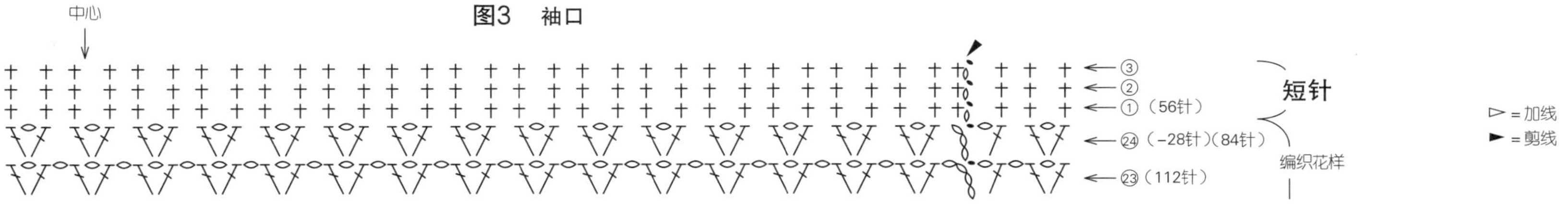

材料

钻石线 Diapuglia 黄色系混合(4204) 260 g/9团

工具

钩针4/0号

成品尺寸

胸围130 cm，衣长41.5 cm，连肩袖长33.5 cm

编织密度

10 cm×10 cm面积内：编织花样A 34.5针，7行

编织花样B 1个花样3.4 cm，13行10 cm

编织要点

●身片…锁针起针，做编织花样A、B。钩织至胁部后从起针的锁针挑针，另一侧做编织花样B。

●组合…肩部对齐行与行钩织短针和锁针连接，胁部对齐针与针钩织短针和锁针连接。下摆、衣领环形钩织1行短针，袖口环形做边缘编织。

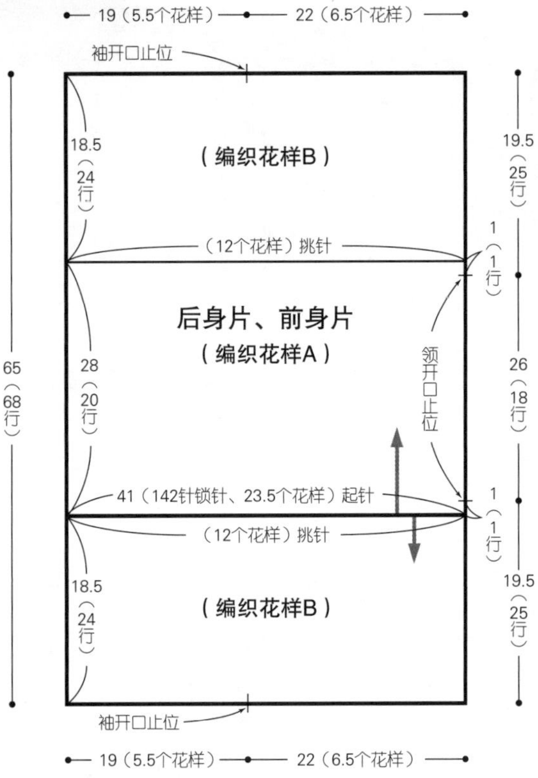

※ 全部使用4/0号针钩织

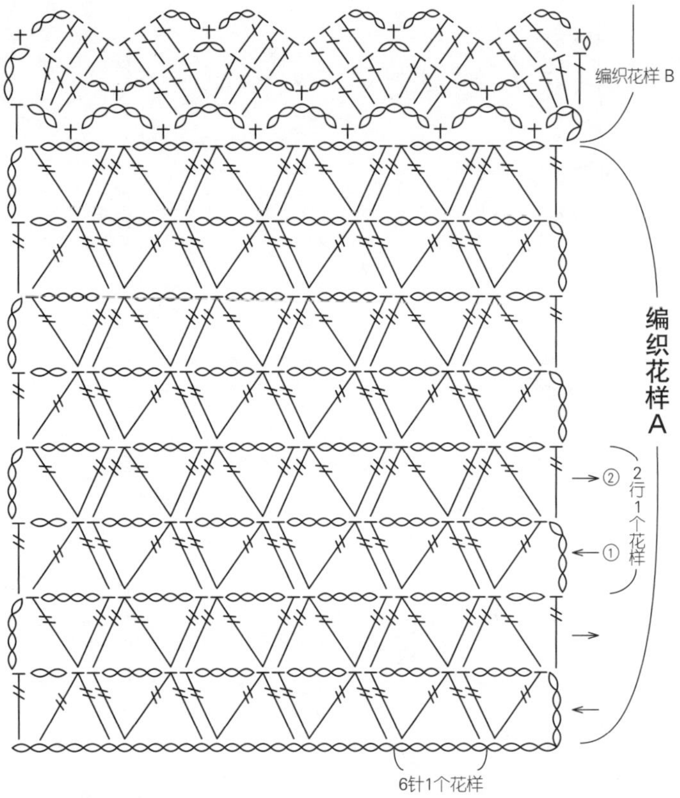

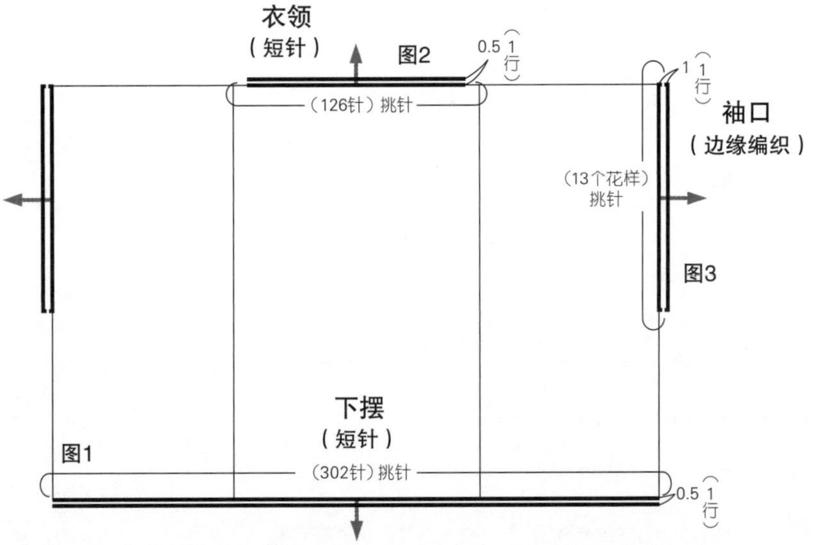

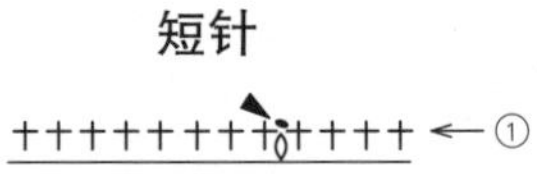

▷ = 加线
► = 剪线

图1　下摆

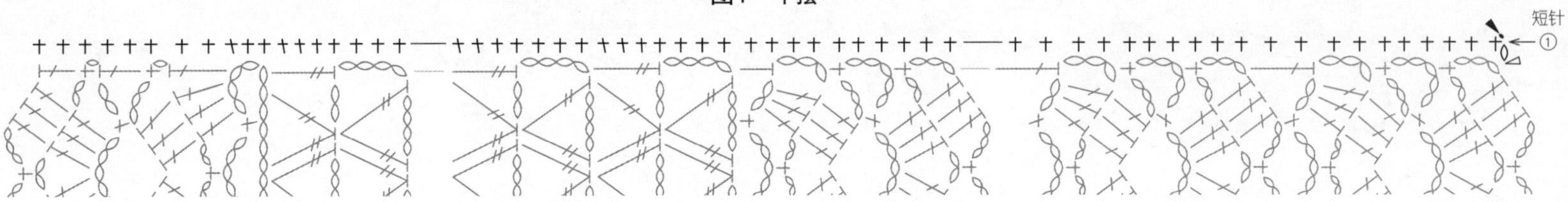

图3
袖口

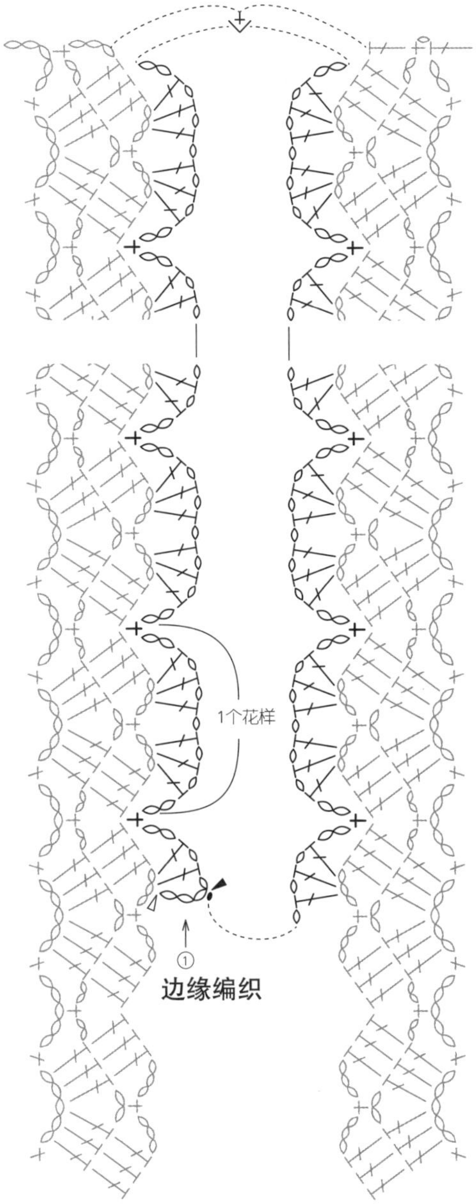

† = 将钩针插入前一行的长针之间挑针钩织

编织花样 B

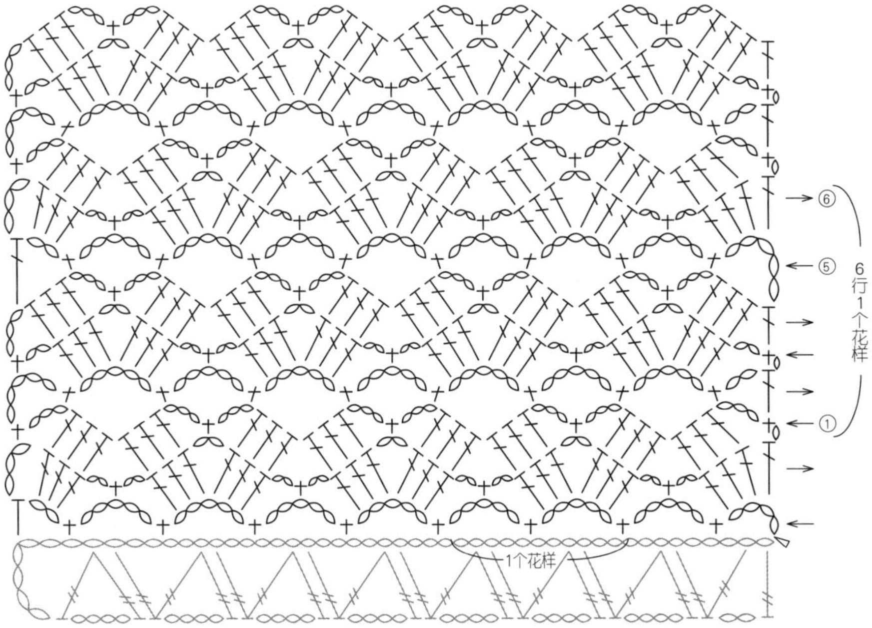

▷ = 加线
▶ = 剪线

图2 衣领

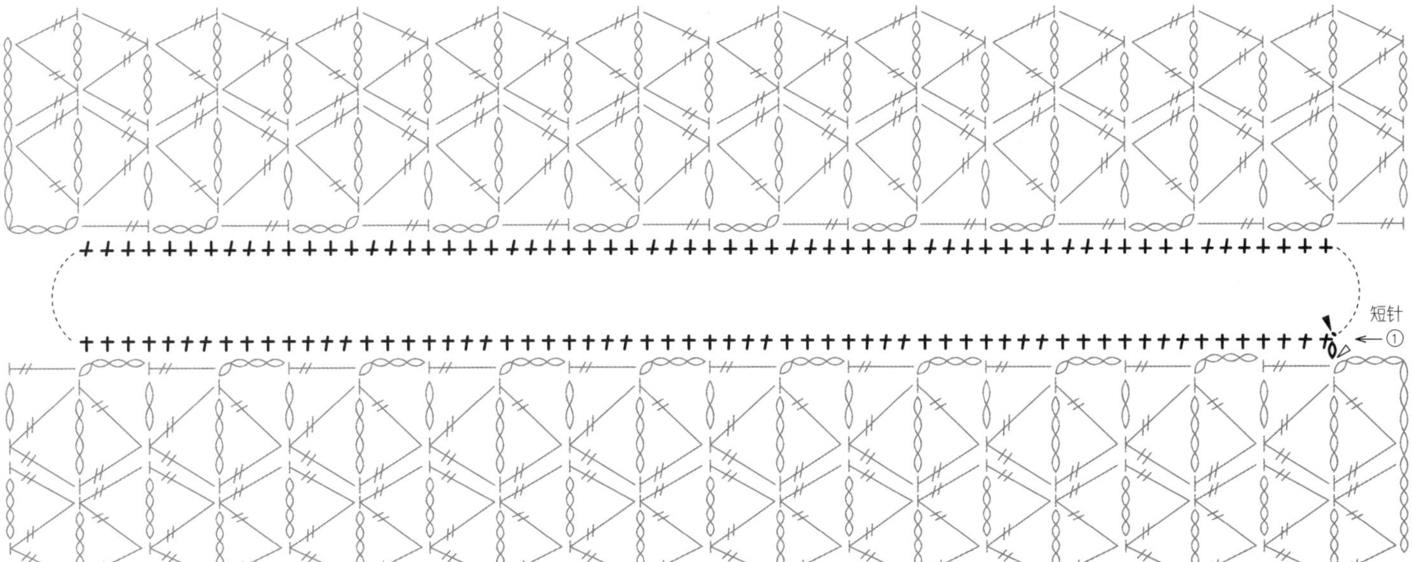

材料

Ski毛线 Ski Minamo 奶油色系混合(1912) 490 g/17团

工具

钩针4/0号

成品尺寸

胸围94 cm，衣长66 cm，连肩袖长56 cm

编织密度

10 cm×10 cm面积内：编织花样A、B均为29针，13行

编织要点

●身片、衣袖…后身片〈上〉、前身片〈上〉、衣袖锁针起针，做编织花样A。领窝参照图示减针。

●组合…肩部对齐针与针钩织引拔针和锁针连接，胁部、袖下对齐行与行钩织引拔针和锁针连接。从起针的锁针挑起指定数量的针目，后身片〈下〉、前身片〈下〉做编织花样B，袖口做编织花样C，分别做环形的往返编织。花边装饰在指定位置做编织花样D。衣领挑取指定数量的针目，环形做边缘编织。钩织引拔针，将衣袖和身片连在一起。

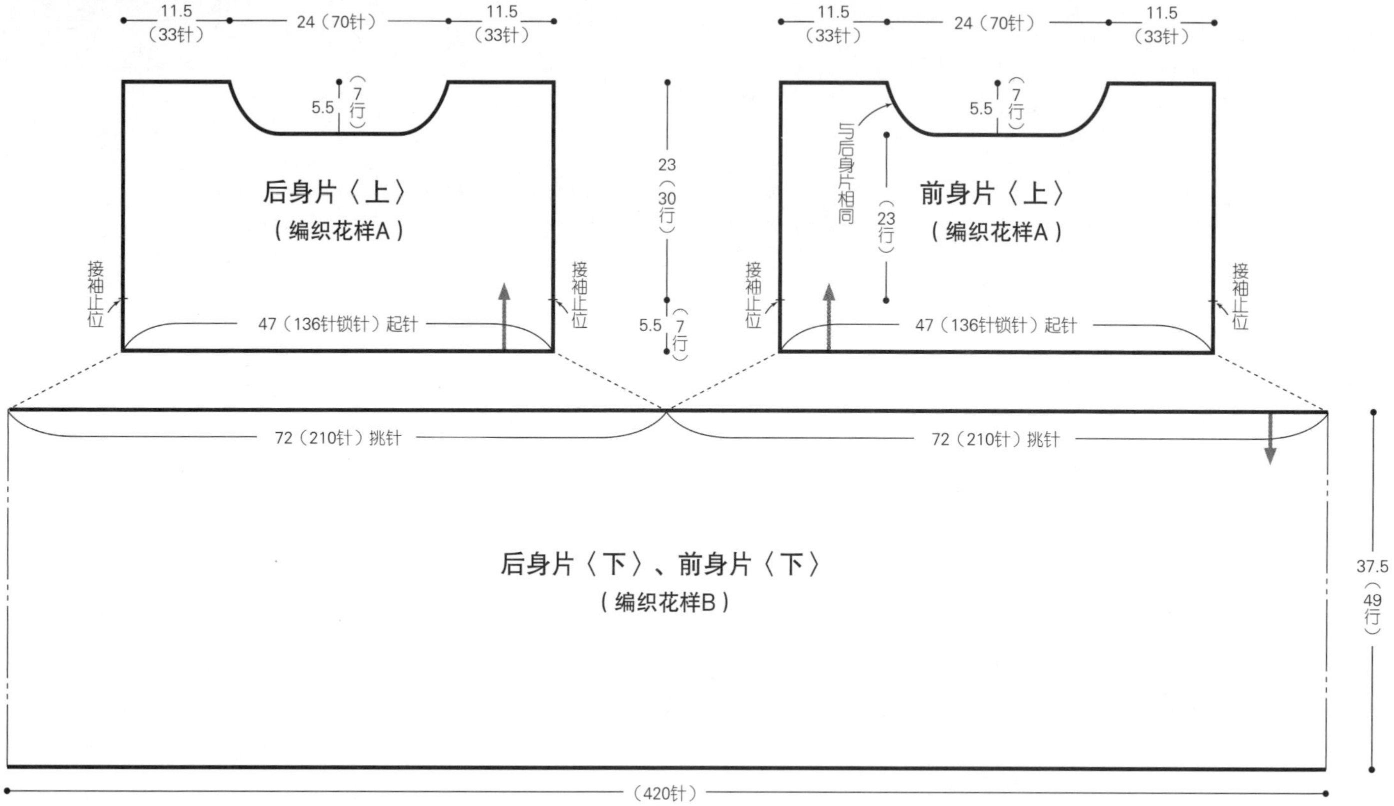

※ 全部使用4/0号针钩织

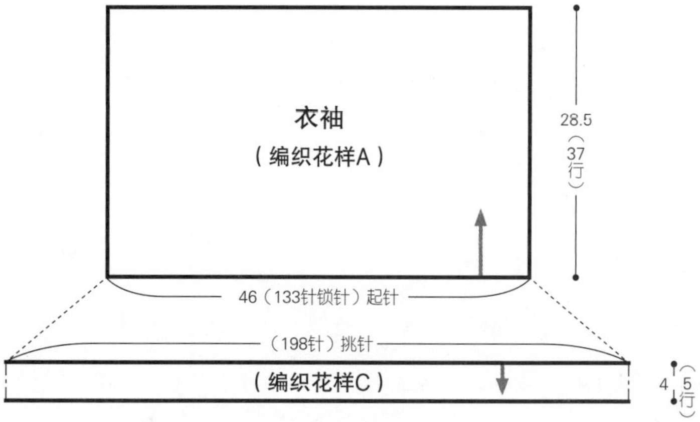

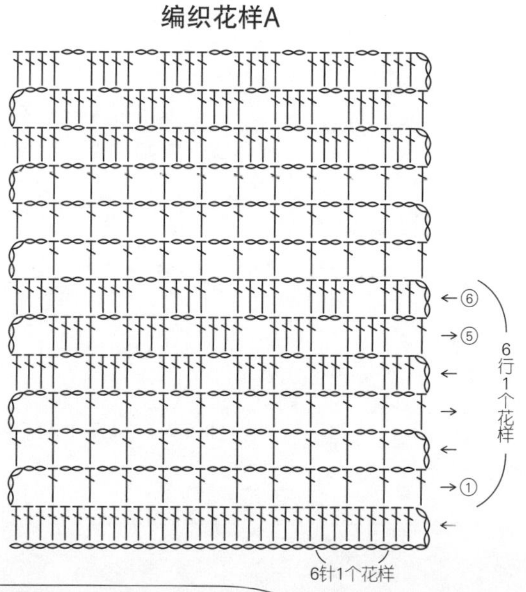

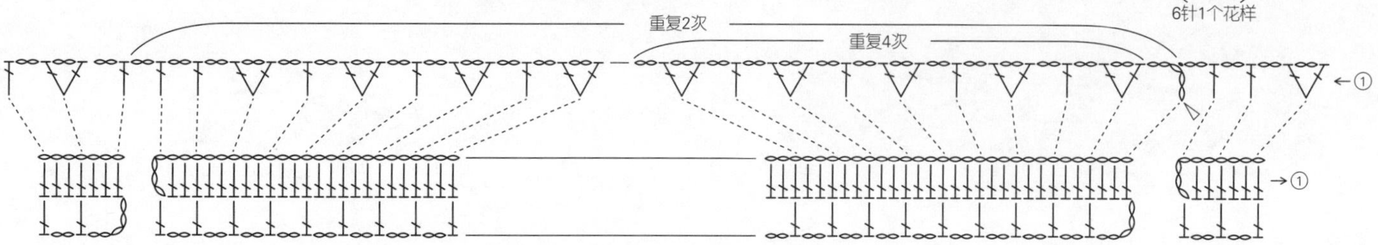

编织花样B

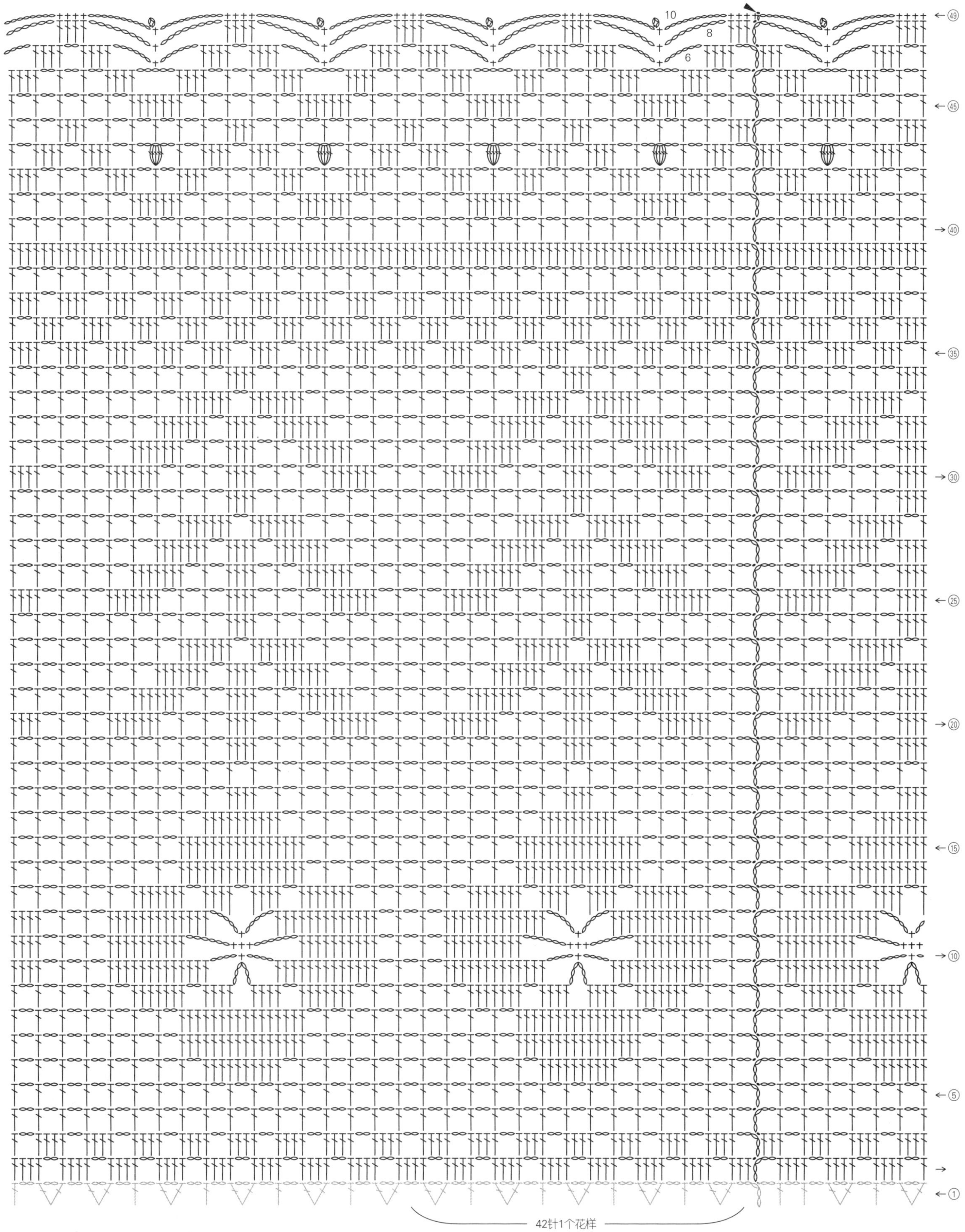

= 5针长针的爆米花针

▷ = 加线
▶ = 剪线

※ 第一行的挑针方法参照第104页

编织花样C

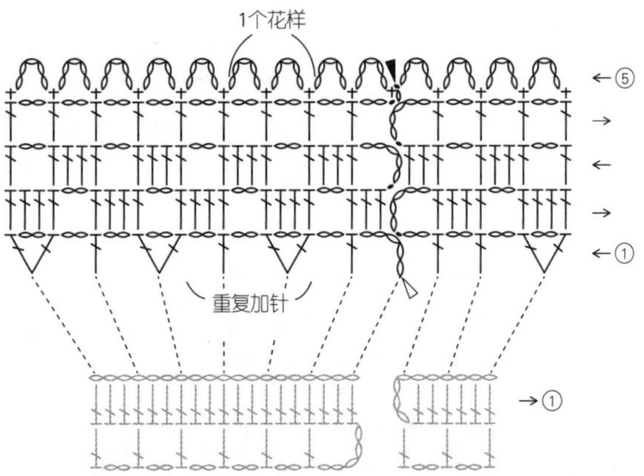

编织花样D

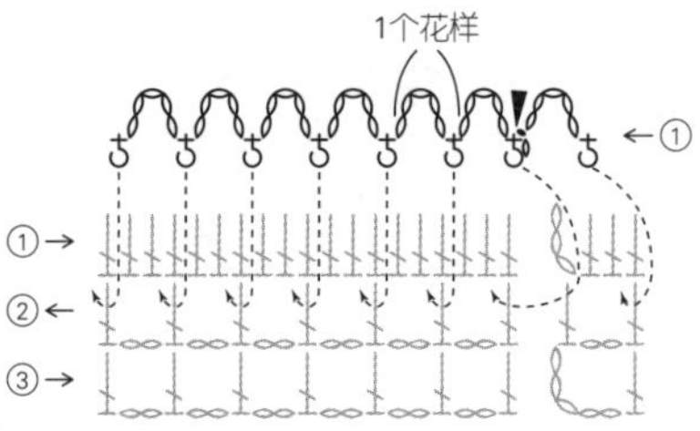

= 短针的正拉针
挑起编织花样A第2行长针的柱子钩织

边缘编织

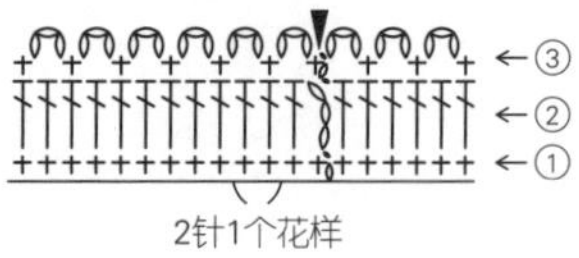

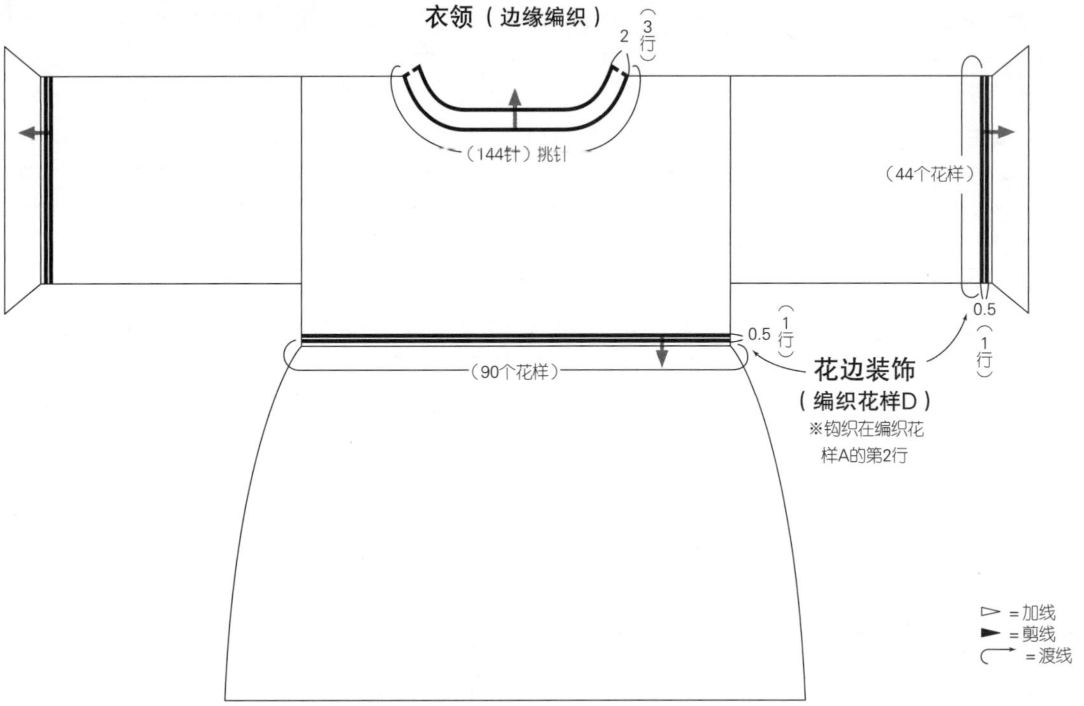

= 加线
= 剪线
= 渡线

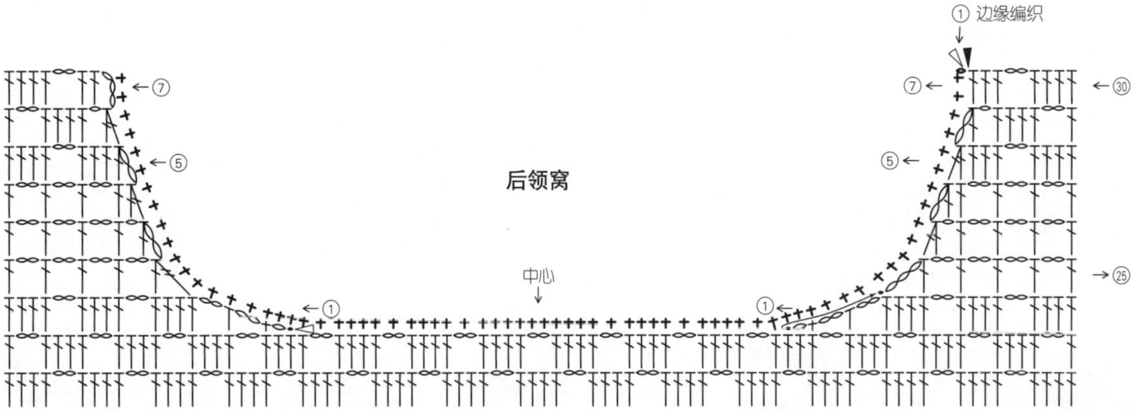

材料

内藤商事 Everyday Solid 原白色(2) 395 g/4团，黄绿色(104) 40 g/1团

工具

钩针 6/0 号

成品尺寸

胸围 110 cm，肩宽 44 cm，衣长 51 cm

编织密度

花片大小请参照图示

编织要点

●全部用连接花片的方法钩织。从第 2 片花片开始，一边在最终行和相邻花片连接，一边钩织。注意花片 E、F 从相邻花片挑针钩织。

27 页的作品 ★★★

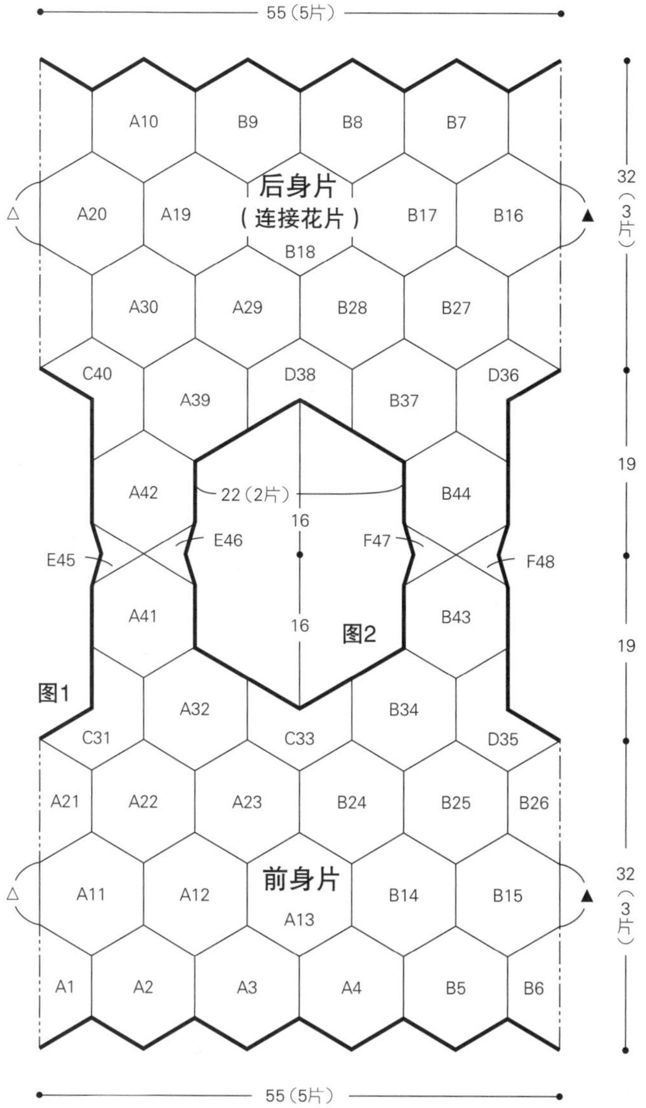

※全部使用6/0号针钩织

※花片内的数字表示连接顺序

※对齐相同标记连接

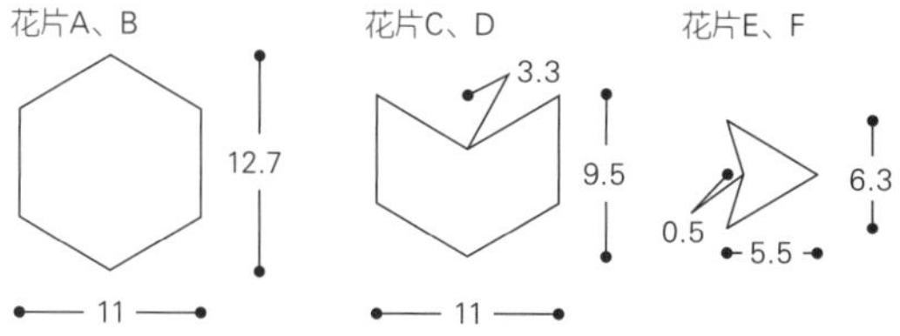

花片A　19片

原白色

花片B　19片

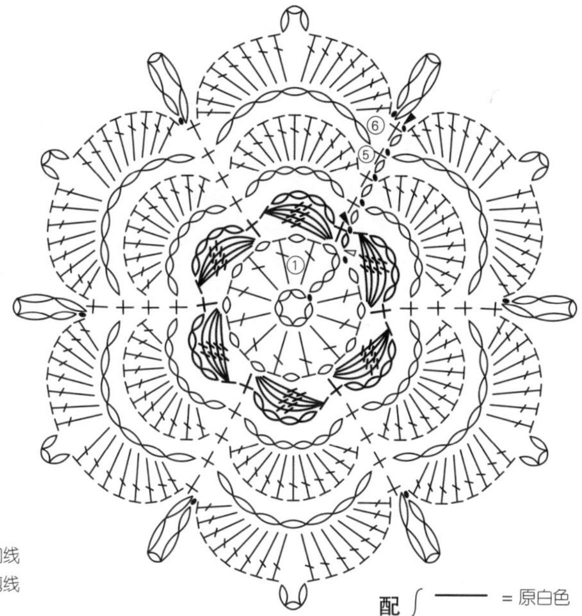

▷ = 加线

▶ = 剪线

配色 { —— = 原白色 / —— = 黄绿色

花片C　3片

原白色

花片D　3片

花片E　2片　原白色

花片F　2片　黄绿色

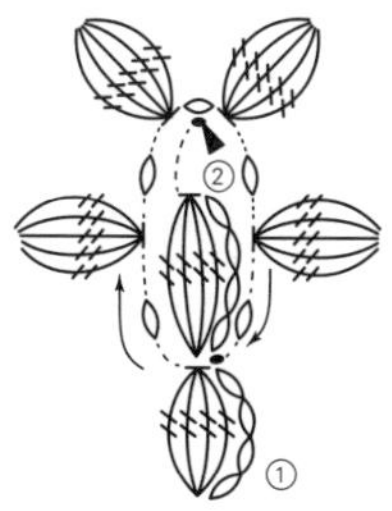

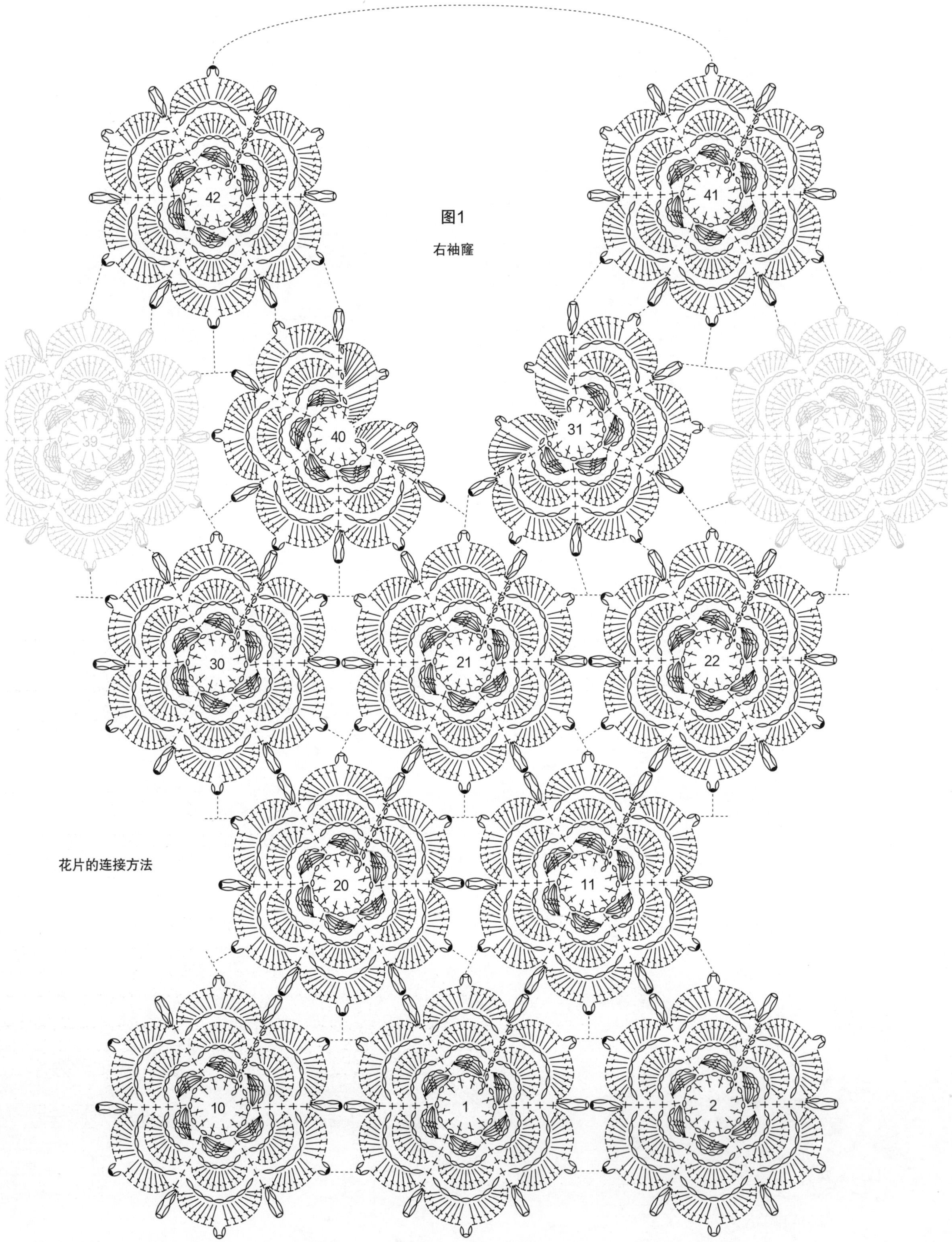

图1
右袖窿
花片的连接方法
42
41
40
31
39
32
30
21
22
20
11
10
1
2

图2
领窝
配色
= 原白色
= 黄绿色
后中心
前中心
右袖窿
左袖窿
31
32
33
34
35
36
37
38
39
40
41
42
43
44
45
46
47
48

材料

Saredo ririri 毛线的色名、色号、用量请参照下表

工具

棒针 5 号，钩针 4/0 号

成品尺寸

[S 号] 胸围 104 cm，衣长 53.5 cm，连肩袖长 26.5 cm

[M 号] 胸围 108 cm，衣长 55.5 cm，连肩袖长 27.5 cm

[L 号] 胸围 114 cm，衣长 57.5 cm，连肩袖长 29 cm

[XL 号] 胸围 118 cm，衣长 59 cm，连肩袖长 30.5 cm

编织密度

10 cm×10 cm 面积内：下针编织 23.5 针，34 行

编织要点

●身片…手指挂线起针，编织配色花样、下针编织。采用横向渡线的方法编织配色花样。前身片的口袋处编入 1 行另线。袖窿、领窝减针时，端头第 2 针和第 3 针编织 2 针并 1 针。从口袋位置挑针，口袋内片做下针编织。编织终点做伏针收针。袋口编织配色花样，编织终点从反面做伏针收针。

●组合…肩部做引拔接合，胁部做挑针缝合。衣领、袖口挑取指定数量的针目，环形编织配色花样。编织终点参照图示一边减针一边做上针的伏针收针，注意针目不要太紧。在指定位置钩织引拔针。口袋内片缝合在身片上时，从反面做卷针缝，注意不要影响到正面。

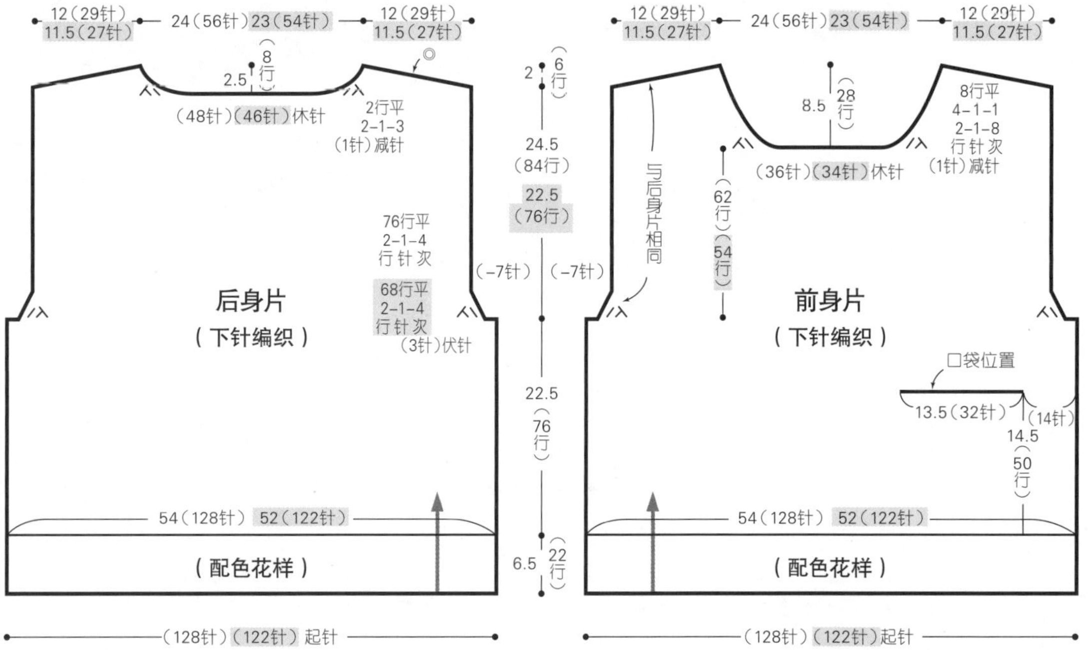

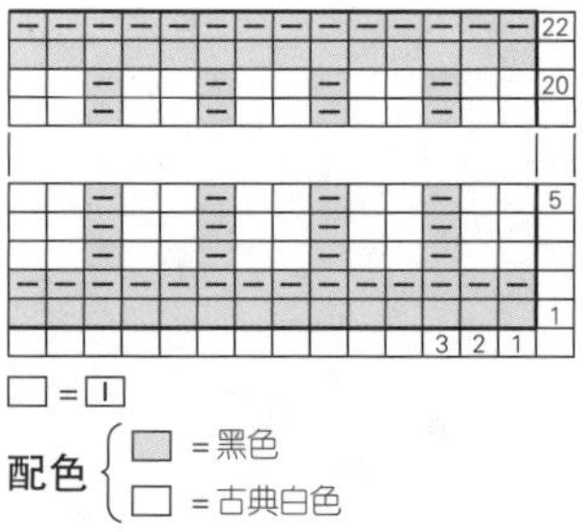

※ 除指定以外均用5号针编织

※ 除指定以外均用古典白色线编织

※ [灰色] 是S号，其他为M号或通用

毛线的色名、色号及用量

色名（色号）	S号	M号	L号	XL号
古典白色（2004L）	240g /3桄	260 g/3桄	290 g/3桄	310 g/4桄
黑色（2207）	50 g/1桄	55 g/1桄	55 g/1桄	60 g/1桄

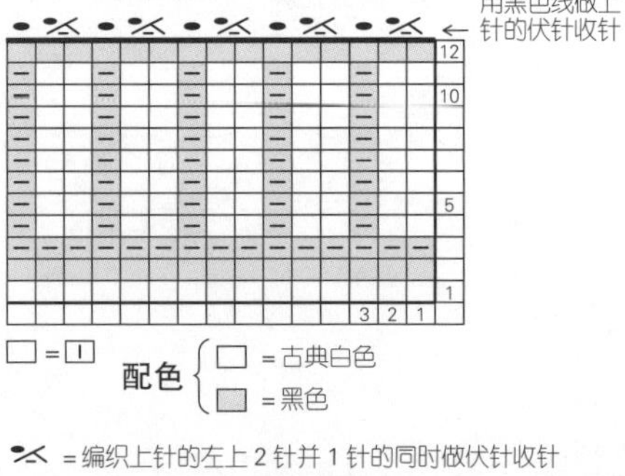

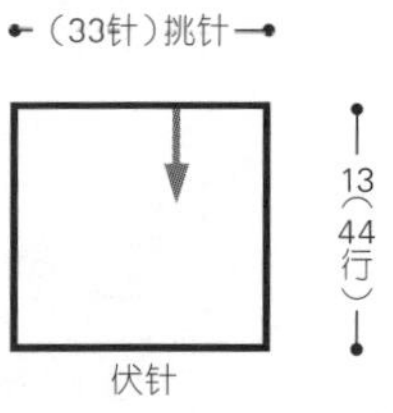

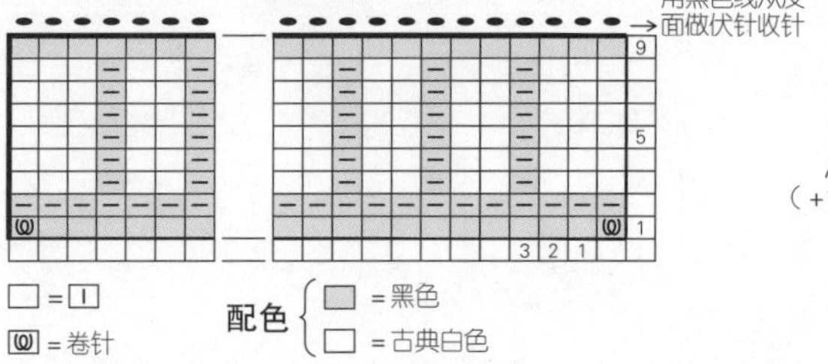

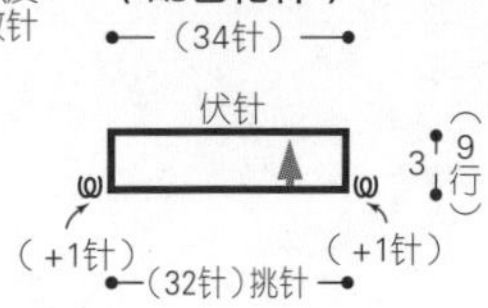

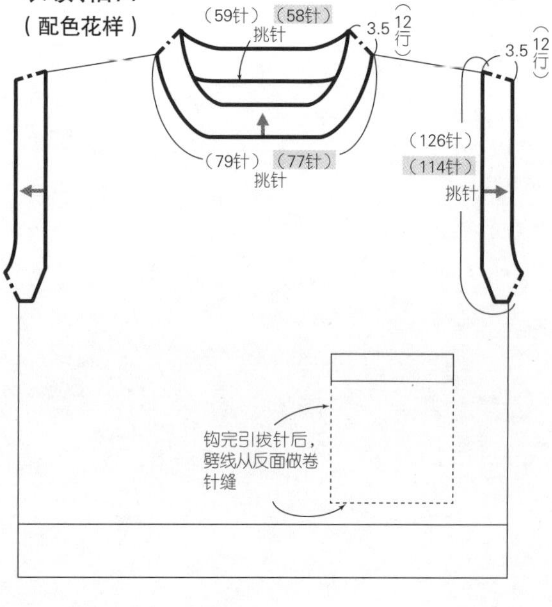

L、XL号

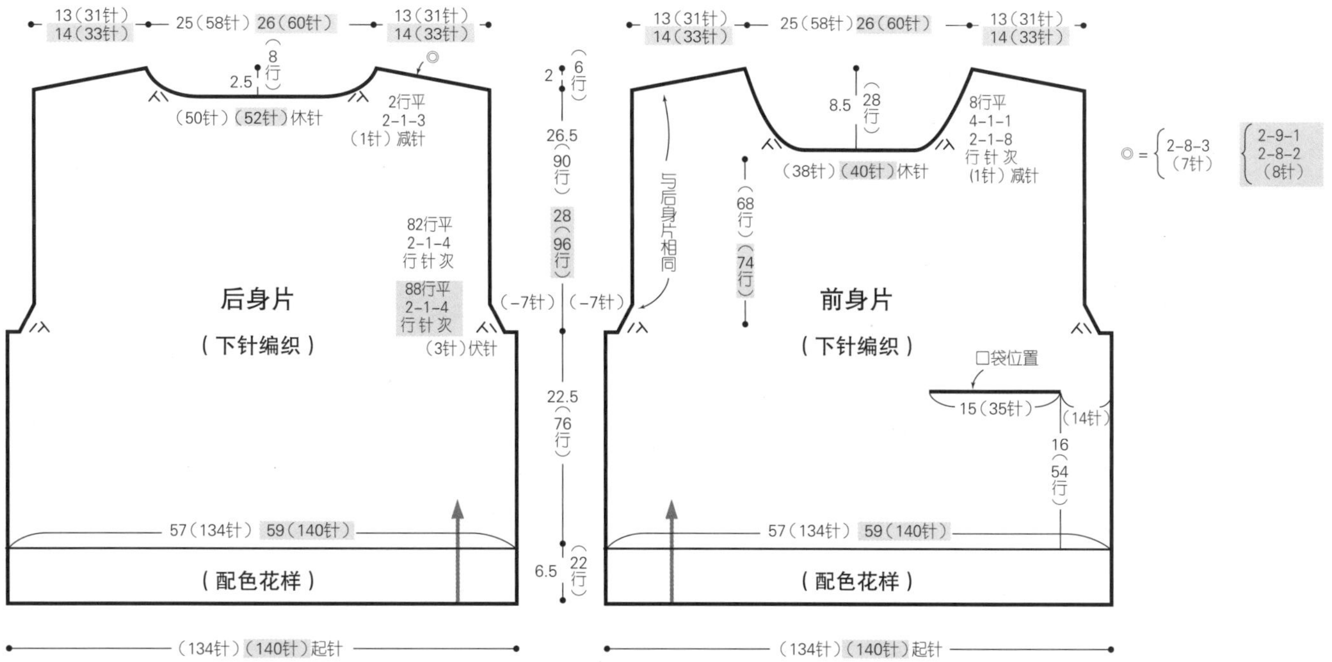

※ 除指定以外均用5号针编织

※ 除指定以外均用古典白色线编织

※ 　　　是XL号，其他为L号或通用

领窝的减针（后身片）

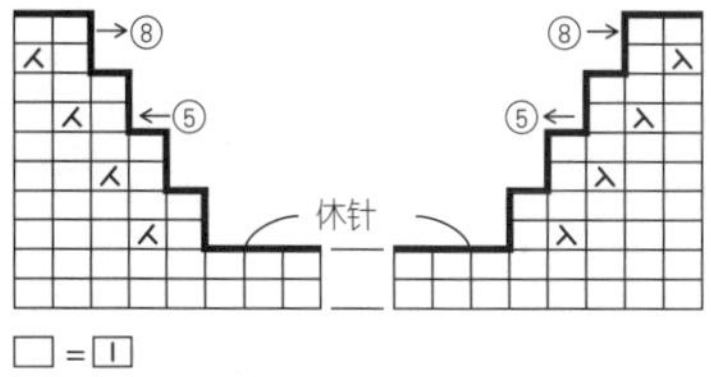

衣领、袖口

（配色花样）

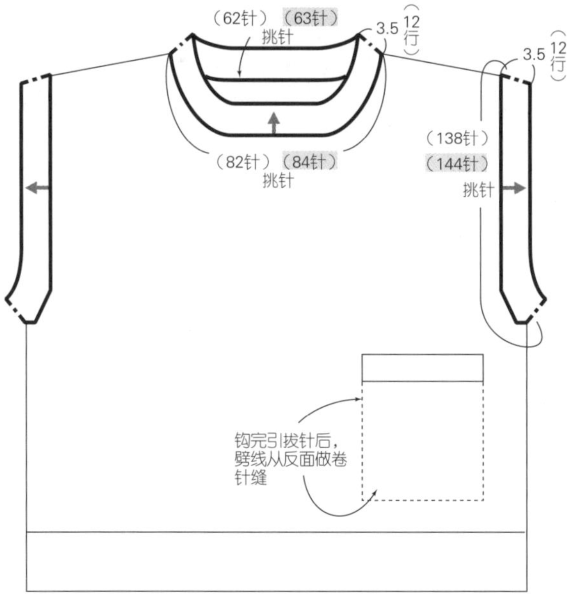

组合方法

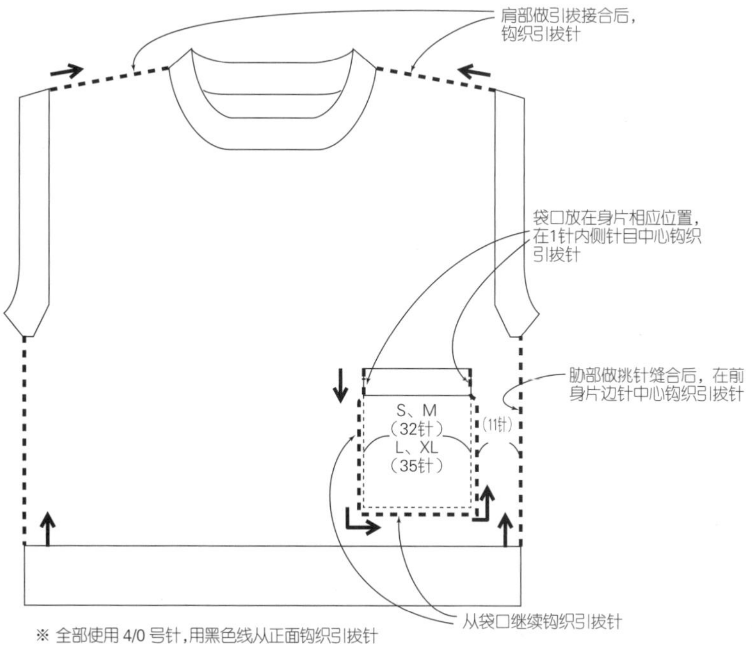

※ 全部使用 4/0 号针，用黑色线从正面钩织引拔针

※ ➔ 表示引拔针的编织方向

※ 肩部、口袋底每隔 1 针，胁部、口袋两侧按照 4 行 3 针的规则钩织引拔针

口袋内片

（下针编织）

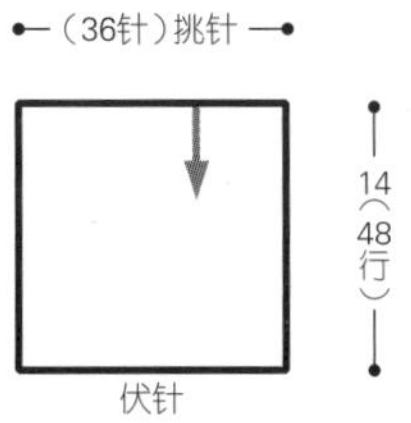

袋口

（配色花样）

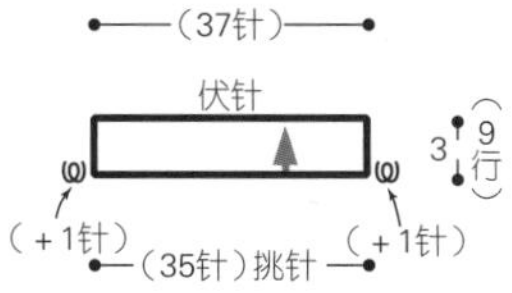

材料

Ski毛线 SKI WASHABLE UV 青蓝色(5216) 410 g/14团，水蓝色(5206) 35 g/2团

工具

棒针5号、3号，钩针5/0号

成品尺寸

胸围109 cm，肩宽41 cm，衣长50.5 cm，袖长42.5 cm

编织密度

10 cm×10 cm面积内：下针编织23.5针，32行；编织花样30针，32行

花片大小请参照图示

编织要点

●身片、衣袖…手指挂线起针，后身片、右前身片、左前身片做下针编织和编织花样，衣袖〈左侧〉、衣袖〈右侧〉做下针编织。减2针及以上时做伏针减针（边针仅在第1次需要编织），减1针时立起侧边1针减针（即2针并1针）。袖下加针时，在1针内侧编织扭针加针。从前身片的中央侧边挑针，用边缘编织A装饰。前身片〈中央〉用连接花片的方法钩织。一边在最终行和边缘编织A、相邻花片连接，一边钩织。钩织4片以后，上下均用边缘编织B装饰。下摆挑取指定数量的针目，编织双罗纹针。编织终点做下针织下针、上针织上针的伏针收针。肩部做盖针接合，衣袖〈左侧〉和衣袖〈右侧〉均对齐针与行缝合于身片。衣袖的中央侧边和△、▲处钩织1行边缘编织A'装饰。衣袖〈中央〉和前身片〈中央〉的编织方法相同，花片在袖口侧做边缘编织B。袖口编织双罗纹针，编织终点和下摆一样收针。

●组合…胁部、袖下做挑针缝合。衣领挑取指定数量的针目，环形编织双罗纹针。编织终点和下摆一样收针。

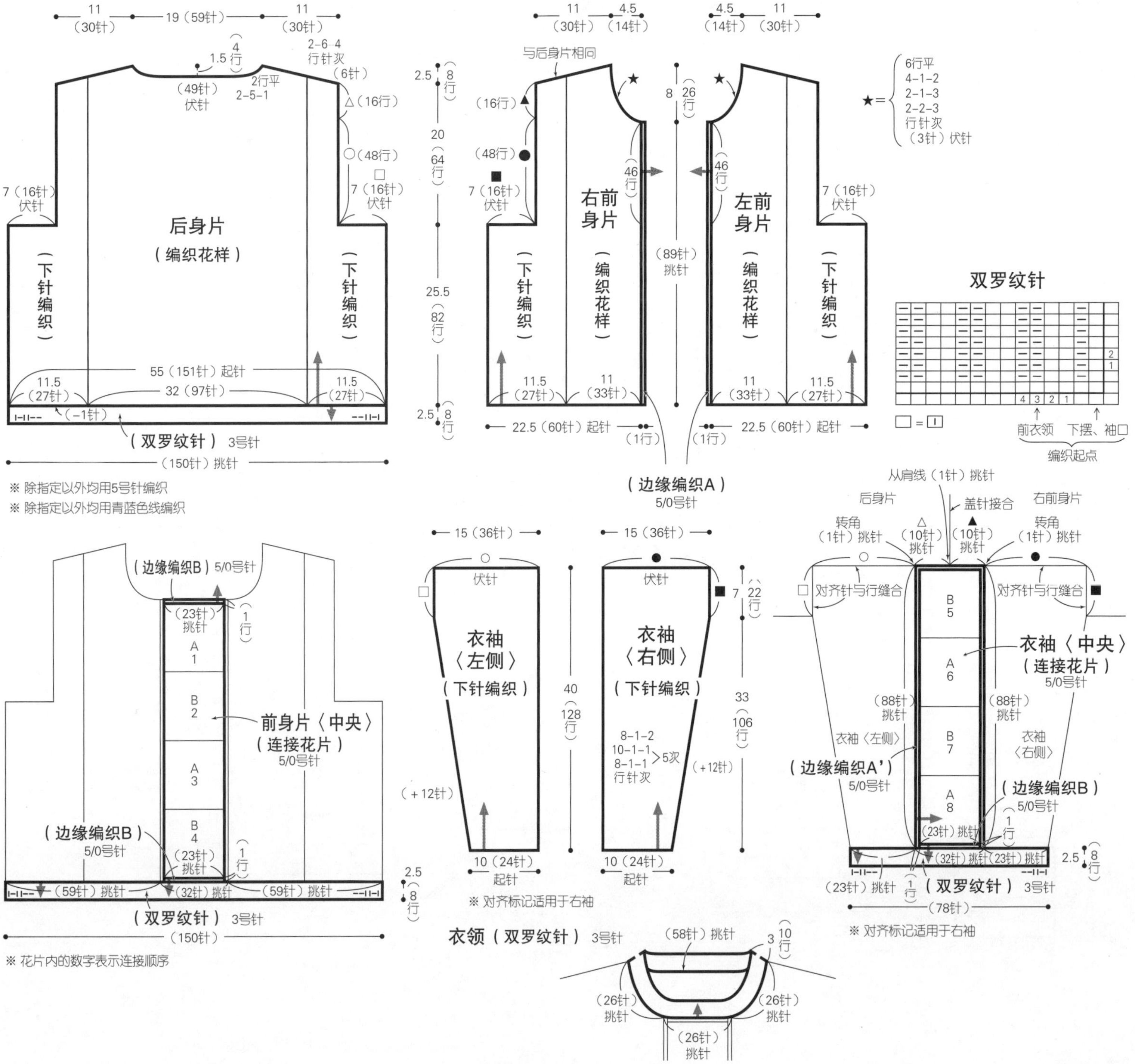

编织花样

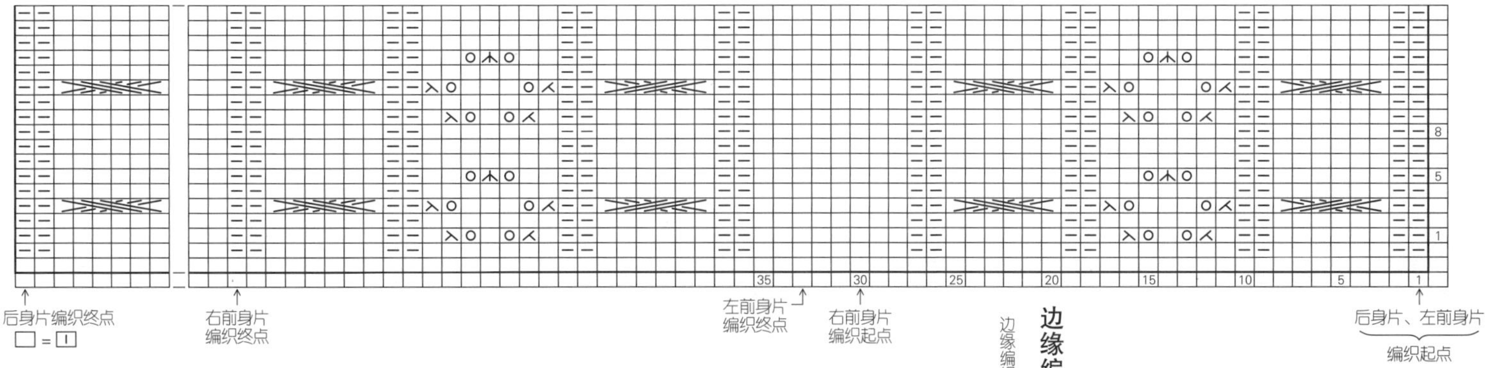

花片A、B

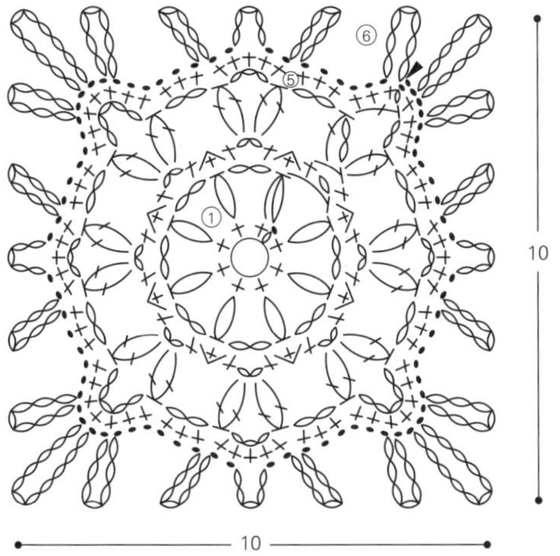

花片的配色和片数

	第1行	第2行	第3行	第4行	第5行	第6行	片数
A	青蓝色	水蓝色	青蓝色	水蓝色	青蓝色	水蓝色	6片
B	青蓝色	水蓝色	青蓝色	水蓝色	青蓝色	青蓝色	6片

▷ = 加线
◀ = 剪线

双罗纹针的挑针方法（衣领）

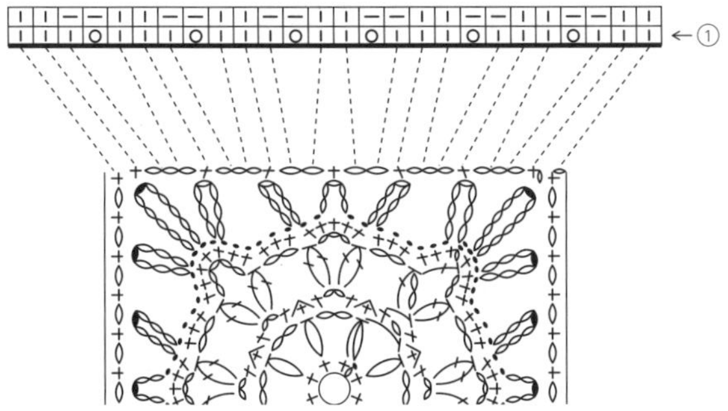

※ 从锁针整段挑针

双罗纹针的挑针方法（下摆、袖口）

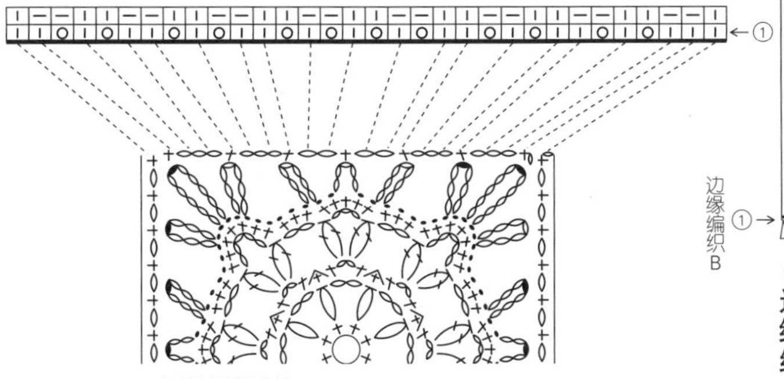

※ 从锁针整段挑针

连接花片（前身片（中央））

连接花片（衣袖（中央））

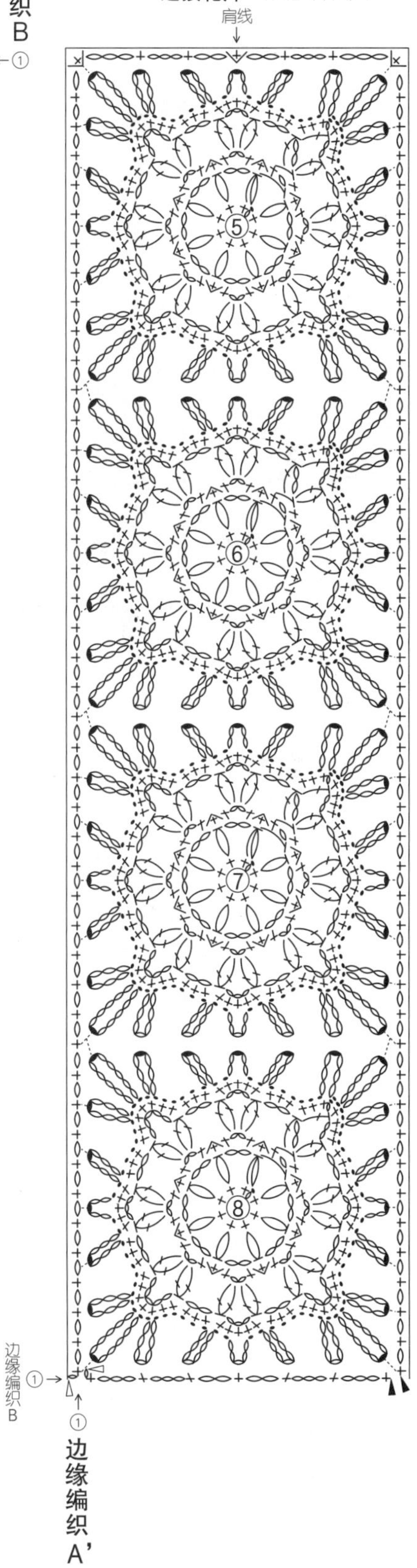

材料

Ski毛线 SKI WASHABLE UV 原白色(5201) 460 g/16团

工具

钩针5/0号

成品尺寸

胸围102 cm，衣长53 cm，连肩袖长38 cm

编织密度

花片边长6.5 cm

10 cm×10 cm面积内：编织花样24.5针，10行

编织要点

●身片、衣袖…钩织指定片数的花片，参照图示做半针的卷针缝。带子A、B、C、D锁针起针，按照编织花样钩织指定的数量。

●组合…带子和花片做半针的卷针缝，注意带子的编织方向。胁部、袖下按照相同方法缝合。衣领、下摆、袖口钩织1行长针。

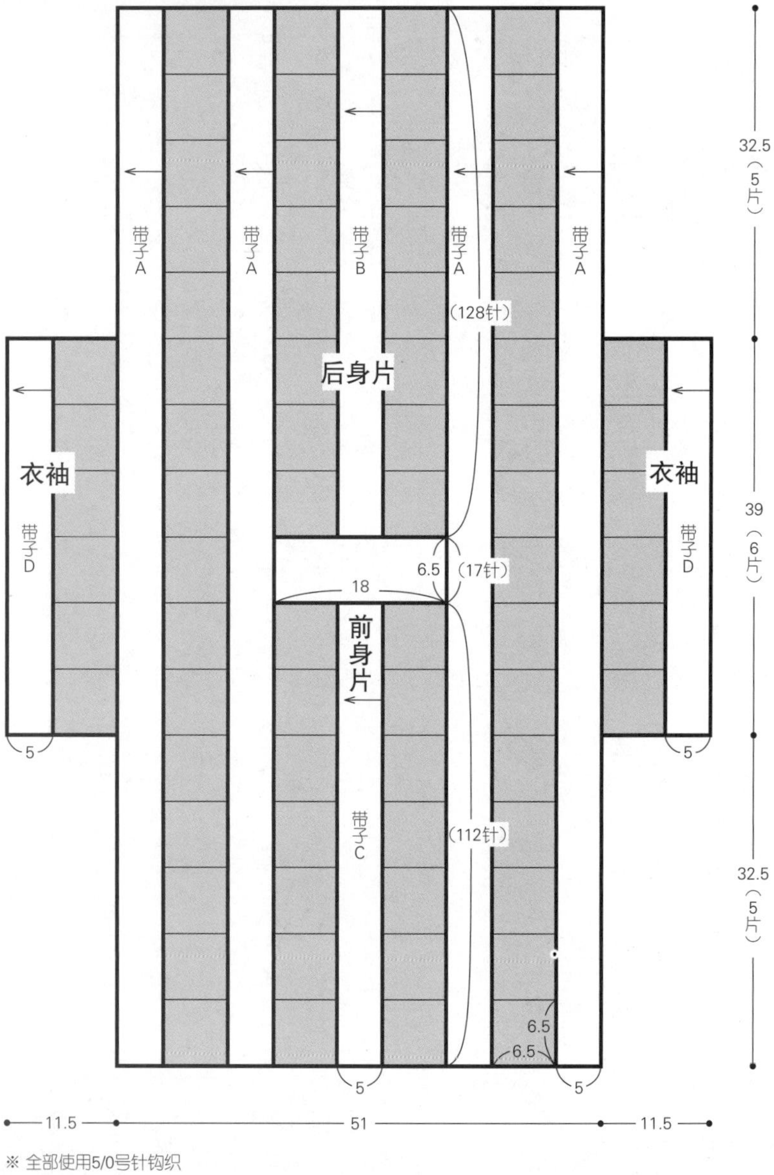

※ 全部使用5/0号针钩织

=花片

※ 对齐花片，挑起外侧半针卷针缝缝合

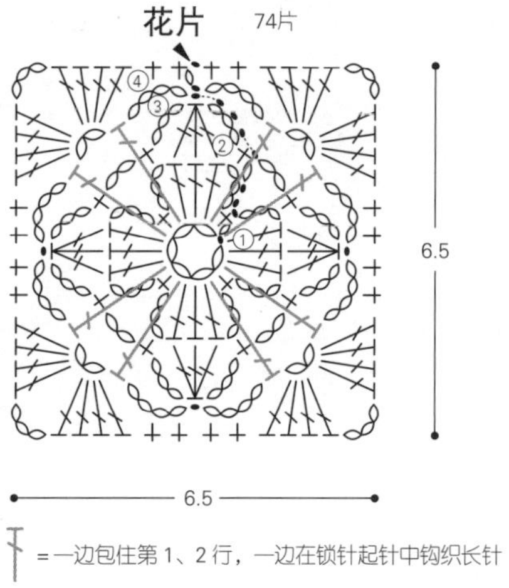

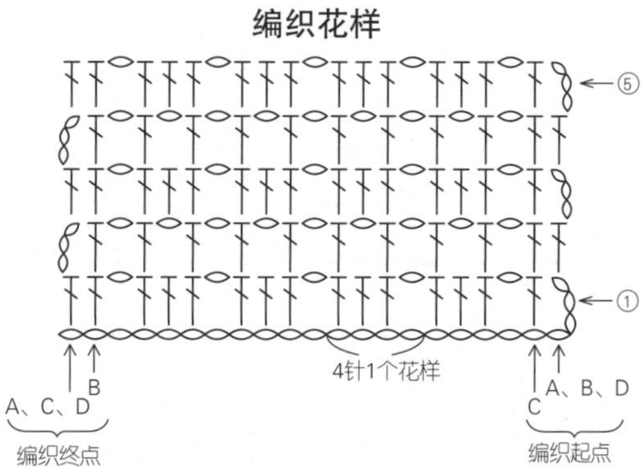

※ 第1行挑起起针针目的里山钩织

※ 第3行以后，从锁针挑针的长针要挑起剩余的2根链条状的线钩织

▷ = 加线

► = 剪线

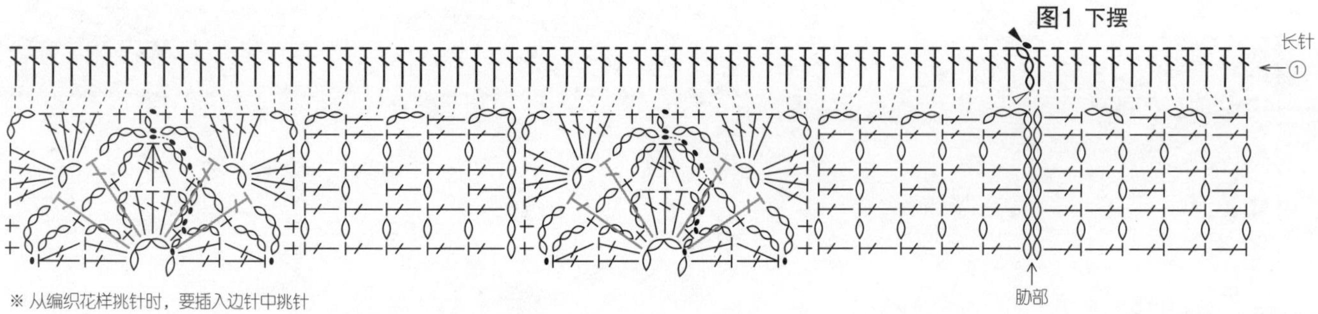

※ 从编织花样挑针时，要插入边针中挑针

带子

A 4片

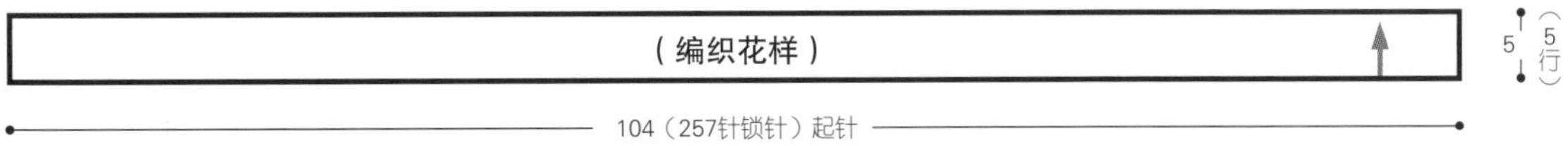

B 1片

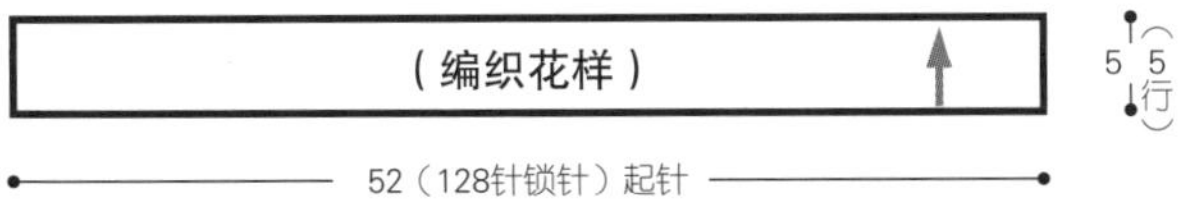

D 2片

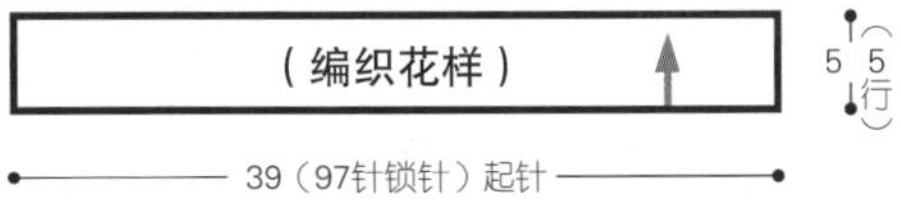

C 1片

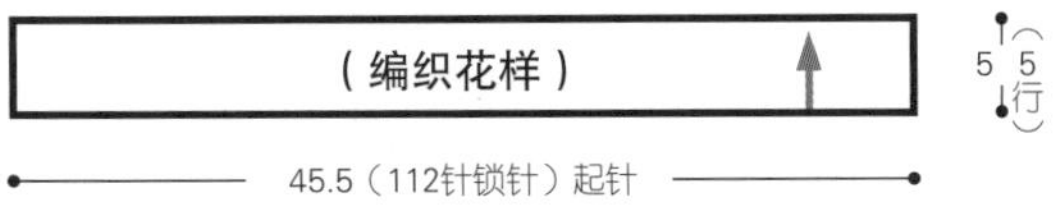

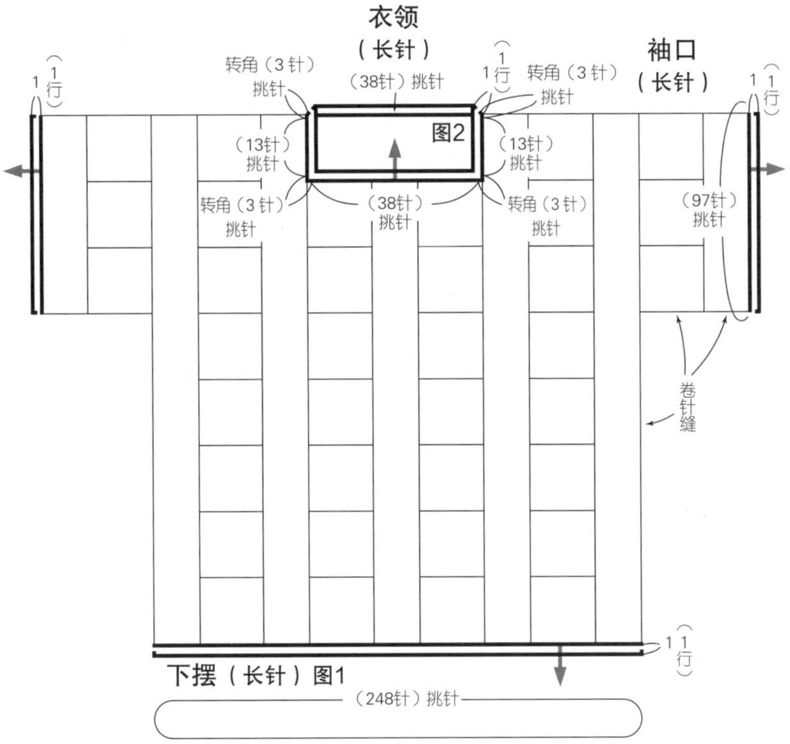

花片和带子的连接方法

※ 最终行针针目的头部和锁针的外侧半针做卷针缝

※ 带子A、D在肩部跳过1针花片的针目做卷针缝（参照图2）

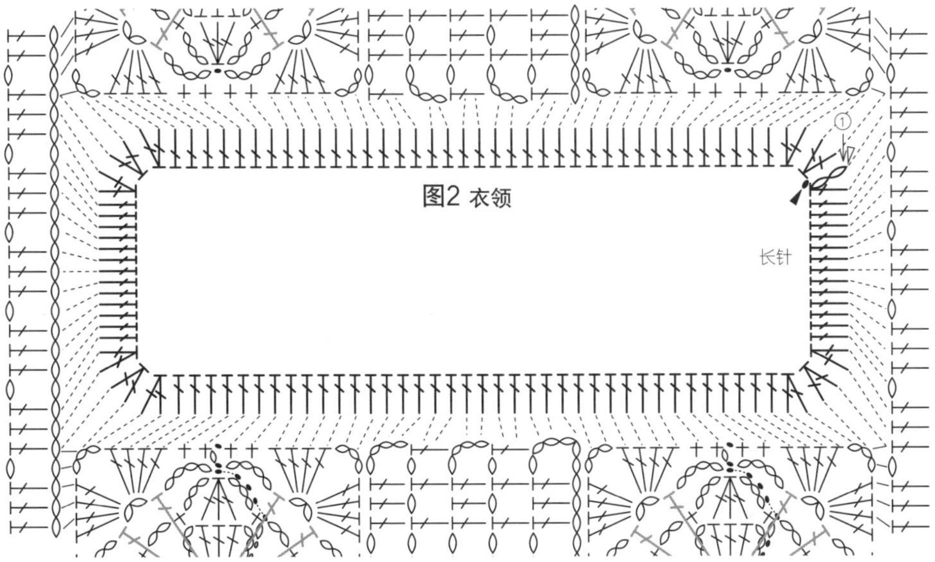

▷ = 加线

► = 剪线

材料

奥林巴斯 Emmy grande 浅绿色(252) 290 g/6团，黄绿色(273) 95 g/2团，灰粉色(141) 30 g/1团；Emmy grande <Colors> 奶油色(560) 10 g/1团

工具

钩针2/0号

成品尺寸

胸围106 cm，衣长45.5 cm，连肩袖长53 cm

编织密度

10 cm×10 cm面积内：编织花样37针，13.5行

花片大小请参照图示

编织要点

●身片、衣袖…锁针起针，做编织花样。前、后身片连在一起编织25行后，分开编织。袖下参照图示加针。下摆、前门襟、衣领和袖口用连接花片的方法钩织。从第2片花片开始，一边在最终行和相邻花片连接，一边钩织。周围环形做边缘编织。

●组合…肩部对齐针与针钩织引拔针和锁针连接，袖下对齐行与行钩织引拔针和锁针连接。下摆、前门襟、衣领和袖口边缘编织部分分别和身片、衣袖重叠着用劈开的浅绿色线做藏针缝。钩织引拔针和锁针，将衣袖和身片连在一起。在指定位置钩织细绳，参照图示制作流苏。

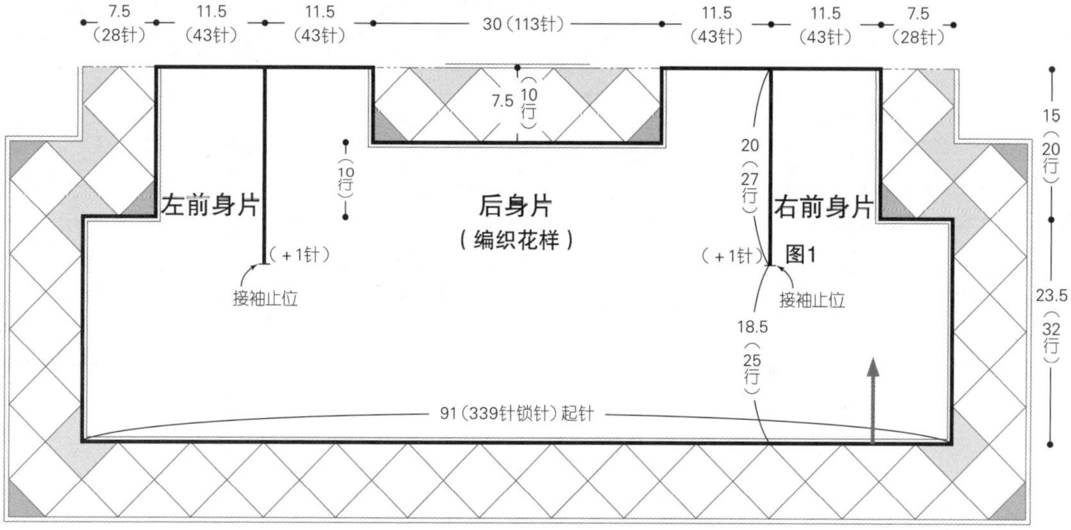

※ 全部用2/0号针钩织

※ 除指定以外均用浅绿色线钩织

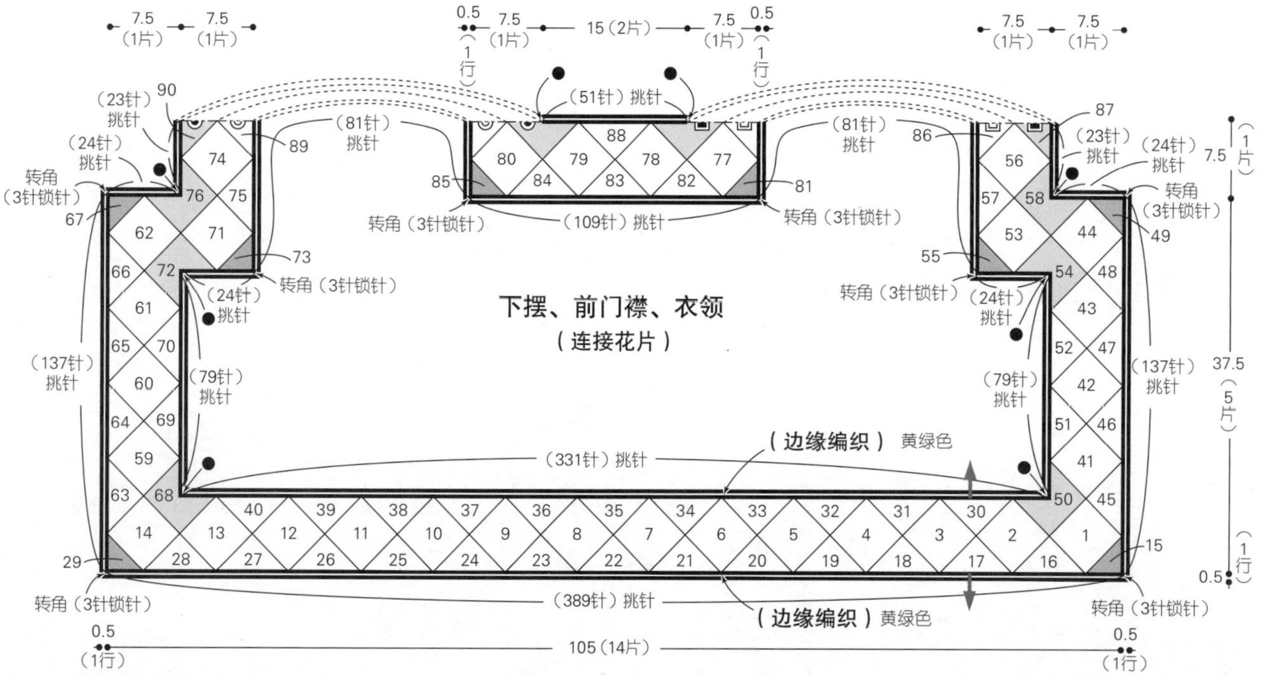

●转角 (1针) 挑针

※ 花片内的数字表示连接顺序

※ 相同标记处连续钩织

边缘编织

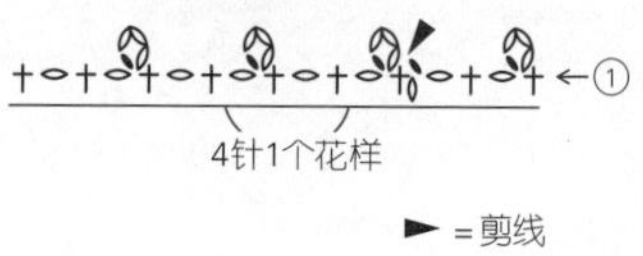

编织花样

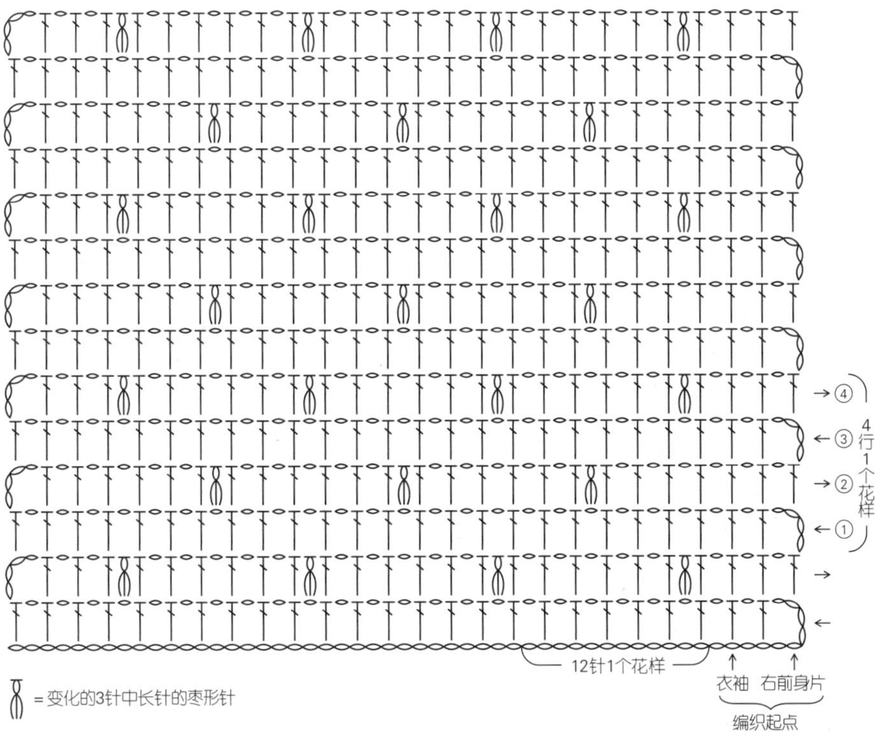

=变化的3针中长针的枣形针

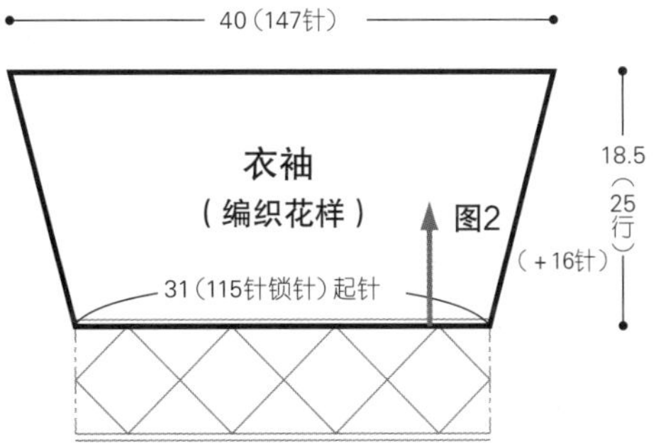

袖口
（连接花片）

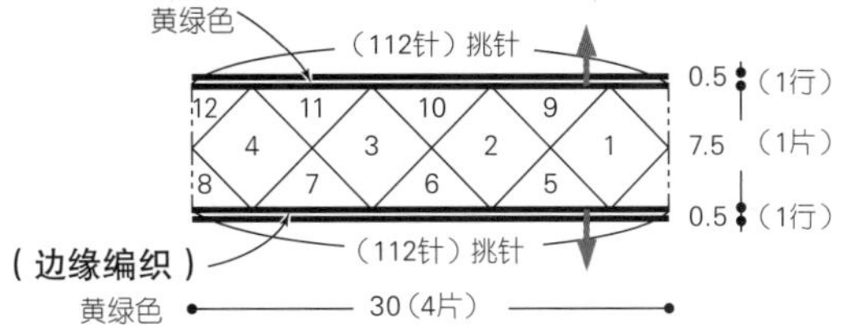

花片C 8片

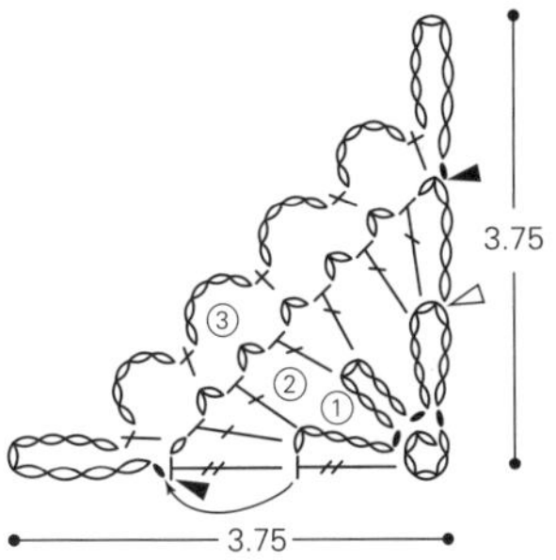

花片B 60片

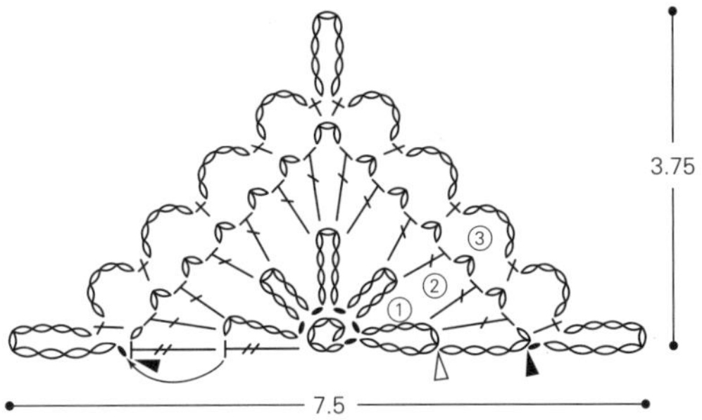

花片A 38片

=包住第6行的锁针，整段挑起第5行的锁针

=短针的反拉针

花片D 8片

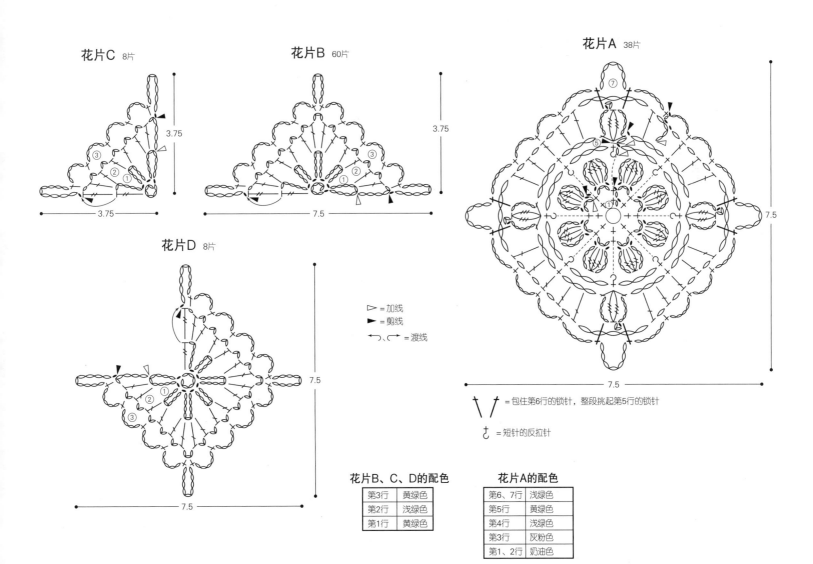

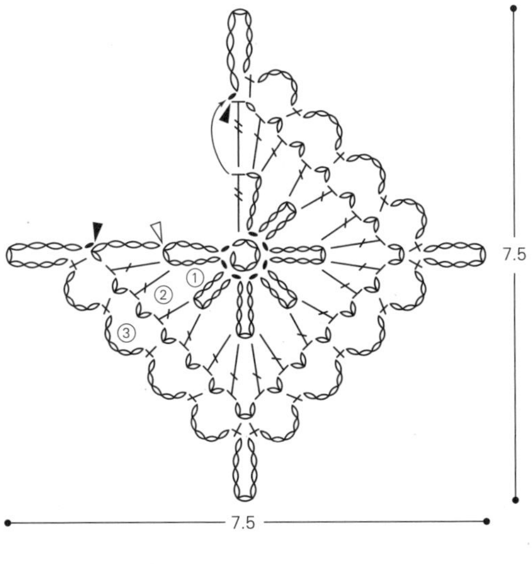

▷=加线

▶=剪线

↩、↪=渡线

花片B、C、D的配色

第3行	黄绿色
第2行	浅绿色
第1行	黄绿色

花片A的配色

第6、7行	浅绿色
第5行	黄绿色
第4行	浅绿色
第3行	灰粉色
第1、2行	奶油色

组合方法
引拔针和锁针连接
细绳位置
藏针缝
引拔针和锁针连接
藏针缝
※ 将浅绿色线劈开使用，
将下摆、前门襟、衣
领和袖口的边缘编织
部分分别和身片、衣
袖叠放好，在边缘编
织的针目底部缝合
图1 右袖开口
⑤
①
㉕
▷ = 加线
▶ = 剪线
㉕
⑳
⑮
⑩
⑤
①
图2
袖下

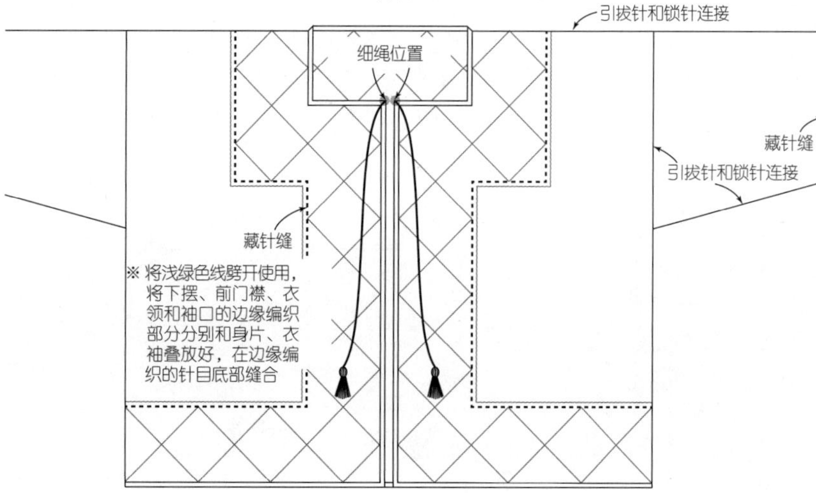

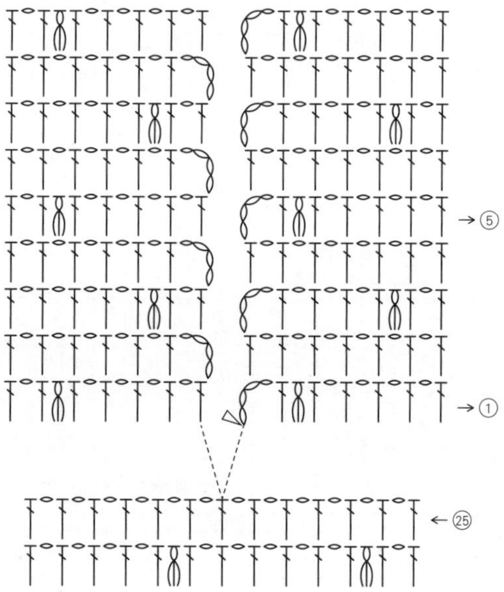

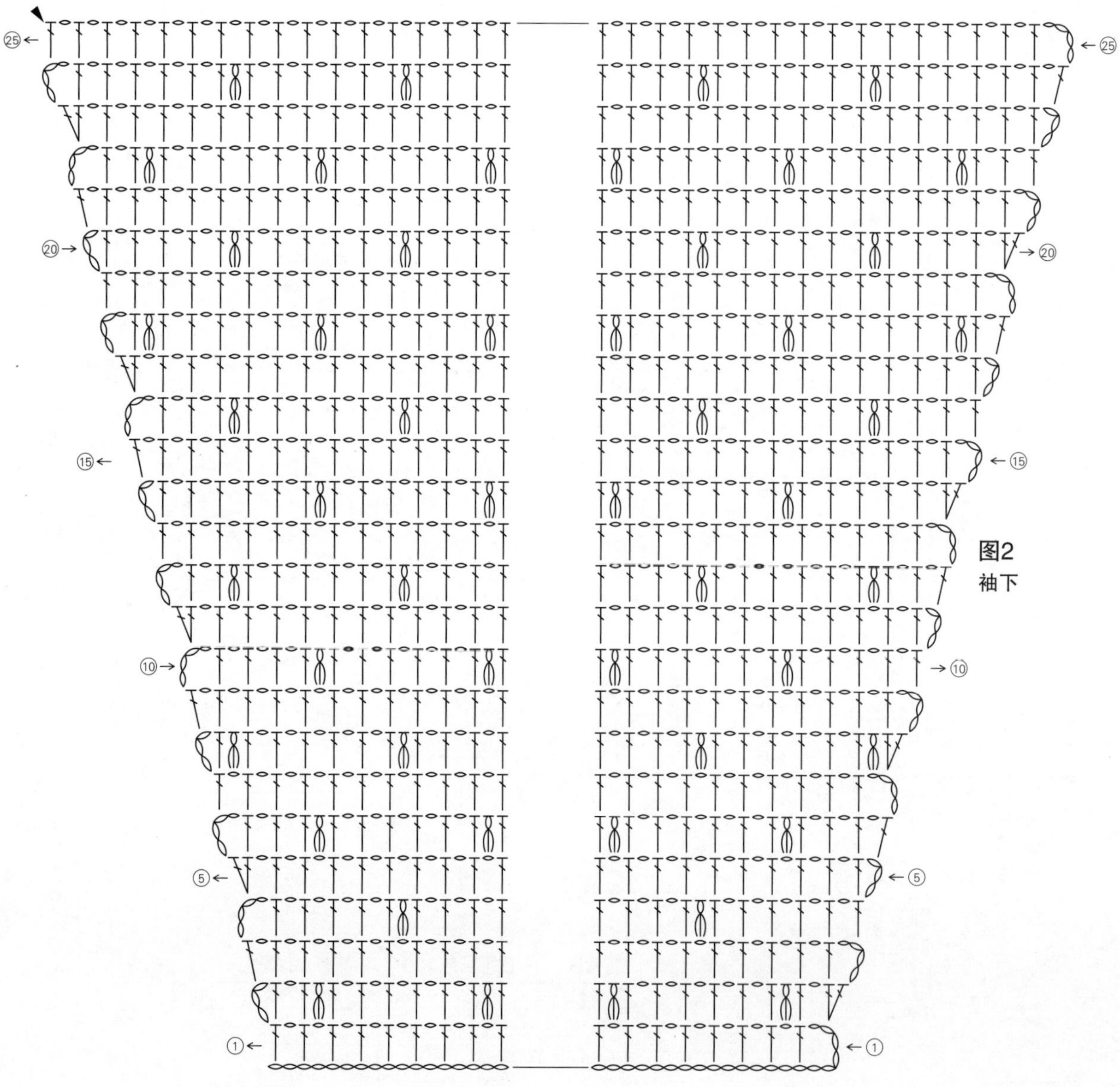

细绳

（罗纹绳） 2根 黄绿色

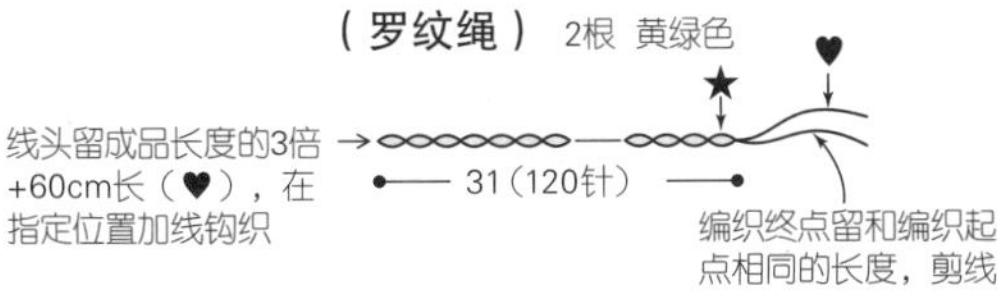

流苏的制作方法

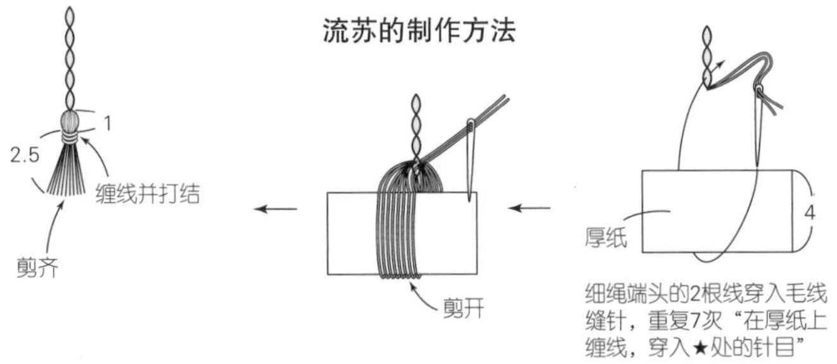

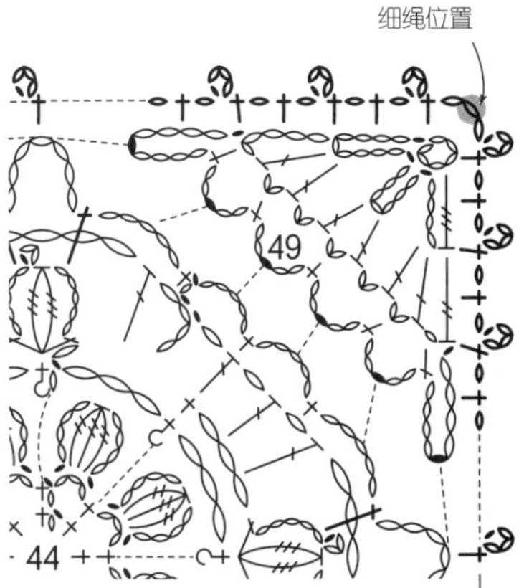

花片的连接方法

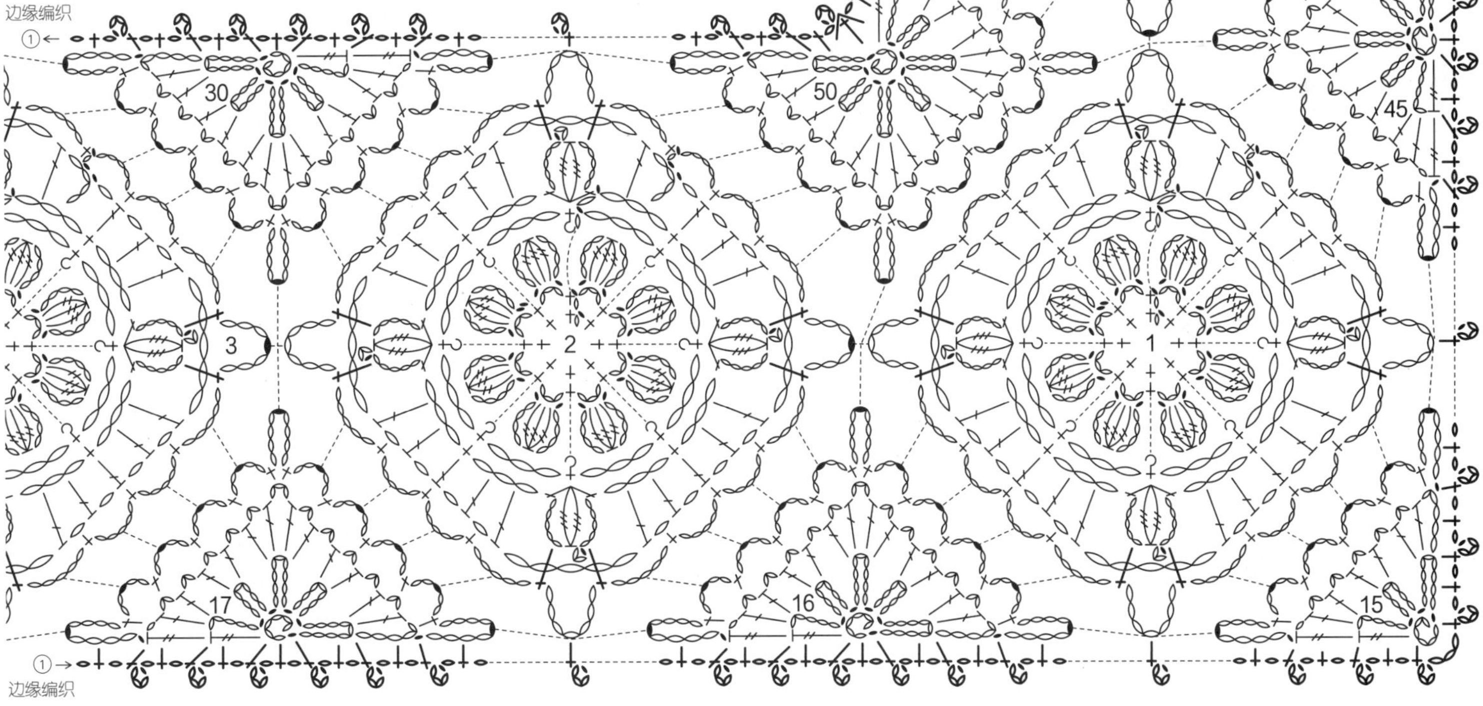

※连接花片的边缘编织的外侧要将锁针分开进行连接

※花片B、C、D看着反面连接

材料

HOBBYRA HOBBYRE Cotton Shelly 原白色（10）120 g/3团，黄色（01）、黄绿色（03）、粉色（07）、青蓝色（14）、浅紫色（18）、水蓝色（20）各80 g/各2团

工具

钩针5/0号

成品尺寸

长84 cm，宽84 cm

编织密度

花片大小请参照图示

编织要点

●用连接花片的方法钩织。从第2片花片开始，一边在最终行和相邻花片连接，一边钩织。完成花片A之后，在花片A之间钩织花片B。

毯子（连接花片）

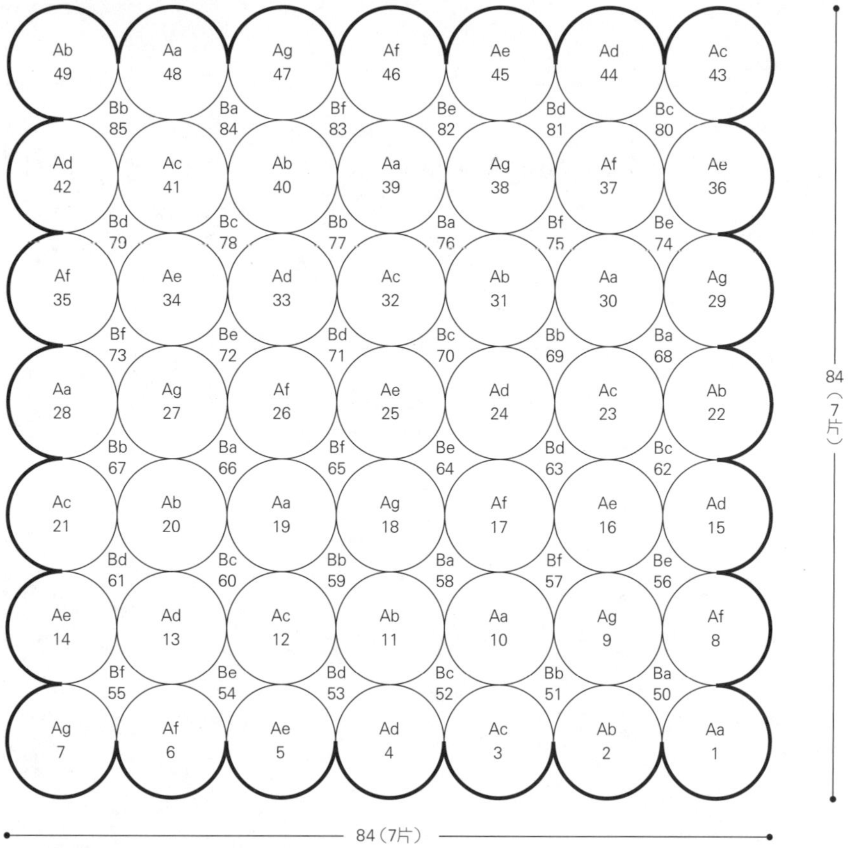

※ 全部使用5/0号针钩织

※ 花片内的数字表示连接顺序

花片A

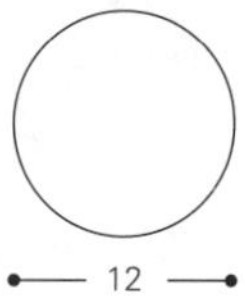

花片B

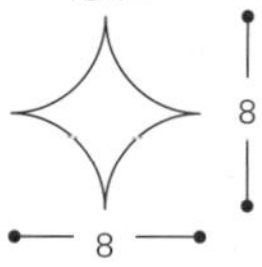

花片A

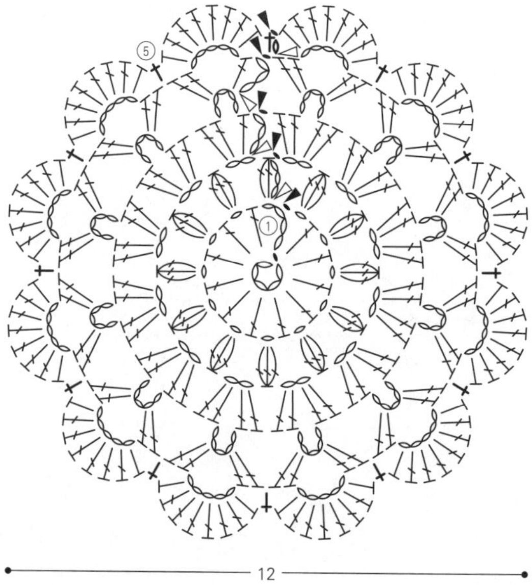

† = 插入前一行的长针之间钩织

▷ = 加线

▶ = 剪线

花片B

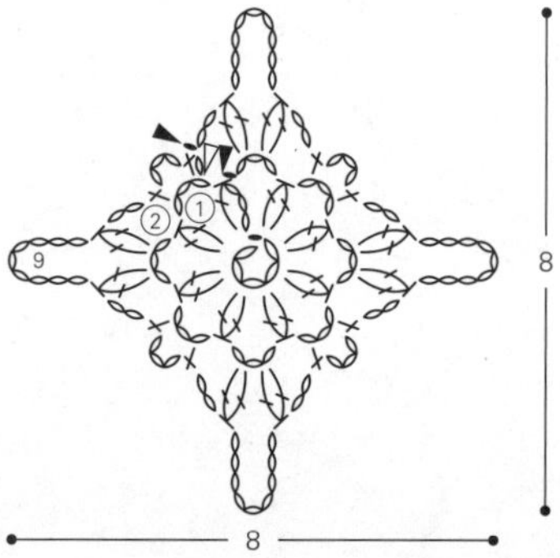

花片B的配色和片数

	第1行	第2行	片数
a	黄绿色	原白色	6片
b	粉色		6片
c	水蓝色		6片
d	浅紫色		6片
e	青蓝色		6片
f	黄色		6片

花片A的配色和片数

	第1行	第2行	第3行	第4行	第5行	片数
a	黄绿色	粉色	水蓝色	原白色	浅紫色	7片
b	水蓝色	原白色	浅紫色	青蓝色	黄色	7片
c	粉色	水蓝色	原白色	浅紫色	青蓝色	7片
d	原白色	浅紫色	青蓝色	黄色	黄绿色	7片
e	黄色	黄绿色	粉色	水蓝色	原白色	7片
f	青蓝色	黄色	黄绿色	粉色	水蓝色	7片
g	浅紫色	青蓝色	黄色	黄绿色	粉色	7片

39 页的作品 ★★★

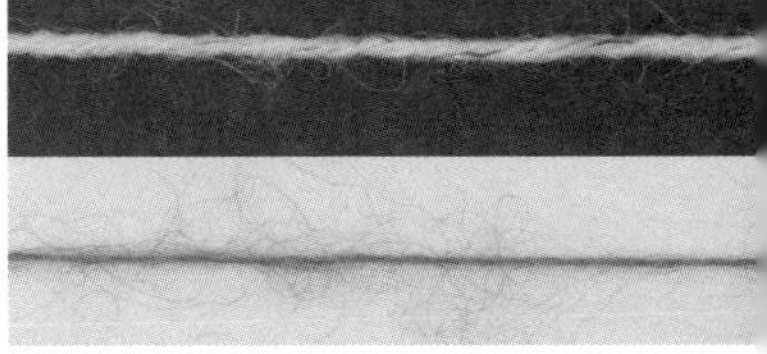

材料

Keito ururi粉红色(01)90 g/1团，Silk HASEGAWA SEIKA 白色(1 WHITE)25 g/1团

工具

棒针5号

成品尺寸

宽133 cm，长66.5 cm

编织密度

10 cm×10 cm面积内：起伏针条纹、编织花样A均为20针，40行

编织要点

●用孔斯特起针法起针后，按起伏针条纹、编织花样A编织。参照图示加针。接着一边分散加针一边按编织花样B编织。编织终点做伏针收针。

起伏针条纹的配色

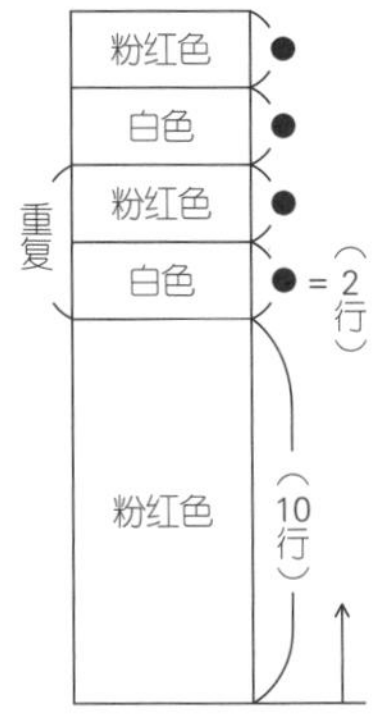

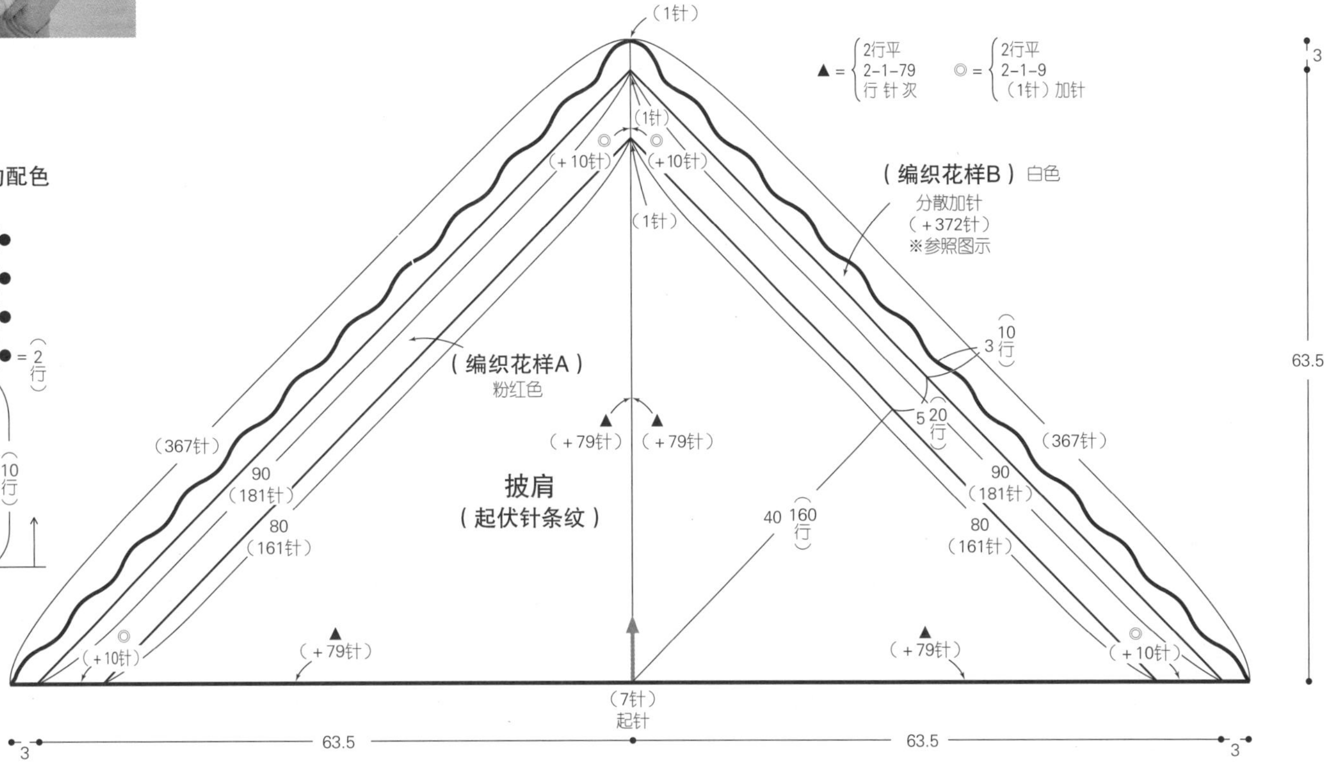

※ 全部使用5号针编织

花片的连接方法

花片 A 的连接方法

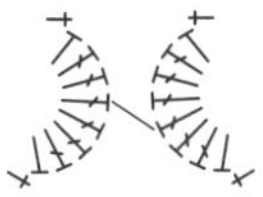

钩3针长针后，从针目上取下钩针，在待连接花片的第4针长针里插入钩针，再将刚才取下的针目拉出

披肩的加针
重复
伏针收针
⑩
⑨（+92针）（735针）
⑦（+92针）（643针）
⑤（+92针）（551针）
③（+92针）（459针）
编织花样B
①（+4针）（367针）
⑳（363针）
⑮
⑩
⑤
①
⑯（323针）
⑮
编织花样A
22针1个花样
⑳
⑮
⑩
⑤
①
起伏针条纹
1
接着编织★
□=□
配色 ▨=粉红色
□=白色
孔斯特起针法
1
2
3
4
5
6
7

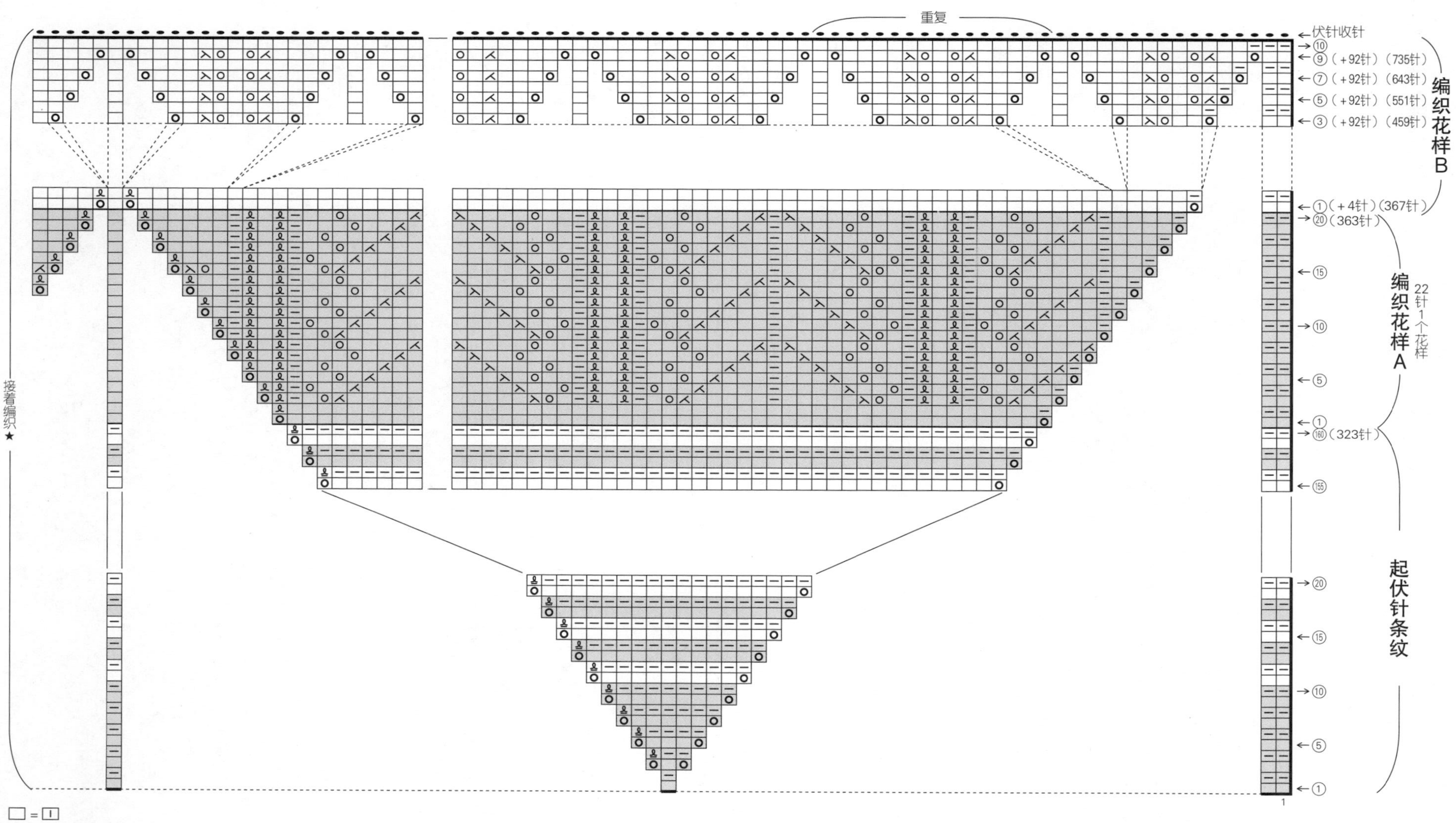

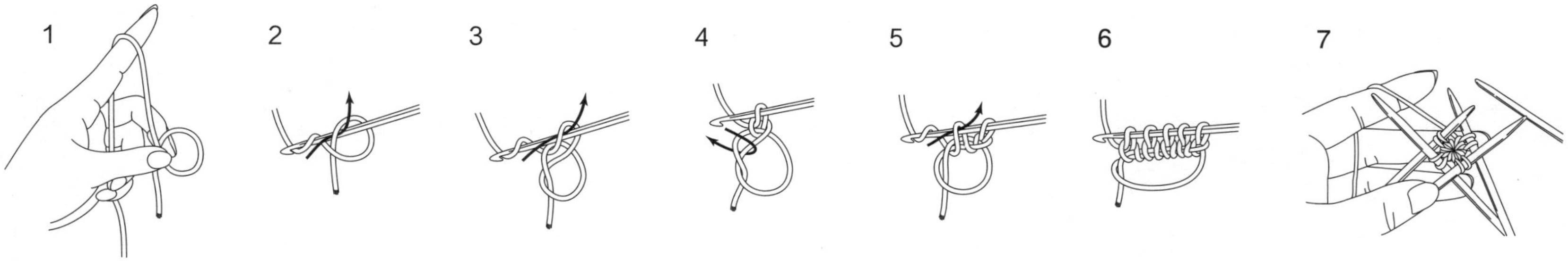

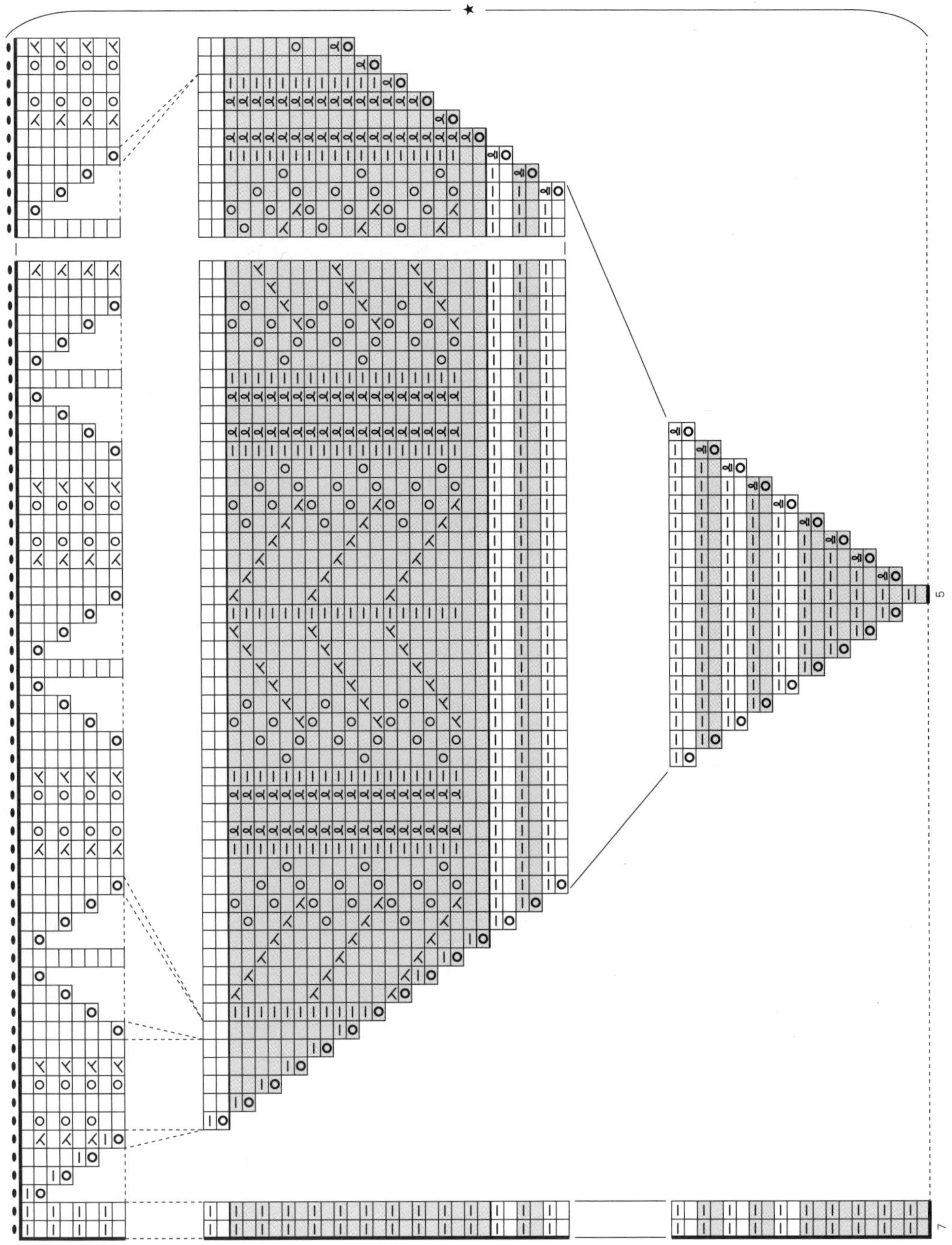

□ = Ⅰ

配色 { ▒ = 粉红色, □ = 白色 }

▶接第125页

编织花样（下摆）

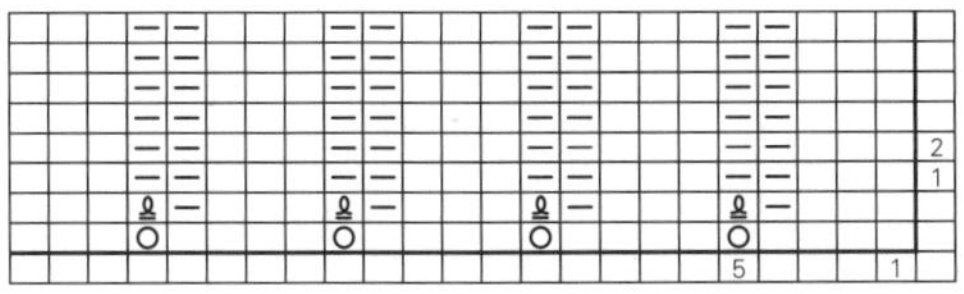

□=Ⅰ

编织花样（袖口）

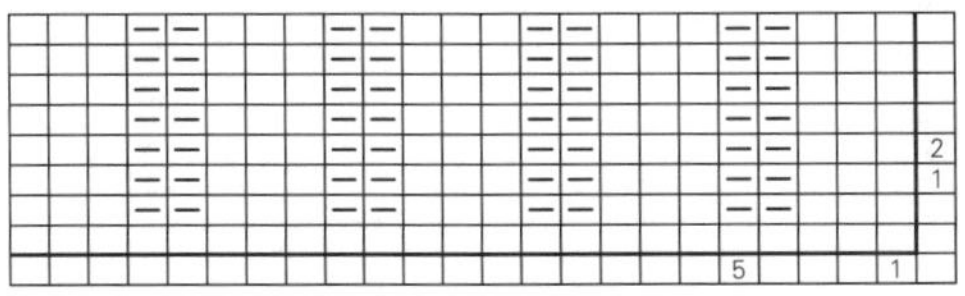

□=Ⅰ

细绳（罗纹绳） 6/0号针

黄绿色 2根线

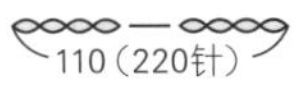
110（220针）

组合方法

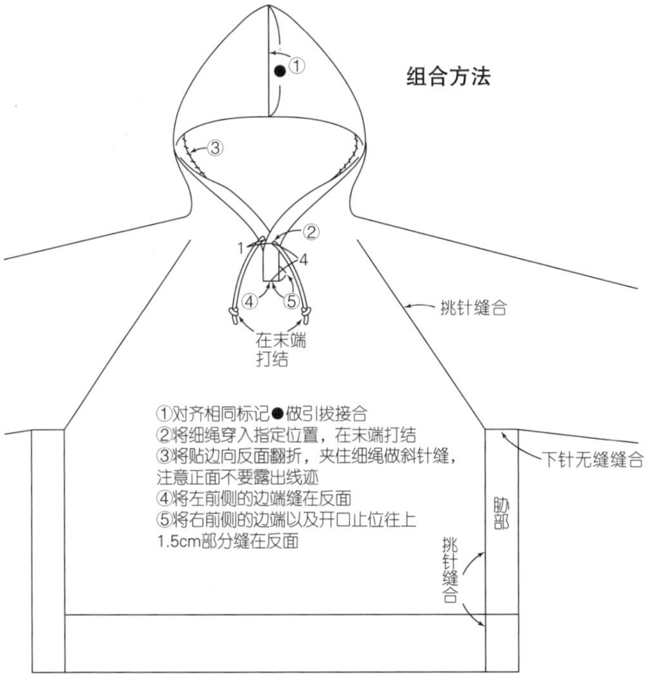
①
②
③
④
⑤
在末端
打结
挑针缝合
下针无缝缝合
胁部
挑针
缝合
①对齐相同标记●做引拔接合
②将细绳穿入指定位置，在末端打结
③将贴边向反面翻折，夹住细绳做斜针缝，
注意正面不要露出线迹
④将左前侧的边端缝在反面
⑤将右前侧的边端以及开口止位往上
1.5cm部分缝在反面

材料

DMC Eco Vita 388 再生棉 灰色(110) 405 g/5团，黄绿色(138) 25 g/1团

工具

棒针7号、3号、1号，钩针6/0号

成品尺寸

胸围108 cm，衣长45 cm，连肩袖长70 cm

编织密度

10 cm×10 cm面积内：下针编织22针，31行

编织要点

●身片、胁部、衣袖…另线锁针起针后开始做下针编织。插肩线的减针是在边上第3针与第4针里编织2针并1针。前身片参照图示，从领口开始分成左、右两边编织。袖下的加针是在1针内侧做扭针加针。后身片、胁部、衣袖的编织终点做伏针收针，前身片做休针处理。解开起针时的锁针挑针，身片、衣袖按编织花样编织，胁部编织双罗纹针。编织终点做下针织下针、上针织上针的伏针收针。

●组合…插肩线、身片与胁部、袖下做挑针缝合，腋下的针目做下针无缝缝合。从身片和衣袖挑针，编织帽子。参照图示加减针。细绳是用2根线钩织罗纹绳。参照组合方法缝合帽子。

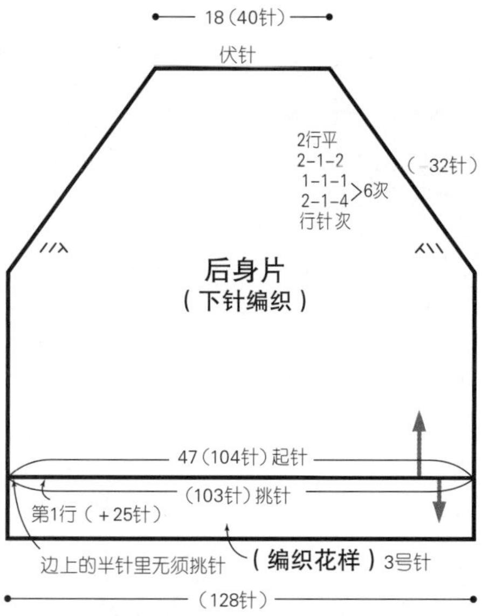

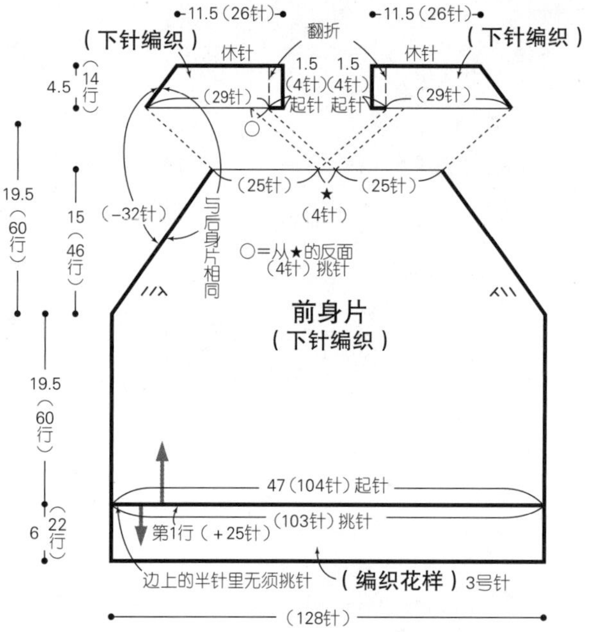

※ 除指定以外均用灰色线编织

※ 除指定以外均用7号针编织

胁部 2片

黄绿色

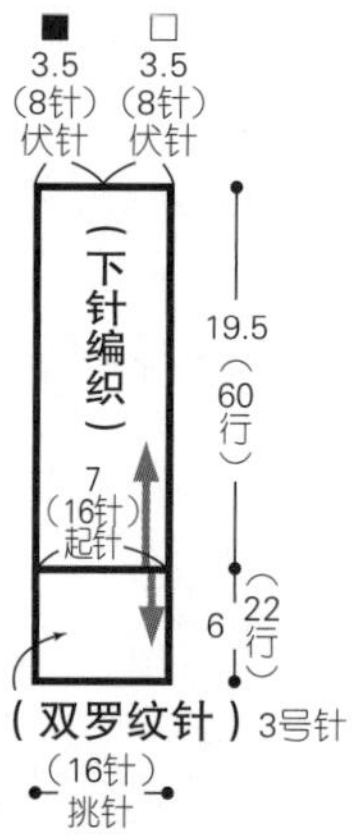

※ 对齐标记适用于右胁部的腋下

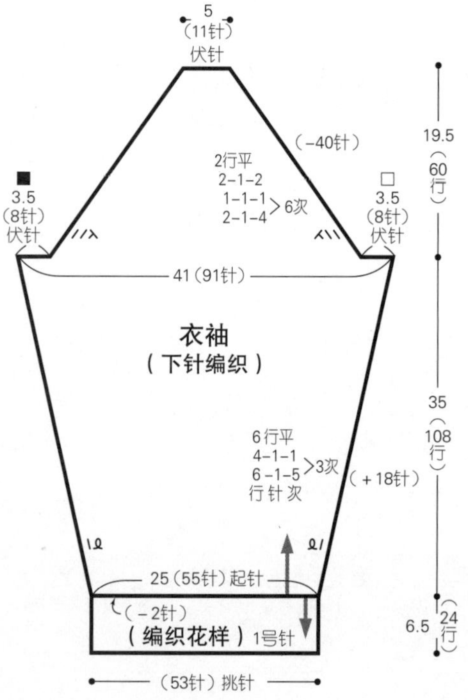

※ 对齐标记适用于右袖

前领口的编织方法

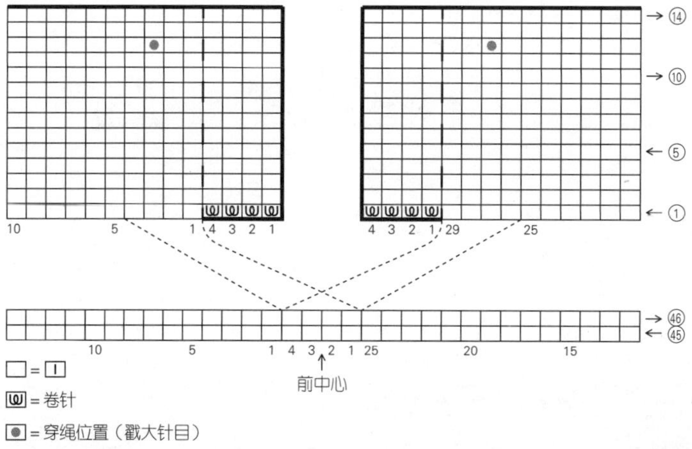

插肩线的减针

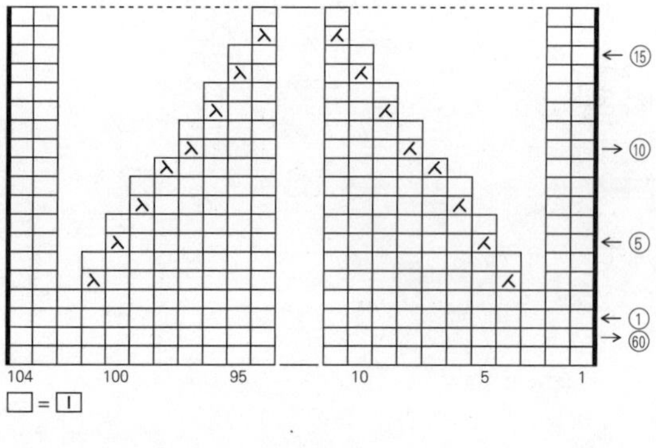

双罗纹针

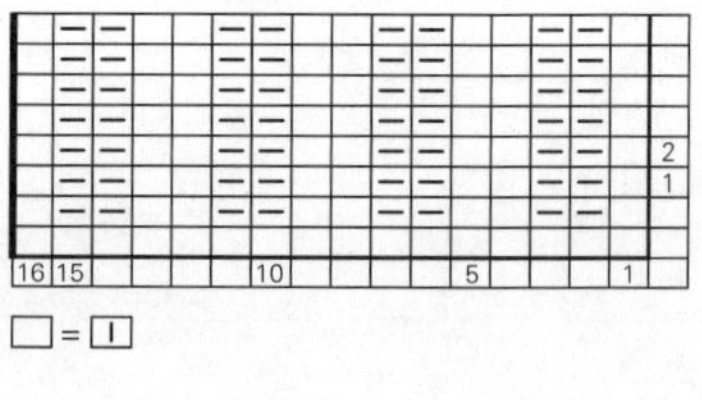

材料

Keito ururi 灰色(02) 290 g/3团

工具

棒针6号、5号

成品尺寸

胸围96 cm，肩宽42 cm，衣长55.5 cm

编织密度

10 cm×10 cm面积内：下针编织20针，26行

编织要点

●身片…全部使用2根线合股编织。手指挂线起针后，开始做双罗纹针和下针编织。减2针及以上时做伏针减针，减1针时立起侧边1针减针。

●组合…肩部做盖针接合，胁部做挑针缝合。衣领、袖口挑取指定数量的针目后环形编织双罗纹针。编织终点做下针织下针、上针织上针的伏针收针。

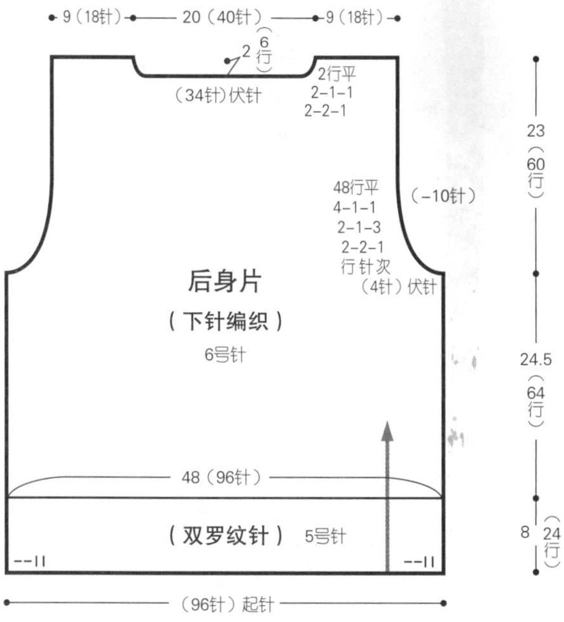

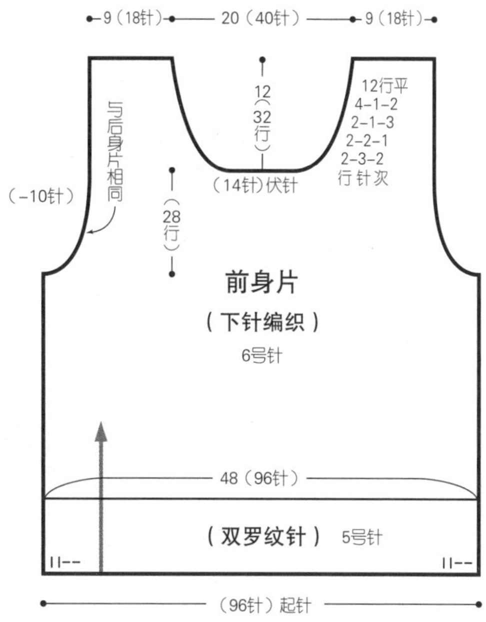

※全部使用2根线合股编织

衣领、袖口

（双罗纹针） 5号针

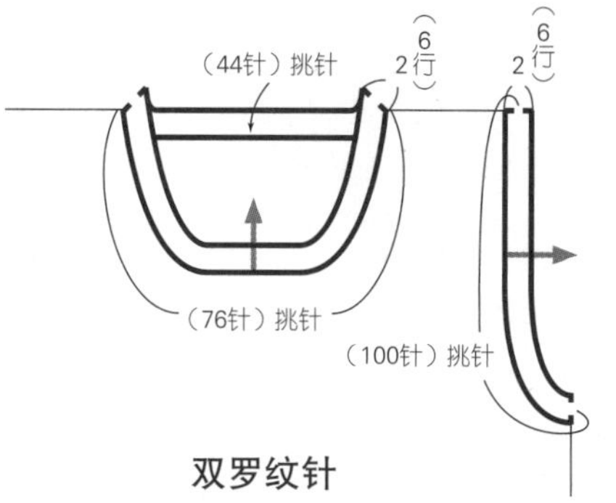

双罗纹针

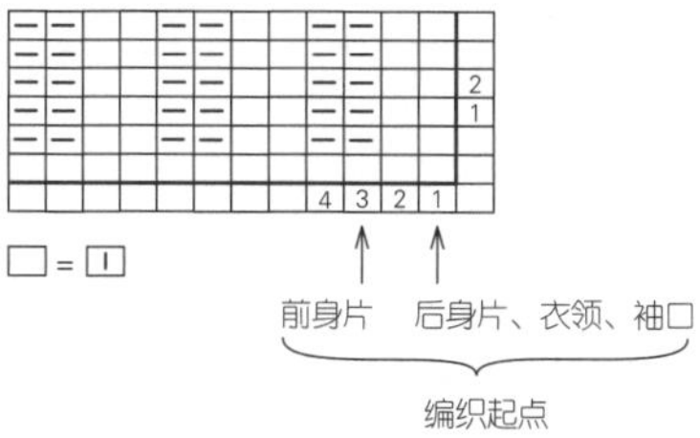

帽子的加减针

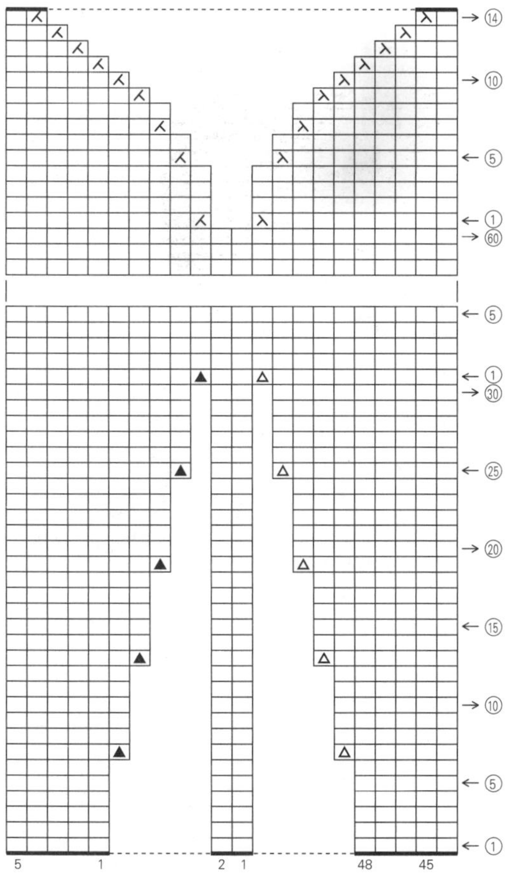

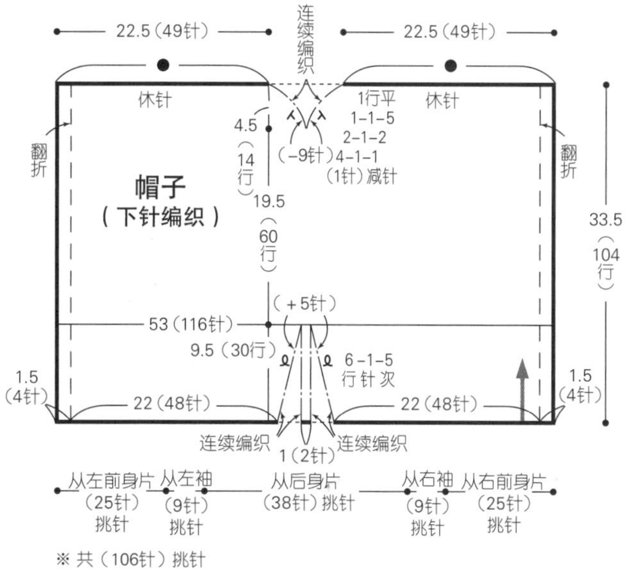

□=▯

△=右扭加针

▲=左扭加针

左、右扭加针

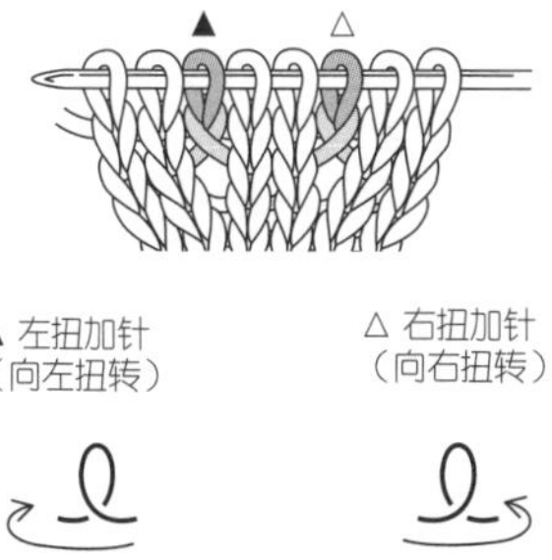

▲左扭加针（向左扭转）

△右扭加针（向右扭转）

※ 其他内容见第123页

材料

奥林巴斯 chapeautte 毛线的色名、色号、用量请参照下表，外径14 cm的竹质提手1组，手工艺用填充棉适量

工具

钩针6/0号

成品尺寸

[手提包] 宽30 cm，深24.5 cm

[手链] 长70 cm

编织密度

花片大小请参照图示

10 cm×10 cm面积内：编织花样21针，9行

编织要点

●手提包…包身锁针起针，做编织花样。周围钩织1行短针作为边缘。侧边和包底从边缘周围挑针，钩织条纹边缘。钩织指定数量的花朵花片，参照图示固定在包身上。侧边和包底正面相对对齐，最终行重叠在一起做引拔接合。缝上提手，完成。

●手链…钩织指定的花片，参照图示组合在一起。反面缝上细绳，细绳端头缝上流苏，完成。

手提包

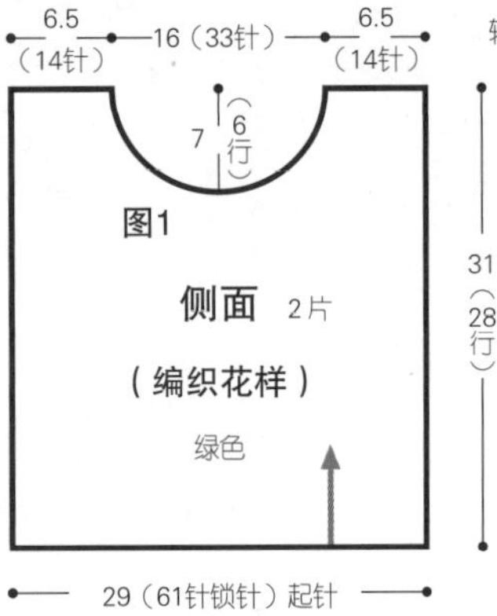

※全部使用6/0号针钩织

边缘（短针）绿色

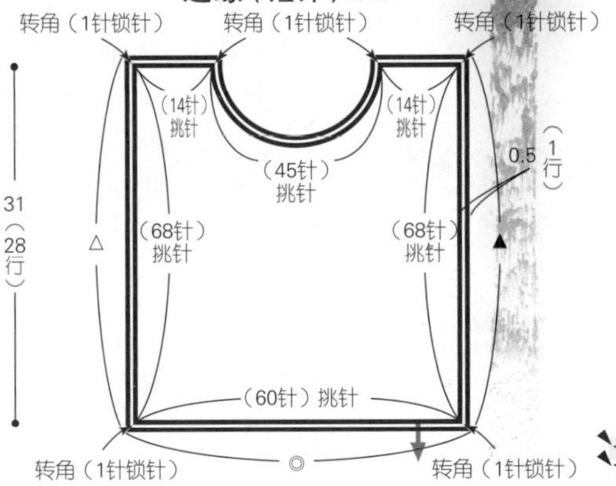

手提包的用线和用量

色名（色号）	用量
绿色（17）	110 g/4团
芥末色（7）	各40 g/各2团
紫色（18）	
藏青色（5）	各35 g/各1团
红色（10）	
浅粉色（19）	
深绿色（20）	
深粉色（4）	25 g/1团
水蓝色（6）	20 g/1团
白色（16）	15 g/1团

条纹边缘

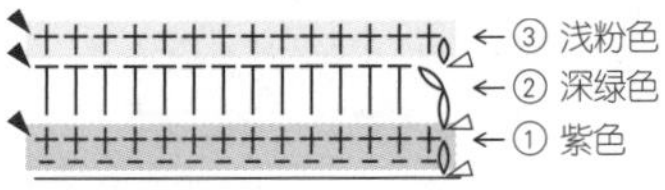

+ = 挑起边缘的短针头部后面1根线

侧边和包底（条纹边缘） 2片

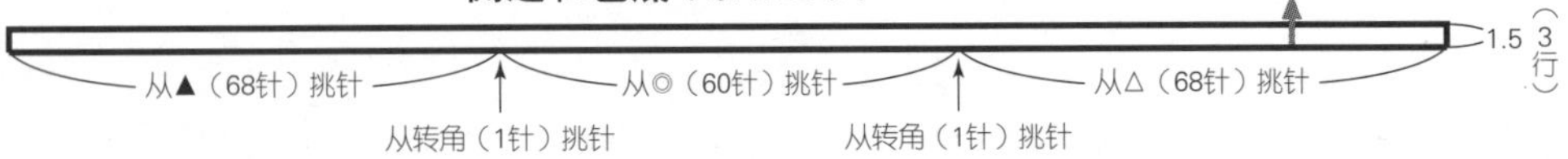

短针

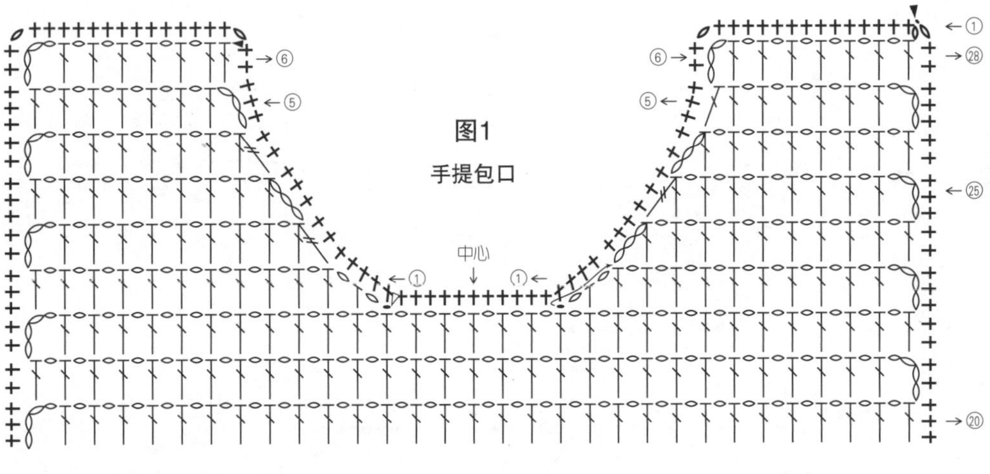

编织花样

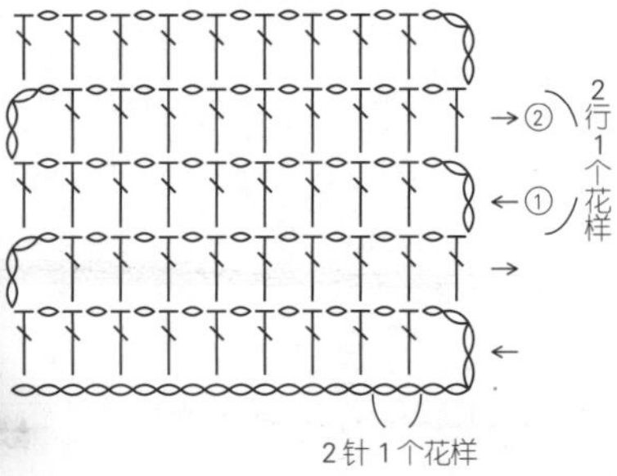

花片的布局图

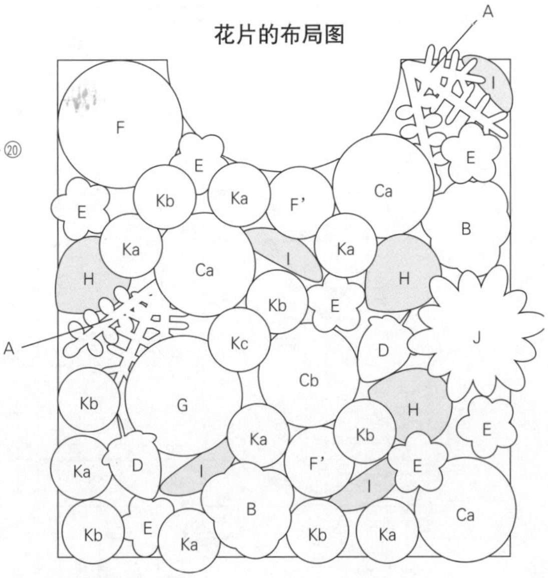

※用绿色缝线缝上

※制作相同的2片

花片G 手提包 2片

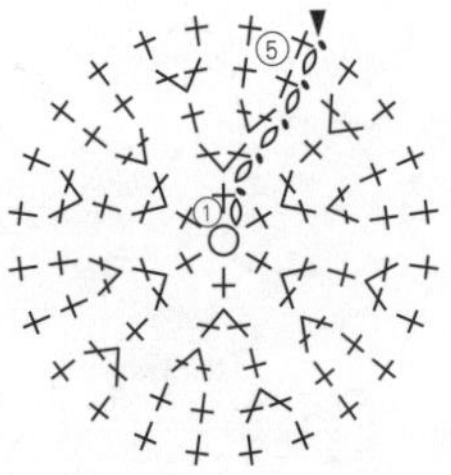

※在花瓣中心放上花芯，里面塞入填充棉，缝在花瓣第2行针目的头部

▷ = 加线

▶ = 剪线

⌒ = 渡线

花芯的加针

行数	针数	
5行	24针	
4行	24针	（+6针）
3行	18针	（+6针）
2行	12针	（+6针）
1行	6针	

花片A 手提包 4片 手链1片

叶a 绿色

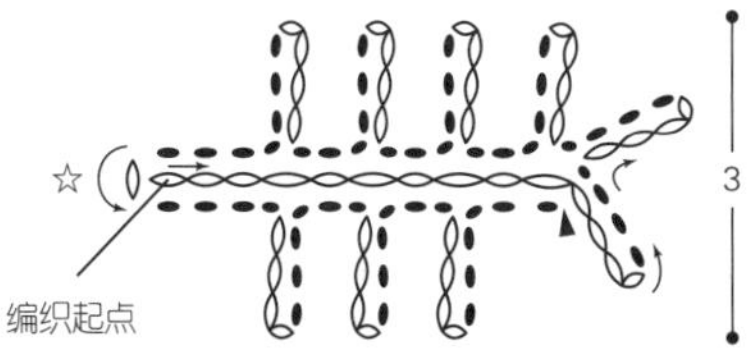

叶b 绿色

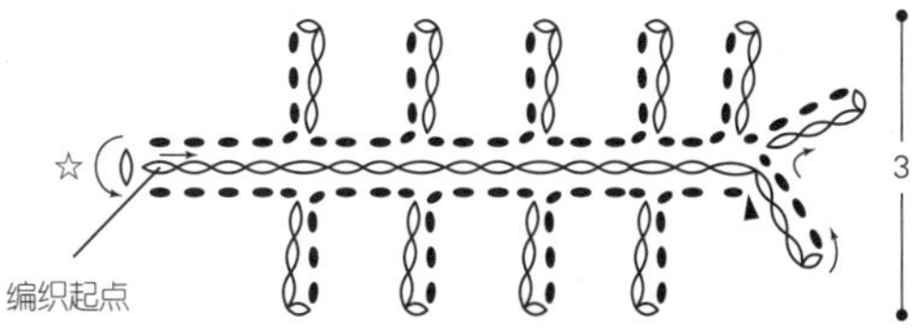

叶c 芥末色

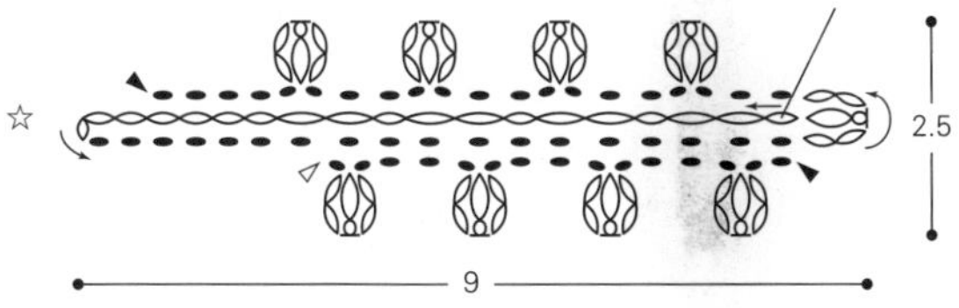

= 变化的2针中长针的枣形针

花片A的组合方法

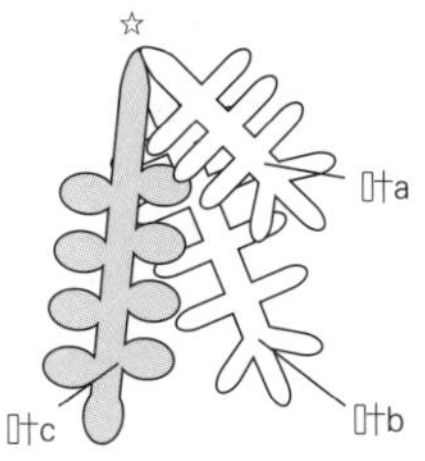

叶a、叶b、叶c的☆处重叠着缝好

花片C

花瓣

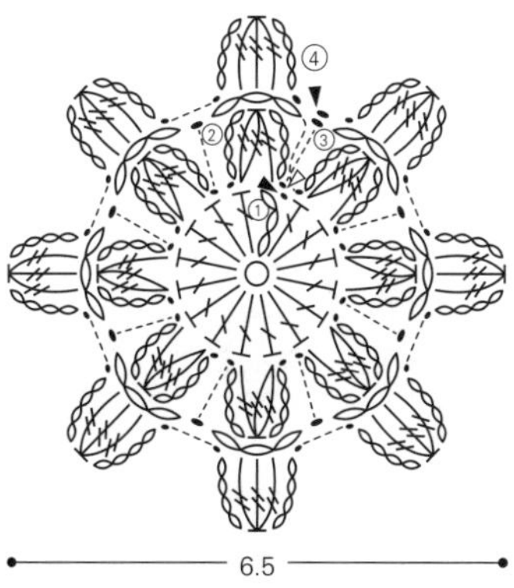

花芯 芥末色

※将花芯放在花瓣第1行上方，缝好

※第3行将第2行倒向前面钩织

花片C的配色和片数

花片	第1行	第2~4行	手提包	手链
Ca	芥末色	藏青色	6片	
Cb	芥末色	白色	2片	1片

花片B 红色 手提包 4片

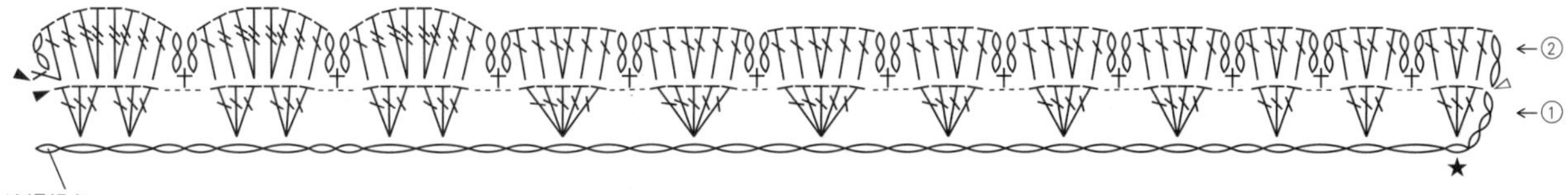

※第2行的短针将钩针插入第1行的长针之间钩织

花片B的组合方法

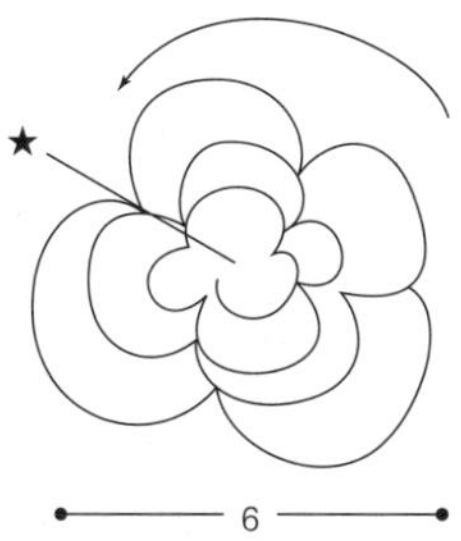

以★处为中心，逆时针方向缠绕，在反面缝合固定

花片D 手提包 4个

草莓 深粉色

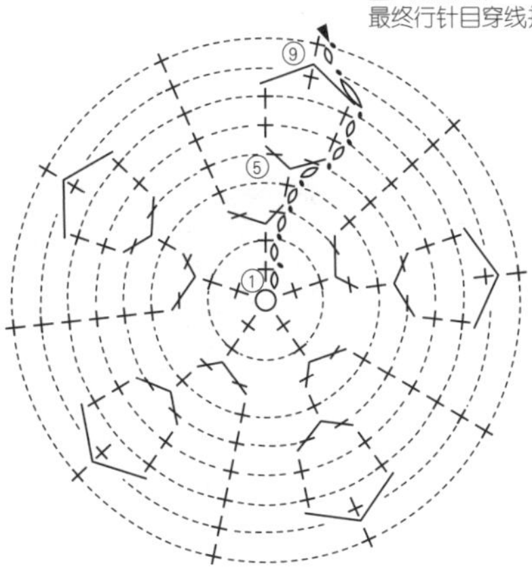

草莓的加减针

行数	针数	
9行	10针	
8行	10针	（-5针）
6、7行	15针	
5行	15针	（+5针）
4行	10针	
3行	10针	（+5针）
2行	5针	
1行	5针	

草莓蒂 深绿色

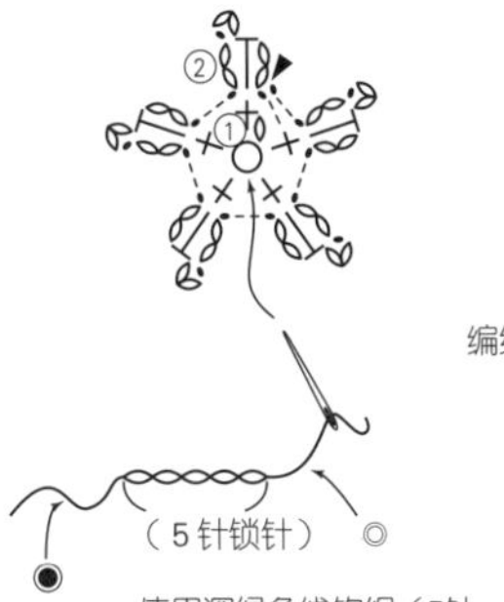

使用深绿色线钩织（5针锁针），将◎线头缝在草莓蒂中心

花片D的组合方法

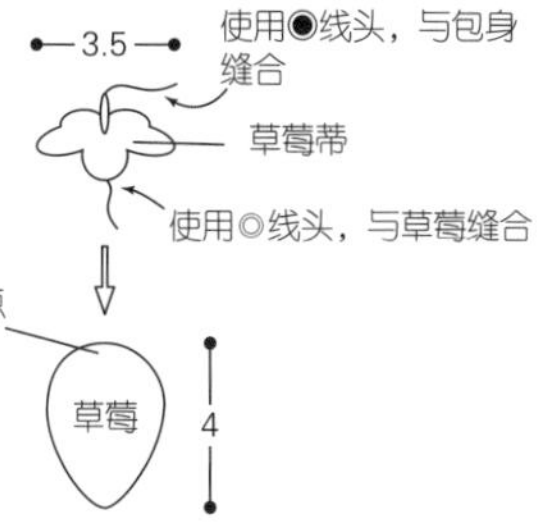

花片E 手提包 14片

配色 {第1行：芥末色 第2行：水蓝色

▷ = 加线

◀ = 剪线

花片K

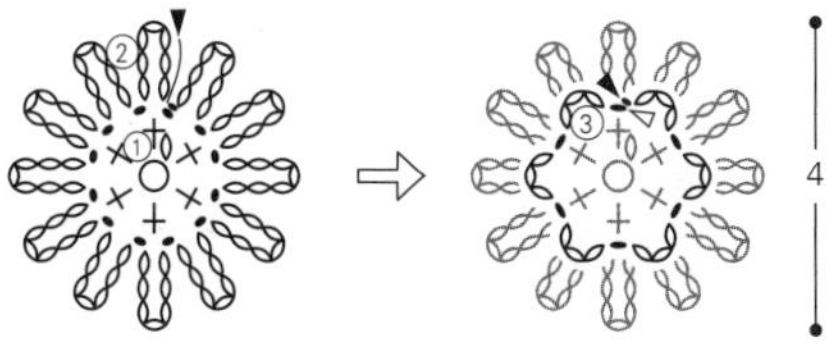

第2行的引拔针挑起第1行针目头部后侧半针钩织

第3行的引拔针挑起第1行针目头部前侧半针钩织

花片K的配色和片数

花片	第1、2行	第3行	手提包	手链
Ka	浅粉色	白色	14片	2片
Kb	紫色	浅粉色	12片	
Kc	红色	深粉色	2片	

花片H 深绿色 手提包 6片

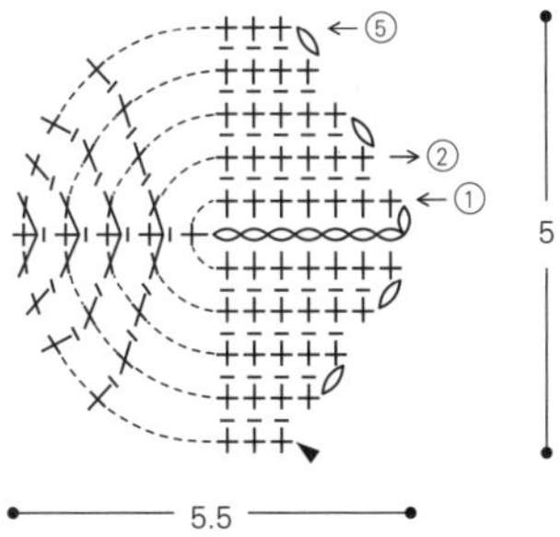

= 短针的棱针

花片I 深绿色 手提包 8片

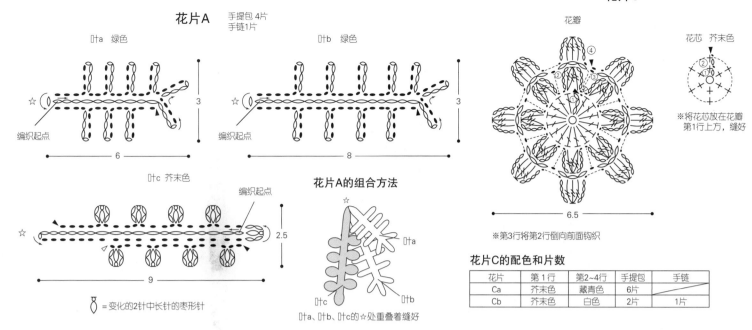

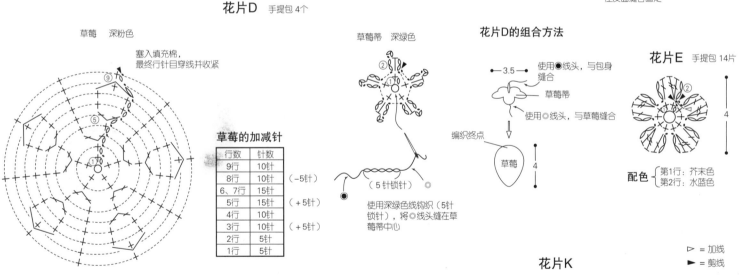

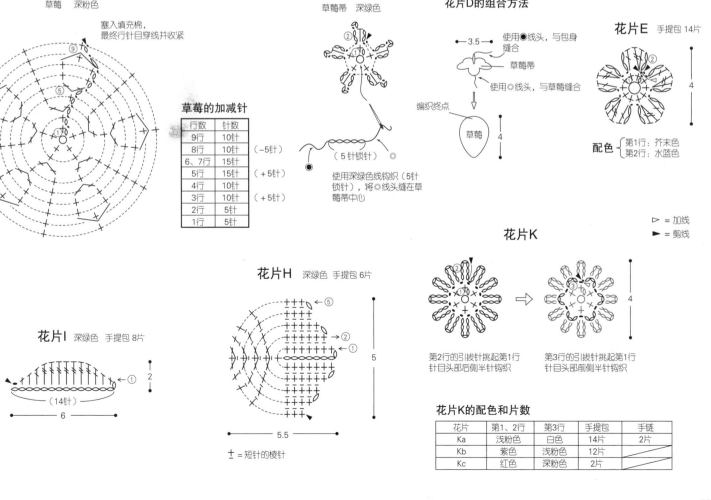

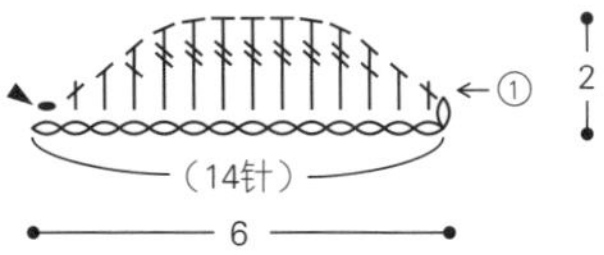

花片F　手提包 2片
花片F'　手提包 4片

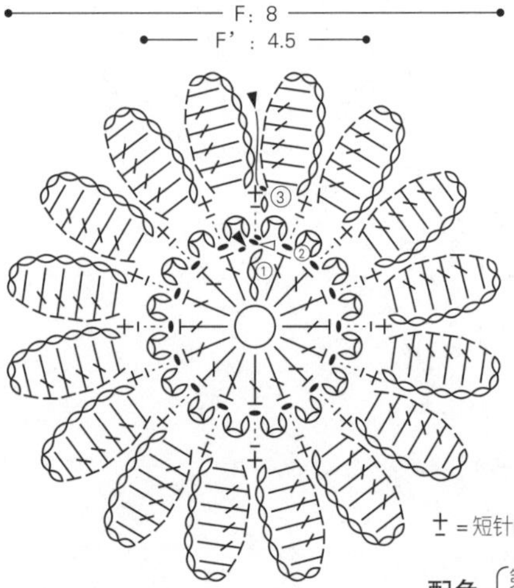

± = 短针的条纹针

※ 花片F'钩织至第2行
※ 第2行的引拔针，挑起第1行针目头部前侧半针钩织
※ 第3行短针的条纹针挑起第1行针目头部后侧半针钩织

配色 { 第1行：藏青色 / 第2、3行：深粉色 }

花片J　手提包　2片

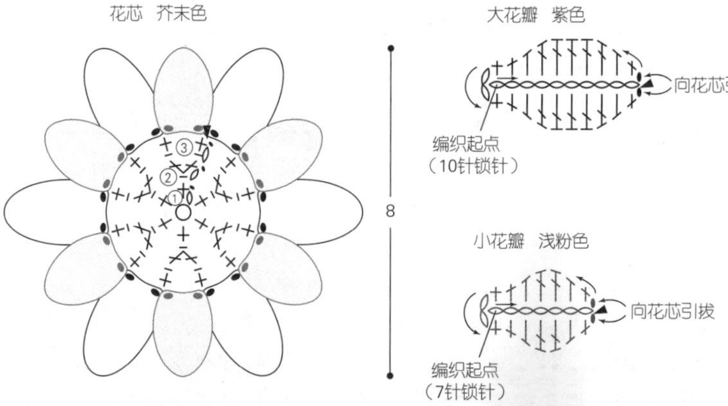

▷ = 加线
▶ = 剪线

± = 短针的条纹针

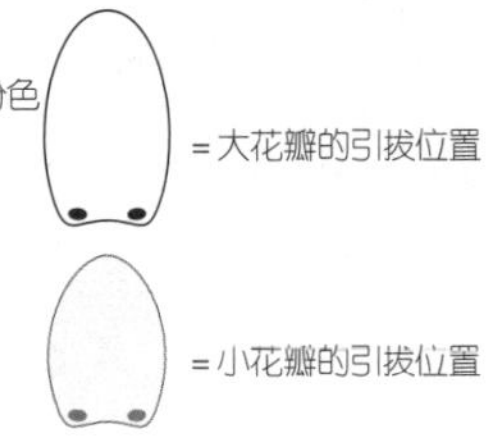

花片J的编织方法

1. 钩织花芯
2. 一边向花芯第3行短针头部后侧半针引拔，一边钩织大花瓣（6片）
3. 一边向花芯第3行短针头部前侧半针引拔，一边钩织小花瓣（6片）

手提包的组合方法

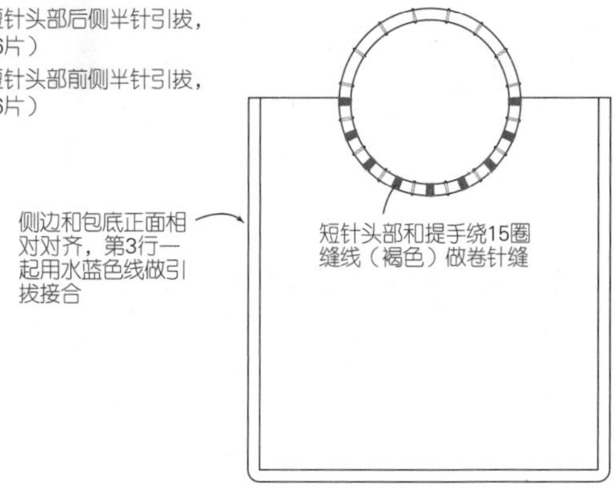

手链

※全部使用6/0号针钩织

手链的用线和用量

色名（色号）	用量
白色（16）	10 g/1团
芥末色（7）	各5 g/各1团
绿色（17）	
浅粉色（19）	

细绳（锁针）

绿色和白色各取1根

手链的组合方法

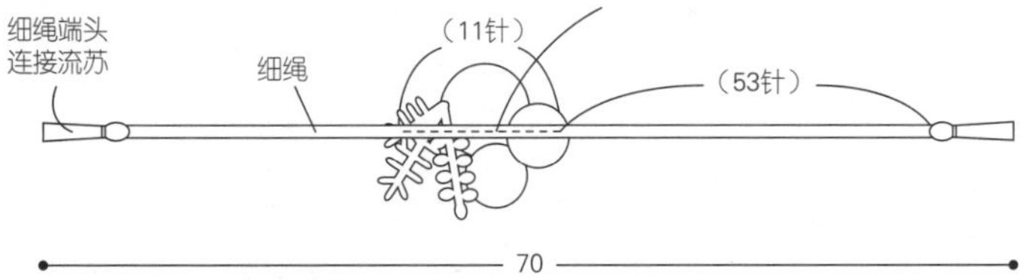

流苏的制作方法

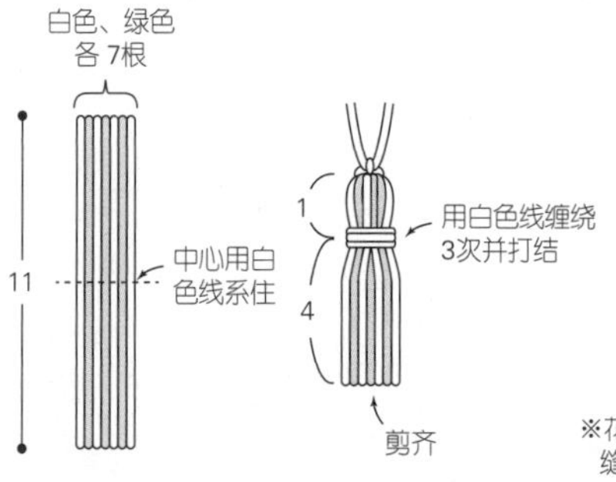

花片布局图

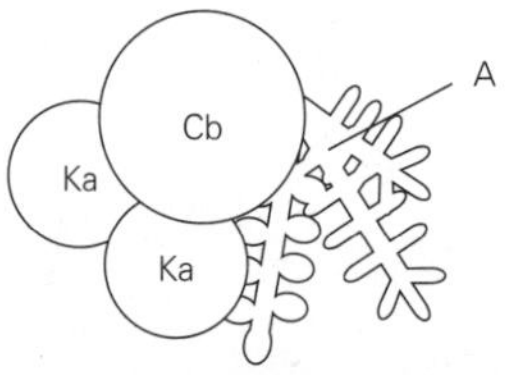

※花片在反面用缝线缝合

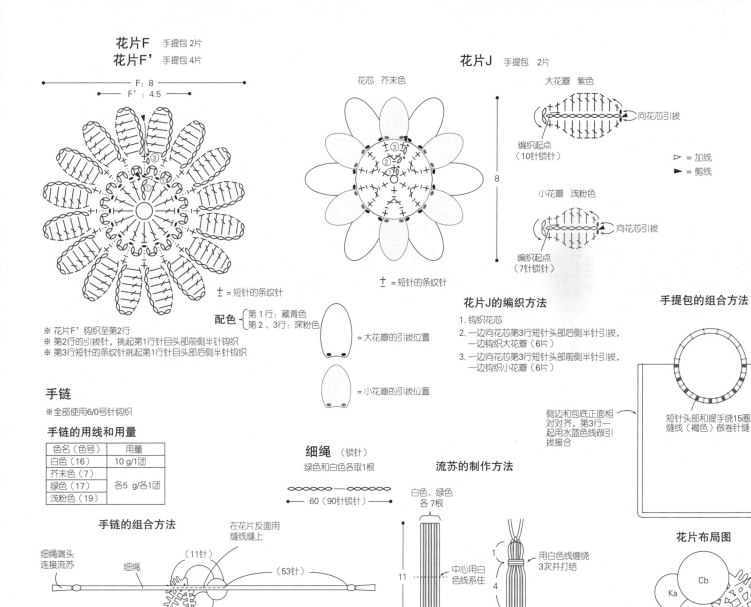

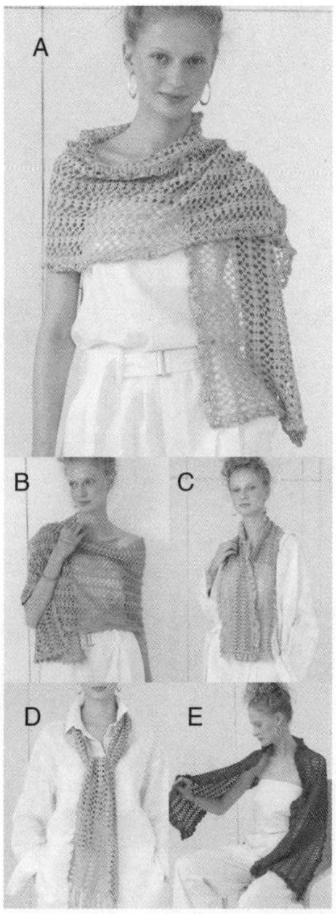

42、43页的作品

材料

奥林巴斯 Emmy grande

[A] 嫩绿色(252) 220 g/5团

[B] 灰色(484) 255 g/6团

[C] 灰粉色(141) 100 g/2团，浅粉色(162) 50 g/1团

[D] 米色(721) 155 g/4团

[E] 蓝绿色(343) 255 g/6团

工具

钩针2/0号

成品尺寸

[A] 宽36 cm，长141 cm

[B] 宽47 cm，长145 cm

[C] 宽24.5 cm，长119.5 cm

[D] 宽29.5 cm，长155 cm(含流苏)

[E] 宽39 cm，长144 cm

编织密度

编织花样的1个花样4.4 cm，10 cm 13.5行

编织要点

●通用…锁针起针后按编织花样钩织。最后一行有变化，请参照图示钩织。

●A…在四周按边缘编织A钩织。

C…在四周按条纹边缘钩织。

B、D…在四周按边缘编织B钩织。D在指定位置系上流苏。

E…在四周按边缘编织C钩织。

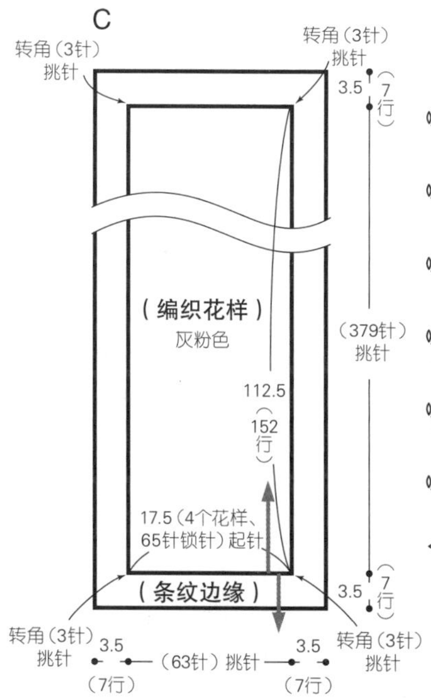

C
转角（3针）
挑针
转角（3针）
挑针
3.5
（7行）
（编织花样）
灰粉色
（379针）
挑针
112.5
（152行）
17.5（4个花样、
65针锁针）起针
（条纹边缘）
3.5
（7行）
转角（3针）
挑针
3.5
（63针）挑针
3.5
转角（3针）
挑针
（7行）
（7行）
※ 全部使用2/0号针钩织
编织花样
→ 最后一行
→②
←①
2行1个花样
16针1个花样
条纹边缘（作品C）
= 加线
= 剪线
中心
1个花样
⑦
⑤
←①
中心
※ 第3行左右对称钩织
※ 第5行的短针将第4行倒向前面，
在第3行的锁针上挑针钩织
配色
=灰粉色
=浅粉色

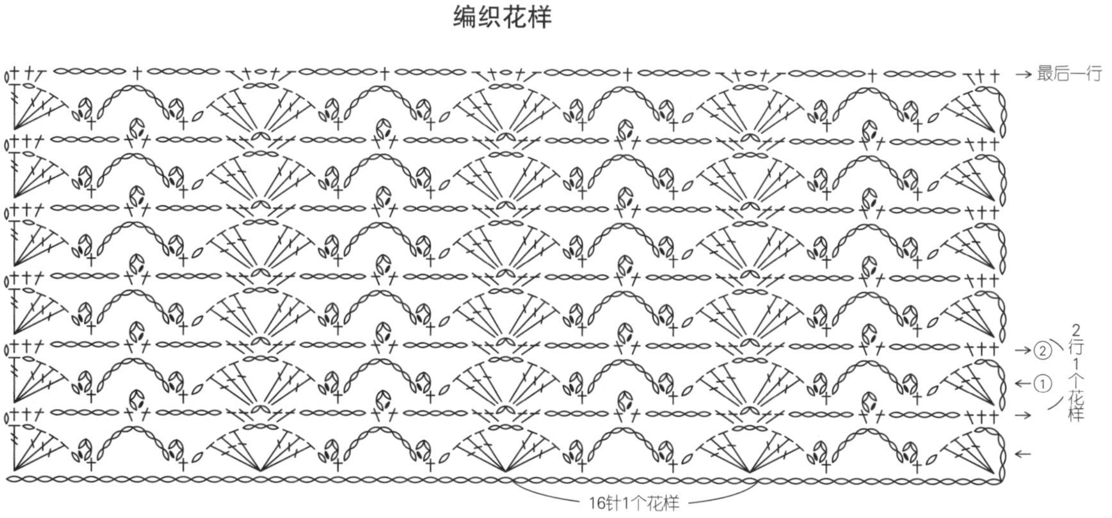

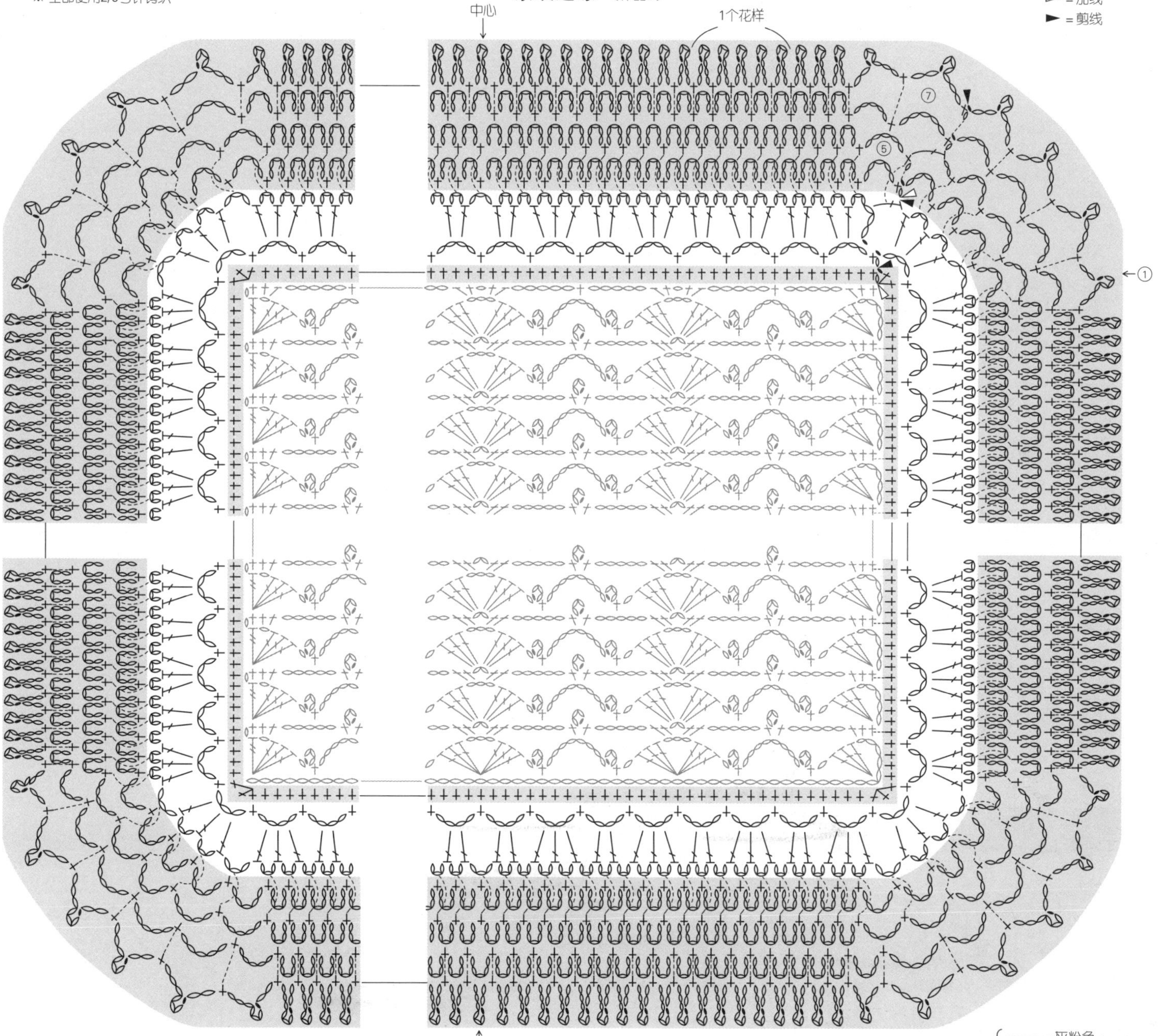

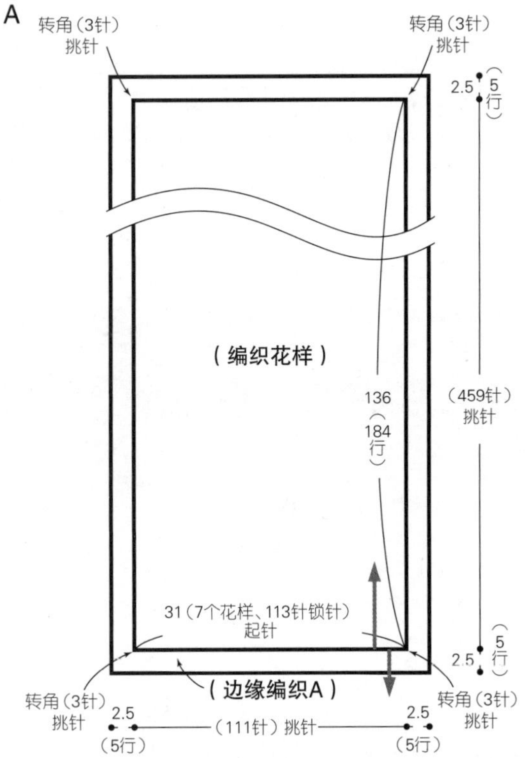

※ 全部使用2/0号针钩织

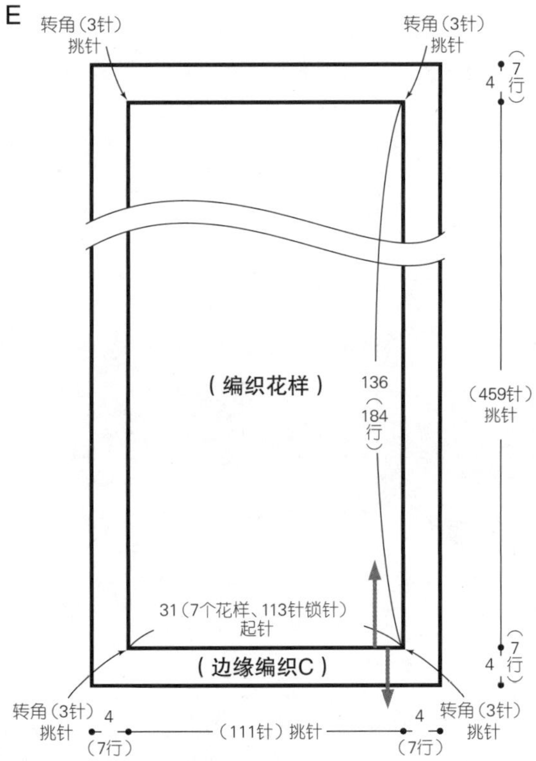

※ 全部使用2/0号针钩织

► = 剪线

边缘编织A （作品A）

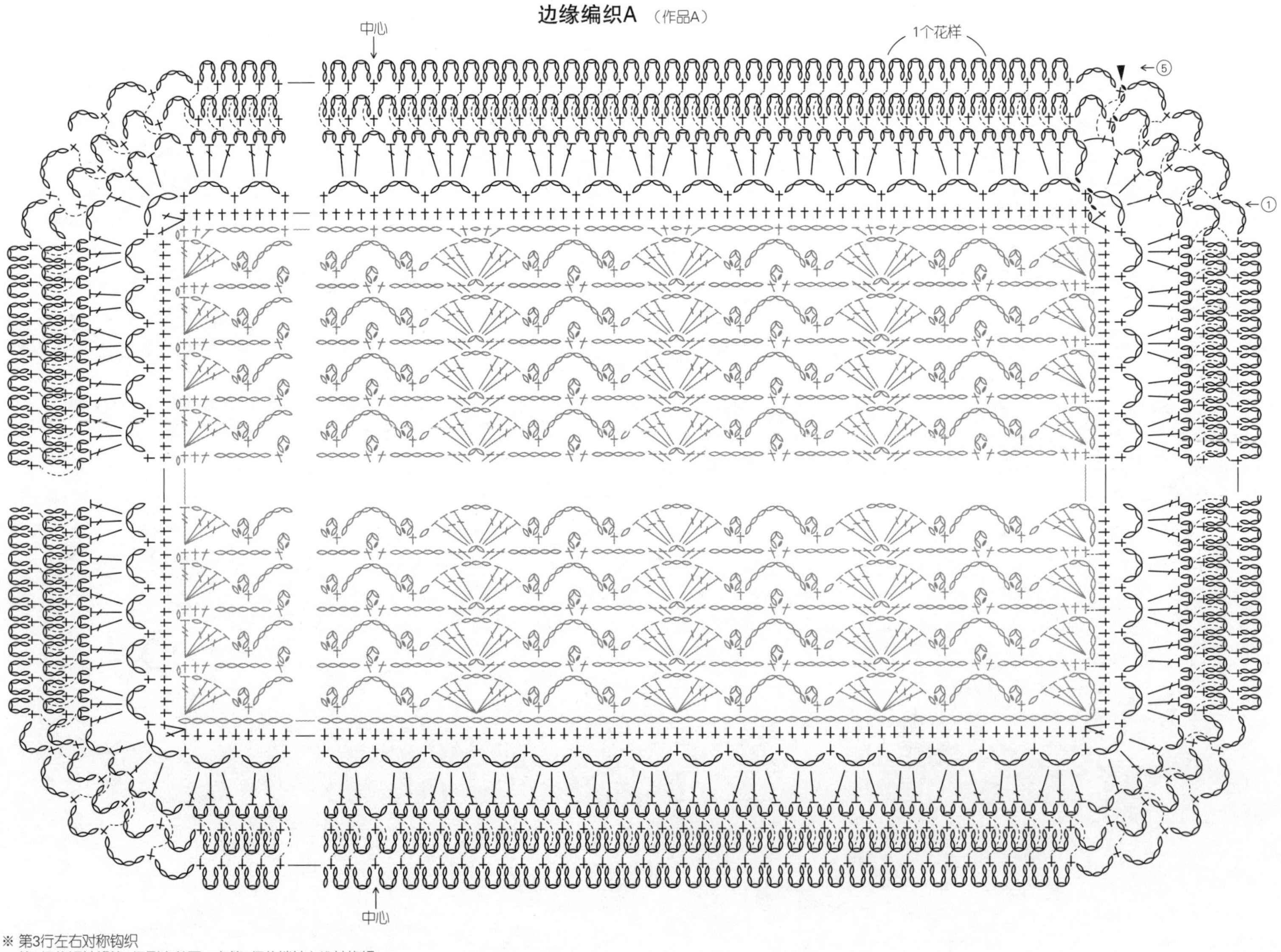

※ 第3行左右对称钩织
※ 第5行的短针将第4行倒向前面，在第3行的锁针上挑针钩织

边缘编织C （作品E）

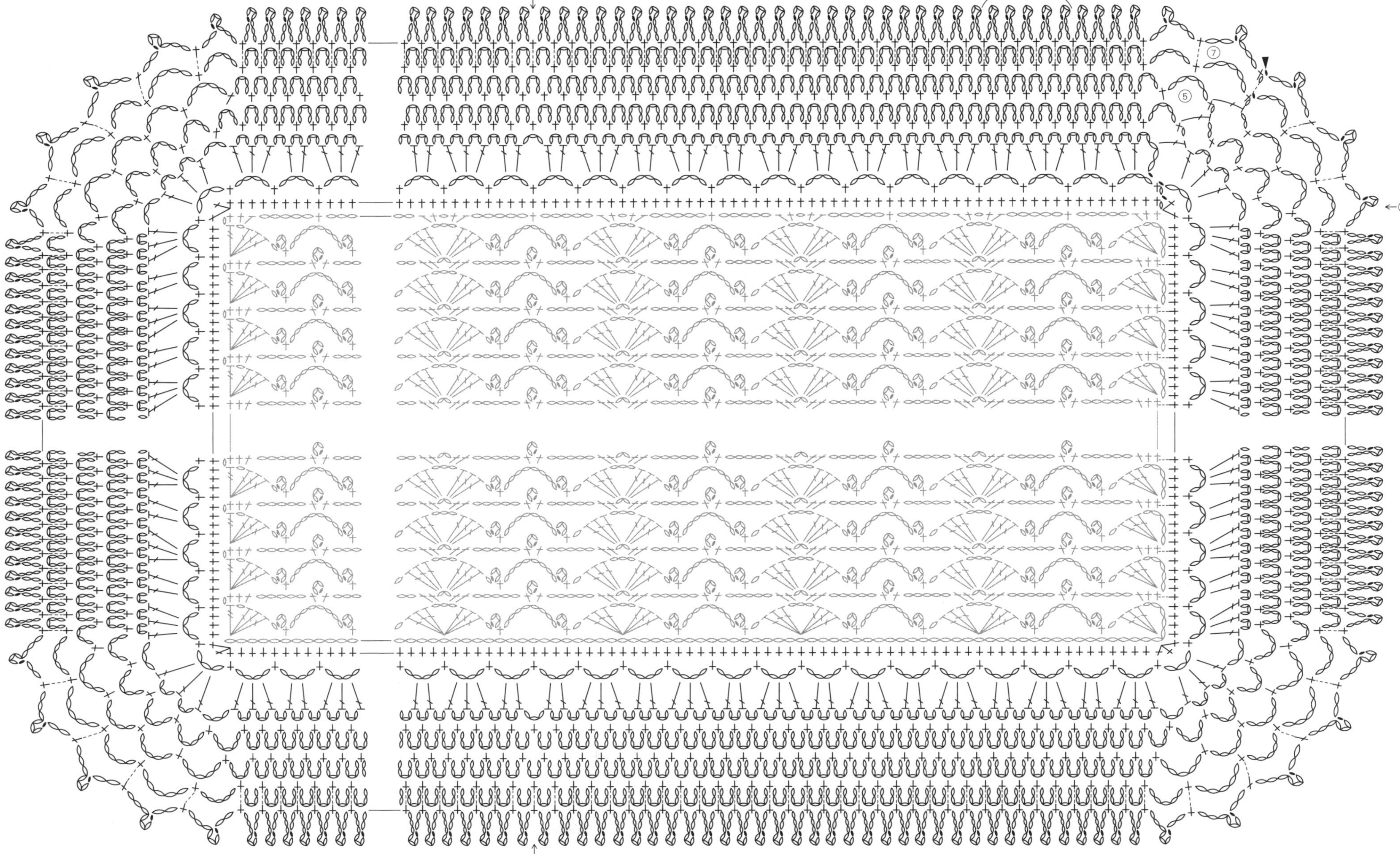

※ 第3行左右对称钩织

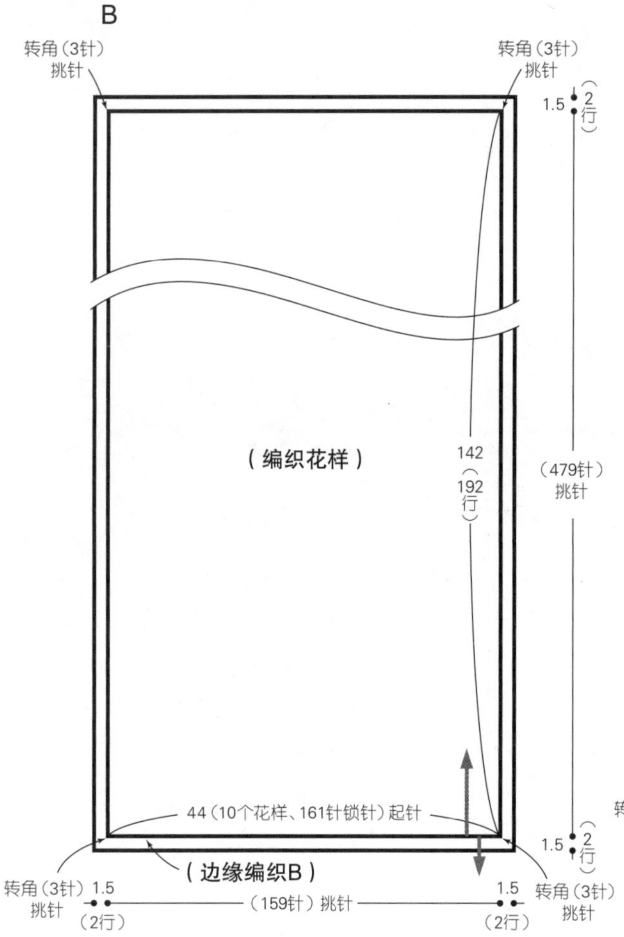

※ 全部使用2/0号针钩织

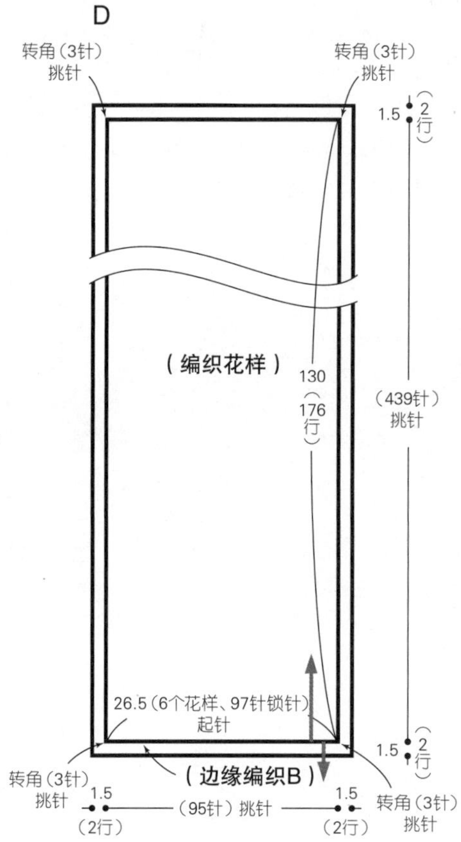

※ 全部使用2/0号针钩织

作品D流苏的固定方法

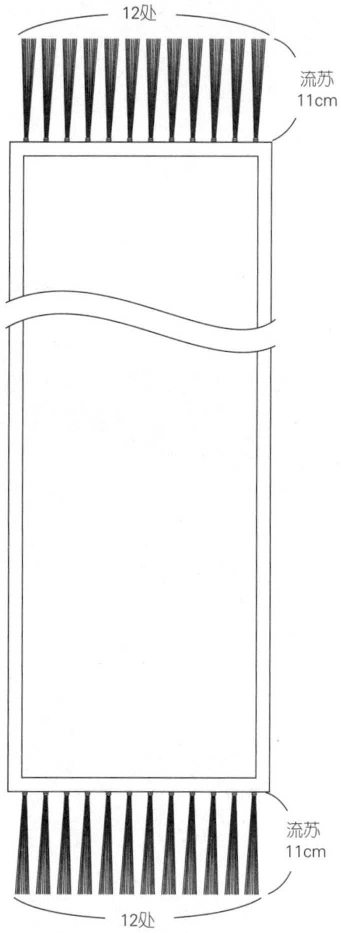

※ 流苏是将6根24cm长的线对折后系在主体上

边缘编织B （作品B、D）

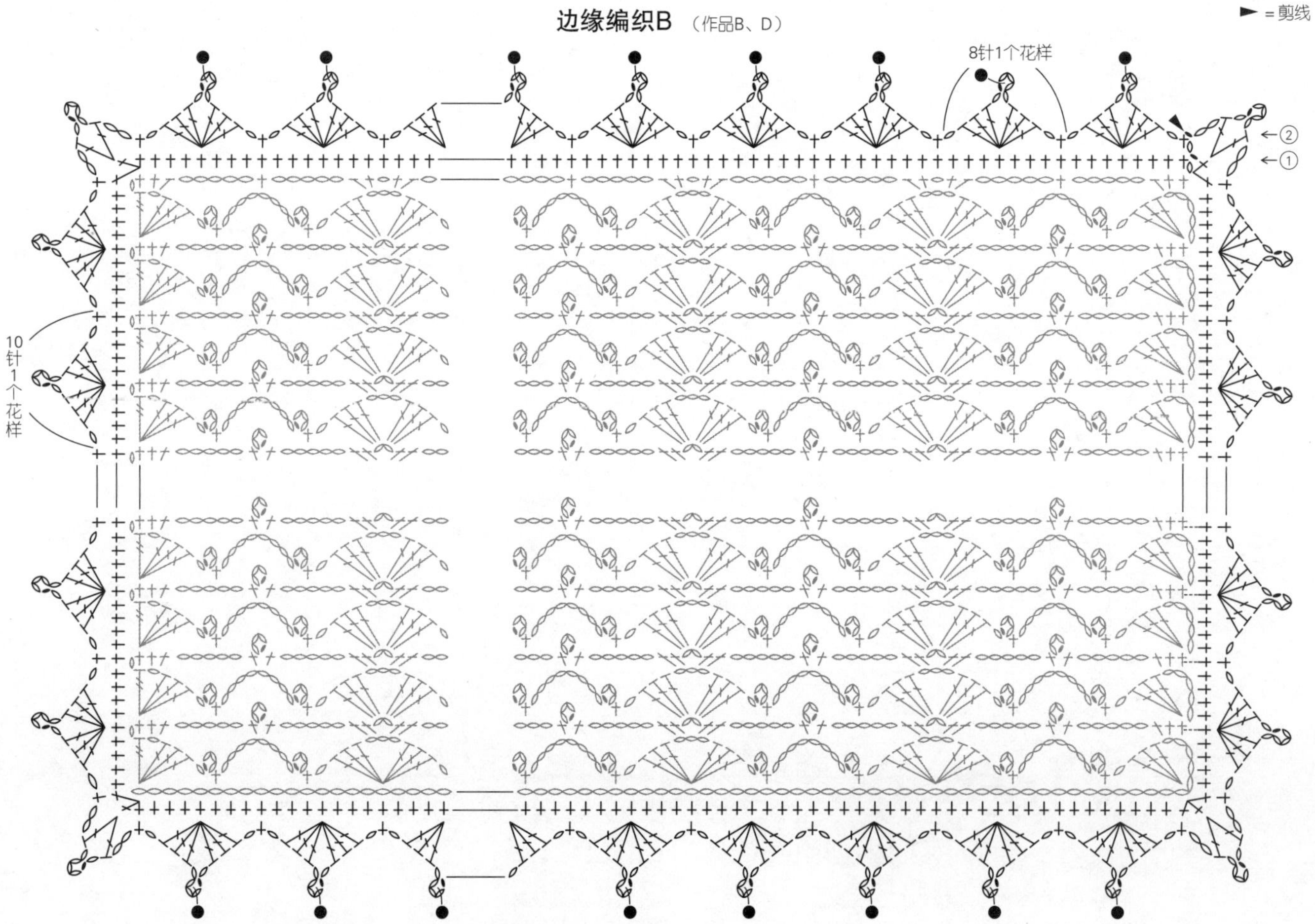

※ 第2行分为针目上的挑针部分与行上的挑针部分，1个花样的针数有所不同

● =系流苏的位置（作品D）

材料

芭贝 Arabis 绿色(7622) 240 g/6团，原白色(6002) 90 g/3团，浅褐色(1644) 30 g/1团

工具

棒针7号、6号，钩针7/0号

成品尺寸

胸围96 cm，衣长58.5 cm，连肩袖长34 cm

编织密度

10 cm×10 cm面积内：下针编织19.5针，26.5行；条纹花样10 cm19.5针，16行4.5 cm

编织要点

●身片…另线锁针起针后，按下针编织、条纹花样、起伏针编织。编织终点做伏针收针。

●组合…参照组合方法，分别对齐相同标记★、☆做引拔接合。胁部解开起针时的锁针挑针后做下针无缝缝合。袖口挑取指定数量的针目后，环形编织双罗纹针，编织终点做下针织下针、上针织上针的伏针收针。下摆挑取指定数量的针目后编织双罗纹针，编织终点与袖口一样收针。

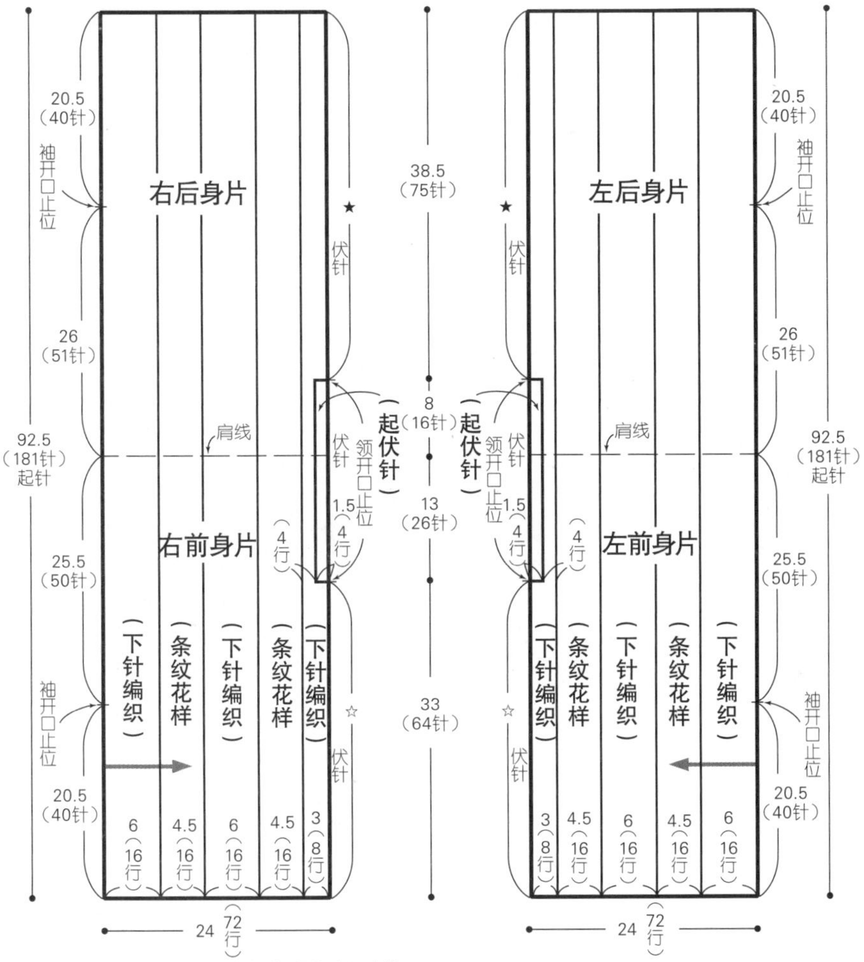

※ 全部使用指定颜色的2根线合股编织

※ 除指定以外均用7号针编织

※ 除指定以外均用绿色线编织

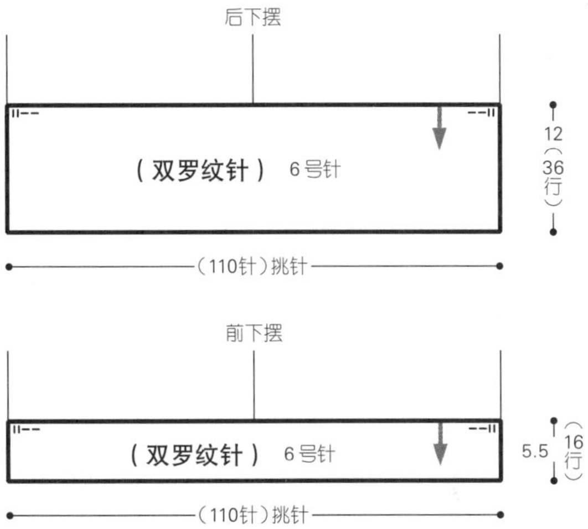

双罗纹针

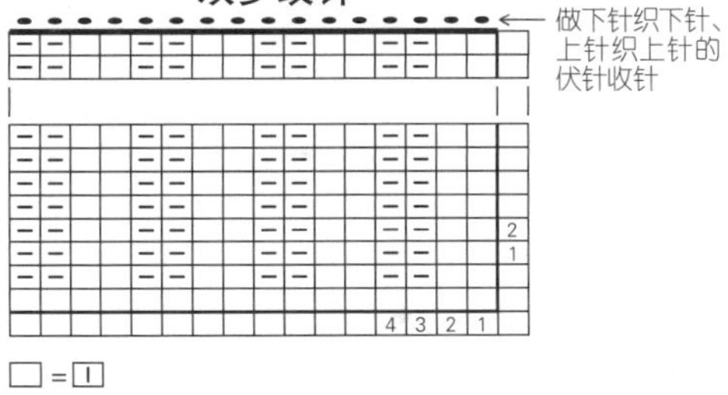

起伏针

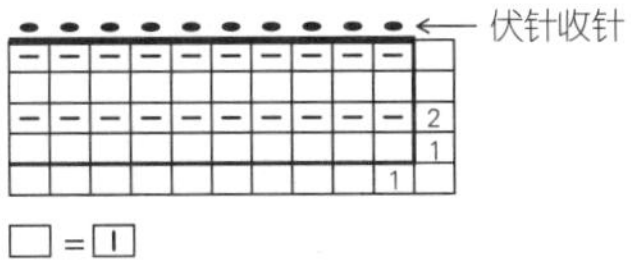

条纹花样

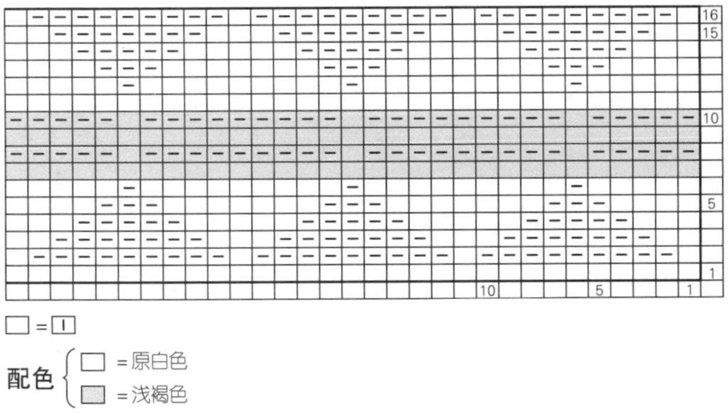

组合方法

袖口 （双罗纹针） 6号针

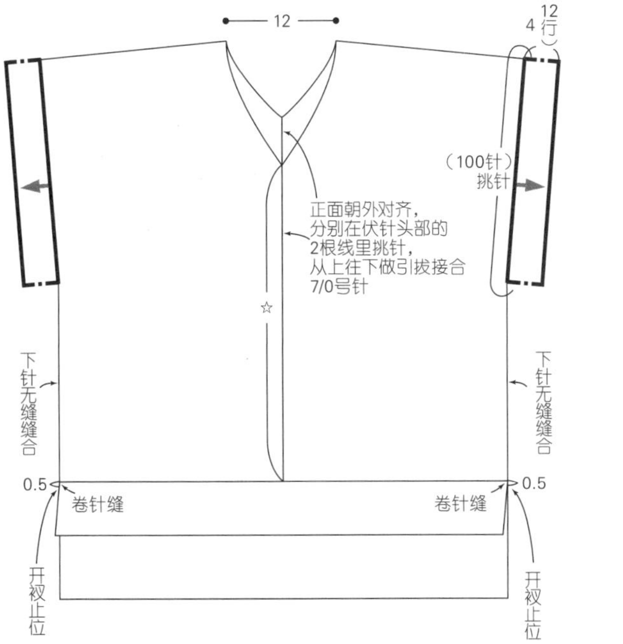

材料
HOBBYRA HOBBYRE Cotton Feel Fine 海军蓝色(27) 180 g/8团

工具
钩针4/0号

成品尺寸
胸围144 cm，衣长54 cm，连肩袖长36 cm

编织密度
花片边长18 cm

编织要点
●用连接花片的方法钩织。从第2片花片开始，一边在最终行钩织引拔针和相邻花片连接，一边钩织。

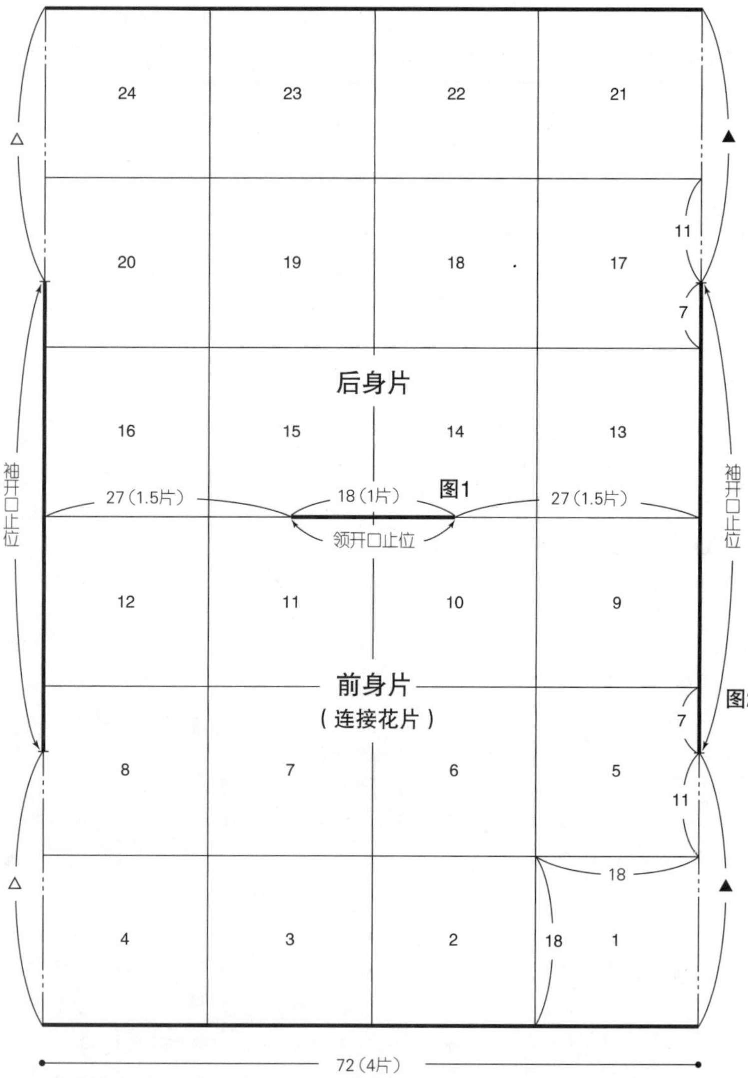

※ 全部使用4/0号针钩织
※ 花片内的数字表示连接顺序
※ 对齐相同标记连接

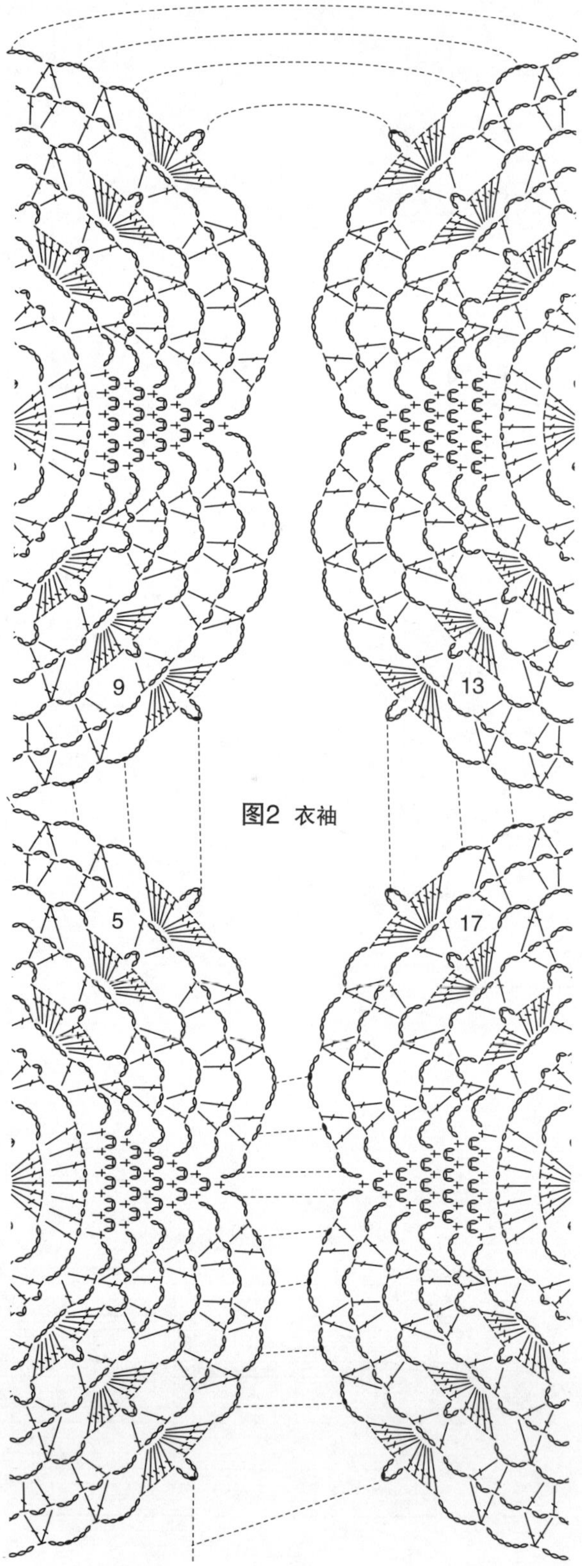

花片 24片

► = 剪线

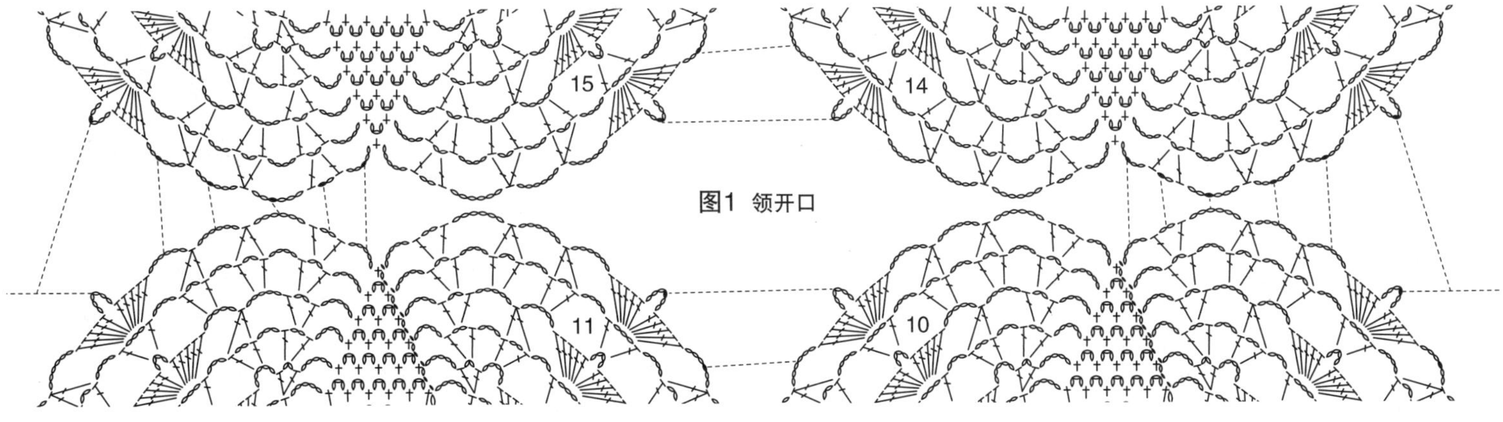

图1 领开口

花片的连接方法

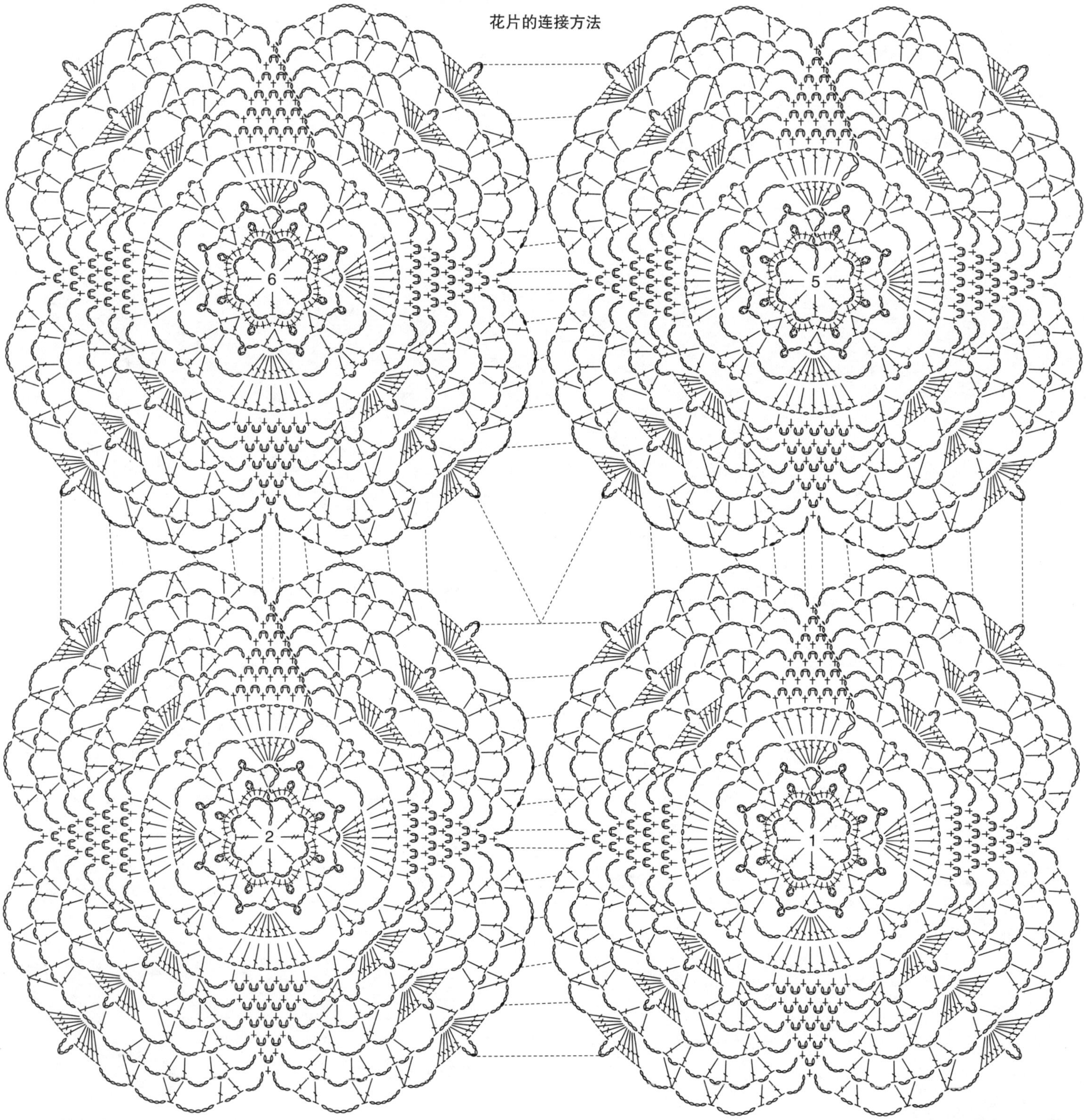

材料

奥林巴斯25号刺绣线、Emmy Grande <Colors>，线的色名、色号、用量及辅材等请参照下页表

工具

蕾丝针0号

成品尺寸

参照图示

编织要点

●参照图示钩织各部分。参照组合方法进行组合。

36、37页的作品

★★★

A、B

叶子（小） 各2片 A＝深绿色 B＝绿色

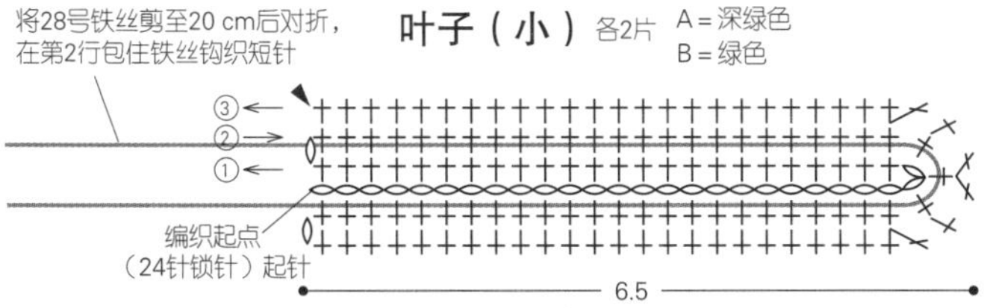

将28号铁丝剪至20 cm后对折，在第2行包住铁丝钩织短针
③
②
①
编织起点（24针锁针）起针
6.5

叶子（大） 各1片 A＝深绿色 B＝绿色

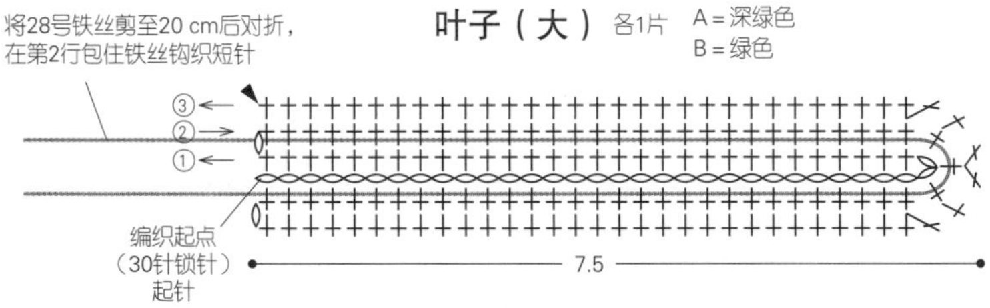

将28号铁丝剪至20 cm后对折，在第2行包住铁丝钩织短针
③
②
①
编织起点（30针锁针）起针
7.5

根须的系法 （A~E通用）

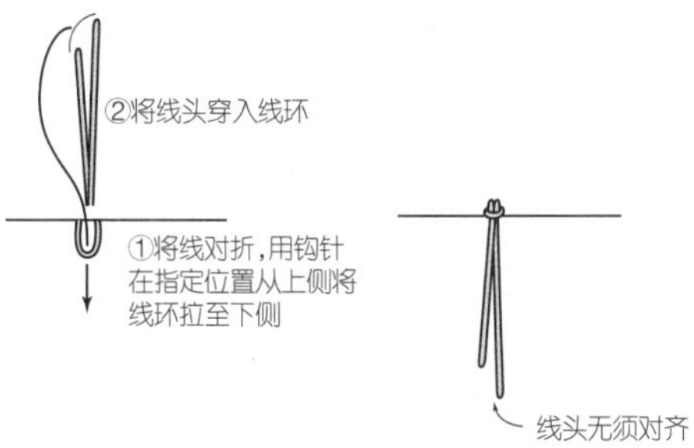

②将线头穿入线环
①将线对折，用钩针在指定位置从上侧将线环拉至下侧
线头无须对齐

▷＝加线
►＝剪线

线的色名、色号、用量及辅材

	线名	色名（色号）	用量	辅材
A	25号刺绣线	紫色（643）	5支	36 cm长的花艺铁丝 28号（绿色）各10根 20号（绿色）各2根 填充棉 适量 定型喷雾剂适量
		深紫色（645）	4支	
		深绿色（277）	2支	
		深褐色（745）	1.5支	
		蓝绿色（245）	1支	
B	25号刺绣线	浅粉色（101）	5支	
		深粉色（1031）	4支	
		绿色（276）	2支	
		茶色（744）	1.5支	
		橄榄绿色（288）	1支	
通用	Emmy Grande <Colors>	米色（732）	适量	

※ 全部使用0号蕾丝针钩织

小花 各22片

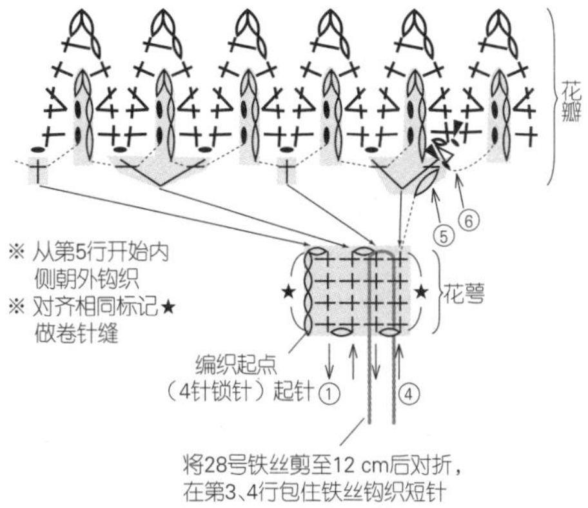

花瓣
花萼
⑤
⑥
※ 从第5行开始内侧朝外钩织
※ 对齐相同标记★做卷针缝
编织起点（4针锁针）起针 ①
④
将28号铁丝剪至12 cm后对折，在第3、4行包住铁丝钩织短针

配色

	A	B
——（细线）	紫色	浅粉色
——（粗线）	深紫色	深粉色

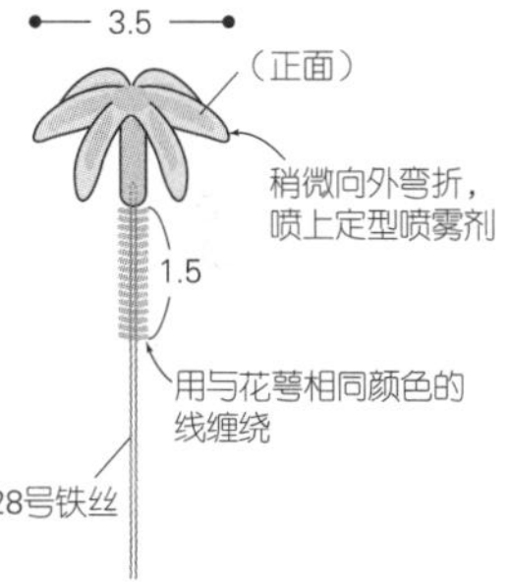

3.5
（正面）
稍微向外弯折，喷上定型喷雾剂
1.5
用与花萼相同颜色的线缠绕
28号铁丝

A、B的组合方法

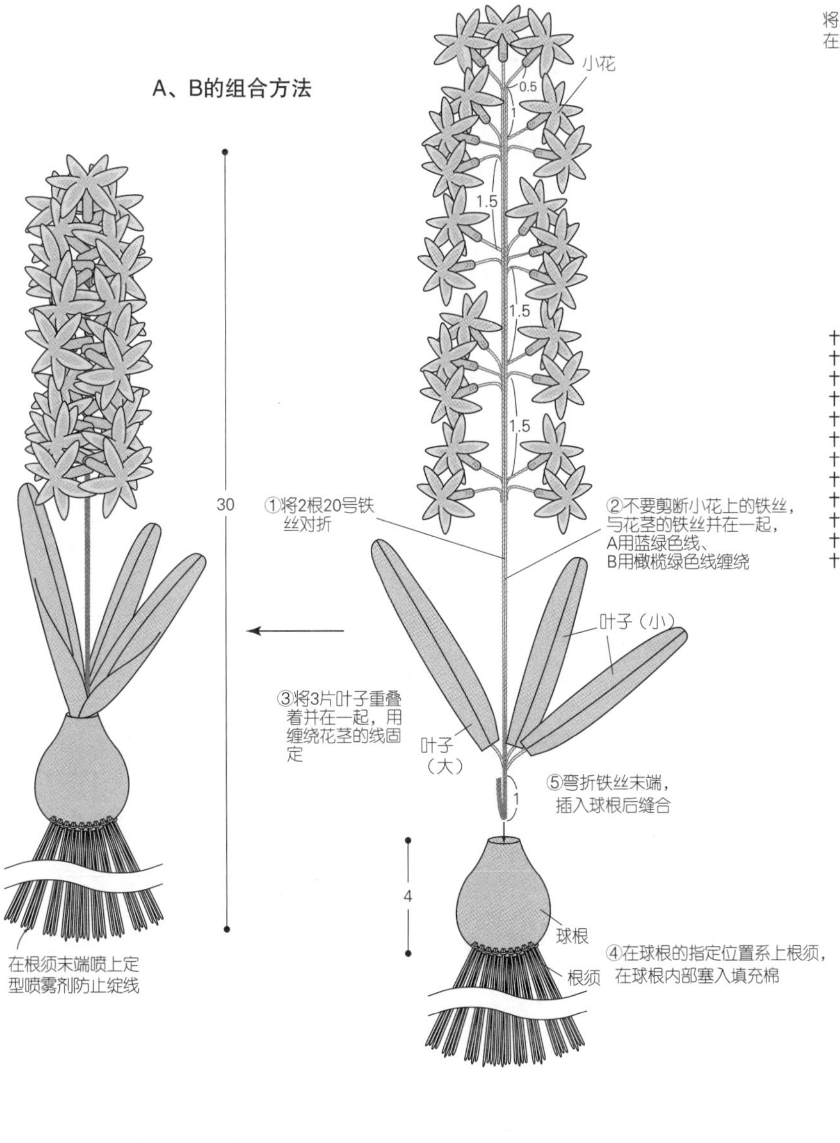

小花
0.5
1
1.5
1.5
1.5
30
①将2根20号铁丝对折
②不要剪断小花上的铁丝，与花茎的铁丝并在一起，A用蓝绿色线、B用橄榄绿色线缠绕
叶子（小）
③将3片叶子重叠着并在一起，用缠绕花茎的线固定
叶子（大）
⑤弯折铁丝末端，插入球根后缝合
1
4
球根
④在球根的指定位置系上根须，在球根内部塞入填充棉
根须
在根须末端喷上定型喷雾剂防止绽线

球根 各1个 A＝深褐色 B＝茶色

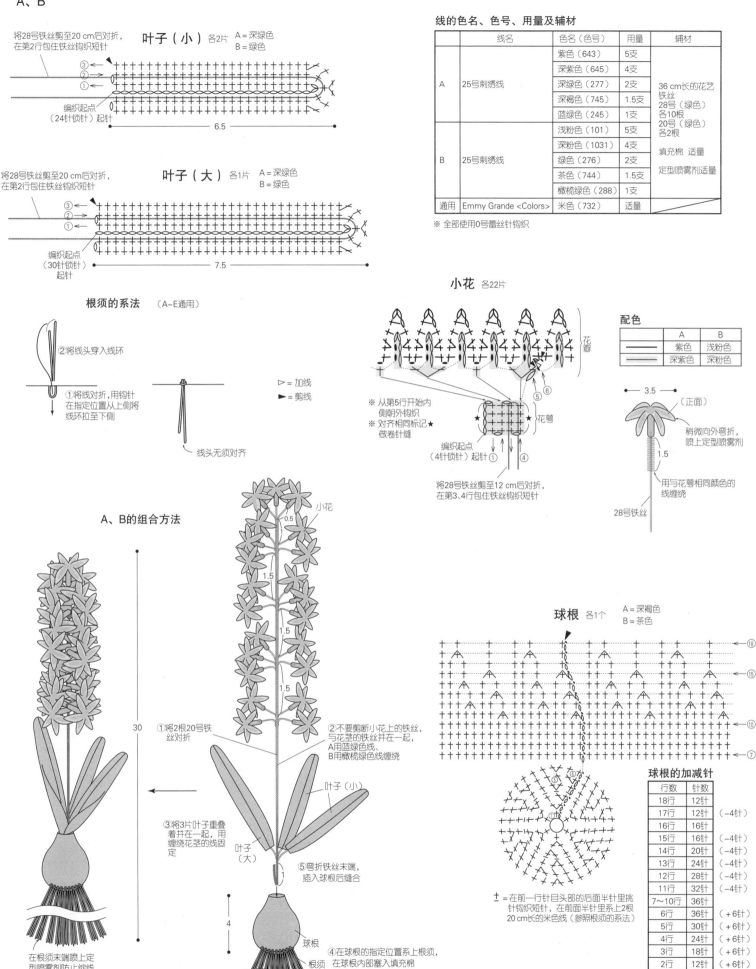

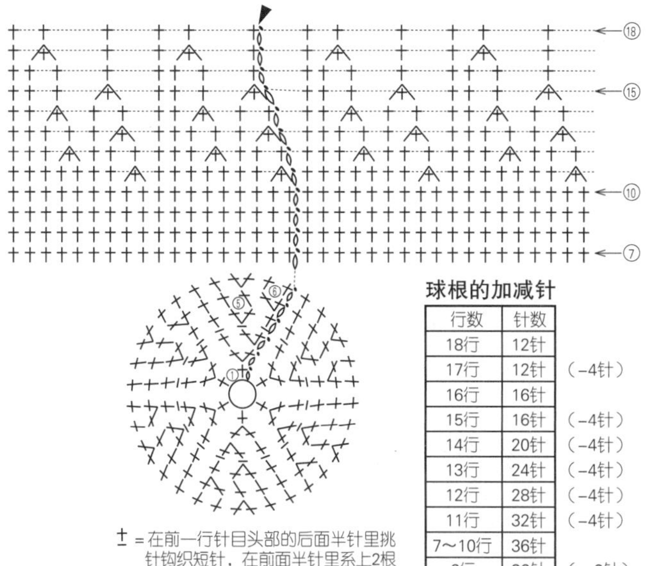

⑱
⑮
⑩
⑦
⑤
⑥
①

±＝在前一行针目头部的后面半针里挑针钩织短针，在前面半针里系上2根20 cm长的米色线（参照根须的系法）

球根的加减针

行数	针数	
18行	12针	
17行	12针	（－4针）
16行	16针	
15行	16针	（－4针）
14行	20针	（－4针）
13行	24针	（－4针）
12行	28针	（－4针）
11行	32针	（－4针）
7~10行	36针	
6行	36针	（＋6针）
5行	30针	（＋6针）
4行	24针	（＋6针）
3行	18针	（＋6针）
2行	12针	（＋6针）
1行	6针	

C、D

线的色名、色号、用量及辅材

	线名	色名（色号）	用量	辅材
C	25号刺绣线	黄绿色（274）	2.5支	36 cm长的花艺铁丝 26号（白色）各4根 26号（绿色）各3根 填充棉 适量 定型喷雾剂 适量
		黄色（543）	各1.5支	
		浅褐色（736）		
		深黄色（554）	1支	
		浅黄绿色（210）	0.5支	
D	25号刺绣线	深黄绿色（275）	2.5支	
		白色（850）	各1.5支	
		浅褐色（736）		
		红粉色（1121）	1支	
		浅黄绿色（210）	0.5支	
通用	Emmy Grande <Colors>	米色（732）	适量	

※全部使用0号蕾丝针钩织

外侧花瓣

各3片

配色

	C	D
(粗线)	黄色	白色
(细线)	深黄色	红粉色

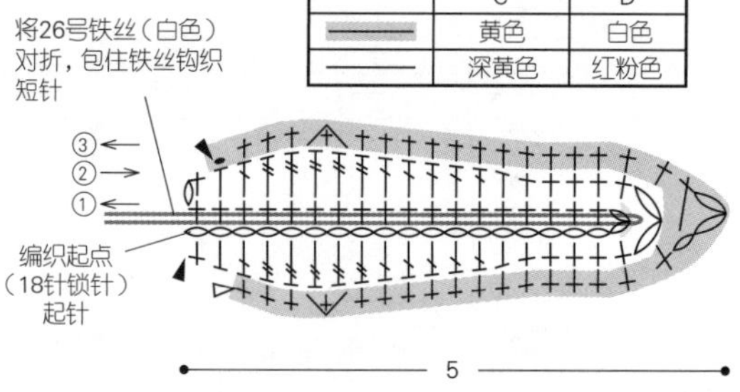

将26号铁丝（白色）对折，包住铁丝钩织短针
③
②
①
编织起点（18针锁针）起针
5

▷ = 加线
► = 剪线

内侧花瓣 各1片 C = 黄色 D = 白色

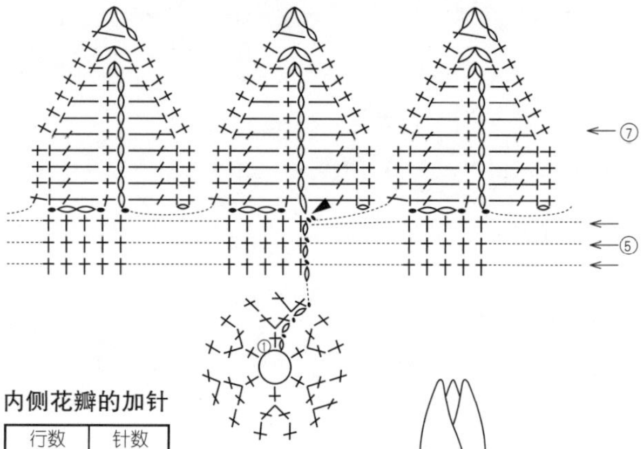

⑦
⑤

内侧花瓣的加针

行数	针数	
4~6行	15针	
3行	15针	（+3针）
2行	12针	（+6针）
1行	6针	

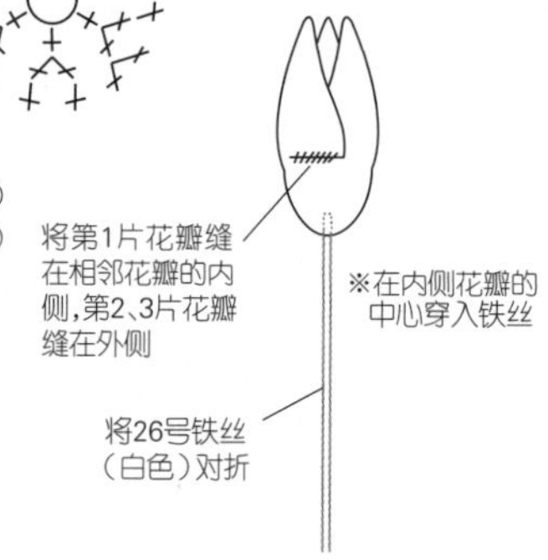

将第1片花瓣缝在相邻花瓣的内侧，第2、3片花瓣缝在外侧
※在内侧花瓣的中心穿入铁丝
将26号铁丝（白色）对折

叶子（小） 各2片 C = 黄绿色 D = 深黄绿色

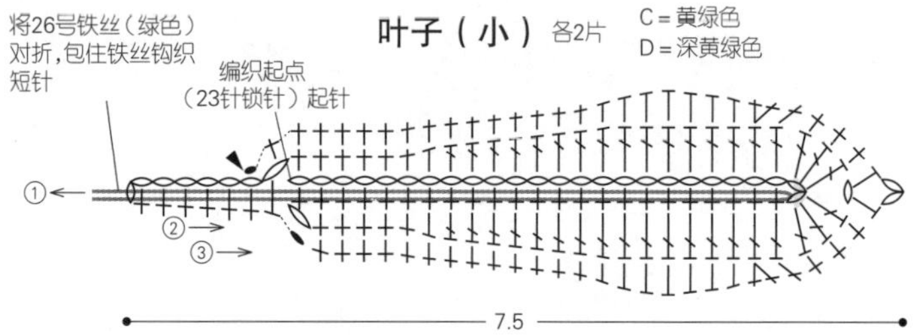

将26号铁丝（绿色）对折，包住铁丝钩织短针
编织起点（23针锁针）起针
①
②
③
7.5

叶子（大） 各1片 C = 黄绿色 D = 深黄绿色

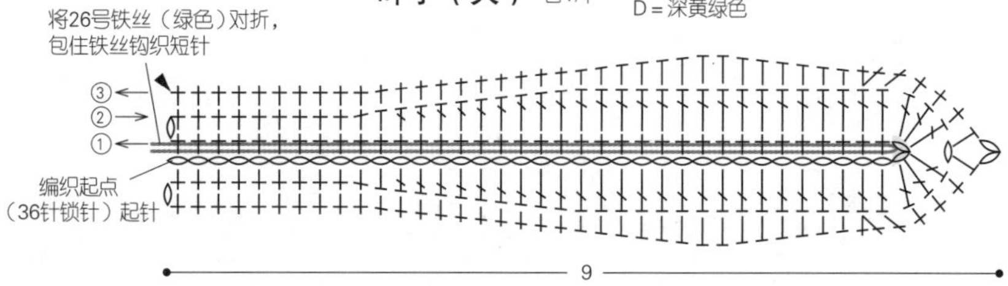

将26号铁丝（绿色）对折，包住铁丝钩织短针
③
②
①
编织起点（36针锁针）起针
9

C、D的组合方法

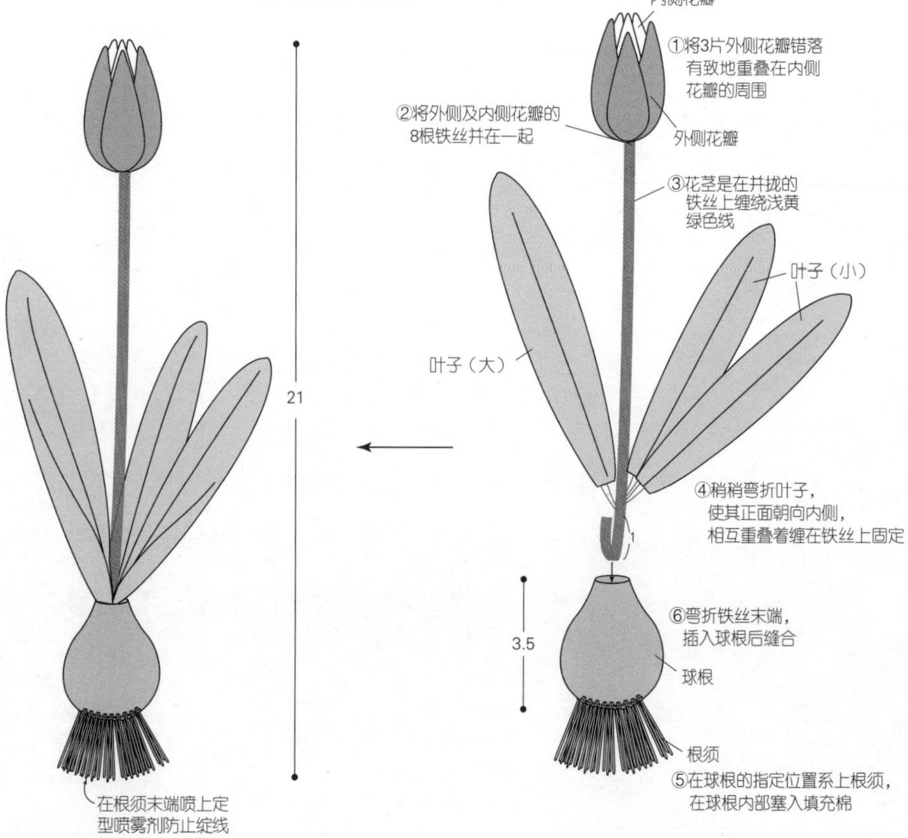

21
在根须末端喷上定型喷雾剂防止绽线
内侧花瓣
①将3片外侧花瓣错落有致地重叠在内侧花瓣的周围
②将外侧及内侧花瓣的8根铁丝并在一起
外侧花瓣
③花茎是在并拢的铁丝上缠绕浅黄绿色线
叶子（小）
叶子（大）
④稍稍弯折叶子，使其正面朝向内侧，相互重叠着缠在铁丝上固定
⑥弯折铁丝末端，插入球根后缝合
3.5
球根
根须
⑤在球根的指定位置系上根须，在球根内部塞入填充棉

球根 各1个 浅褐色

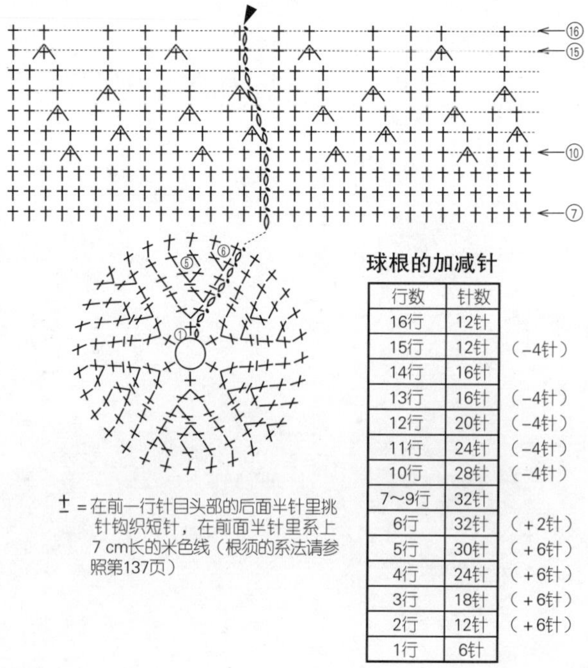

⑯
⑮
⑩
⑦
⑥
⑤

± = 在前一行针目头部的后面半针里挑针钩织短针，在前面半针里系上7 cm长的米色线（根须的系法请参照第137页）

球根的加减针

行数	针数	
16行	12针	
15行	12针	（-4针）
14行	16针	
13行	16针	（-4针）
12行	20针	（-4针）
11行	24针	（-4针）
10行	28针	（-4针）
7~9行	32针	
6行	32针	（+2针）
5行	30针	（+6针）
4行	24针	（+6针）
3行	18针	（+6针）
2行	12针	（+6针）
1行	6针	

E

线的色名、色号、用量及辅材

线名	色名（色号）	用量	辅材
25号刺绣线	白色（801）	各1支	36 cm长的花艺铁丝 26号（白色）3根 26号（绿色）1根
	亮绿色（2022）		
	土黄色（723）		填充棉 适量
	深黄绿色（275）	各0.5支	
	浅黄绿色（210）		定型喷雾剂 适量
Emmy Grande <Colors>	米色（732）	适量	

※ 全部使用0号蕾丝针钩织

▷ = 加线

▶ = 剪线

叶子（大） 1片 亮绿色

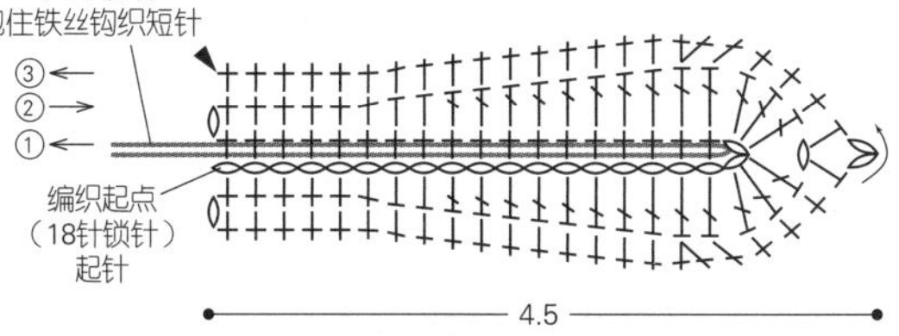

叶子（小） 1片 亮绿色

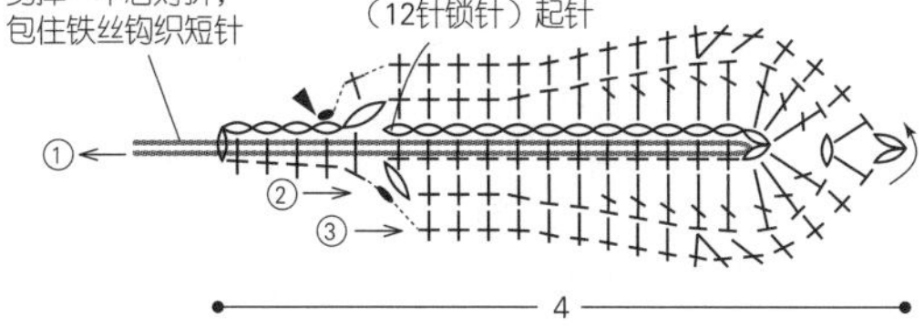

内侧花瓣 配色 —— = 白色 ▬ = 深黄绿色

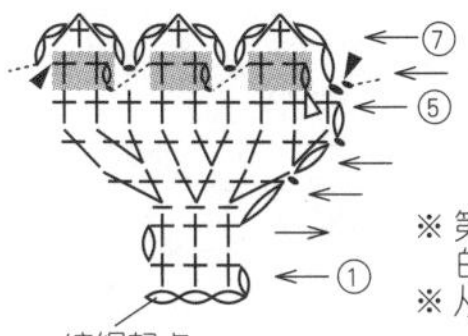

※ 第3行在第2行针目头部的前面1根线里挑针钩织

※ 从第3行开始环形钩织

外侧花瓣 3片 白色

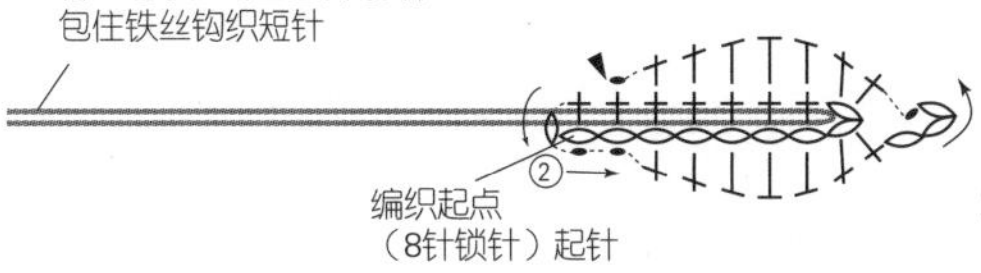

花萼 1片

深黄绿色

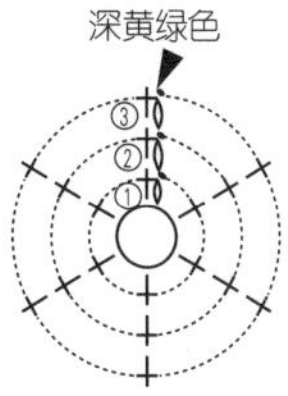

苞片 1片 浅黄绿色

※ 编织起点与终点留出长一点的线头

E的组合方法

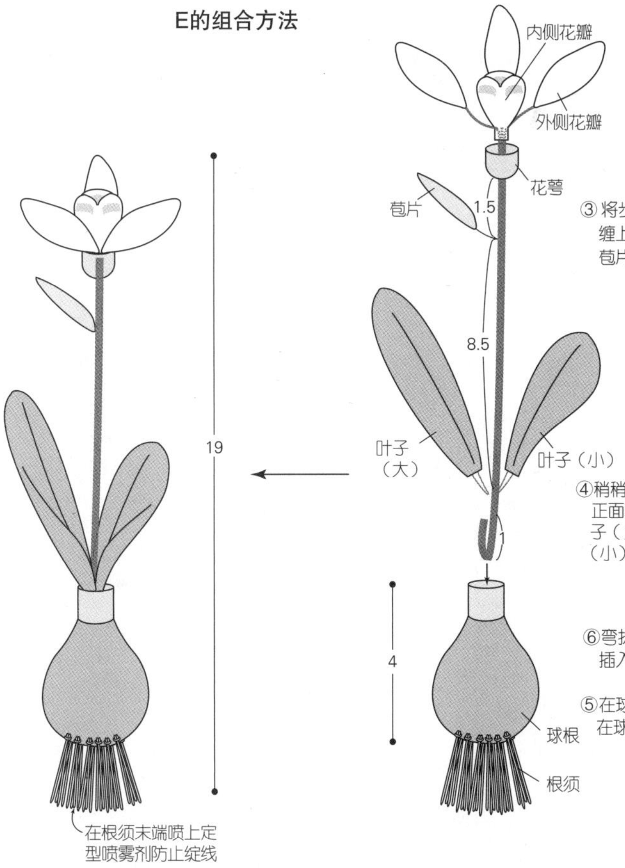

① 在内侧花瓣的边上插入外侧花瓣的铁丝，再从花萼的中心穿出

② 将内侧花瓣插入花萼，缝合

③ 将步骤②穿出的铁丝并在一起，缠上浅黄绿色线。此时，一并缠入苞片的线头

④稍稍弯折叶子，使其正面朝向内侧，将叶子（大）包住叶子（小）的外侧缝合

⑥弯折铁丝末端，插入球根后缝合

⑤在球根的指定位置系上根须，在球根内部塞入填充棉

球根 1个 配色 ▬ = 浅黄绿色 —— = 土黄色

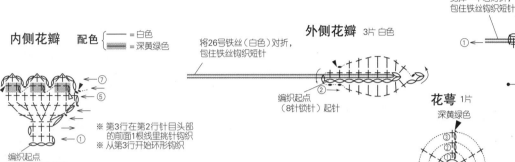

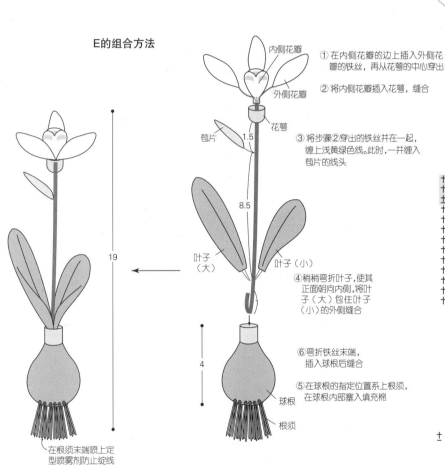

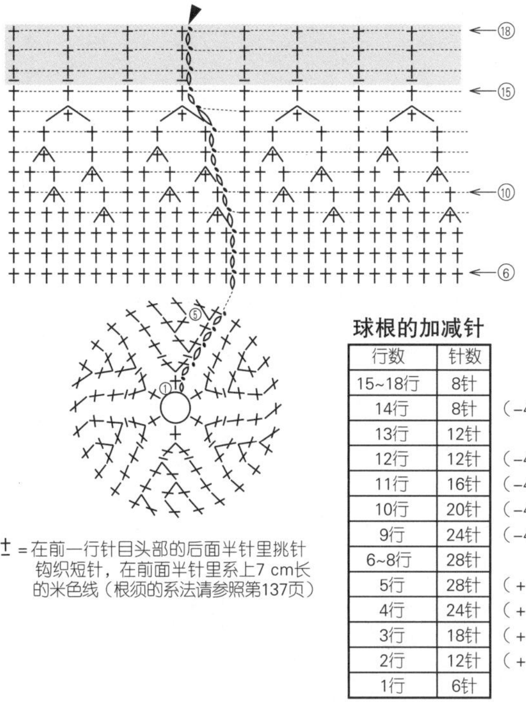

± = 在前一行针目头部的后面半针里挑针钩织短针，在前面半针里系上7 cm长的米色线（根须的系法请参照第137页）

球根的加减针

行数	针数	
15~18行	8针	
14行	8针	（−4针）
13行	12针	
12行	12针	（−4针）
11行	16针	（−4针）
10行	20针	（−4针）
9行	24针	（−4针）
6~8行	28针	
5行	28针	（＋4针）
4行	24针	（＋6针）
3行	18针	（＋6针）
2行	12针	（＋6针）
1行	6针	

材料

DMC Eco Vita 388 再生棉 白色(001) 300 g/3 团，蓝色(107) 15 g/1 团

工具

棒针 6 号、4 号

成品尺寸

胸围 106 cm，肩宽 45 cm，衣长 55.5 cm

编织密度

10 cm×10 cm 面积内：桂花针 23 针，32 行；编织花样 27.5 针，32 行

编织要点

●身片…手指挂线起针后，按双罗纹针条纹 A、桂花针、编织花样编织。减 2 针及以上时做伏针减针，减 1 针时立起侧边 1 针减针。后领窝、斜肩参照图示减针。

●组合…肩部做盖针接合，胁部做挑针缝合。挑取指定数量的针目，衣领环形编织双罗纹针条纹 B，袖口环形编织双罗纹针。编织终点做下针织下针、上针织上针的伏针收针。

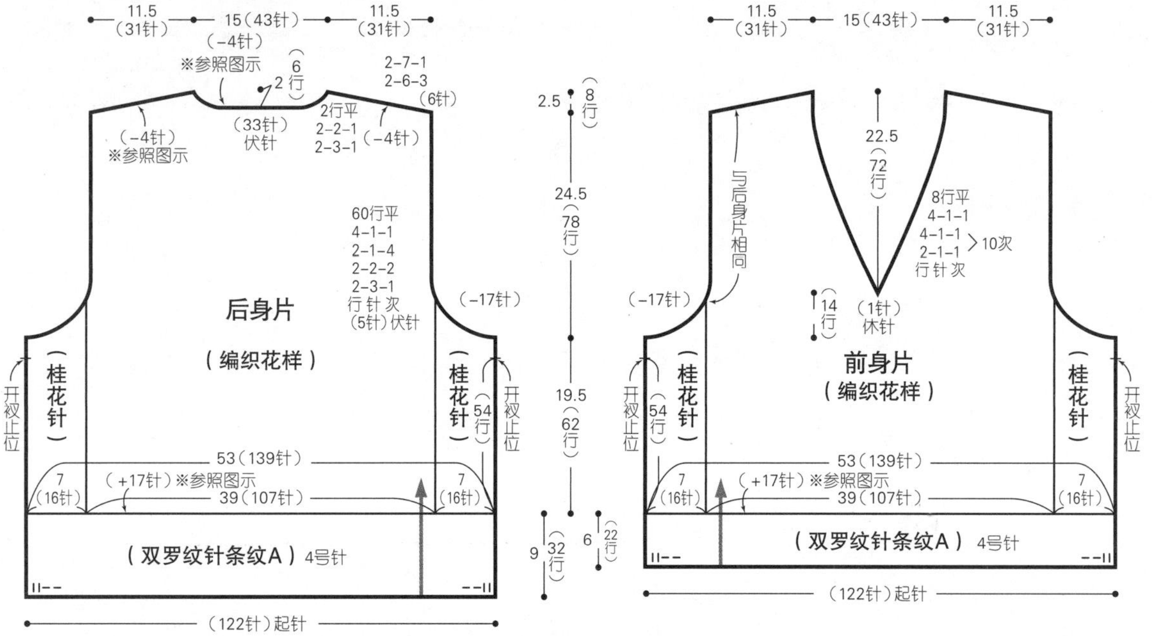

※ 除指定以外均用6号针编织

※ 除指定以外均用白色线编织

双罗纹针条纹 A（后身片下摆）

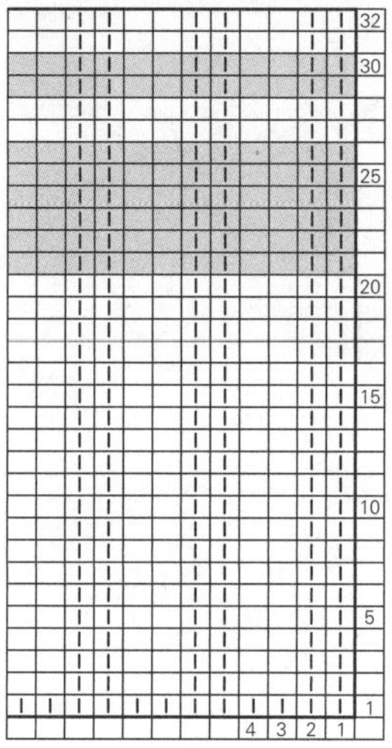

□=⊟

配色 □=白色 ▨=蓝色

双罗纹针条纹 A（前身片下摆）

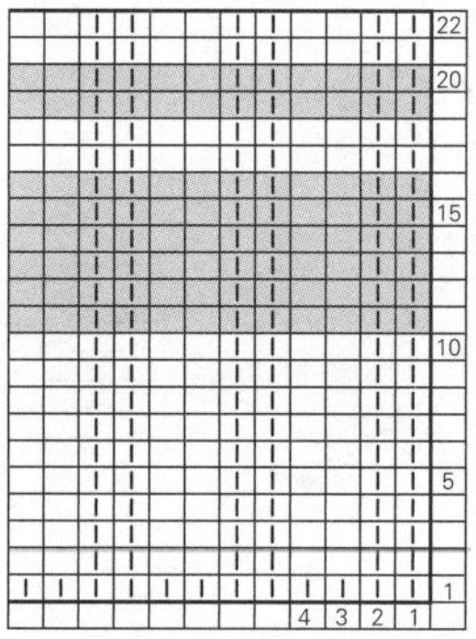

□=⊟

配色 □=白色 ▨=蓝色

编织花样

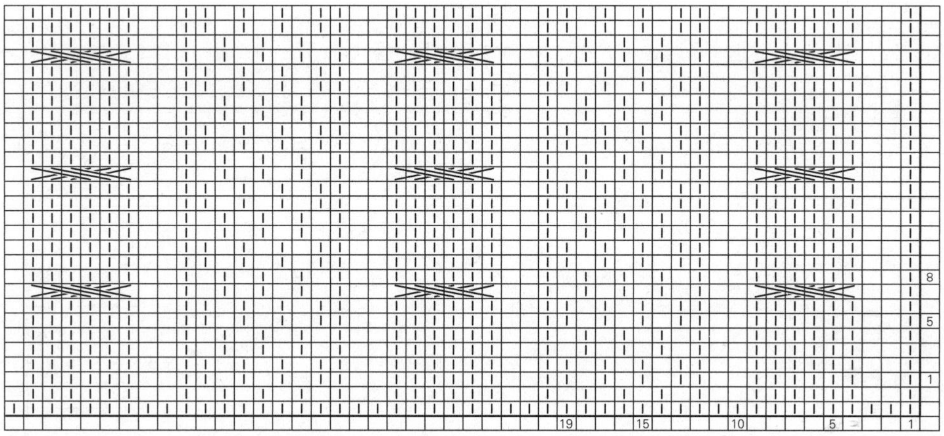

□=⊟

桂花针

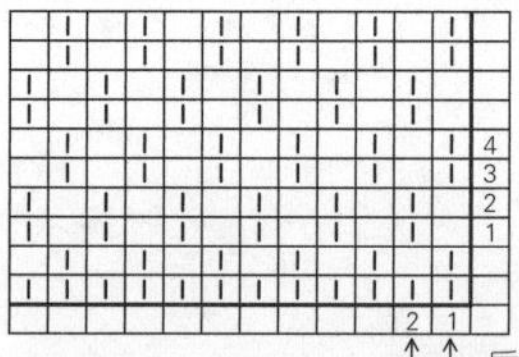

□=⊟

衣领（双罗纹针条纹B）
4号针

袖口（双罗纹针）
4号针

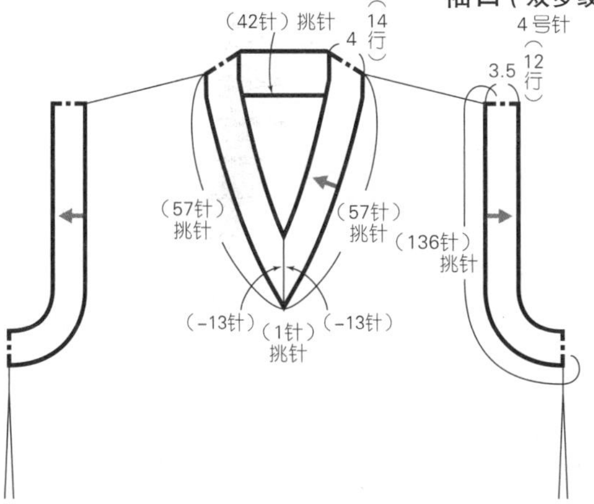

V领尖的减针

用白色线做下针织下针、上针织上针的伏针收针

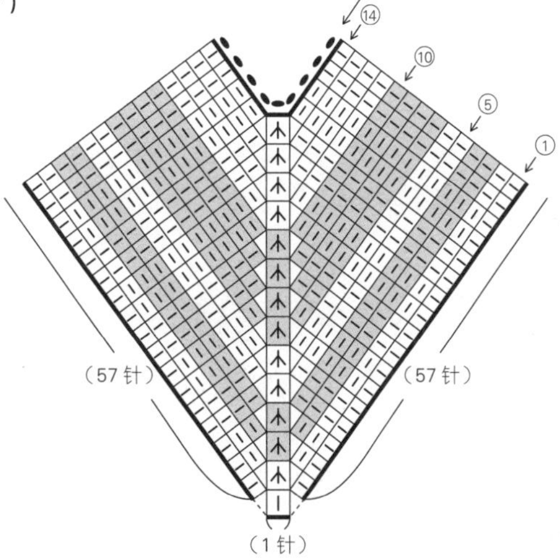

配色 { □ = 白色 / ▨ = 蓝色

双罗纹针

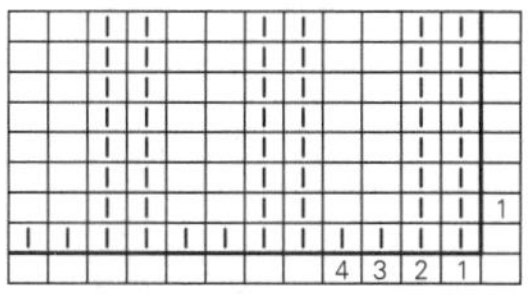

□ = ⊟

双罗纹针条纹 B

用白色线做下针织下针、上针织上针的伏针收针

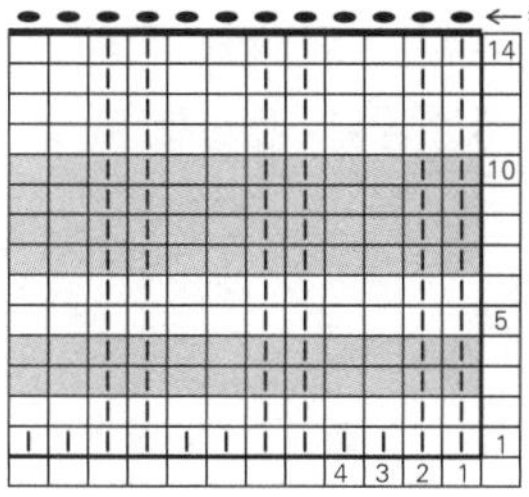

□ = ⊟

配色 { □ = 白色 / ▨ = 蓝色

后身片下摆的加针

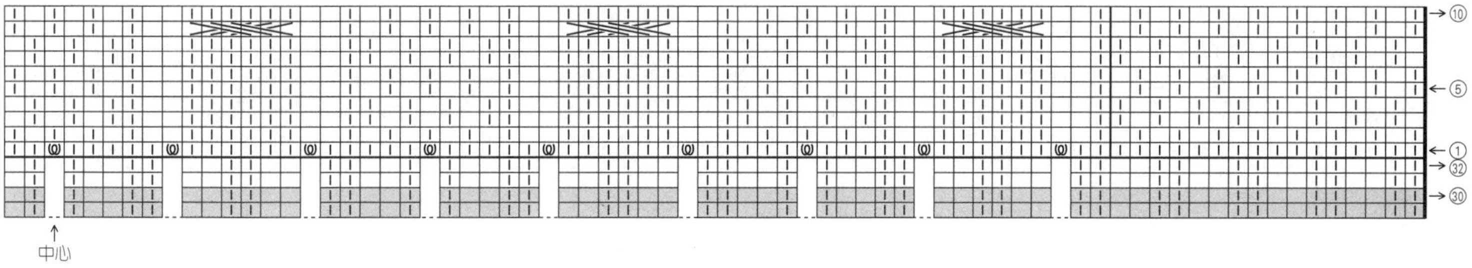

□ = ⊟

Ⓠ = 卷针

※ 左右对称加针

※ 前身片下摆也用相同方法编织

后领窝与斜肩的编织方法

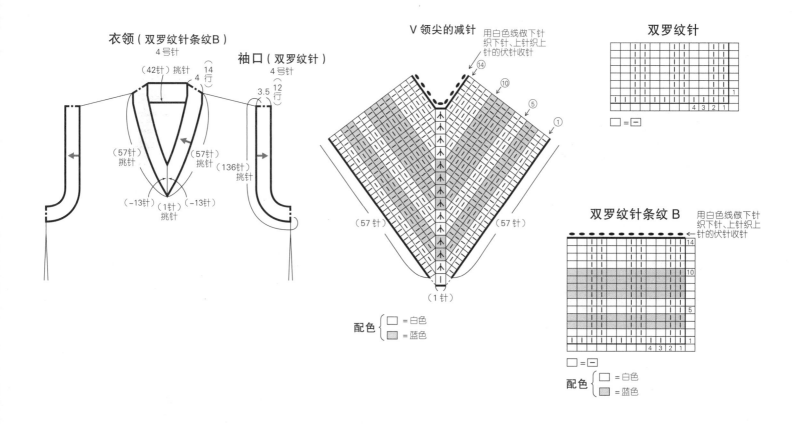

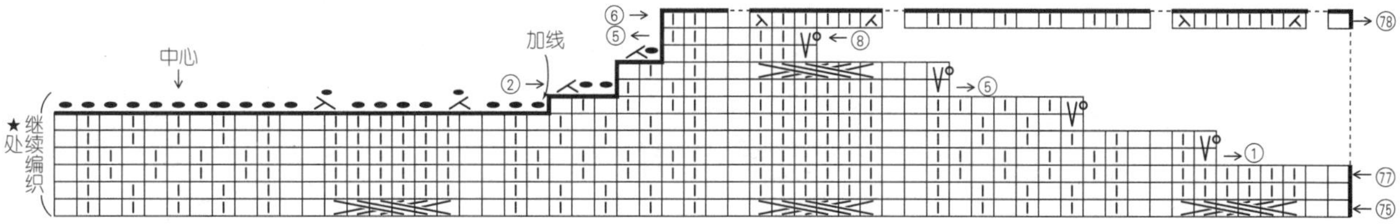

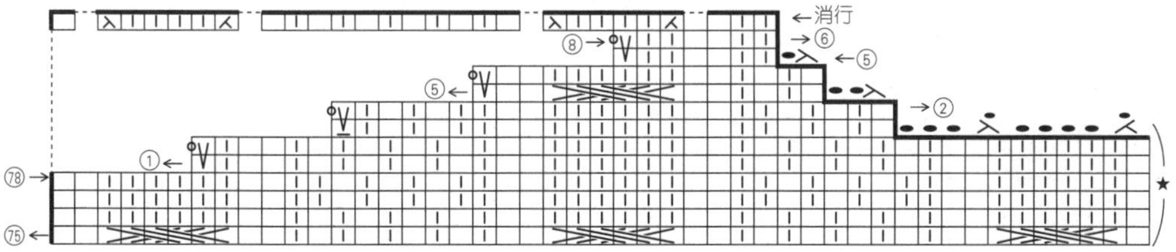

□ = ⊟　⋋ = 编织左上2针并1针后做伏针收针

⋌ = 编织右上2针并1针后做伏针收针

材料

手织屋 Wool N 原白色(29) 250 g，藏青色(35) 15 g

工具

棒针4号

成品尺寸

胸围80 cm，肩宽35 cm，衣长56.5 cm

编织密度

10 cm×10 cm面积内：编织花样C 22针，34行；配色花样22针，27.5行

编织要点

●身片…用钩针在棒针上起针，前、后身片下摆分别按编织花样A编织。接着将前身片下摆的左、右各3针重叠在后身片下摆上挑针，将前、后身片连起来按编织花样B、C环形编织。从袖窿开始分成前、后身片，按编织花样C和配色花样编织。袖窿、领窝减2针及以上时做伏针减针，减1针时立起侧边1针减针，注意领窝中心的针目以及肩部编织终点的针目做休针处理。

●组合…肩部用原白色线做下针无缝缝合。袖口按编织花样D环形编织，编织终点做下针织下针、上针织上针的伏针收针。衣领挑取指定数量的针目后，按编织花样E环形编织。编织终点参照第143页做弹性伏针收针。

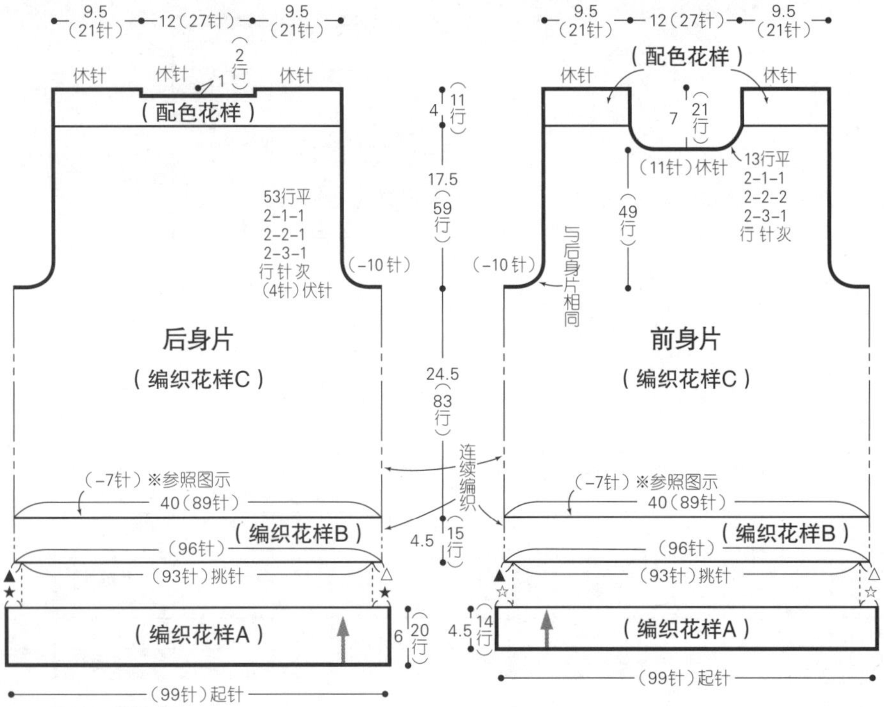

※ 全部使用4号针编织

※ 除指定以外均用原白色线编织

★、☆=(3针) ▲=(2针)挑针 △=(1针)挑针

※ 将☆重叠在★的上面挑针，▲与△连续编织

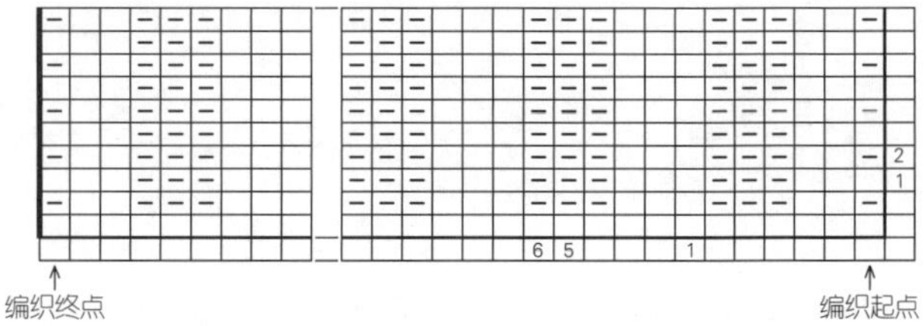

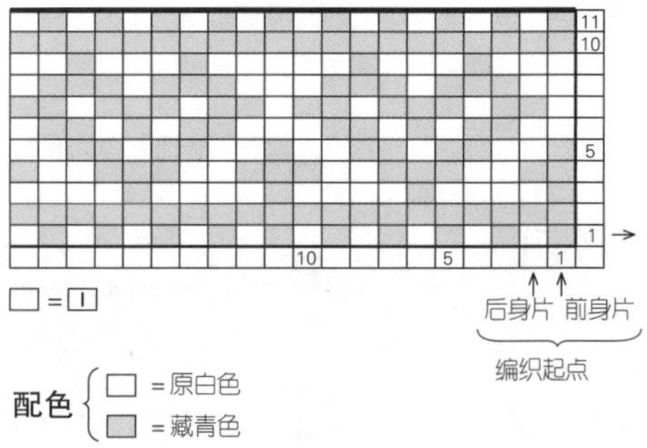

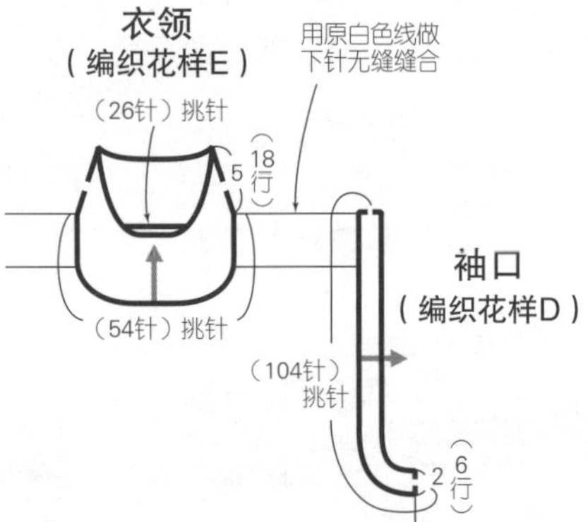

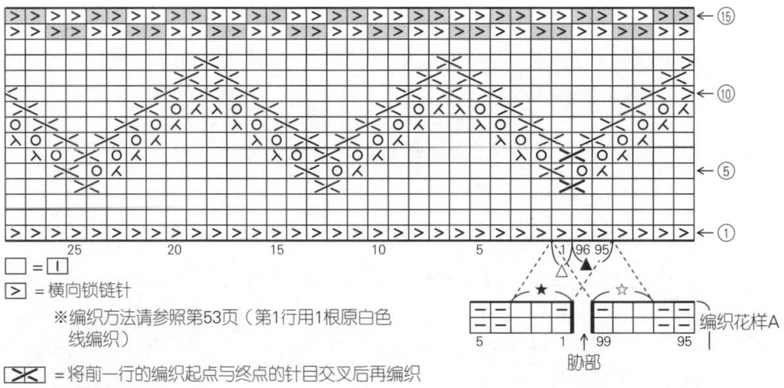

□=⊡

[>] =横向锁链针

※编织方法请参照第53页(第1行用1根原白色线编织)

[✕] =将前一行的编织起点与终点的针目交叉后再编织

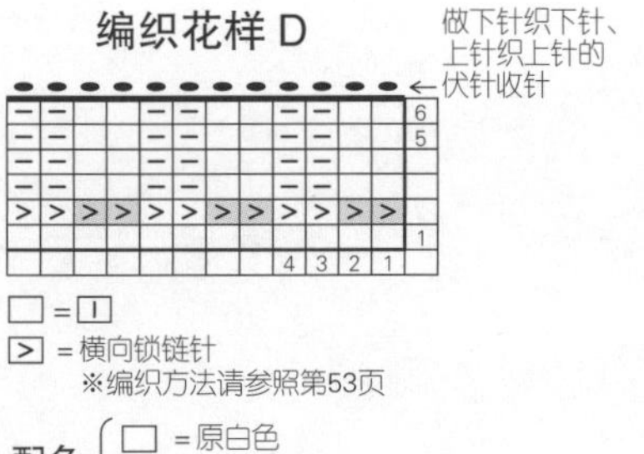

□=⊡

[>] =横向锁链针

※编织方法请参照第53页

配色 □=原白色 ▩=藏青色

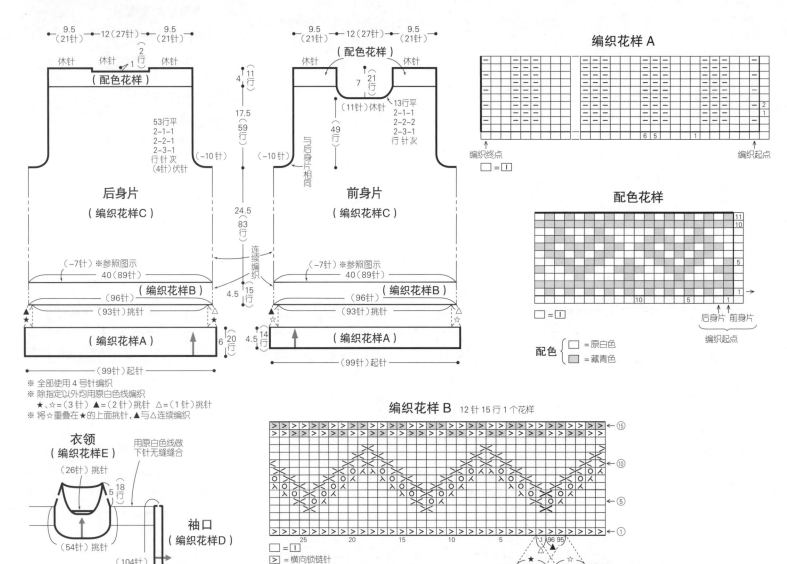

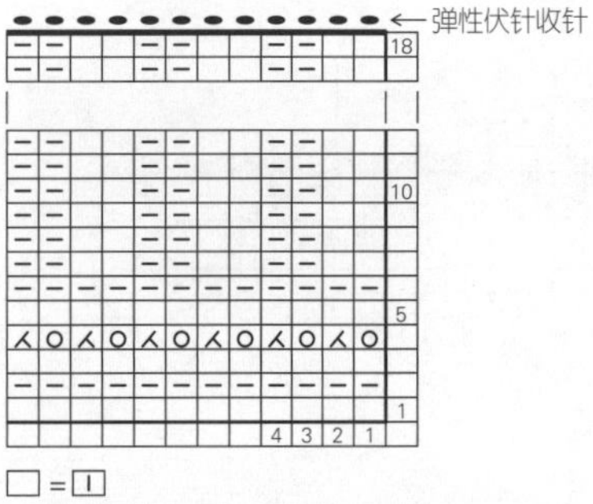

□=⊡

编织花样C

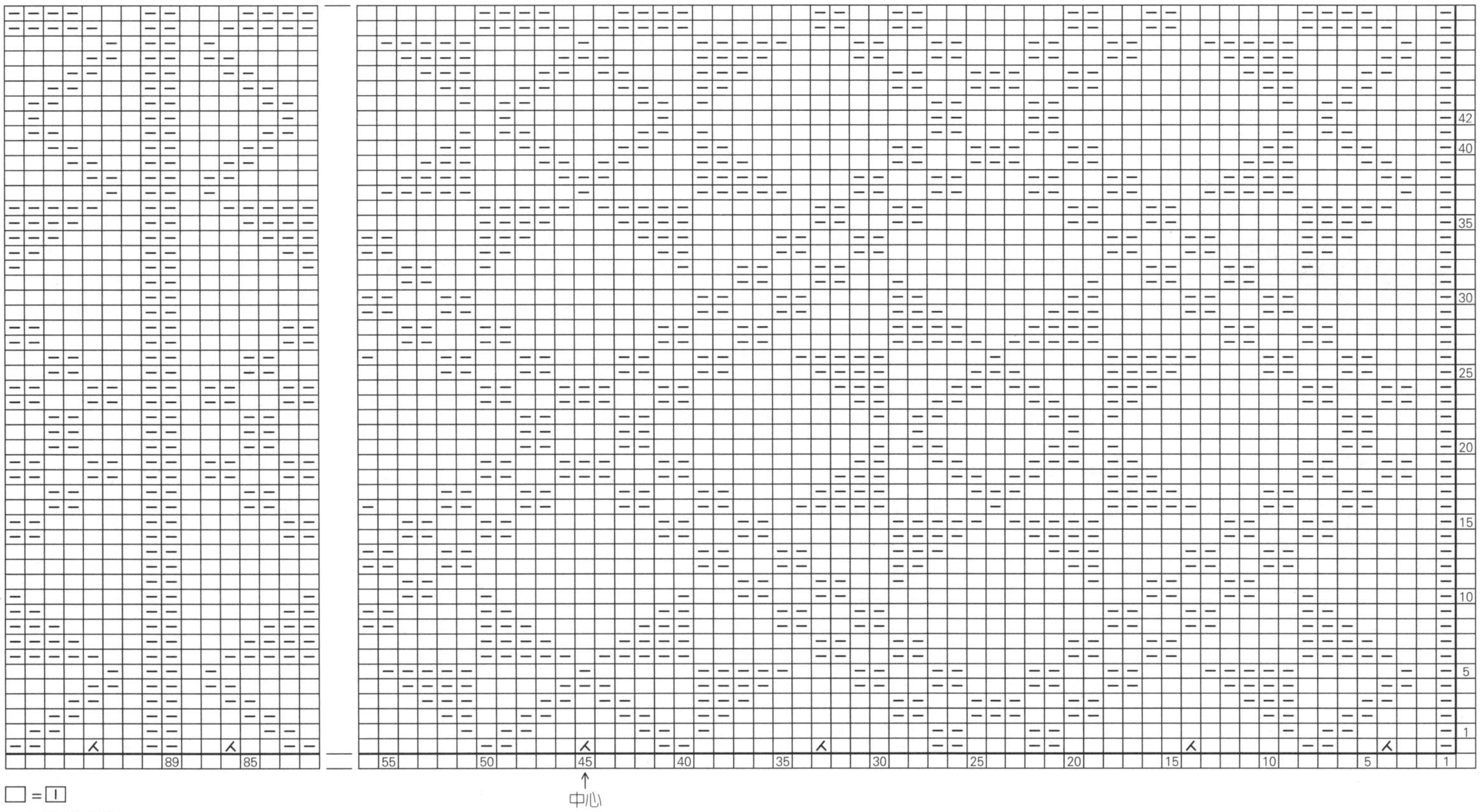

□ = 丨

※左右对称编织

编织花样B中 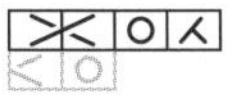 的编织方法

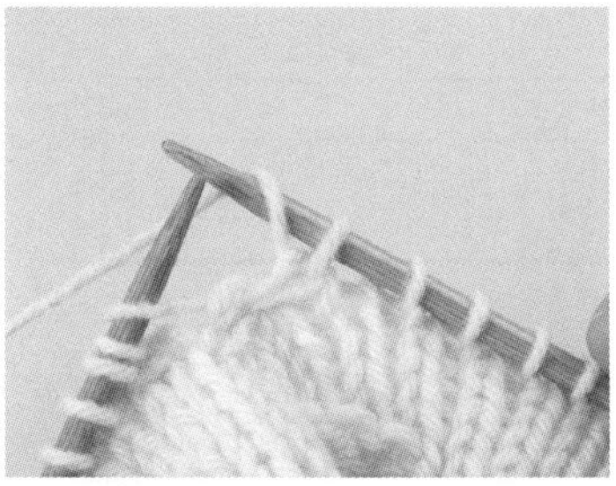

1 第 6 行编织左上 2 针并 1 针和挂针后的状态。

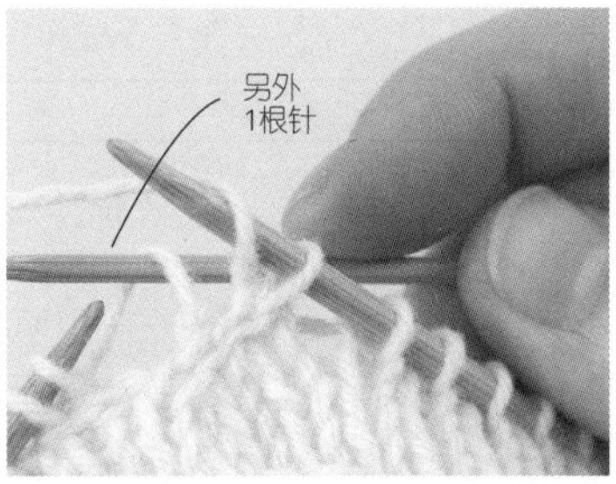

2 接着要在前一行的挂针和下针里编织左上 1 针交叉。用另外 1 根针取下挂针，将其放在织物的后面。

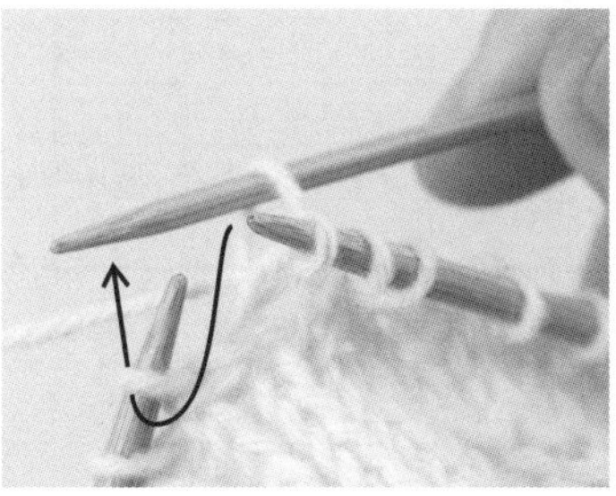

3 在下一针里编织下针。

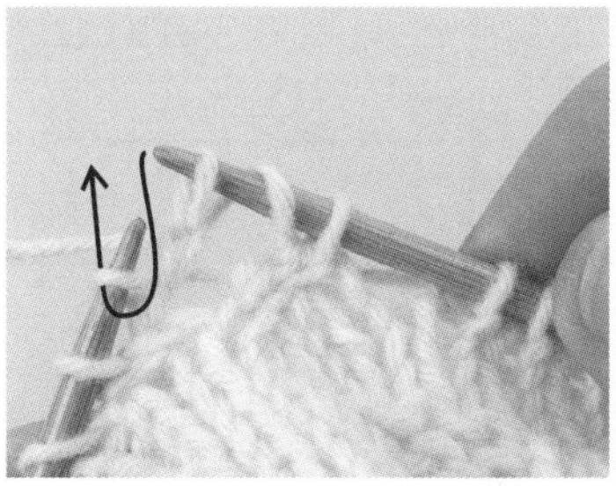

4 将刚才取下的挂针移回左棒针上，编织下针。

5 左上 1 针交叉完成。按符号图继续编织。

弹性伏针收针的编织方法

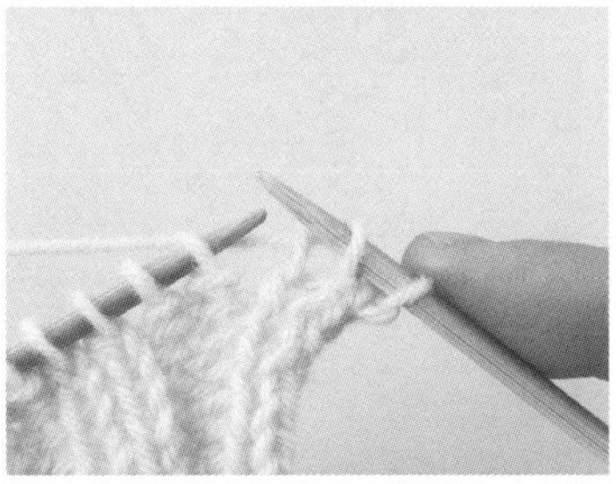

1 编织 2 针下针。

2 将 2 针移回左棒针上。

3 在 2 针的后面一次性插入右棒针。

4 在 2 针里一起编织下针。

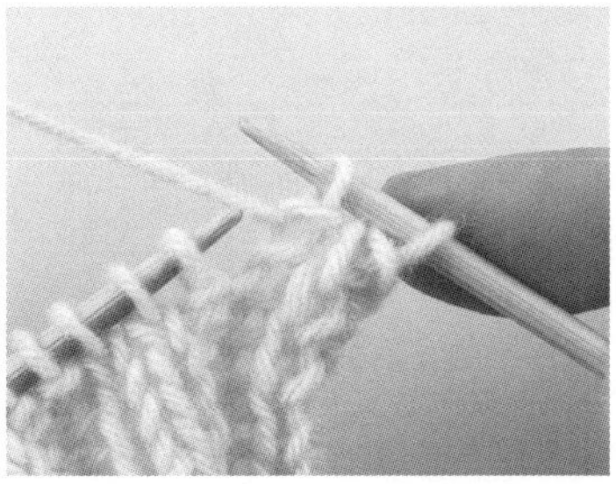

5 在下一针里编织上针（与最后一行的针目相同）。

6 同样移回左棒针上，在 2 针里一起插入右棒针编织下针。

7 一边与最后一行编织相同的针目一边重复步骤 6。

材料

芭贝 Pima Denim 靛蓝色(159) 315 g/8团，白色(200) 25 g/1团

工具

棒针4号、3号

成品尺寸

胸围136 cm，肩宽62 cm，衣长69.5 cm

编织密度

10 cm×10 cm面积内：下针条纹A、下针编织均为24针，29行

编织要点

●身片…手指挂线起针后，做扭针的单罗纹针、下针条纹A和下针编织。减2针及以上时做伏针减针，减1针时立起侧边1针减针。加针是在1针内侧做扭针加针。

●组合…肩部做盖针接合，胁部做挑针缝合。衣领挑取指定数量的针目后，按下针条纹B和扭针的单罗纹针编织，后领参照图示分散减针。编织终点做扭针织扭针、上针织上针的伏针收针。袖口环形编织扭针的单罗纹针条纹，编织终点与衣领一样收针。

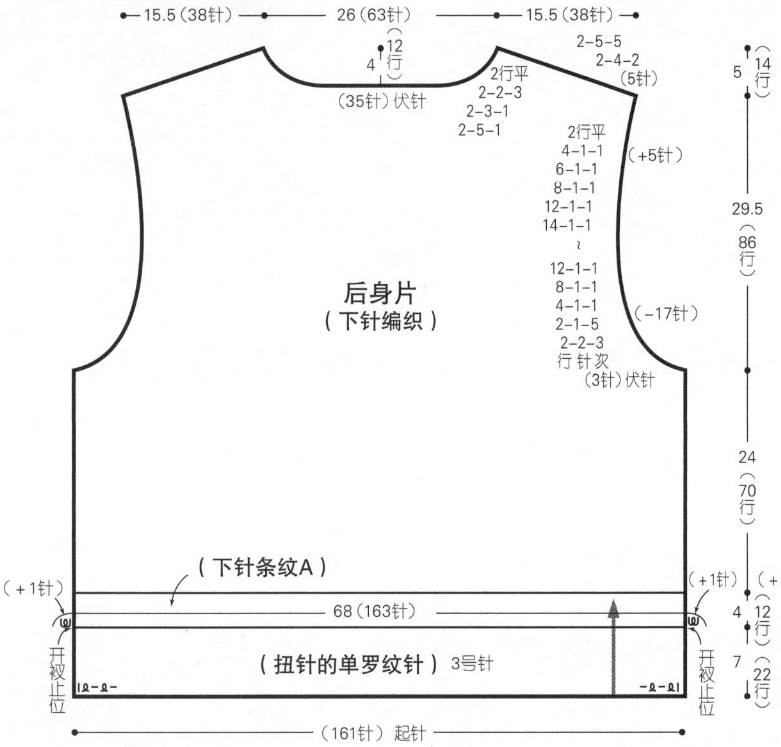

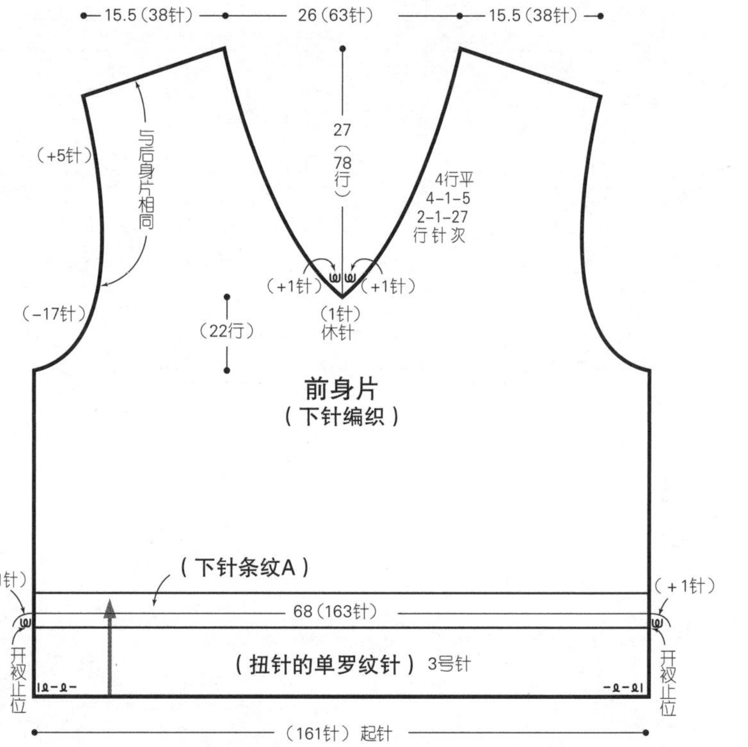

※ 除指定以外均用4号针编织

※ 除指定以外均用靛蓝色线编织

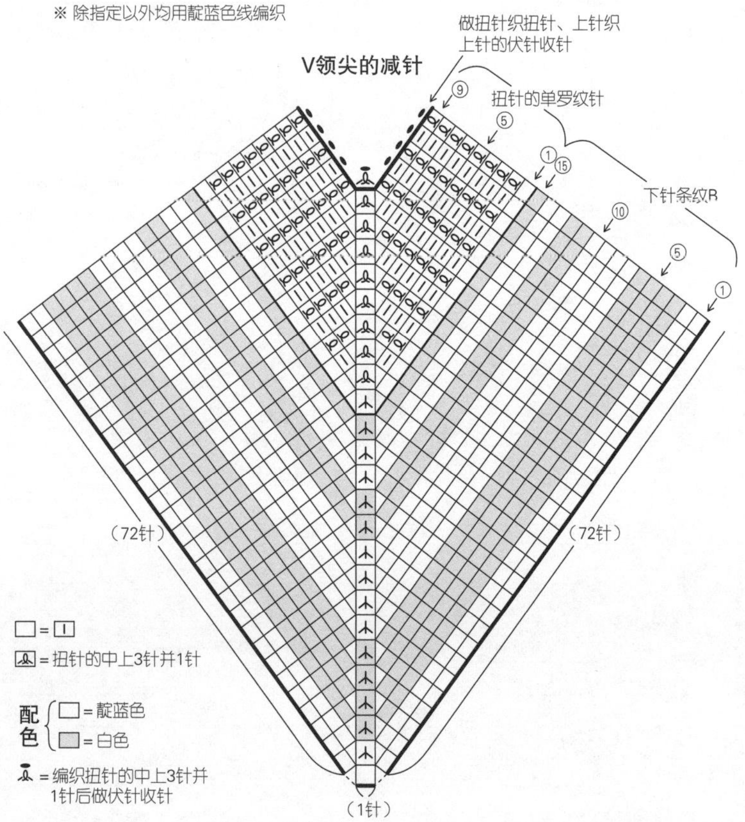

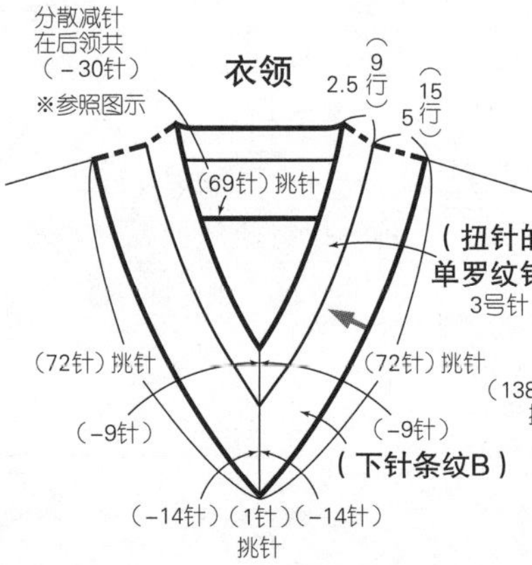

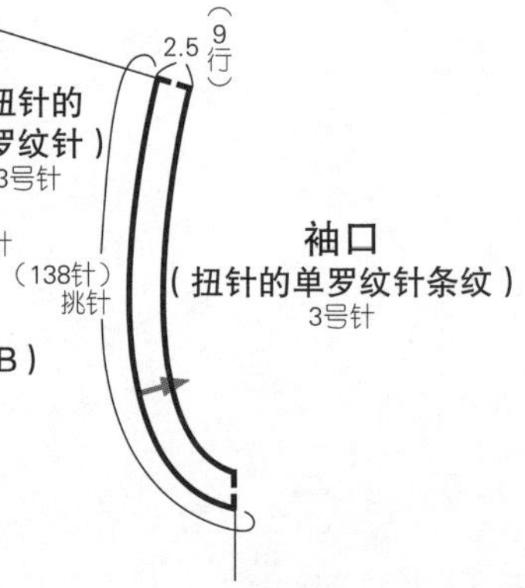

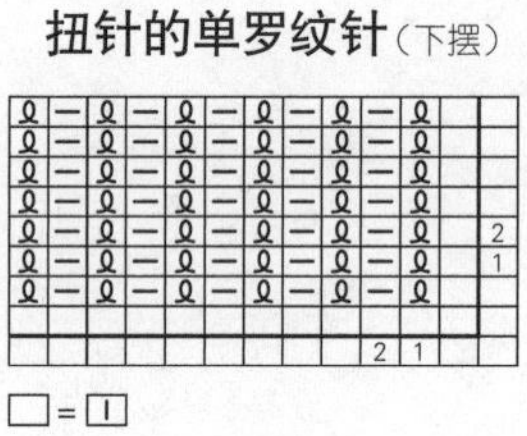

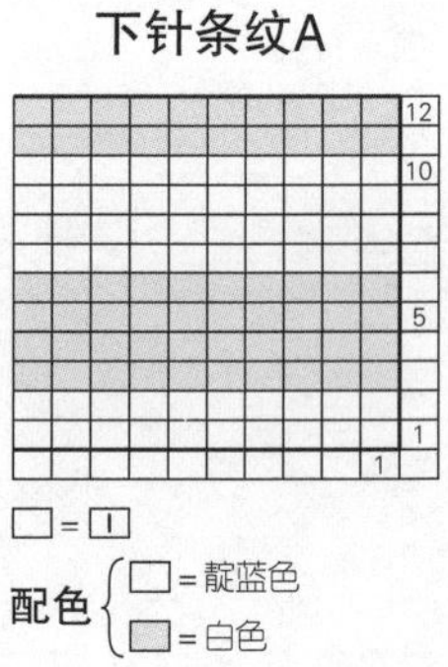

材料

HOBBYRA HOBBYRE Cotton Sherry 原白色(10)、米色(21)各60 g/各2团，水蓝色(20)、深灰色(22)、黄色(01)各20 g/各1团

工具

钩针5/0号

成品尺寸

宽31.5 cm，深18.5 cm

编织密度

花片大小请参照图示

编织要点

●参照图示钩织指定数量的花片。参照图示将花片连接在一起。参照图示，在包口和提手钩织短针条纹。

挎包
（连接花片）

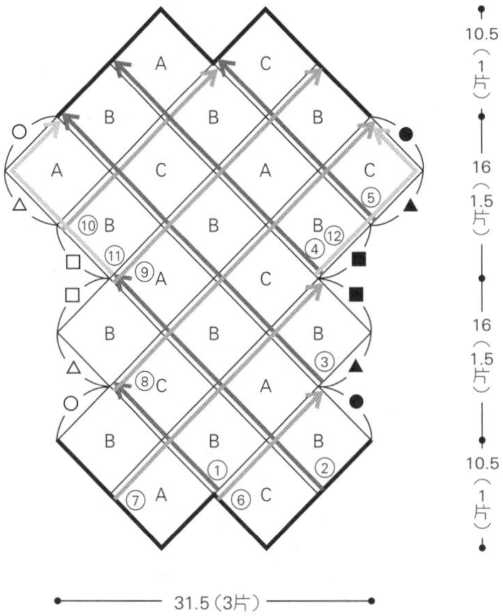

※ 全部使用5/0号针钩织
※ 相邻花片、相同标记用原白色线连接
（箭头表示连接方向，数字表示连接顺序）

花片A、B、C

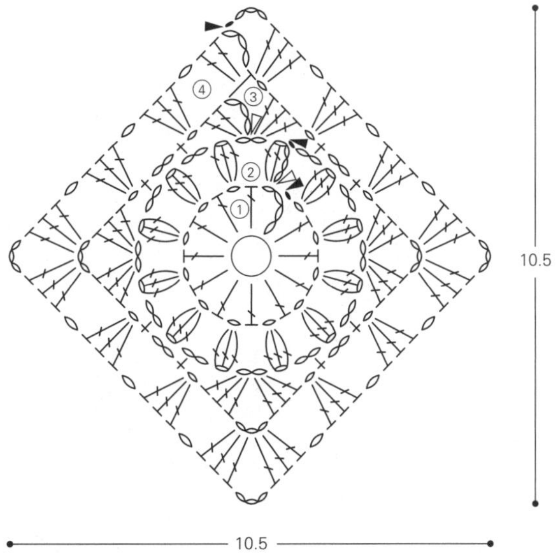

= 3针长针的爆米花针

花片的配色和片数

	第1行	第2行	第3、4行	片数
A	黄色	原白色	水蓝色	6片
B			米色	12片
C			深灰色	6片

▷ = 加线
▶ = 剪线

包口、提手
（短针条纹）

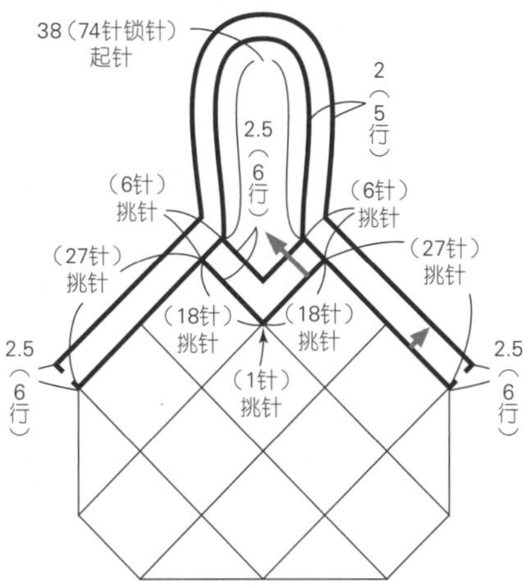

※ 接着侧面包口第1行钩织提手的（74针）锁针起针

后领的分散减针

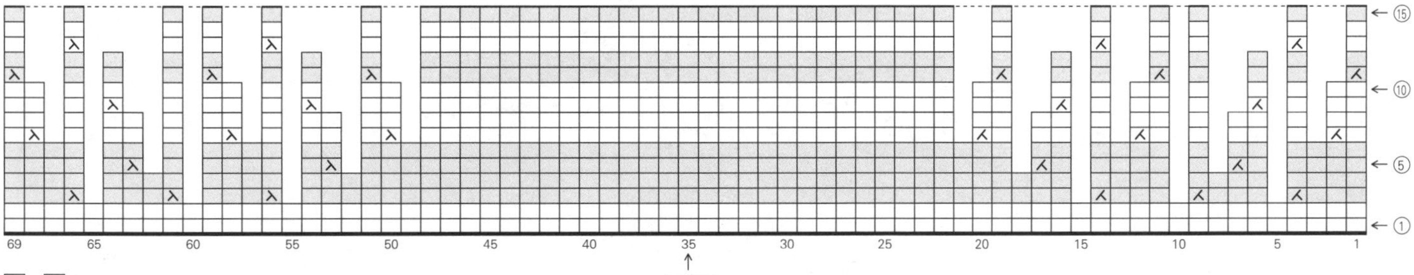

□ = ⊡

配色 { □ = 靛蓝色 / ▒ = 白色 }

扭针的单罗纹针条纹（袖口）

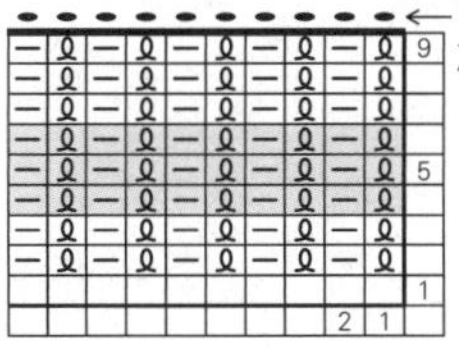

□ = ⊡

扭针的单罗纹针（衣领）

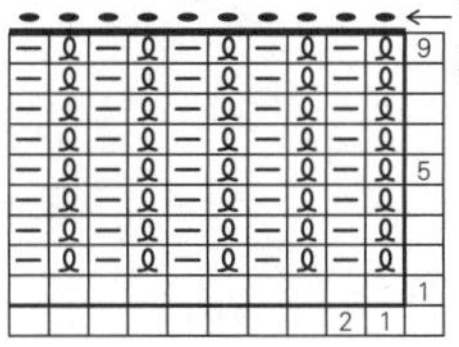

□ = ⊡

下针条纹B

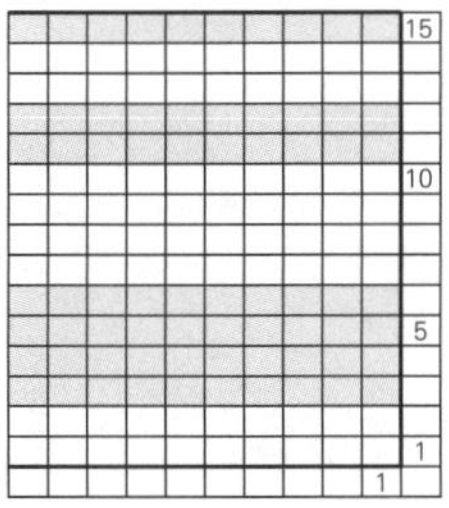

□ = ⊡

短针条纹的配色

行数	颜色
第6行	原白色
第2~5行	米色
第1行	原白色

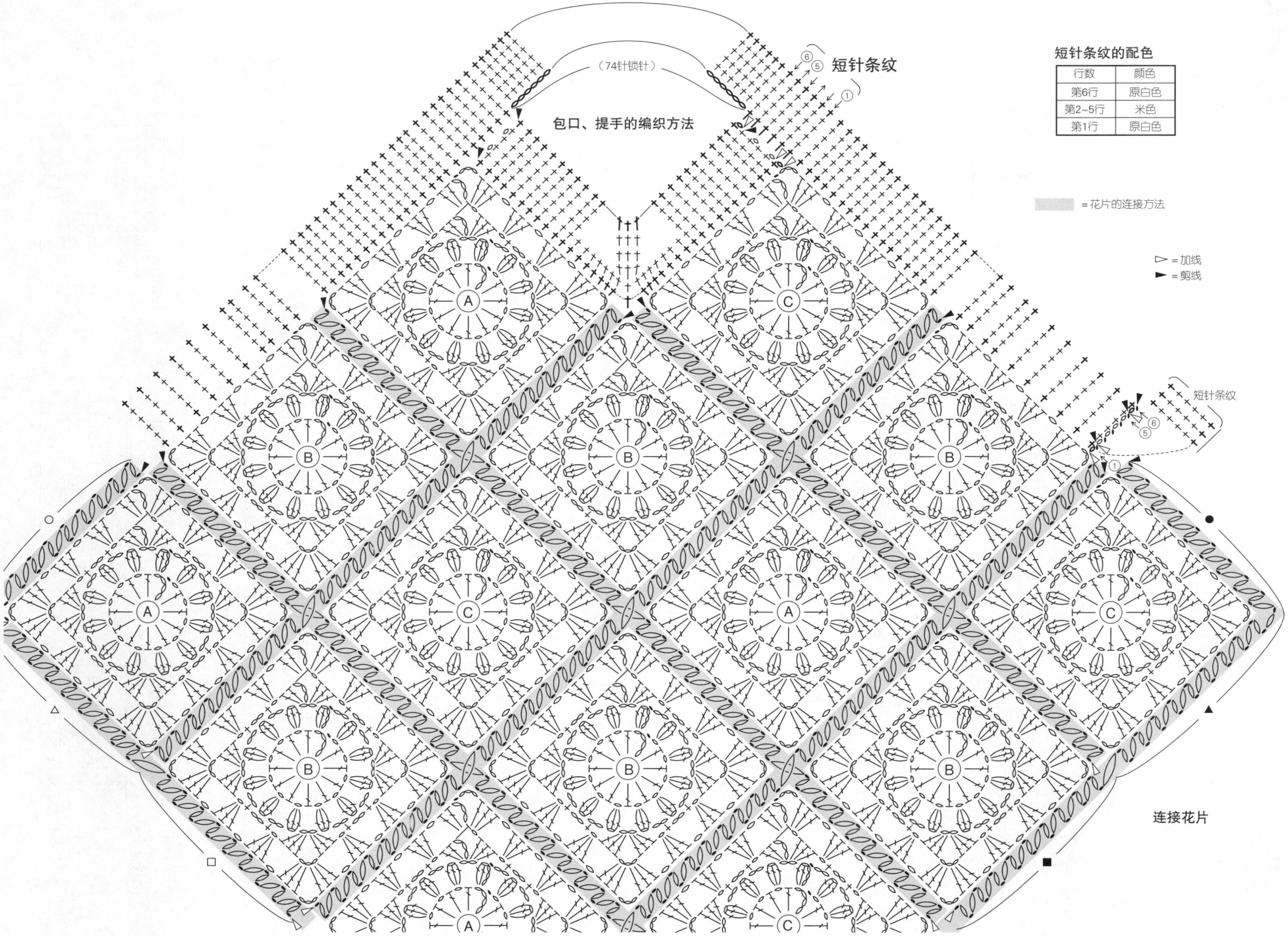

材料

钻石线 Diacielo 浅紫灰色(102)260 g/9 团，直径15 mm的纽扣6颗

工具

棒针5号、3号

成品尺寸

胸围108.5 cm，肩宽46 cm，衣长50 cm，袖长36 cm

编织密度

10 cm×10 cm面积内：编织花样A 28针，35行；编织花样B 28针，34行

编织要点

●身片、衣袖…另线锁针起针后，按编织花样A、B编织。注意编织花样A的最后5行有变化，请参照图示编织。减针时编织伏针，前领窝参照图示减针。下摆、袖口解开起针时的锁针挑针后编织起伏针，编织终点一边编织上针一边松松地做伏针收针。

●组合…肩部做盖针接合。前门襟、衣领挑取指定数量的针目后做边缘编织。转角参照图示加针，在右前门襟留出扣眼。编织终点做扭针的单罗纹针收针。衣袖与身片之间做针与行的接合。胁部、袖下做挑针缝合。最后缝上纽扣。

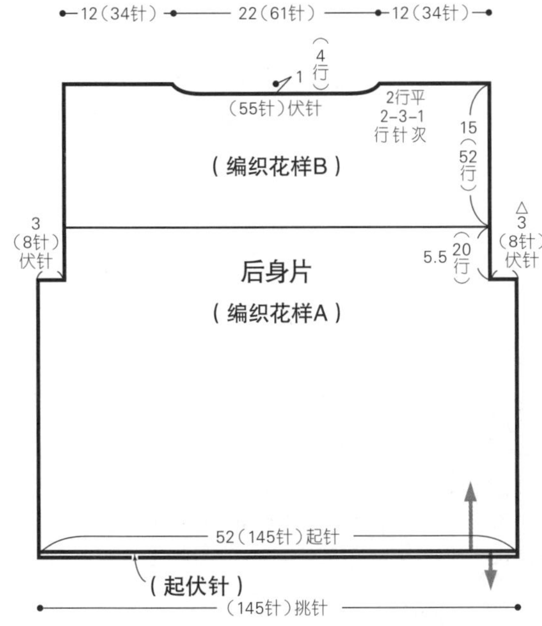

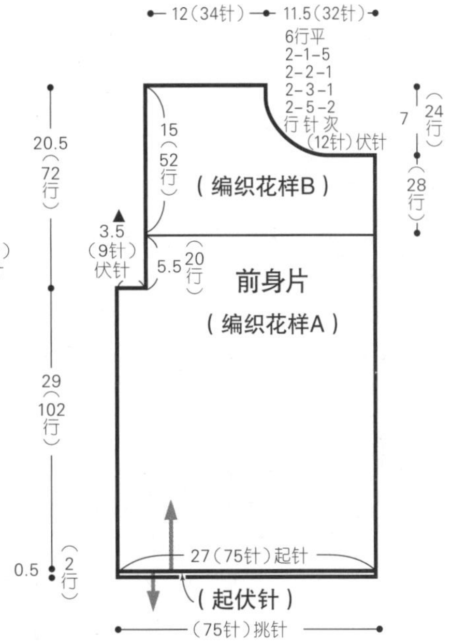

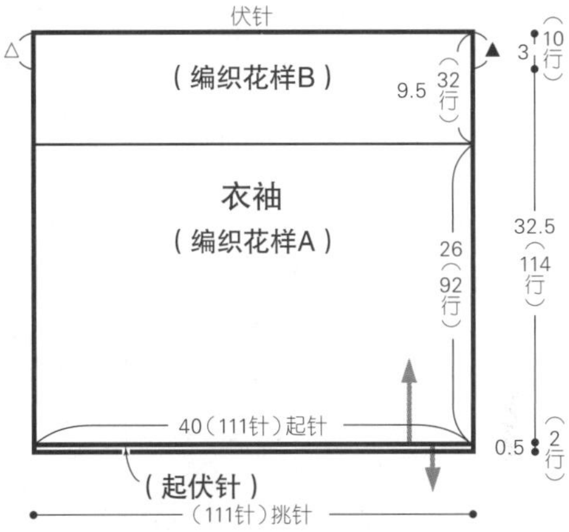

※ 对齐标记适用于右袖

※ 除指定以外均用5号针编织

起伏针

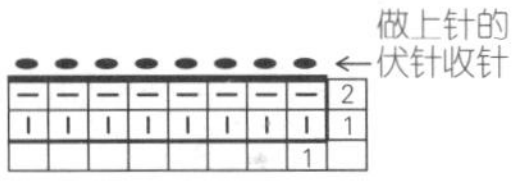

前门襟、衣领(边缘编织)3号针

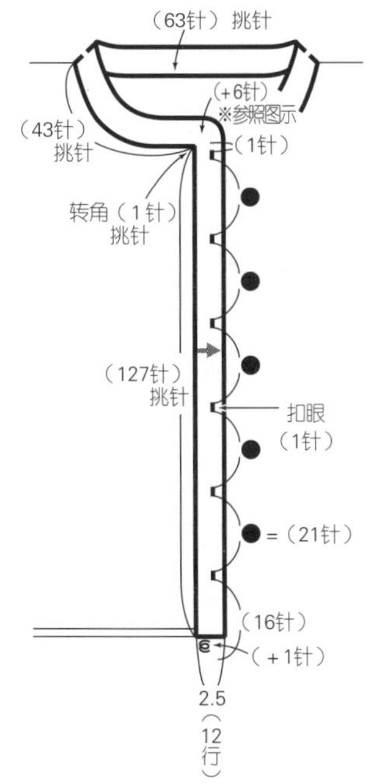

右前领窝的减针

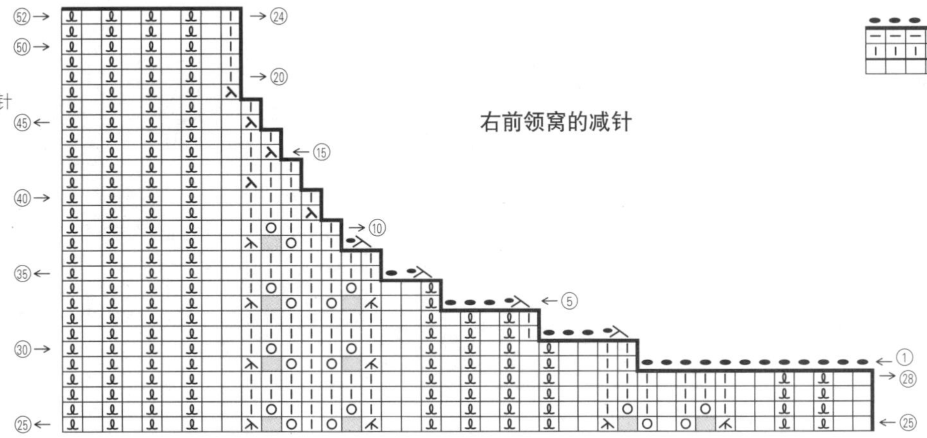

□=⊟

▨=无针目处

边缘编织

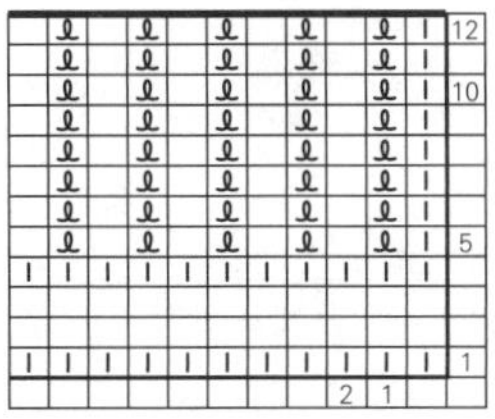

□=⊟

左前领窝的减针

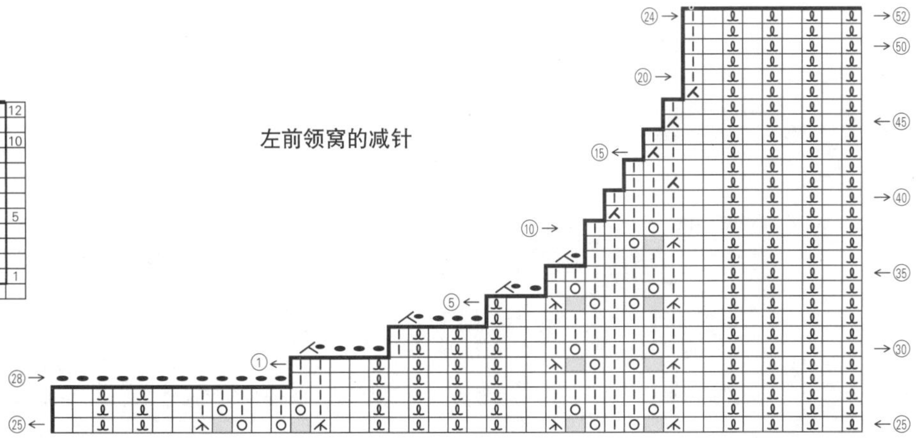

□=⊟

编织花样A、B

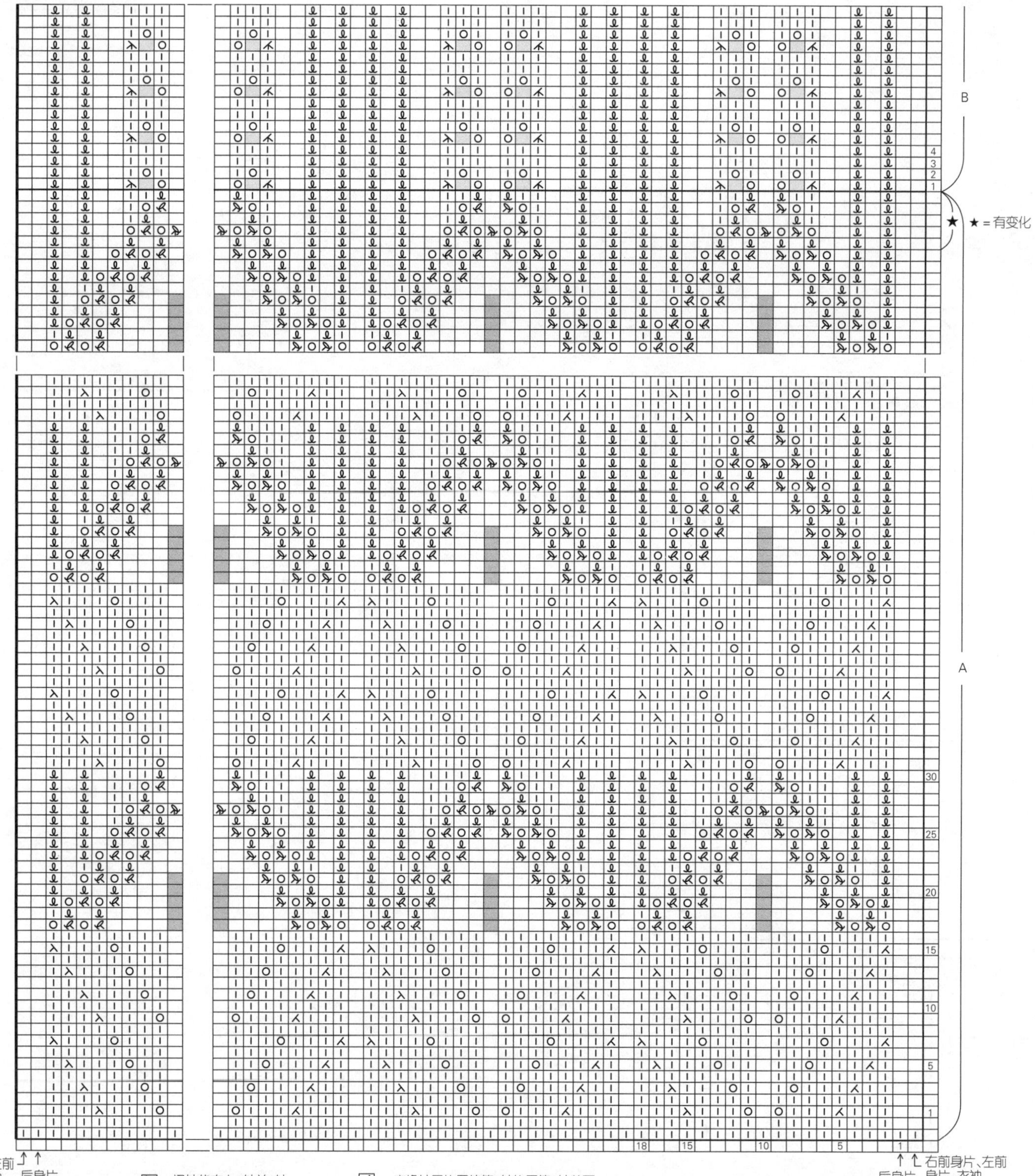

右前身片、左前身片、衣袖 后身片

编织终点

后身片 右前身片、左前身片、衣袖

编织起点

□=⊟

▒=无针目处

⧄=扭针的右上2针并1针

⧄=扭针的左上2针并1针

▒=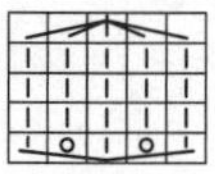

⧄=扭针的右上3针并1针

⧄=交换针目位置使第1针位于第2针前面，然后编织左上3针并1针

扣眼和转角的加针（右前门襟）

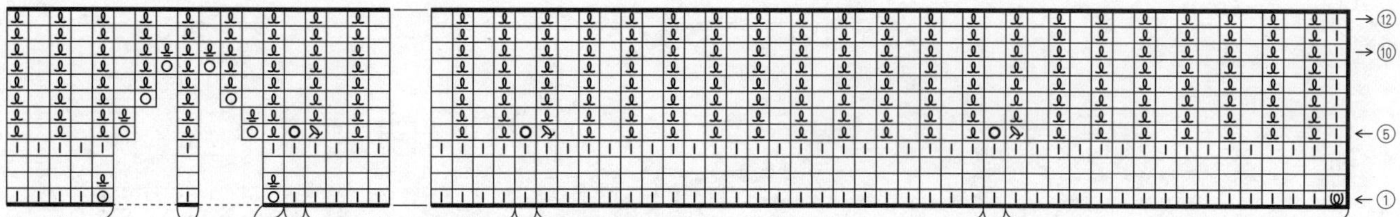

□=⊟

材料

K's K CAPPELLINI 姜黄色(180)320 g/7团，直径8 mm的包扣坯 7颗

工具

钩针4/0号

成品尺寸

胸围94.5 cm，衣长47 cm，连肩袖长53 cm

编织密度

花片的大小请参照图示

编织要点

●身片、衣袖…钩织并连接花片A~E。从第2片花片开始，在最后一行一边钩织一边与相邻花片做连接。接着参照图示，在花片之间的空隙里钩织花片a~f。从衣袖的指定位置挑针，按编织花样钩织。

●组合…肩部钩织引拔针和锁针接合。前门襟、领座钩织短针，下摆按边缘编织A钩织。在右前门襟留出扣眼。袖窿周围按边缘编织B钩织。衣领参照图示按编织花样一边钩织一边分散加针，周围按边缘编织A钩织。衣袖在接袖侧按边缘编织C钩织2行，边缘编织A与边缘编织C的第3行连续钩织，注意在边缘编织C的第3行一边钩织一边与袖窿周围做连接。最后钩织包扣，缝在左前门襟。

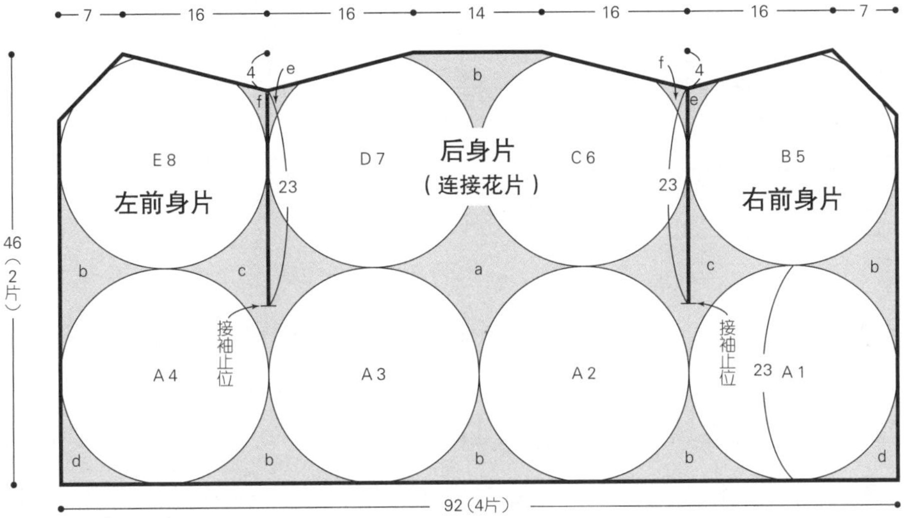

※ 全部使用4/0号针钩织

※ ▭ = 花片a~f

※ 花片内的数字表示连接顺序

► = 剪线

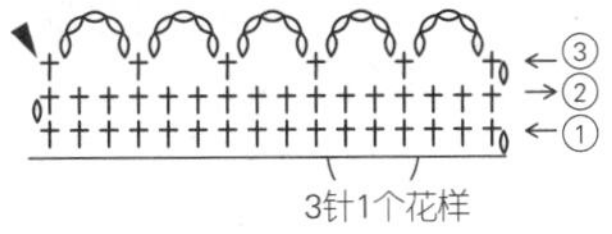

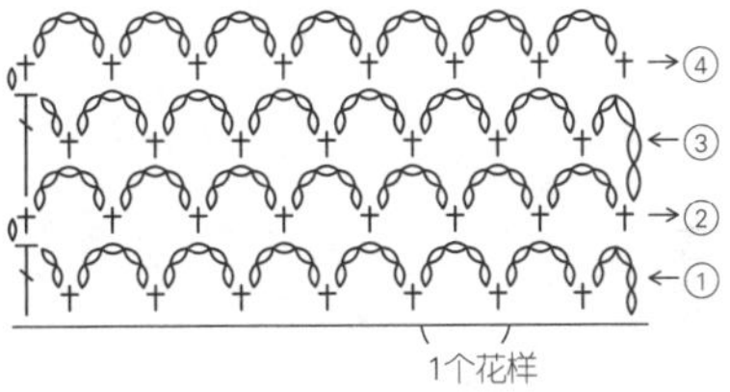

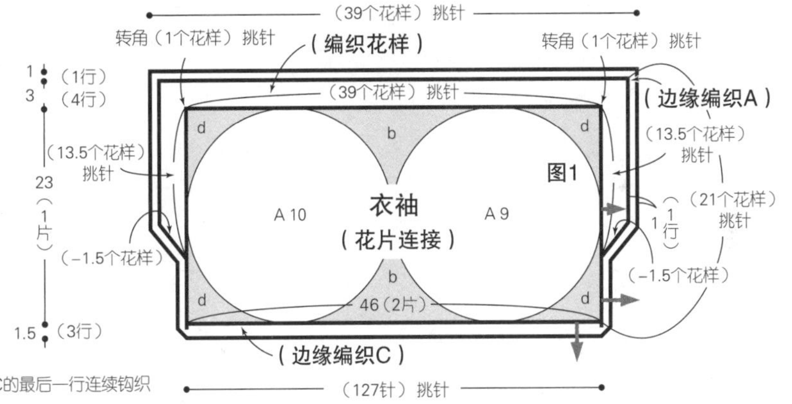

※ 边缘编织A与边缘编织C的最后一行连续钩织

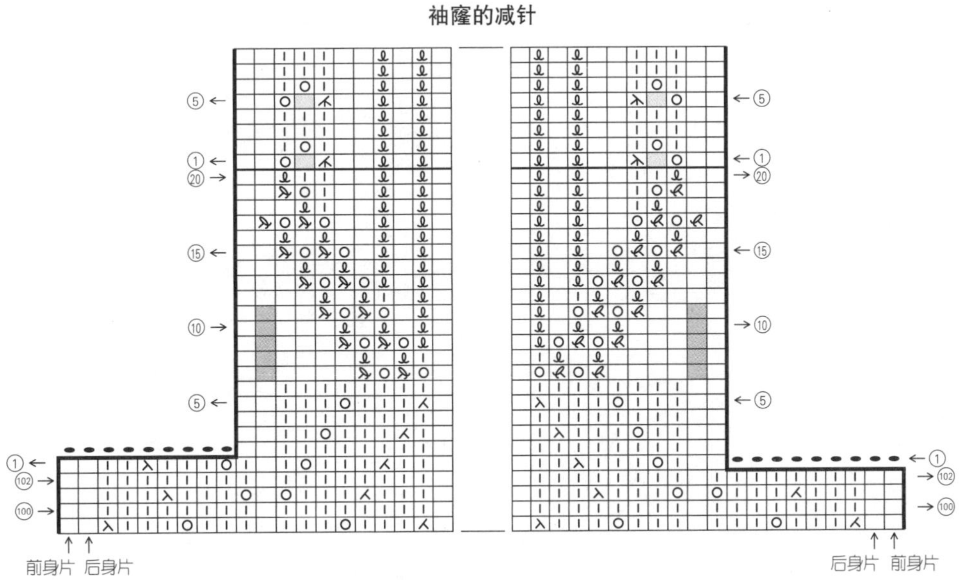

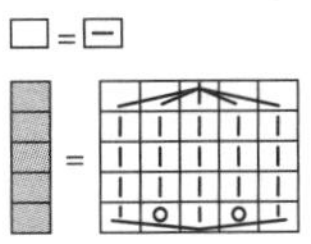

前门襟、领座（短针）

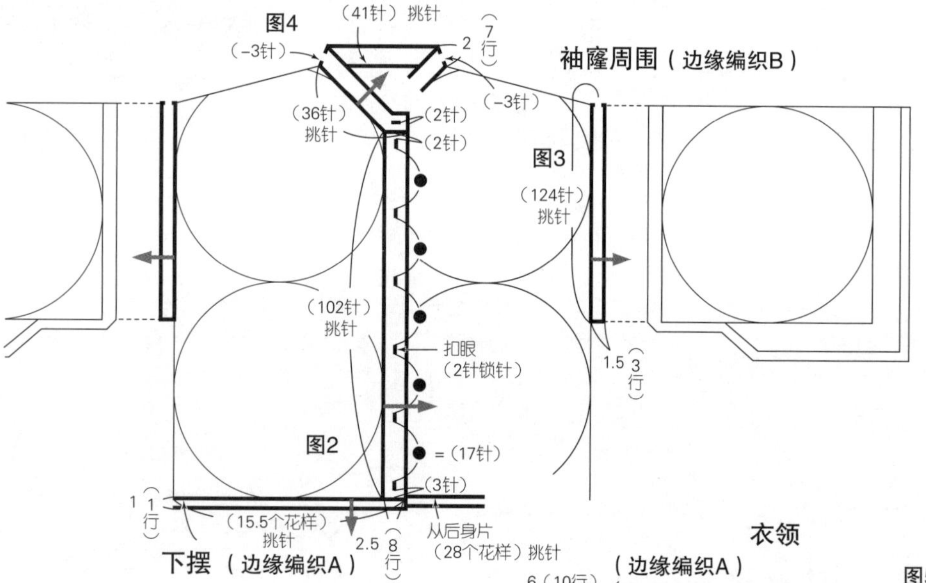

袖窿周围（边缘编织B）

边缘编织A（下摆）

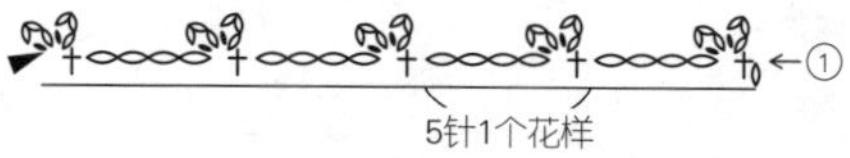

边缘编织B

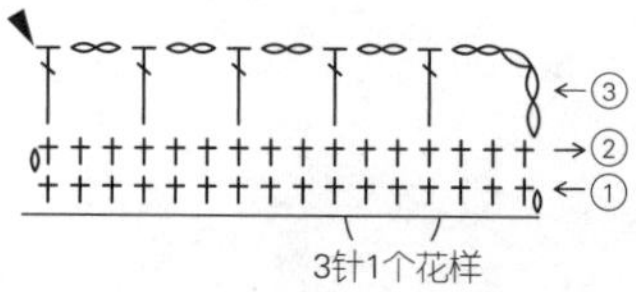

包扣 7颗

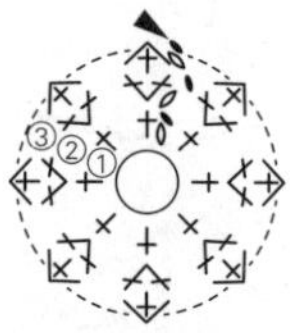

※ 钩织2行后塞入包扣坯，
接着钩织第3行。
钩织结束时在最后一行的针目里
穿入线头收紧

衣领

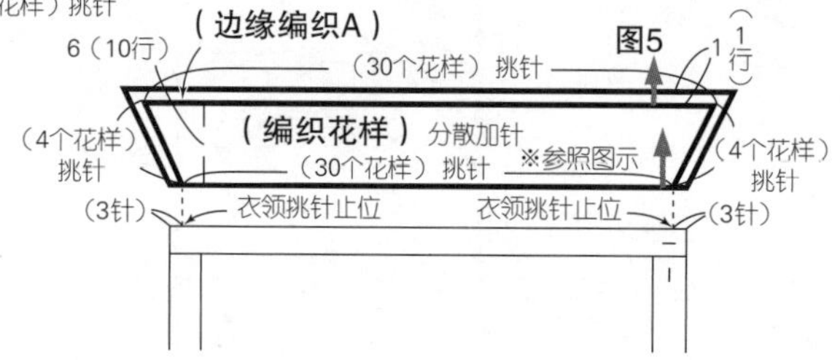

图3

袖窿周围

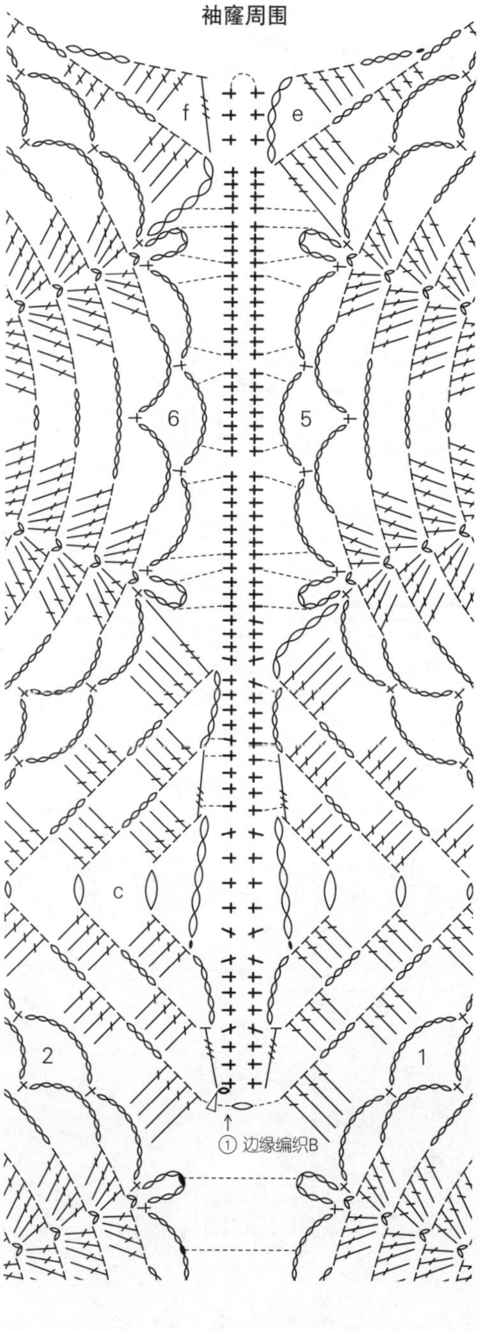

花片A～E

A：8片
B～E：各1片

▷ = 加线
▶ = 剪线

※ 花片B~E第10行不钩织指定位置的锁针
花片B = ▲　花片D = □
花片C = ■　花片E = △

图1 衣袖

※ 边缘编织C先钩织2行，第3行接着边缘编织A继续钩织

7
6
3
2
a
b
b
b
c
e
①
②
③
④

花片的连接方法

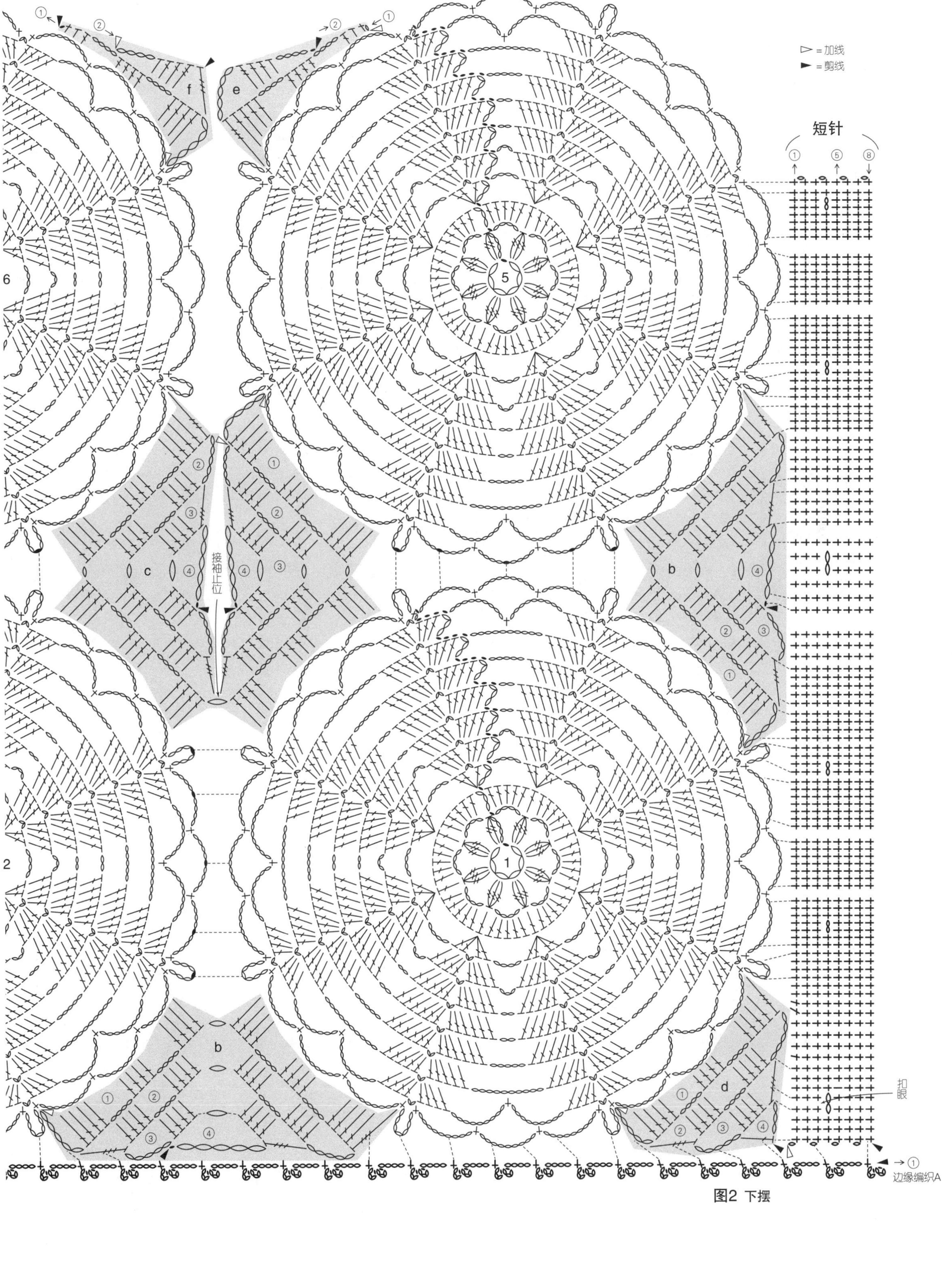

图2 下摆

图5 衣领

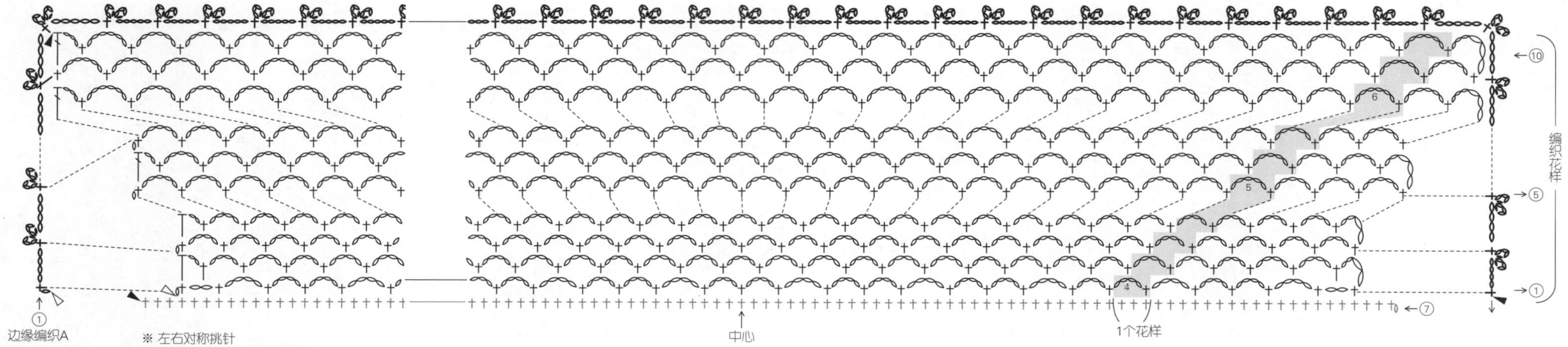

※ 左右对称挑针
※ 注意边缘编织A的锁针针数有变化

领座的减针和扣眼

▷＝加线
▶＝剪线

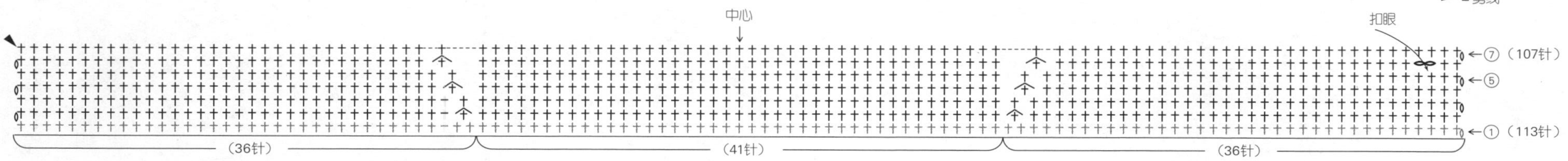

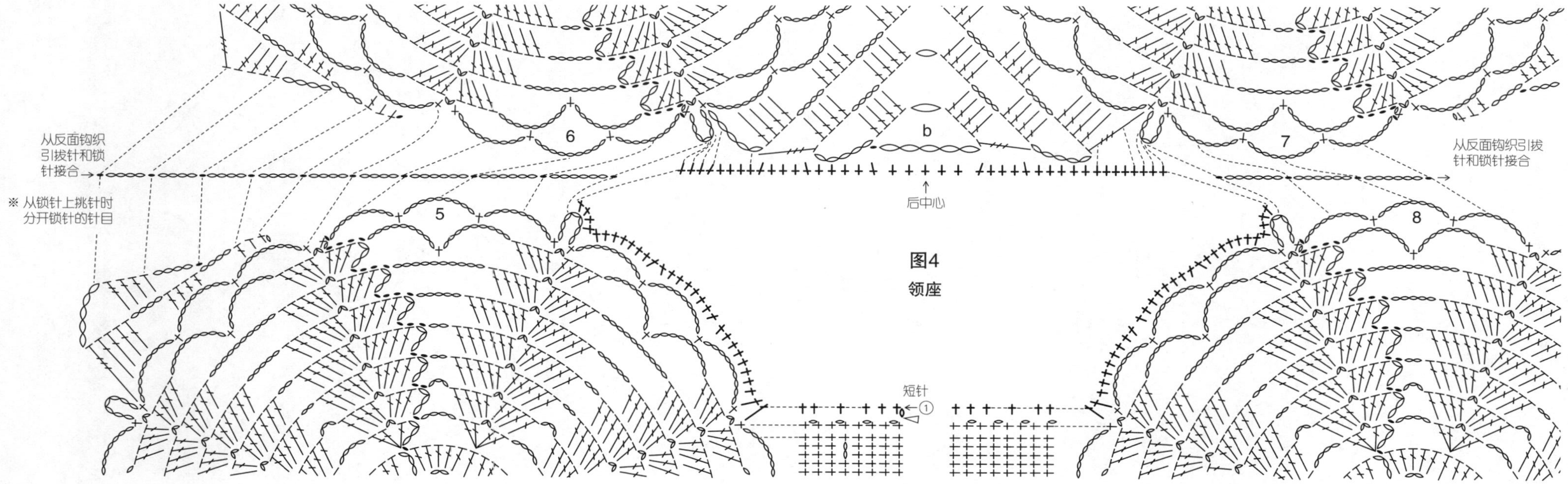

图4
领座

材料

K's K CAPPELLINI 深绿色(17) 230 g/5团

工具

钩针4/0号

成品尺寸

胸围98 cm，衣长39 cm，连肩袖长47.5 cm

编织密度

10 cm×10 cm面积内：编织花样A 29针，10行

编织要点

●身片、衣袖…身片的A、B、C部分按编织花样A钩织指定片数。D、E部分一边按编织花样B钩织一边与相邻部分做连接。将反面用作正面的情况参照图示按相同方法钩织。肩部钩织引拔针和锁针接合。在下摆和领窝的指定位置钩织锁针整理形状。衣袖从指定位置挑针后，按编织花样A做环状的往返编织。接着环形钩织短针，再往返钩织边缘。

●组合…下摆、前门襟、衣领与袖口一样钩织短针和边缘。钩织并连接装饰花片a、b，缝在下摆和袖口的指定位置。在前门襟钩织细绳，最后缝上流苏。

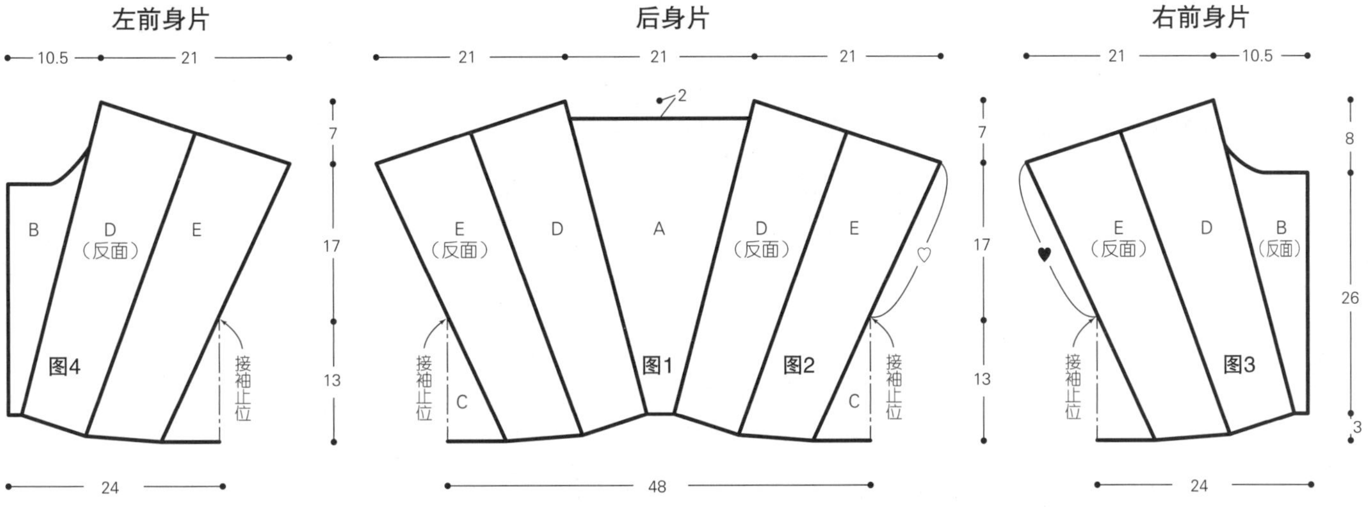

※ 全部使用4/0号针钩织

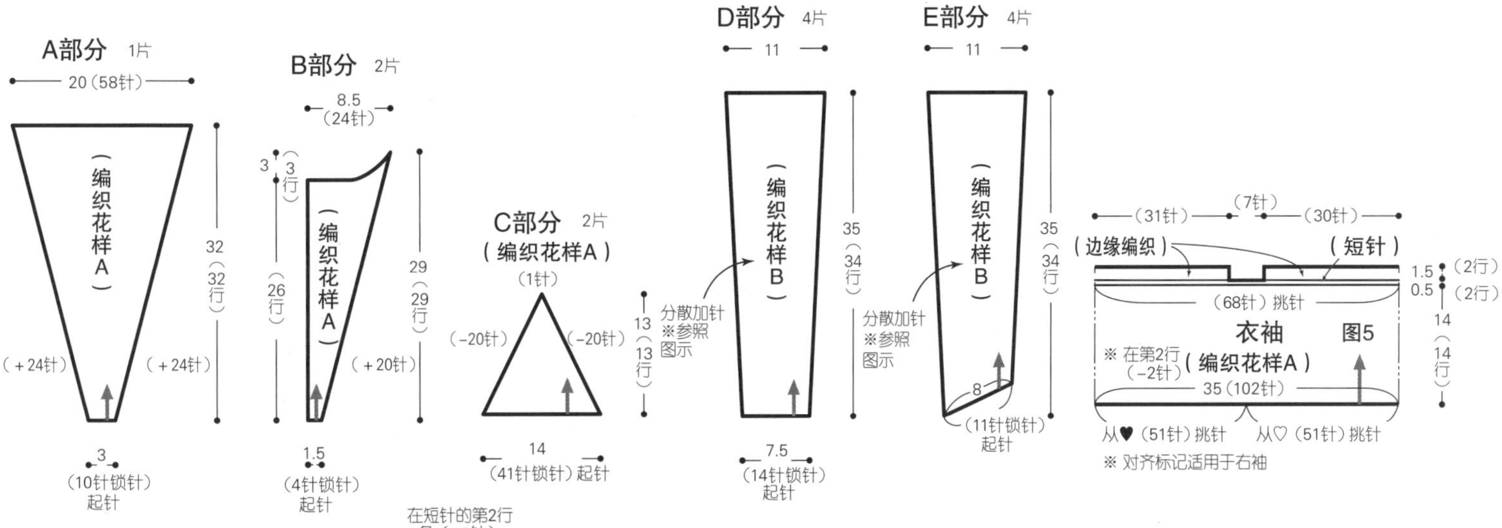

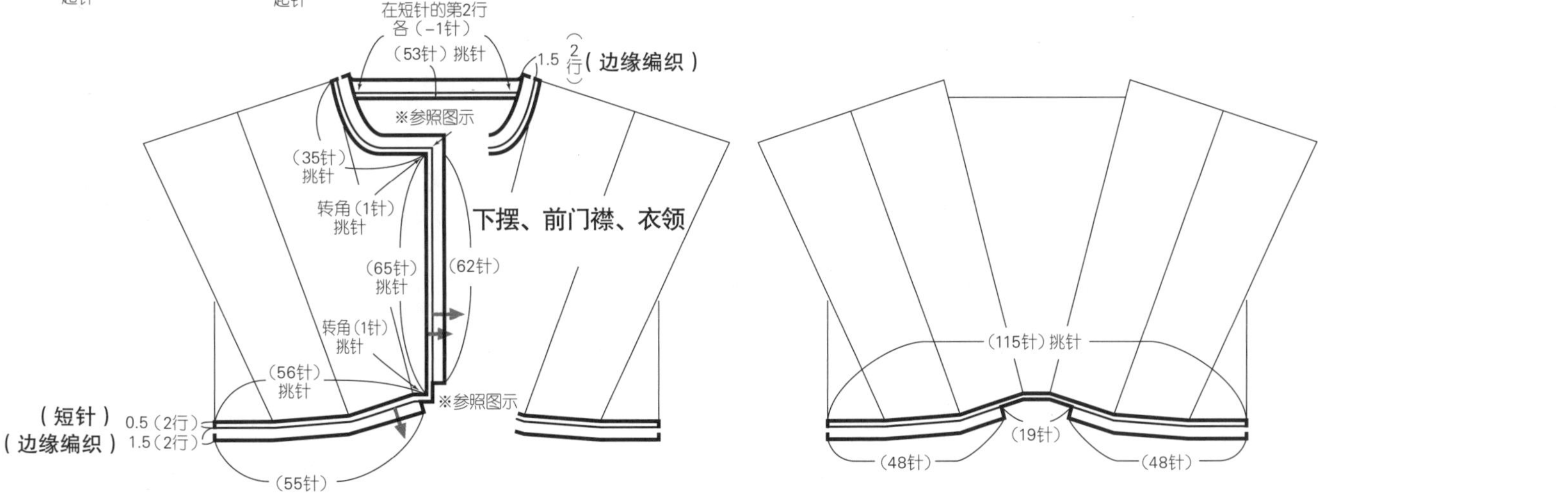

▷ = 加线
▶ = 剪线
接着钩织◎
短针
D部分
D部分 （反面）
图1
后身片
A部分
编织花样A
9针6行1个花样
D部分 （反面）
下摆
边缘编织
短针
边缘编织
缝上装饰花片b
装饰花片a 4个
（连接花片）
装饰花片b 1个
（连接花片）
花片 17片
4
4

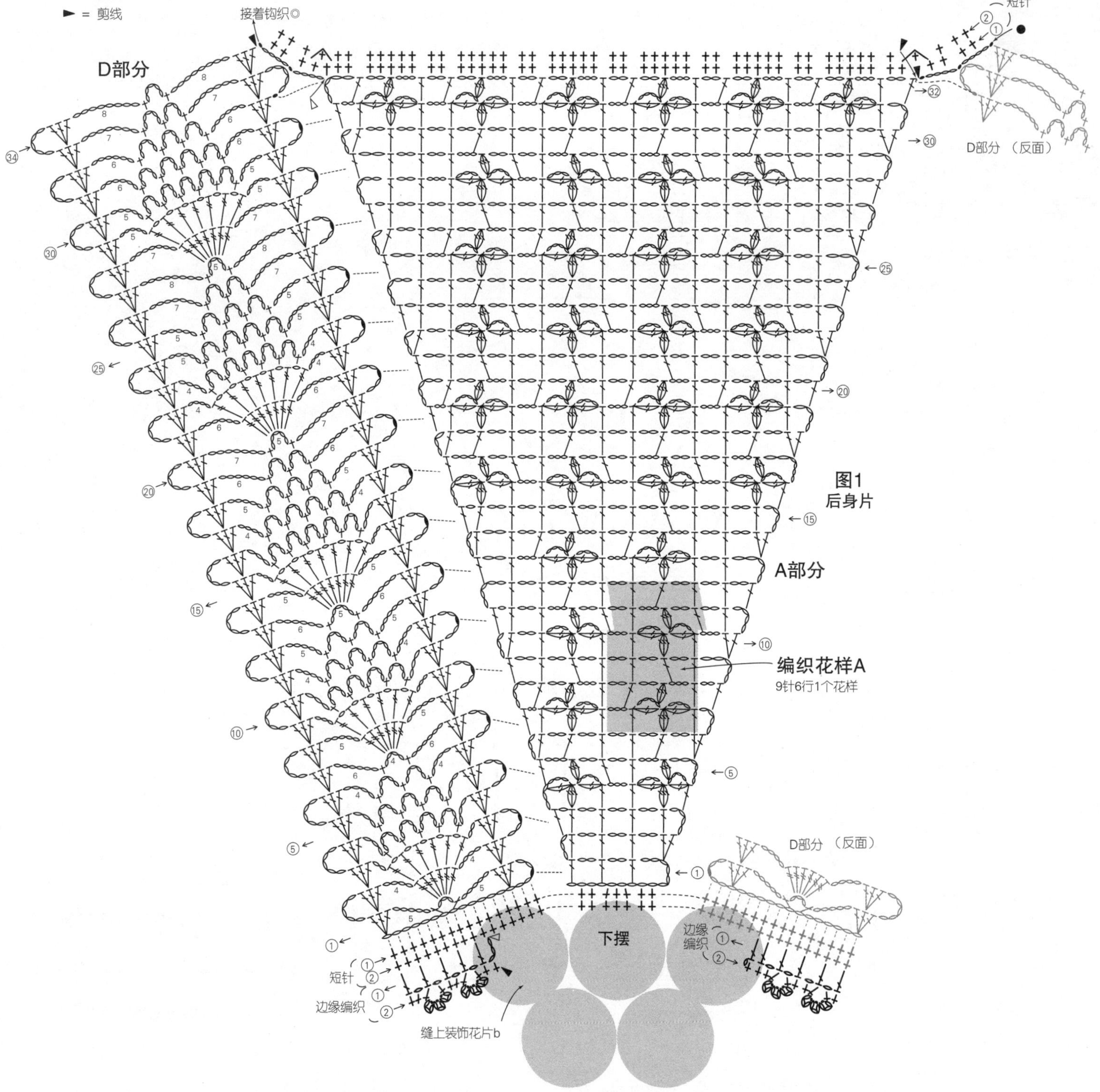

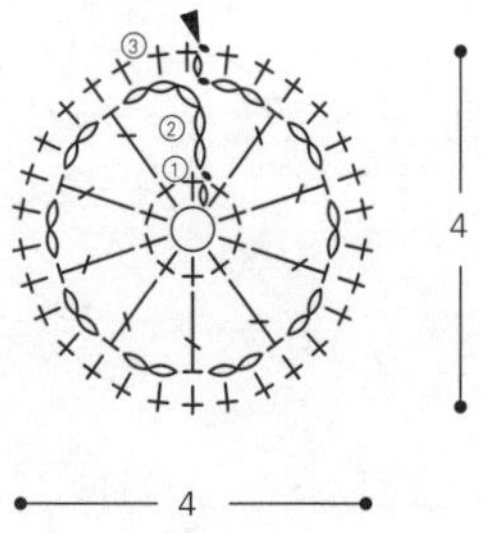

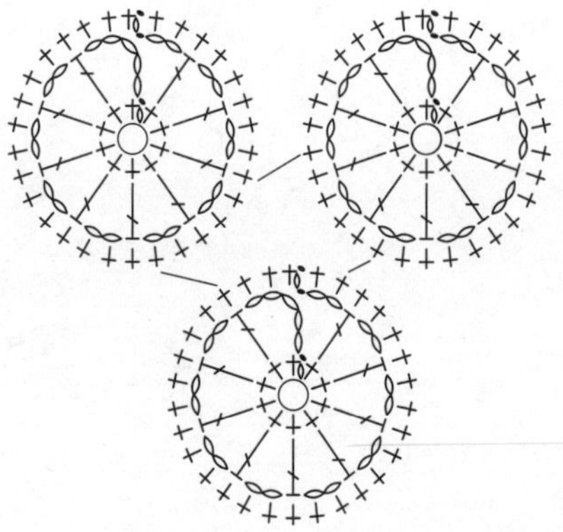

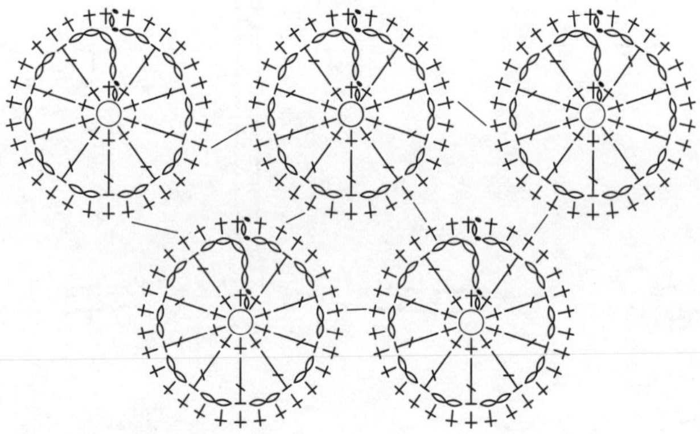

D部分（反面）
A部分
E部分
后身片
图2
▷ = 加线
► = 剪线
C部分
短针
下摆
组合方法
装饰花片a
在前门襟的反面钩
织细绳
（左前门襟也一样）
9
装饰花片a
装饰花片a
后身片
装饰花片b
※ 左前身片也用相同方法缝上装饰花片a

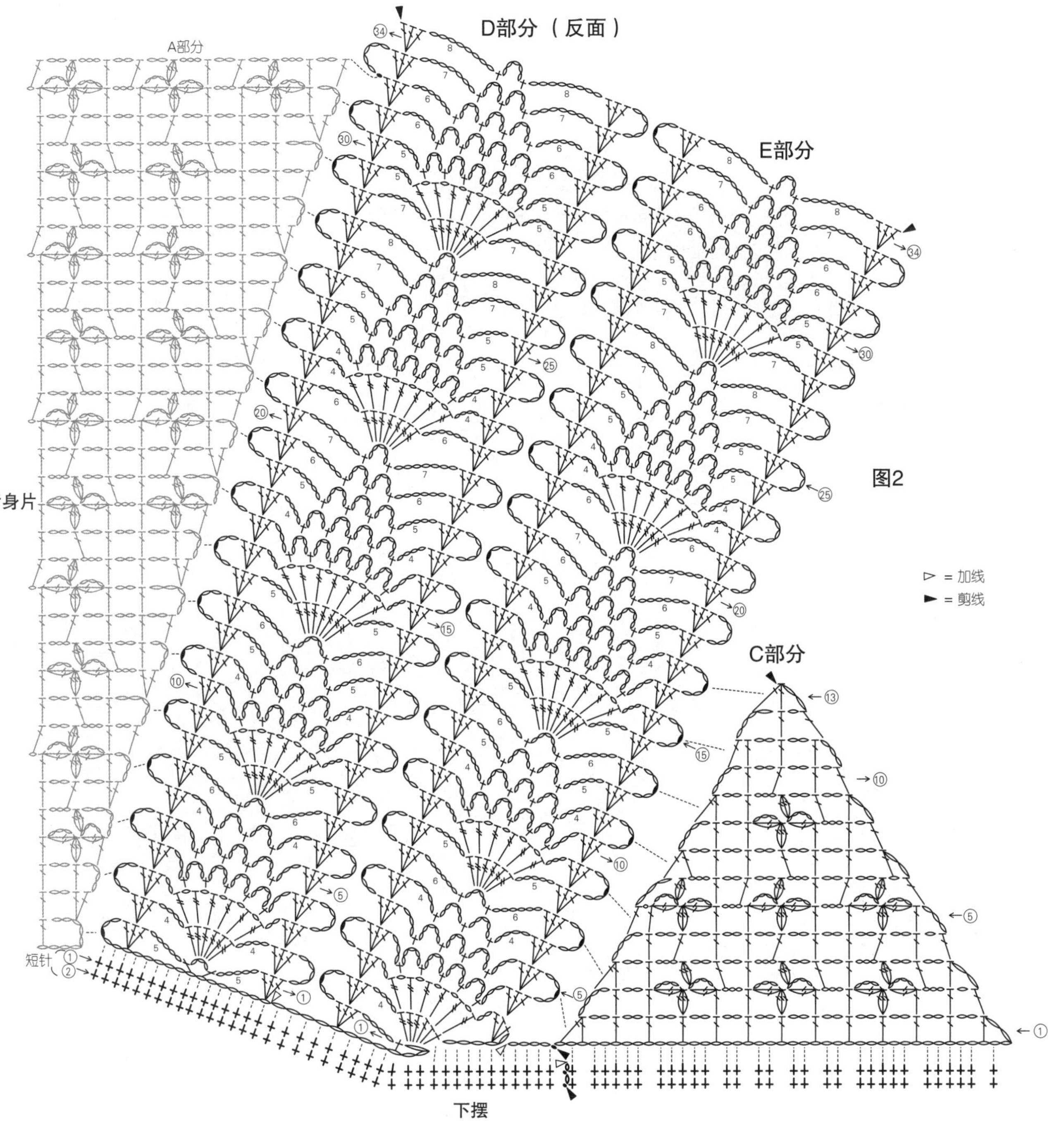

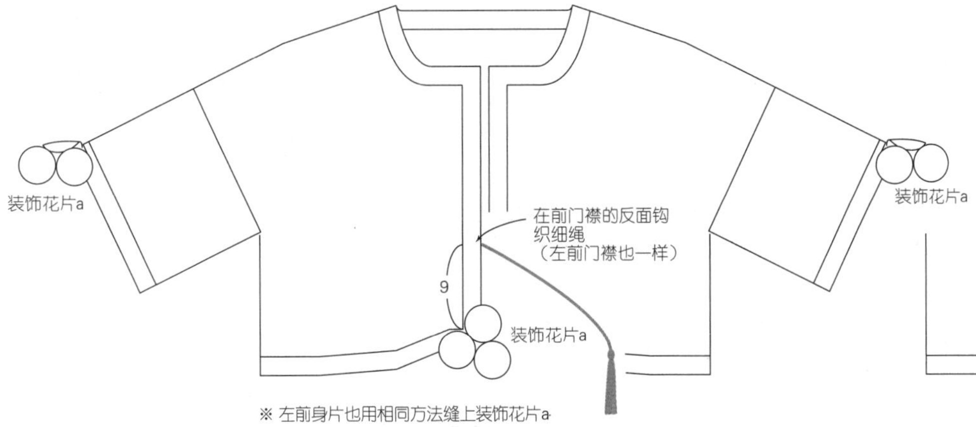

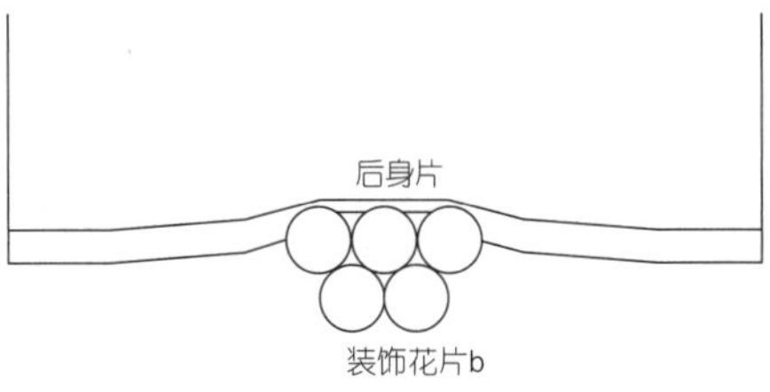

▷ = 加线
▶ = 剪线

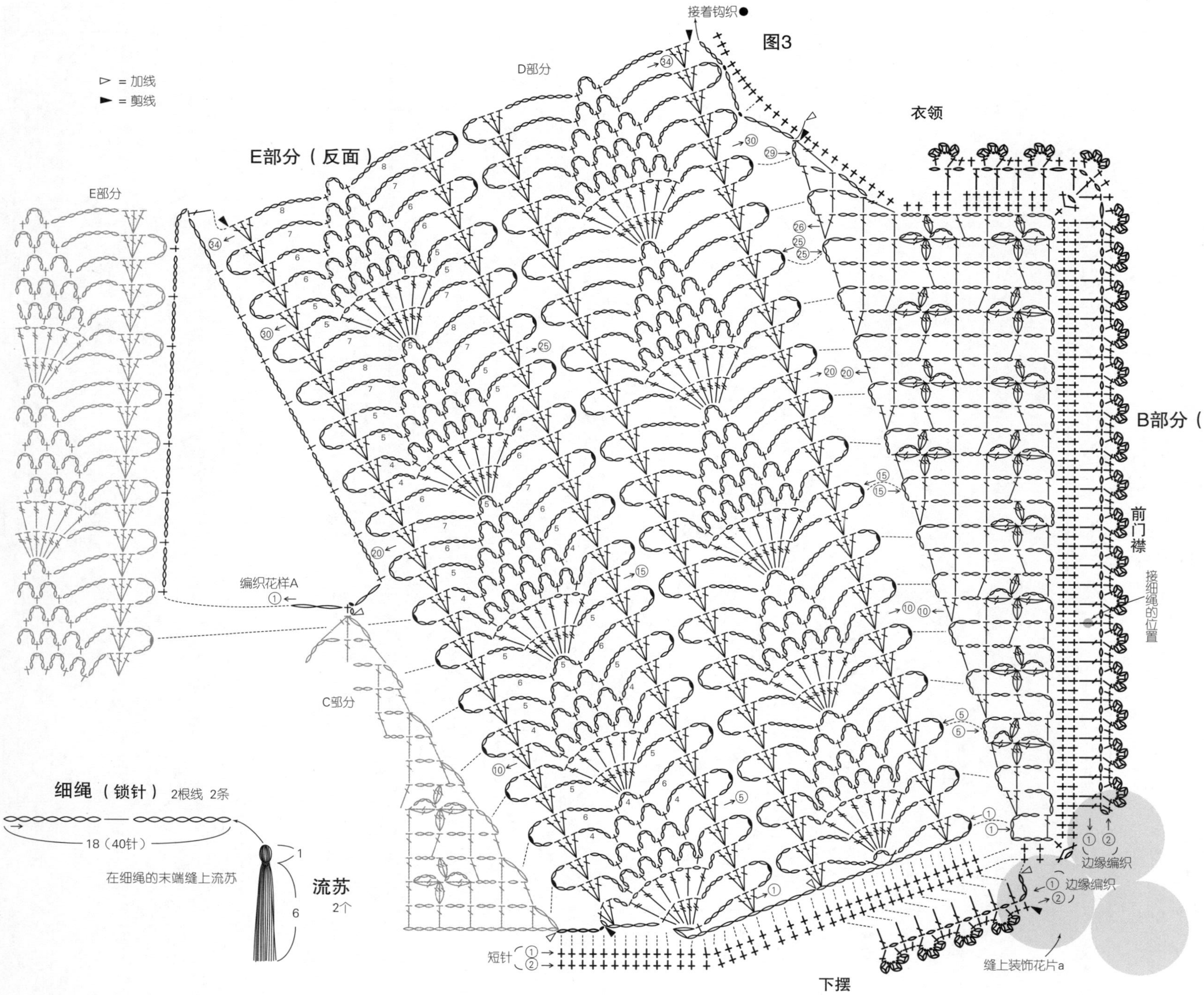

图3
接着钩织●
D部分
E部分（反面）
E部分
衣领
B部分（反面）
前门襟
接细绳的位置
编织花样A
C部分
短针
边缘编织
缝上装饰花片a
下摆
细绳（锁针） 2根线 2条
18（40针）
在细绳的末端缝上流苏
流苏
2个
1
6

▷ = 加线
► = 剪线

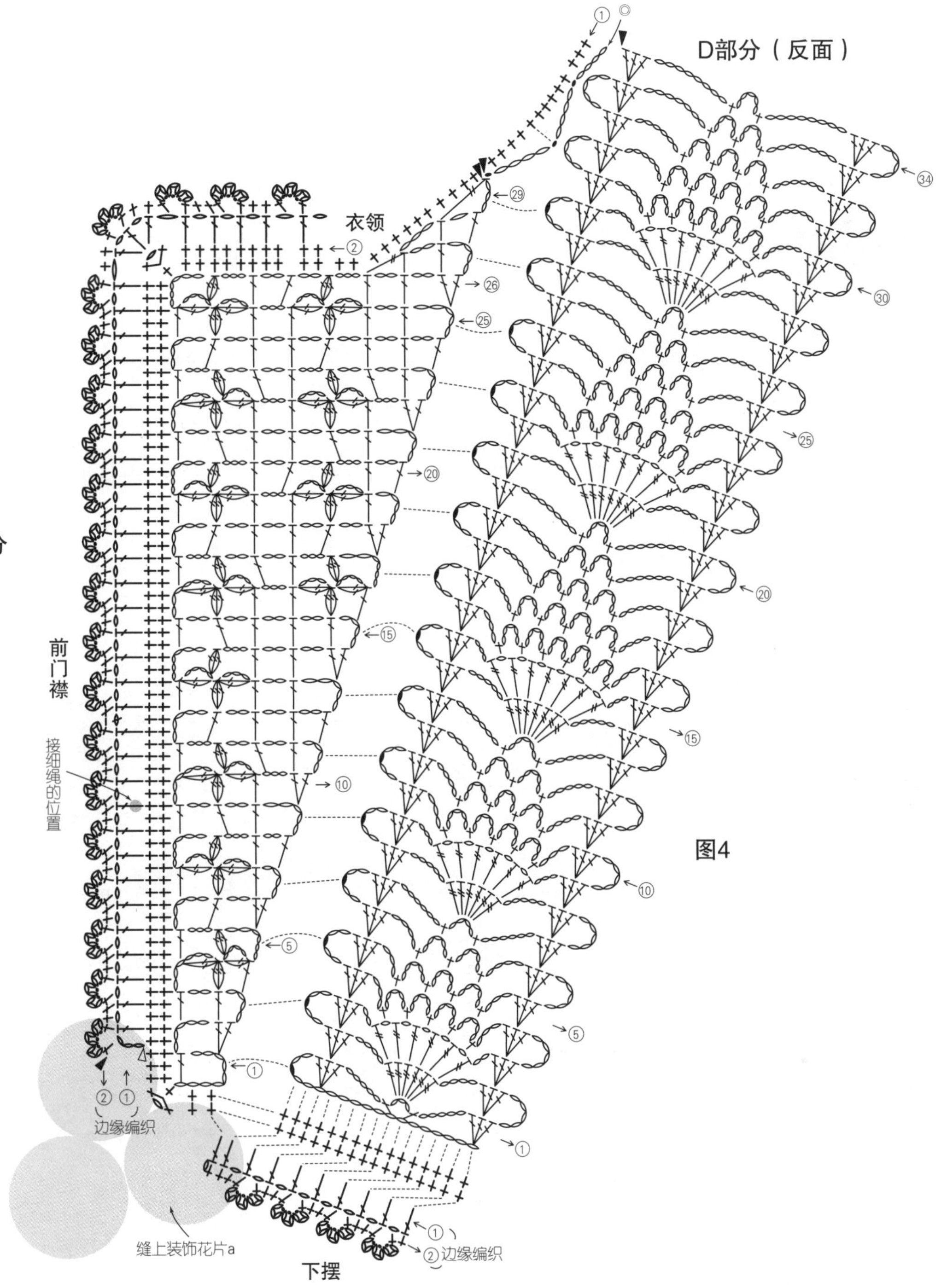

D部分（反面）
B部分
衣领
前门襟
接细绳的位置
边缘编织
缝上装饰花片a
下摆
①
②
⑤
⑩
⑮
⑳
㉕
㉖
㉙
㉚
㉞

图4

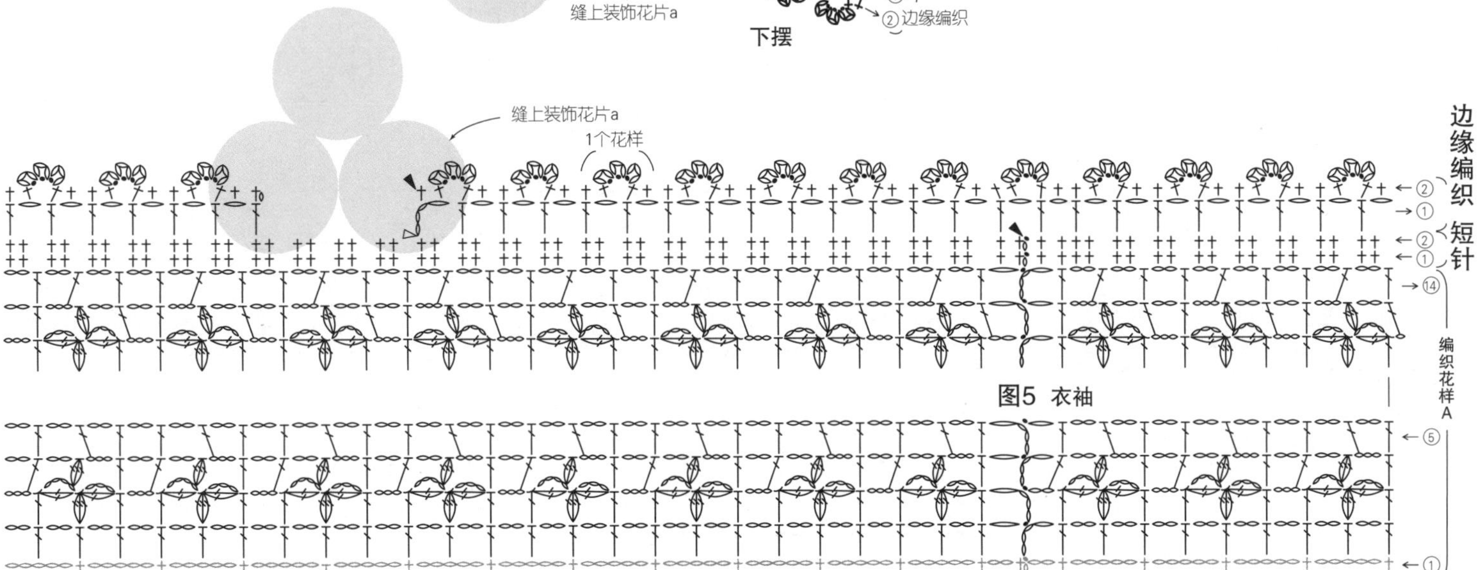

缝上装饰花片a
1个花样
边缘编织
短针
编织花样A
肩线
袖下
①
②
⑤
⑭

图5 衣袖

材料

手织屋 Original Cotton 米色(136) 370 g

工具

棒针4号、2号

成品尺寸

胸围100 cm，衣长59 cm，连肩袖长70 cm

编织密度

10 cm×10 cm面积内：下针编织、编织花样均为21.5针，30.5行

编织要点

●育克、身片、衣袖…育克部分手指挂线起针后，往返做编织花样和下针编织。前领窝、插肩线参照图示加针。在第23行的最后做卷针起针，接着环形编织。前、后身片从育克上挑针，腋下做卷针起针后环形编织。下摆编织双罗纹针，编织终点做下针织下针、上针织上针的伏针收针。衣袖从腋下针目以及育克的休针处挑针后，按下针和编织花样环形编织。参照图示减针。袖口与下摆一样收针。

●组合…衣领挑取指定数量的针目后环形编织双罗纹针，编织终点与下摆一样收针。

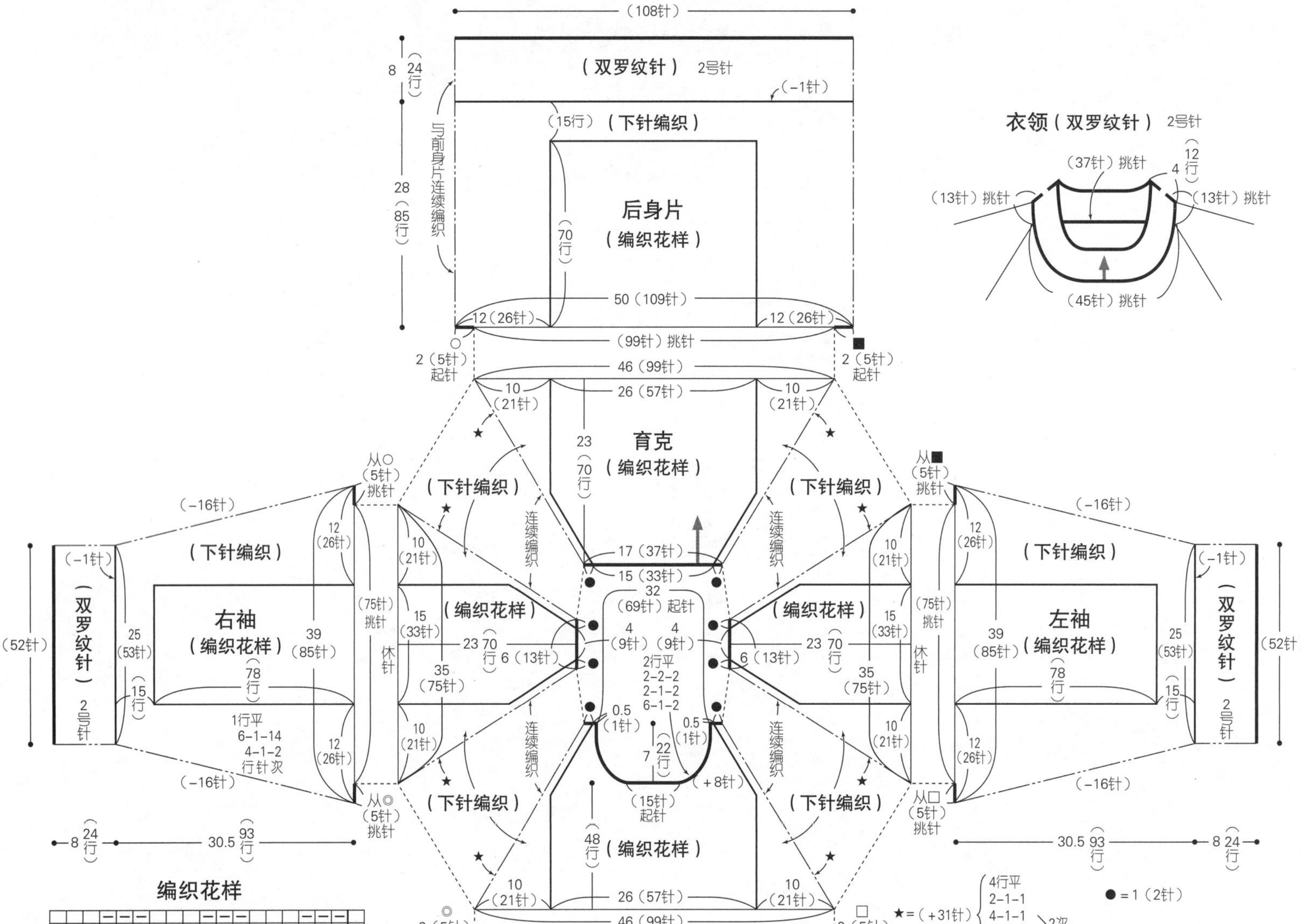

编织花样

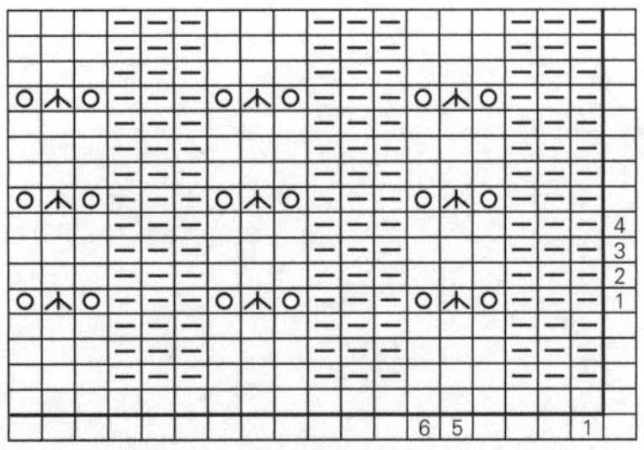

□=□

双罗纹针

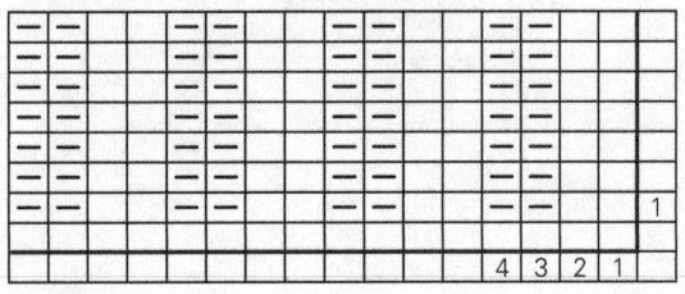

□=□

袖下的减针

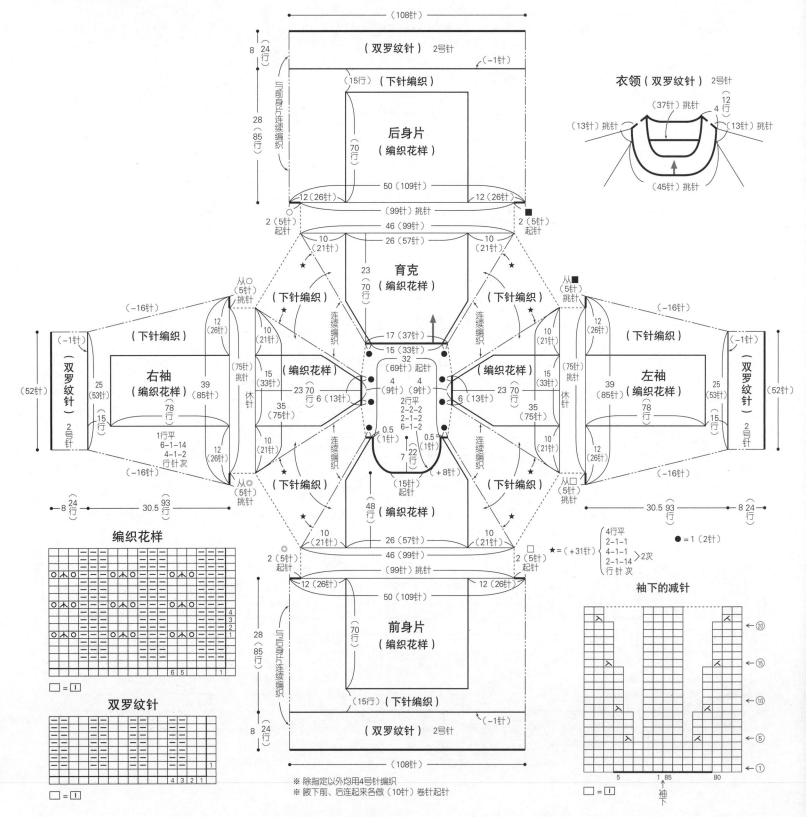

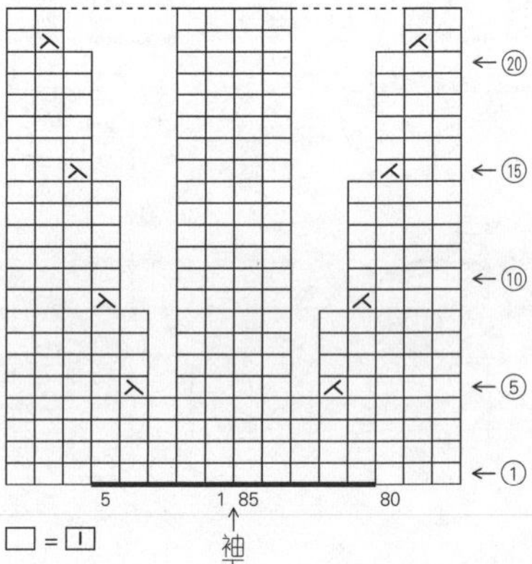

□=□

※ 除指定以外均用4号针编织

※ 腋下前、后连起来各做(10针)卷针起针

前领窝和育克的加针

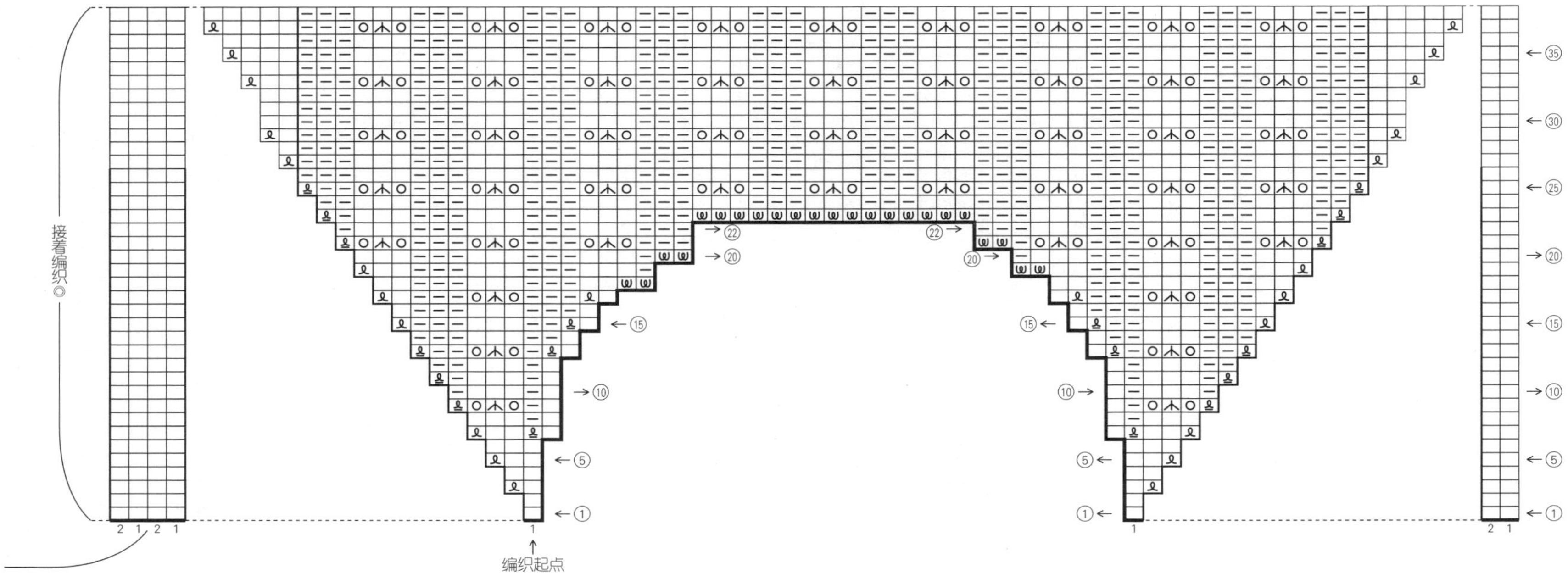

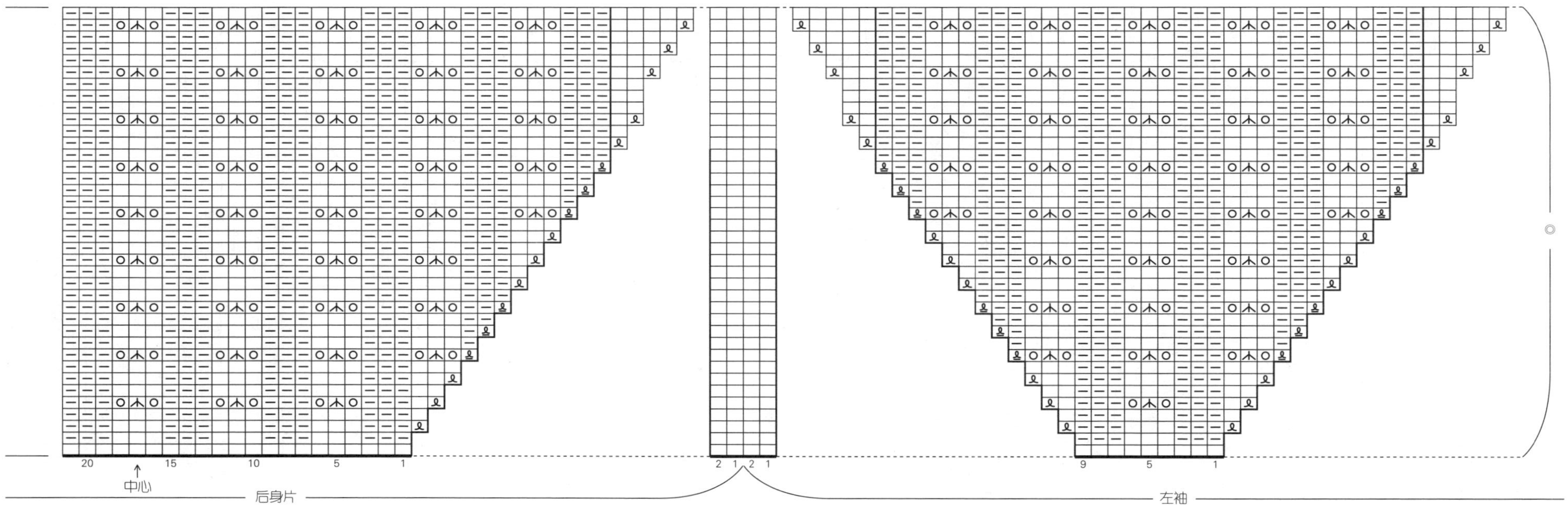

□ = Ⅰ

ℓ = 扭针加针

ℓ = 上针的扭针加针

ω = 卷针

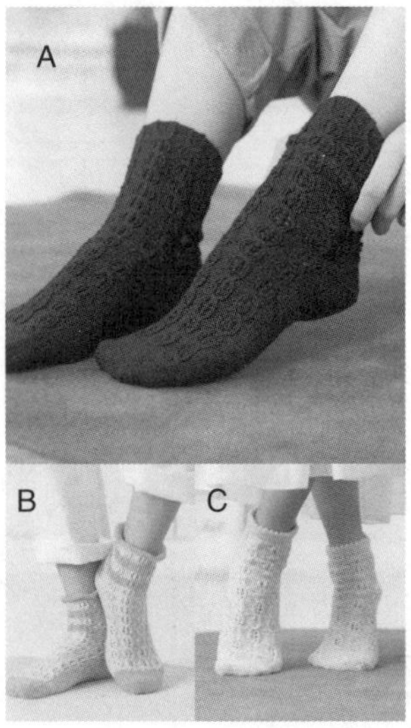

材料

达摩手编线 Superwash Spanish Merino

[A] 深海军蓝色(107) 55 g/2团

[B] 苏打绿色(106) 40 g/1团，桃粉色(103) 20 g/1团

[C] 奶黄色(102) 45 g/1团

工具

棒针1号

成品尺寸

[A] 袜底长22.5 cm，袜高19 cm

[B] 袜底长22.5 cm，袜高16.5 cm

[C] 袜底长22.5 cm，袜高12.5 cm

编织密度

10 cm×10 cm面积内：编织花样A、条纹花样、编织花样B均为38针，42行；上针编织37针，42行

编织要点

●A用德式绕线起针法起针，B、C另线锁针起针。A、C从袜口开始、B从袜筒开始环形编织。将袜面的针目休针，袜跟往返做德式引返编织。接着从袜面的休针处挑针后环形编织。编织终点休针，然后做上针无缝缝合。B解开起针时的锁针挑针后编织袜口。

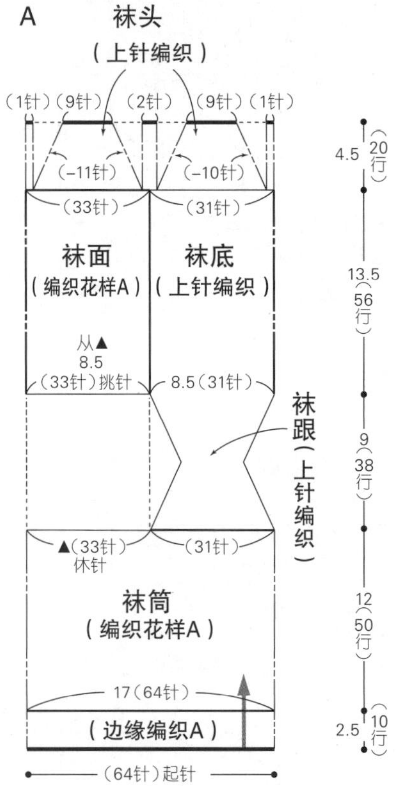

※ 全部使用1号针编织

※ 用德式绕线起针法起针

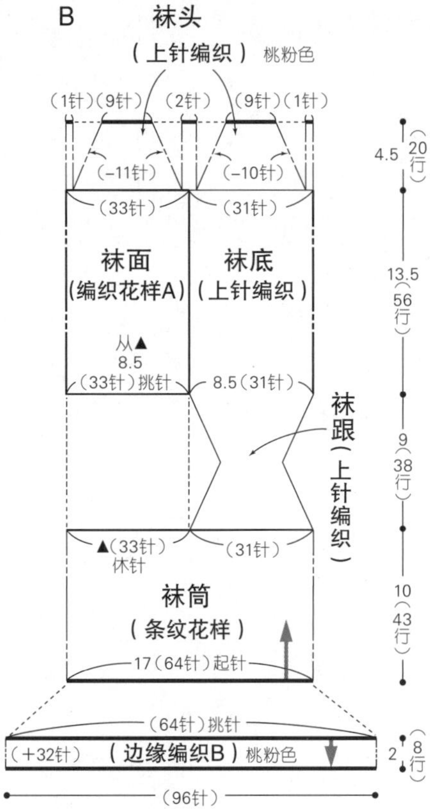

※ 全部使用1号针编织

※ 除指定以外均用苏打绿色线编织

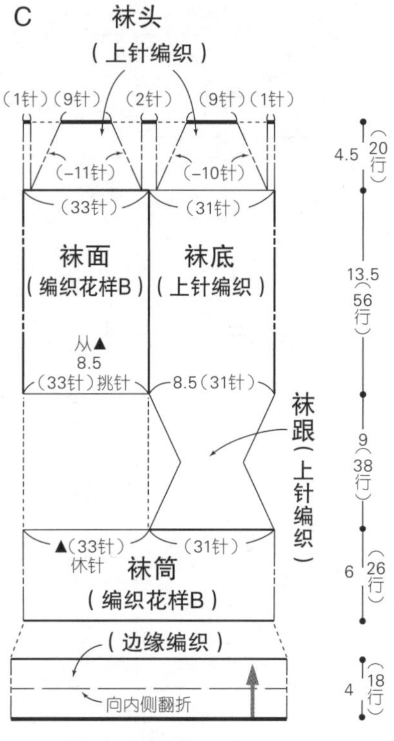

※ 全部使用1号针编织

编织花样B

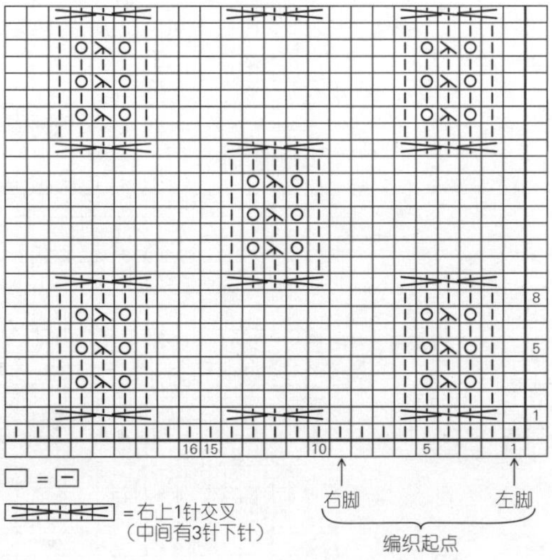

边缘编织C

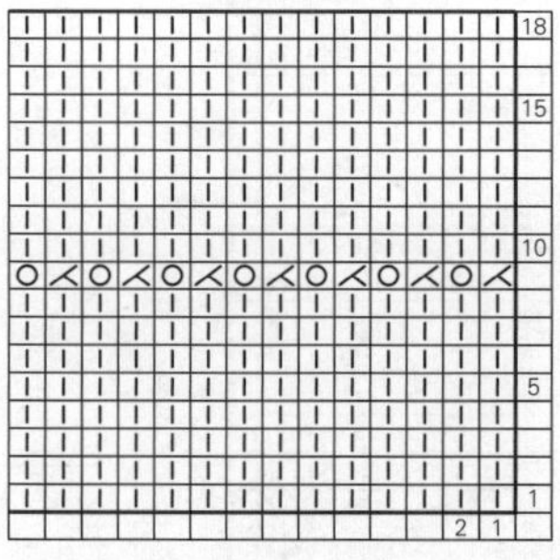

※编织至第17行后，解开起针时的锁针挑针，将第1行与第17行重叠，编织第18行

条纹花样

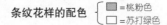

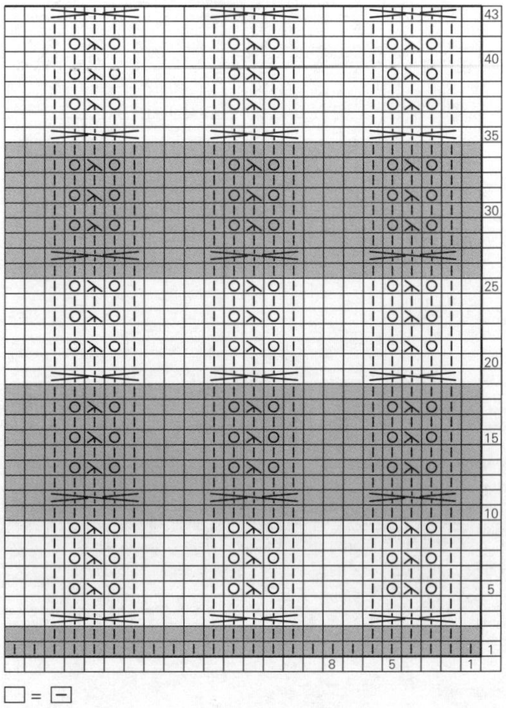

条纹花样的配色 ■=桃粉色 □=苏打绿色

袜子的编织方法（A）

袜面
袜底
从▲（33针）挑针
▲（33针）休针
袜跟
编织花样A
8行1个花样
= 右上1针交叉（中间有3针下针）
= 德式引返编织
★ = 将袜底与袜面交界处（●）的渡线扭转一下，编织左上2针并1针
☆ = 将袜底与袜面交界处（◎）的渡线扭转一下，编织右上2针并1针
= B按（条纹花样）编织43行，
C按（编织花样B）编织26行
= B按（编织花样A）、C按（编织花样B）编织
1针放2针的加针（kfb）
下针
扭针
边缘编织B
伏针收针
= 1针放2针的加针（kfb）
边缘编织A

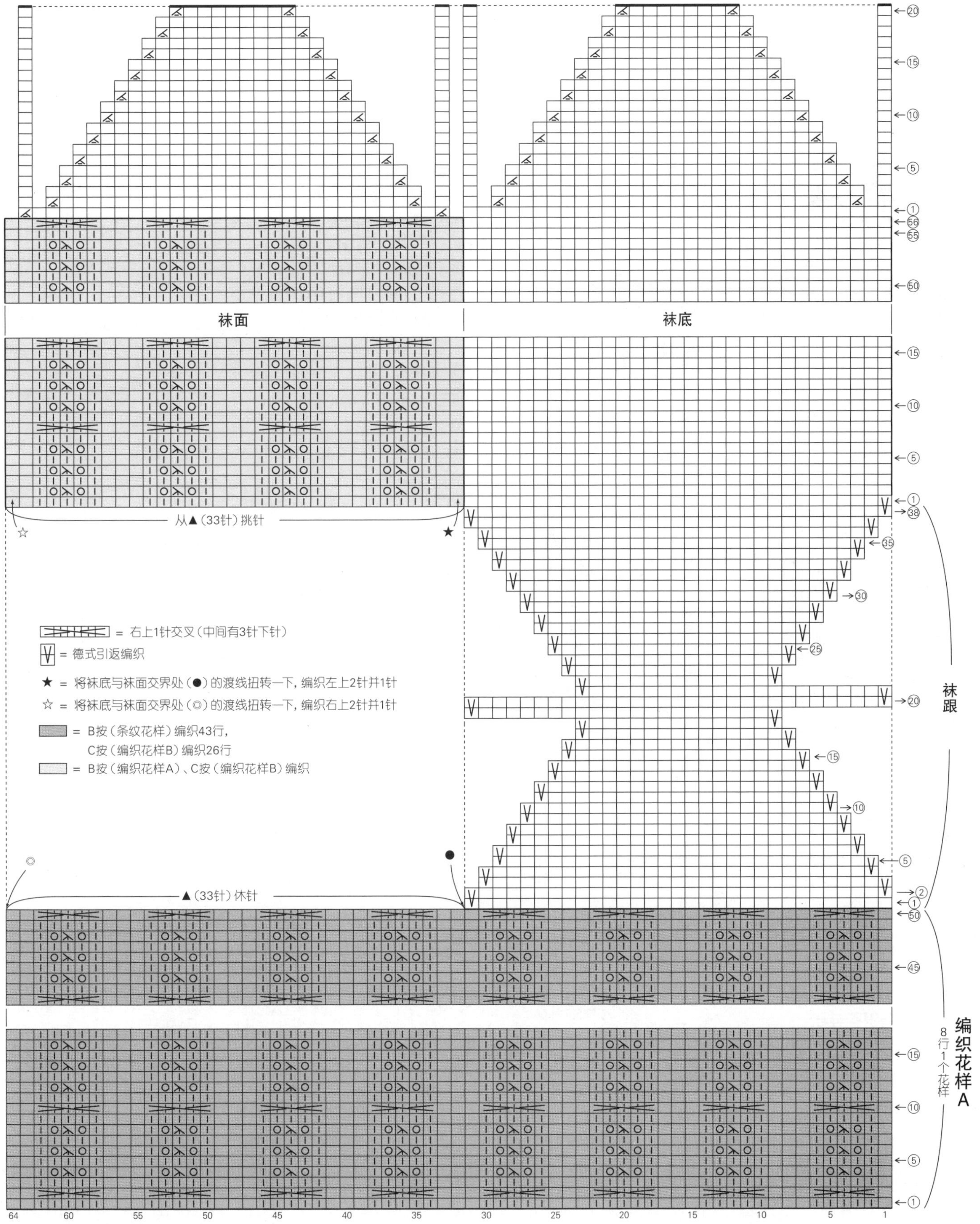

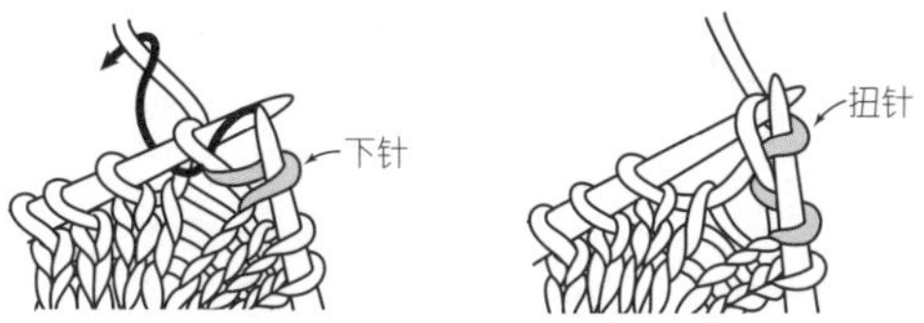

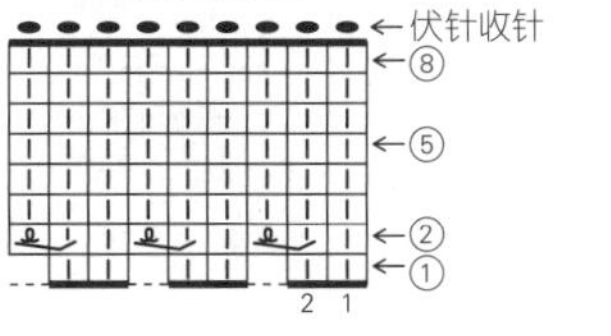

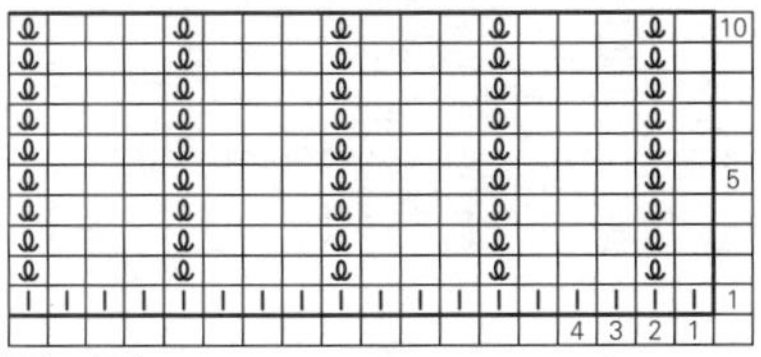

材料

手织屋 T Silk 黄色（11）270 g，Cotton Linen KS 黄色系混染（01）190 g；直径18 mm的纽扣 1颗

工具

棒针8号

成品尺寸

胸围117 cm，衣长57 cm，连肩袖长73.5 cm

编织密度

10 cm×10 cm面积内：下针编织20针，26行

编织要点

●身片、胁部、衣袖…全部使用T Silk和Cotton Linen KS共2根线合股编织。身片手指挂线起针后，按编织花样A环形编织。接着，后身片编织下针和扭针的单罗纹针，前身片、胁部编织下针。胁部参照图示减针。编织58行后，将胁部的针目做休针处理，接下来分成前、后身片编织。后身片往返做下针编织、扭针的单罗纹针、编织花样B，前身片往返做下针编织。后身片参照图示，从后领开口开始分成左、右两边编织。领窝减2针及以上时做伏针减针，减1针时在第3针与第4针里编织2针并1针。肩部做盖针接合。衣袖从指定位置挑针后，环形编织下针。参照图示在袖口分散减针。接着按编织花样A编织，编织终点做扭针的单罗纹针收针。

●组合…衣领手指挂线起8针，再从领窝挑取指定数量的针目后，按编织花样C编织。在指定位置留出扣眼。编织终点与袖口一样收针。最后缝上纽扣。

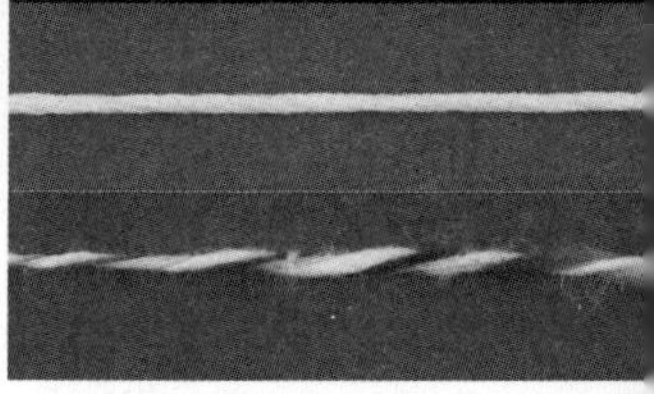

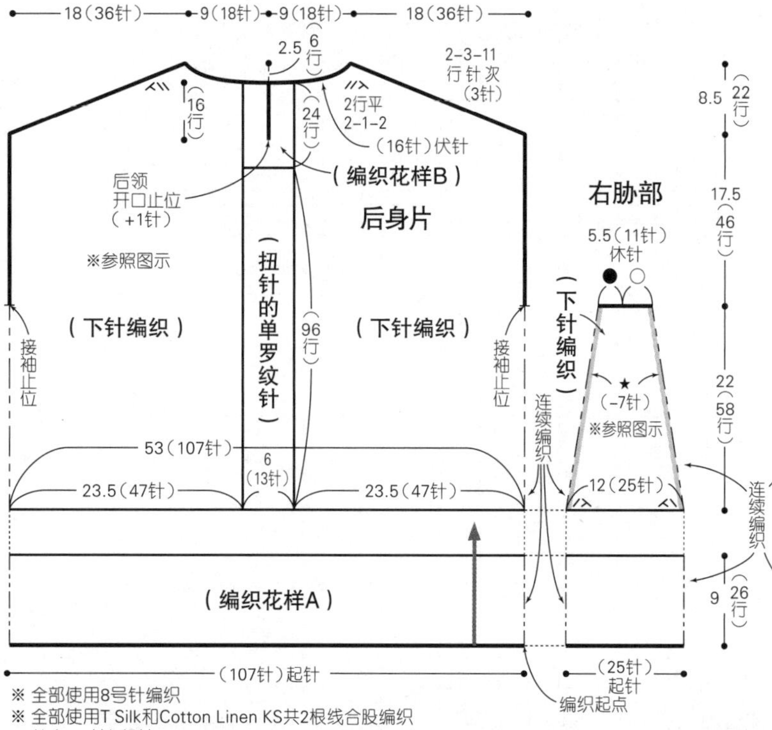

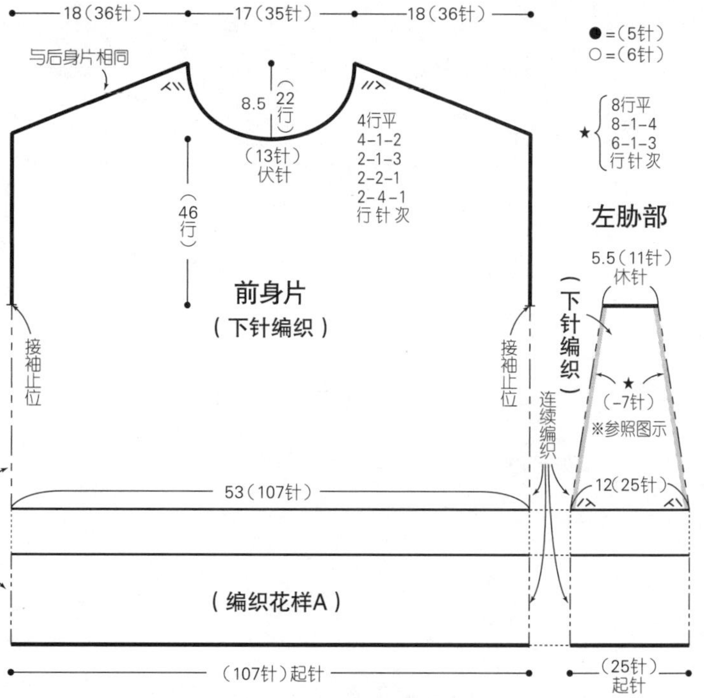

※ 全部使用8号针编织
※ 全部使用T Silk和Cotton Linen KS共2根线合股编织
※ 共（264针）起针
※ 身片的下针编织第1行接着编织花样A每隔1针编织扭针
| =上针（1针）

编织花样A（身片、胁部）

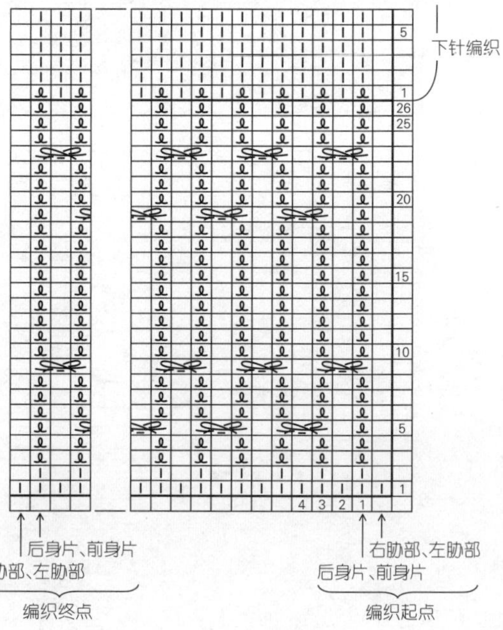

□=⊟

= 右上扭针的1针交叉（中间有1针上针）

扭针的单罗纹针

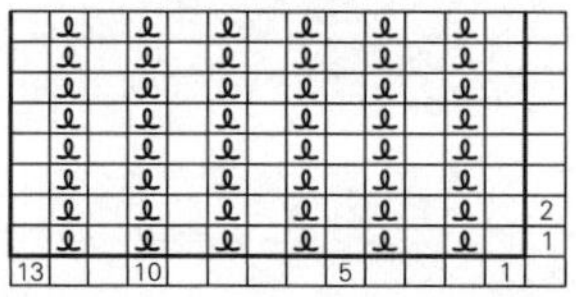

□=⊟

胁部的减针

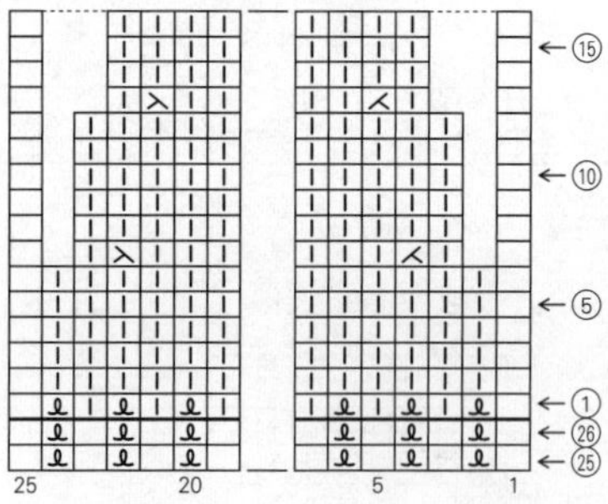

□=⊟

编织花样B（后领开口）

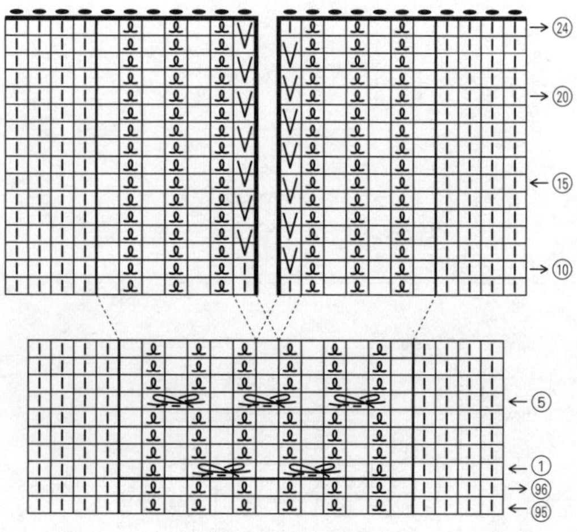

□=⊟

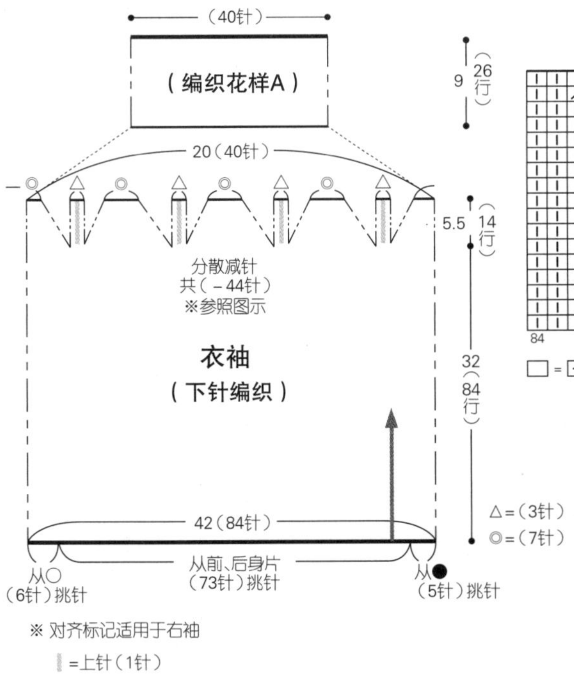
(40针)
(编织花样A)
9 26 (行)
20(40针)
5.5 14 (行)
分散减针
共(-44针)
※参照图示
衣袖
(下针编织)
32 (84行)
42(84针)
从前、后身片
(73针)挑针
从○
(6针)挑针
从●
(5针)挑针
△=(3针)
◎=(7针)
※ 对齐标记适用于右袖
=上针(1针)

袖口的减针

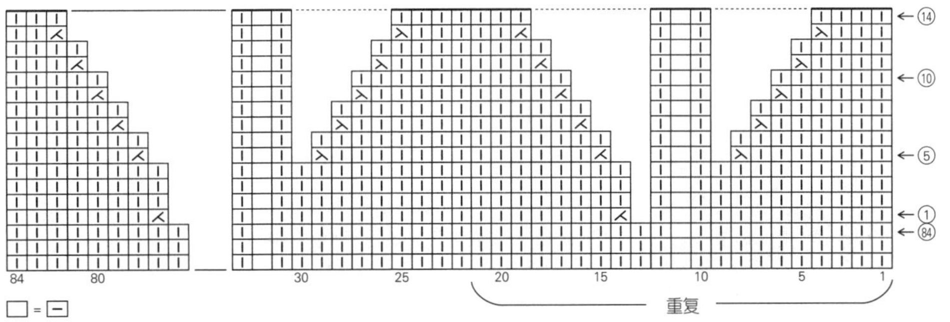
14
10
5
1
84
84
80
30
25
20
15
10
5
1
重复
□=□

衣领(编织花样C)

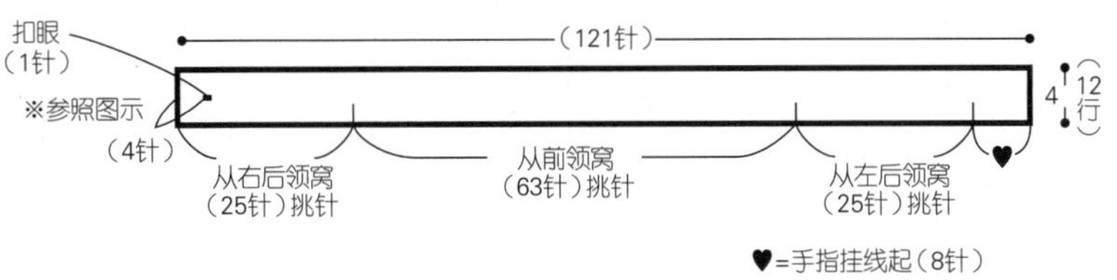
扣眼
(1针)
※参照图示
(121针)
4 12 (行)
(4针)
从右后领窝
(25针)挑针
从前领窝
(63针)挑针
从左后领窝
(25针)挑针
♥=手指挂线起(8针)

编织花样A (袖口)

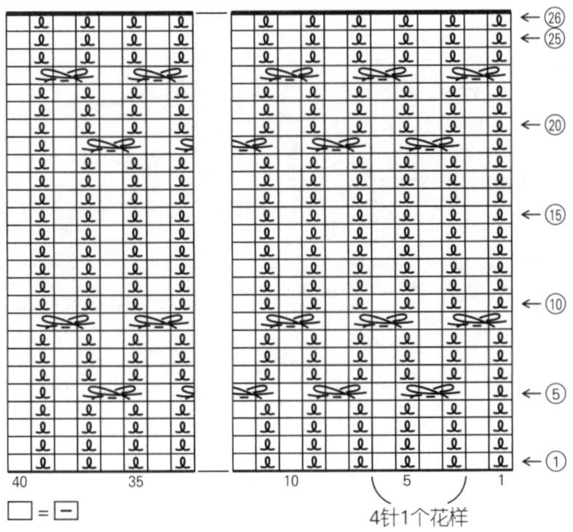
26
25
20
15
10
5
1
40
35
10
5
1
□=□
4针1个花样

衣领

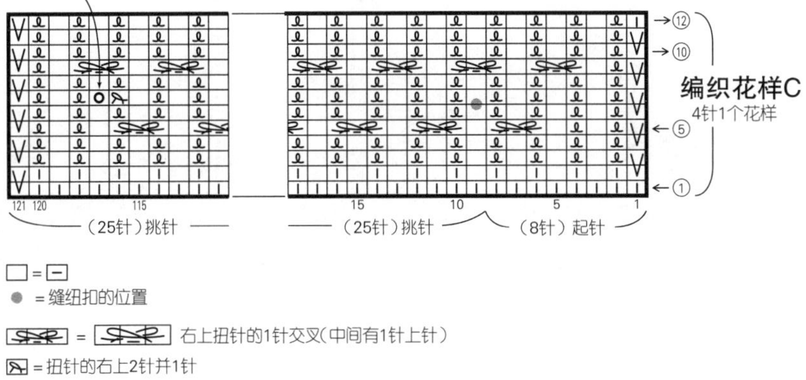
扣眼
12
10
5
1
编织花样C
4针1个花样
121 120
115
15
10
5
1
(25针)挑针
(25针)挑针
(8针)起针
□=□
● =缝纽扣的位置
= 右上扭针的1针交叉(中间有1针上针)
=扭针的右上2针并1针

▶接第167页

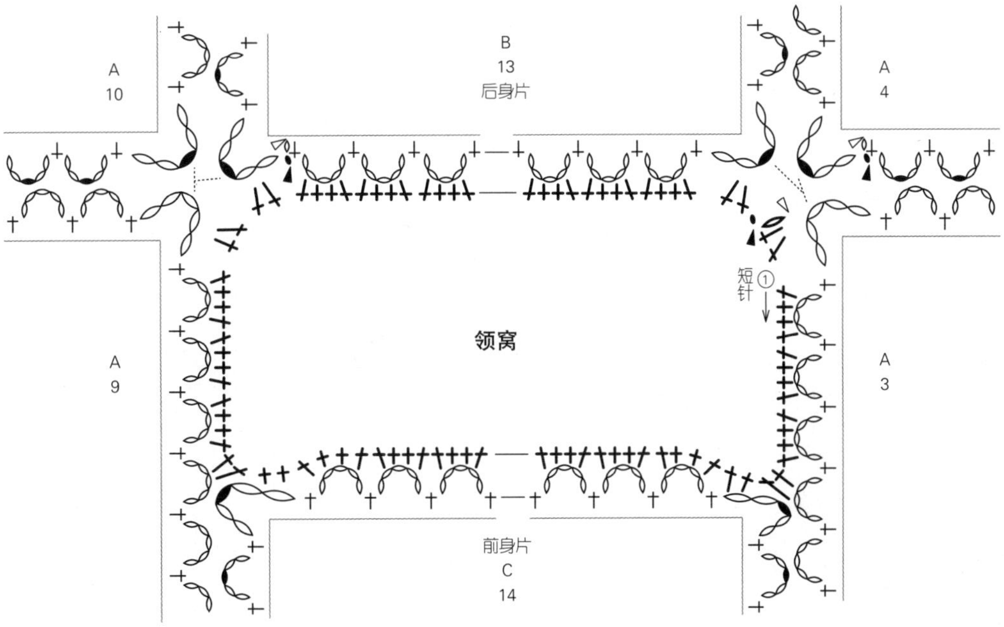
A
10
B
13
后身片
A
4
短针 1
领窝
A
9
A
3
前身片
C
14

材料

钻石线 Diacosta Nuova 橘黄色、粉红色和水蓝色系段染(723) 170 g/5团，Diasketch 橘黄色、红色和水蓝色系段染(202) 40 g/2团

工具

编织机 Amimumemo(6.5 mm)，钩针3/0号

成品尺寸

衣长51.5 cm，连肩袖长26 cm

编织密度

10 cm×10 cm面积内：下针编织20.5针，25行(D=6)

花片的大小请参照图示

编织要点

●身片…参照第66页，编织指定数量的花片A的编织花样部分。花片B、C另色线起针后做下针编织。结束时，接着编织几行另色线后从编织机上取下织片。编织起点与编织终点用钩针做引拔收针。

●组合…一边在花片A、B、C上钩织边缘，一边连接花片。领窝、胁部、下摆钩织短针。编织细绳，穿在喜欢的位置上打结固定。

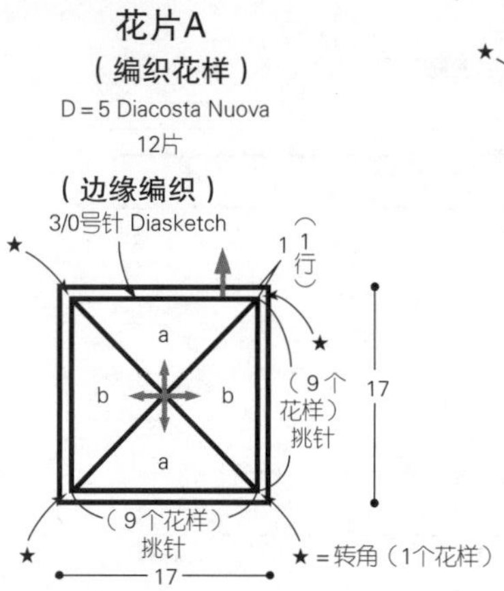

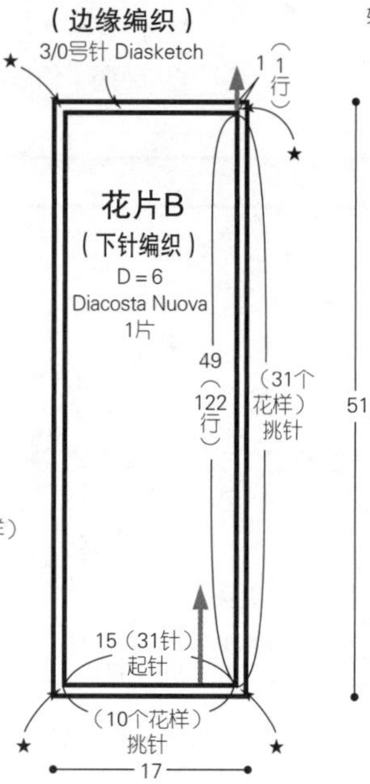

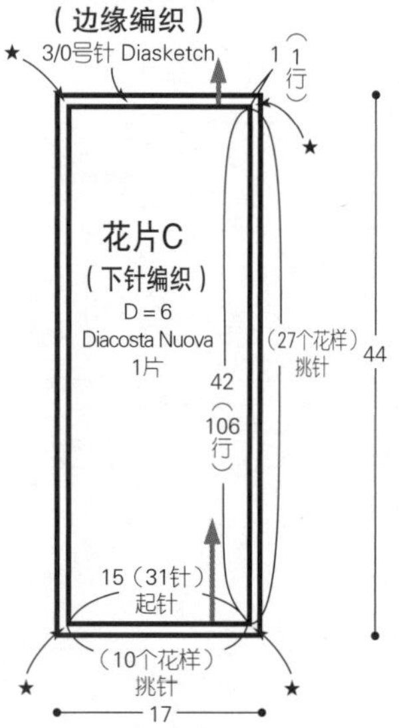

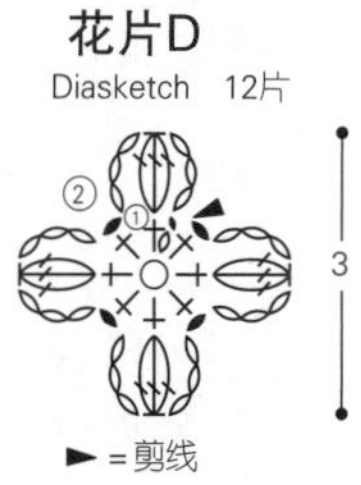

※ 将花片D缝在花片A的中心

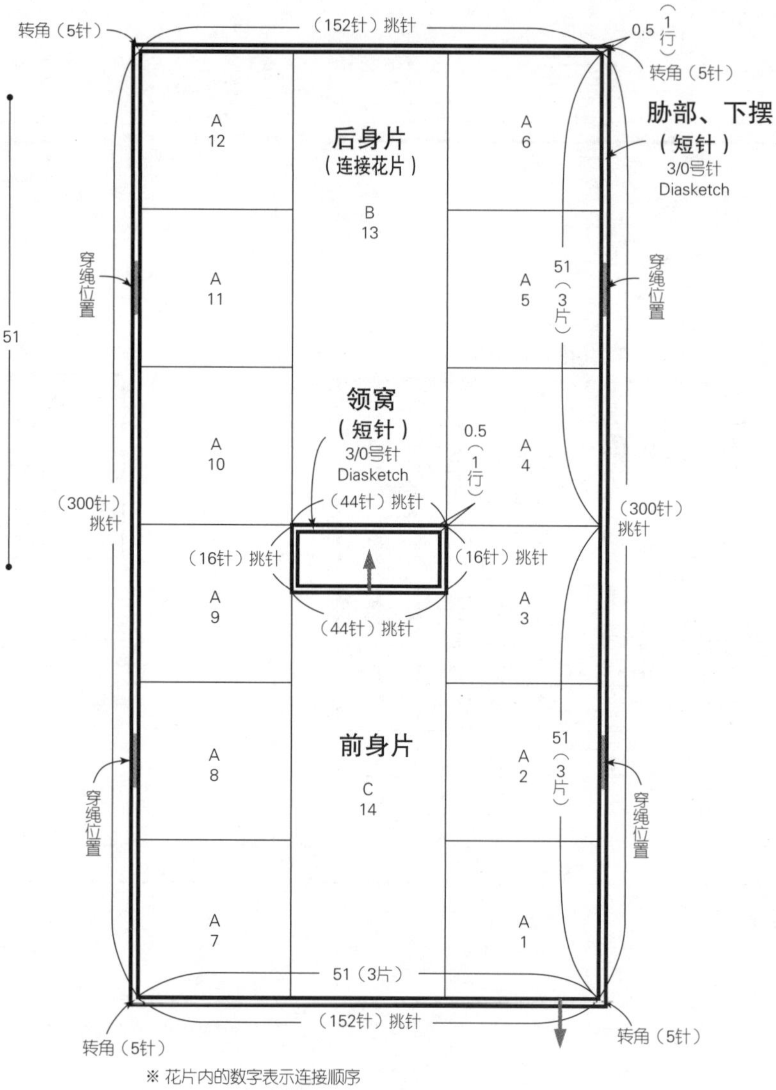

※ 花片内的数字表示连接顺序

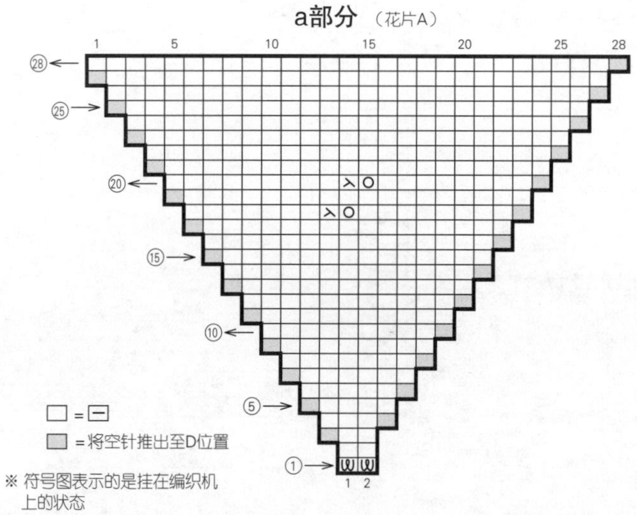

※ 符号图表示的是挂在编织机上的状态

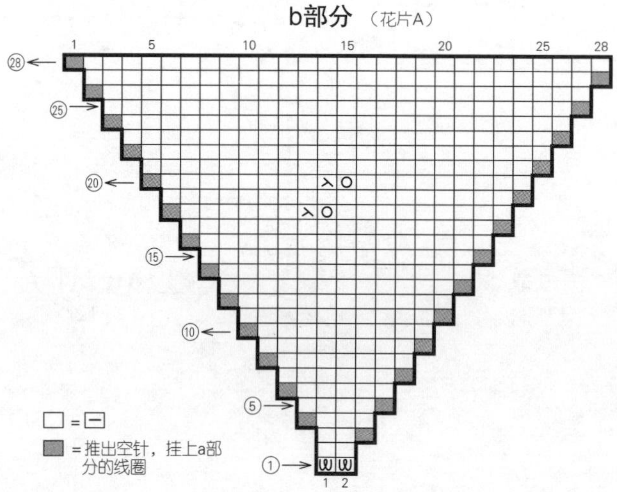

※ 领窝的编织方法见第165页

细绳 2根

（编绳）

D＝4

Diacosta Nuova

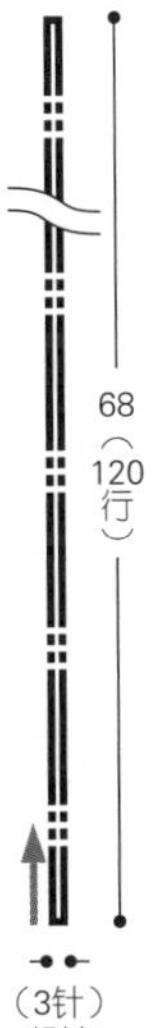

※ 编绳方法请参照第67页

▻＝加线

►＝剪线

边缘编织

（花片A）

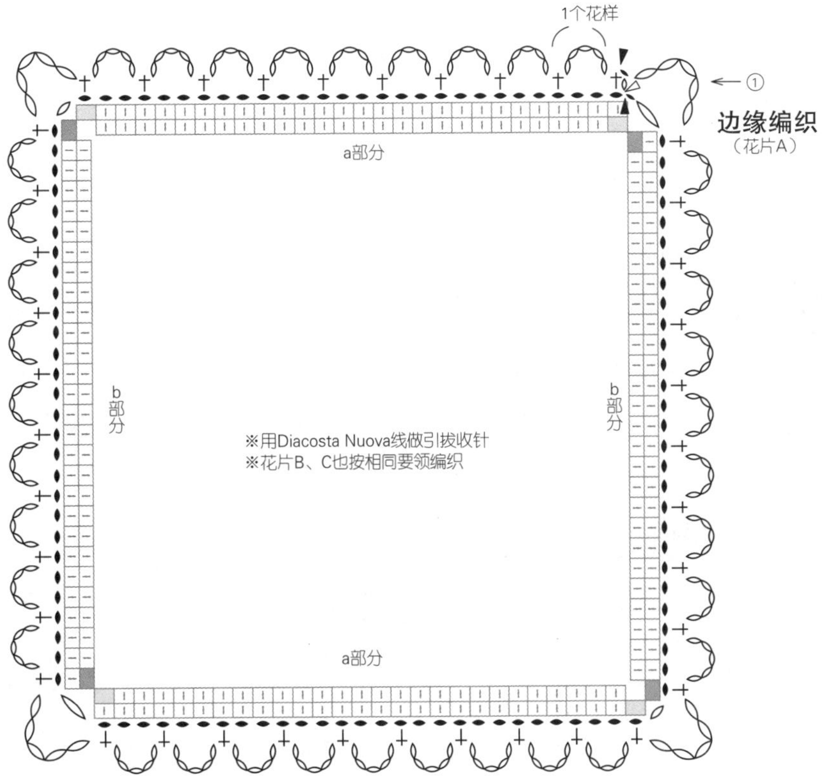

花片的连接方法

▻＝加线

►＝剪线

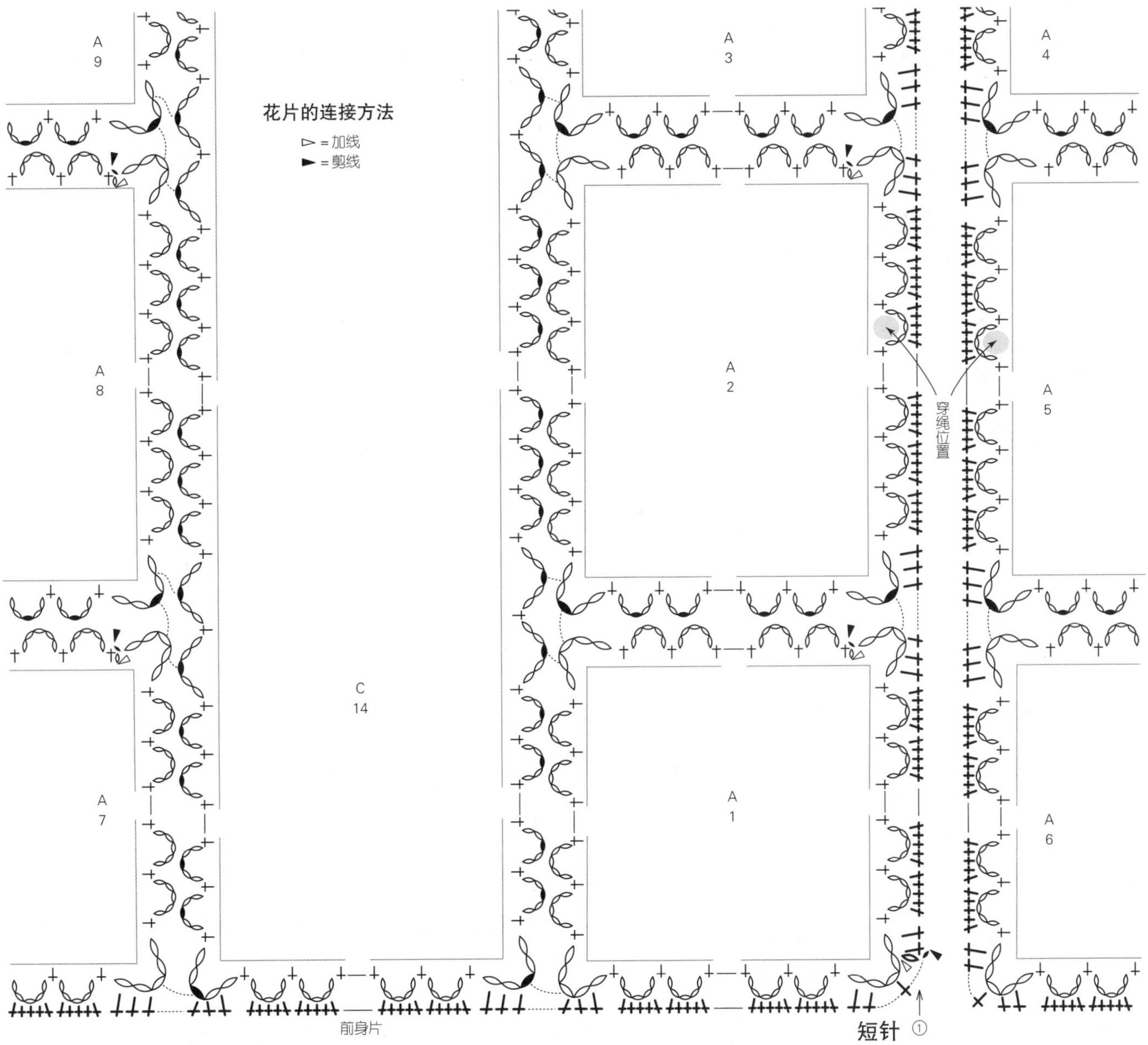

材料

芭贝 Cotton Kona 黄绿色(33) 360 g/9团，红色(53) 20 g/1团，绿色(51) 15 g/1团

工具

编织机Amimumemo(6.5 mm)，钩针3/0号

成品尺寸

胸围102 cm，衣长52.5 cm，连肩袖长60.5 cm

编织密度

10 cm×10 cm面积内：下针编织23.5针，30行(D=5)

花片的大小请参照图示

编织要点

●身片、衣袖…参照第66页编织指定数量的花片。花片的中心用编织起点的线头做连接。花片的编织终点用钩针做引拔收针，接着在周围钩织1行短针。身片单罗纹针起针后做单罗纹针和下针编织。肩部、前领窝做引返编织，在袖下加针。将花片缝在指定位置。

●组合…衣领与身片一样起针后开始编织单罗纹针。身片中心是将织物正面朝外做引拔接合。右肩做机器缝合。衣领与身片之间也做机器缝合。左肩与右肩一样缝合。衣袖与衣领一样与身片缝合。胁部、袖下、衣领侧边做挑针缝合。

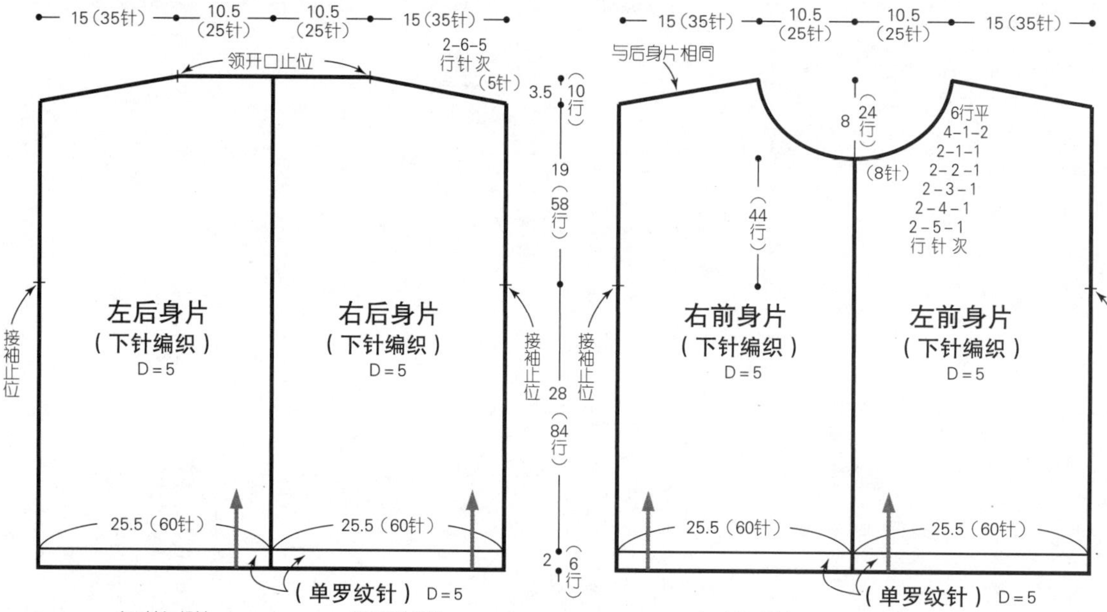

※ 除指定以外均用黄绿色线编织

※ 准备起针的3行用D=4.5编织

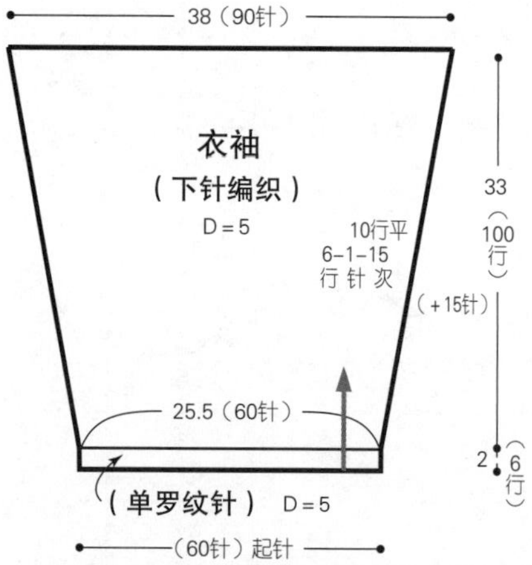

※ 准备起针的3行用D=4.5编织

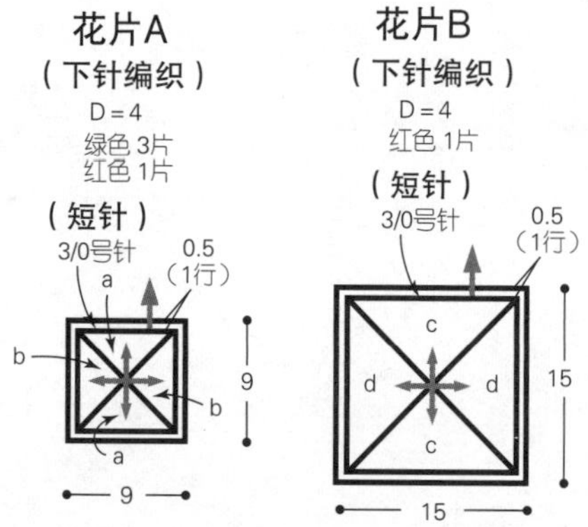

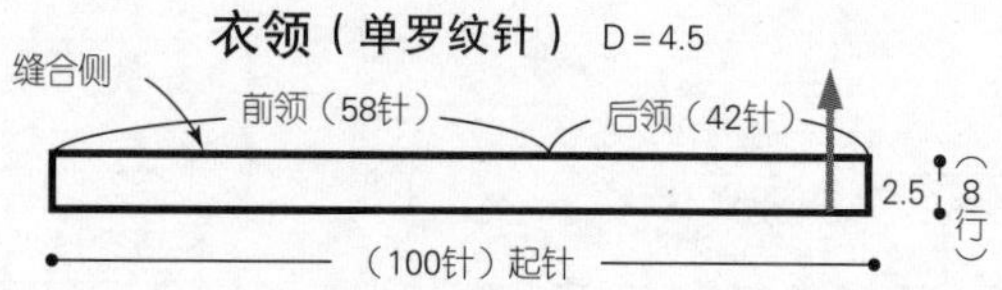

※ 准备起针的3行用D=4编织

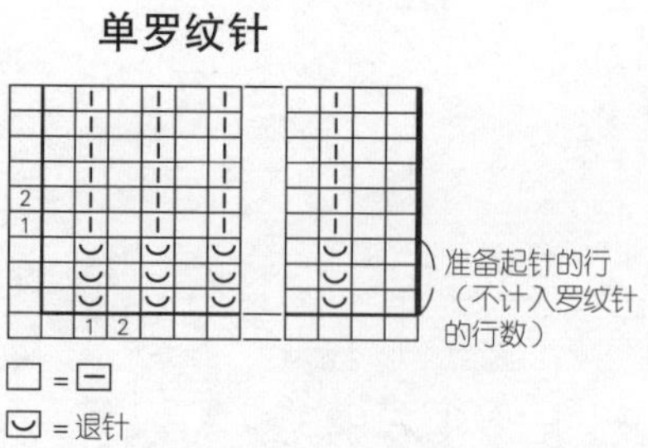

※ 符号图表示的是挂在编织机上的状态

a部分（花片A）

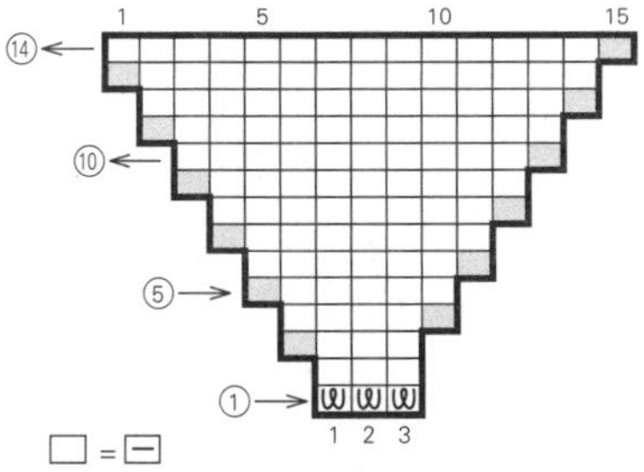

□ = ⊟

▨ = 将空针推出至D位置

※ 符号图表示的是挂在编织机上的状态

b部分（花片A）

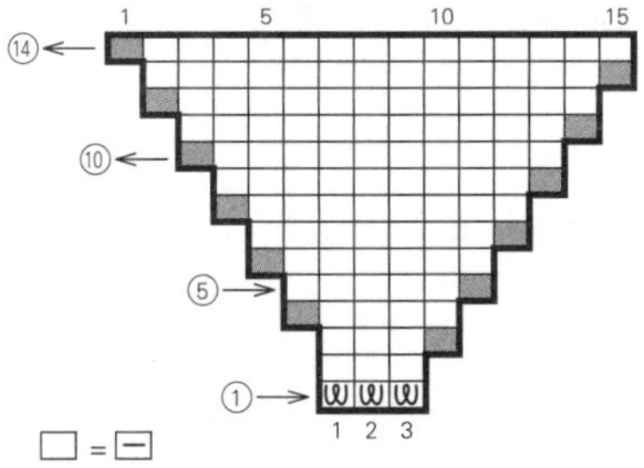

□ = ⊟

▨ = 推出空针，挂上a部分的线圈

※ 符号图表示的是挂在编织机上的状态

花片的组合方法

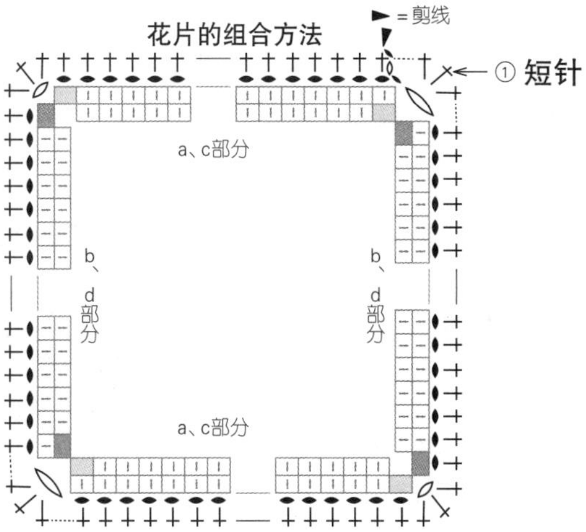

c部分（花片B）

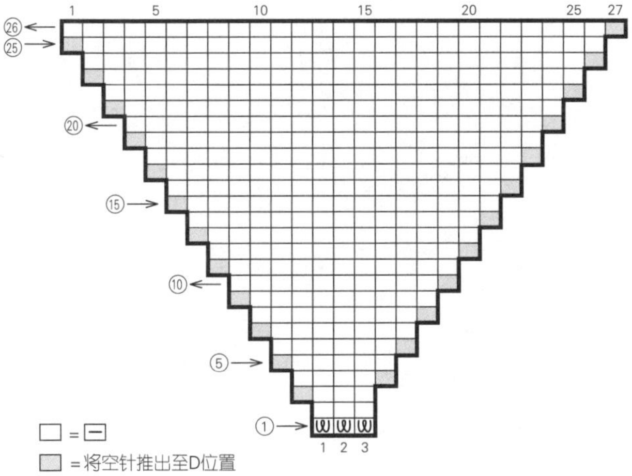

□ = ⊟

▨ = 将空针推出至D位置

※ 符号图表示的是挂在编织机上的状态

d部分（花片B）

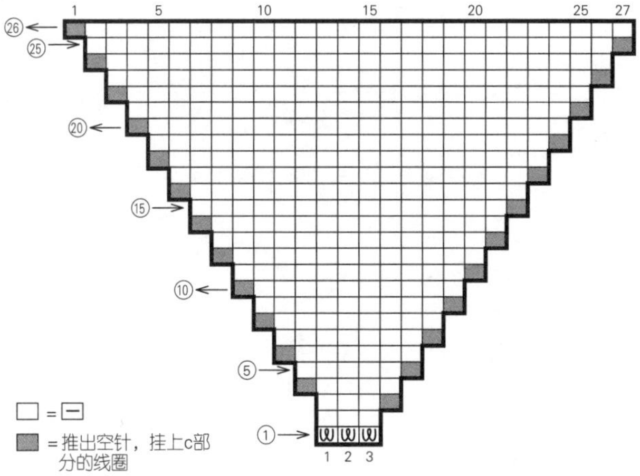

□ = ⊟

▨ = 推出空针，挂上c部分的线圈

※ 符号图表示的是挂在编织机上的状态

花片的排列图和组合方法

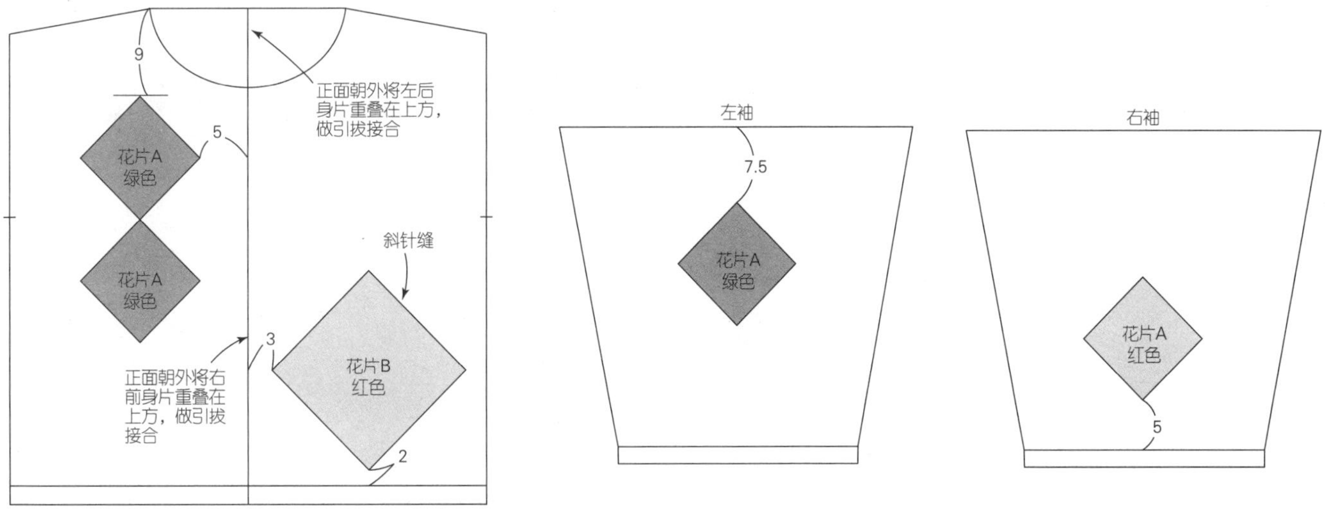

材料

DMC Cordonnet Special 80号　白色（BLANC），35号纸包花艺铁丝，定型喷雾剂（NEO Rcir），黏合剂，液体染料（Roapas Rosti）使用颜色请参照下表

工具

蕾丝针14号

成品尺寸

参照图示

编织要点

●参照图示钩织各部分。用指定颜色的染料上色，晾干后整理形状，喷上定型喷雾剂。参照组合方法，组合花蕾、花朵、叶子，再将花艺铁丝并在一起，一边涂上黏合剂一边在铁丝上缠线制作茎部。茎部用指定颜色的染料上色，晾干后整理形状，喷上定型喷雾剂。

各部分的数量和使用的染料颜色

	A	B	C	染料
花蕾（小）	4个	4个	8个	黄色、柠檬黄色
花蕾（大）	3个	10个	3个	
花朵	21个	2个		
叶子（小）	4片	2片	1片	绿色、黄色
叶子（大）	8片	4片	1片	
茎				绿色、橄榄绿色

※ 全部使用14号蕾丝针钩织

► = 剪线

花蕾（大）

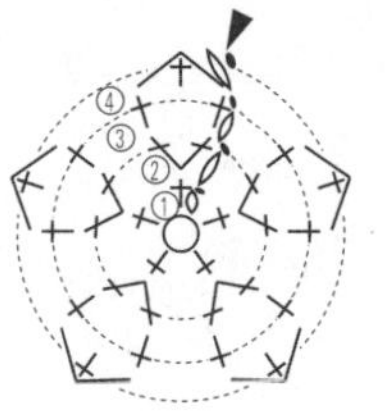

花蕾（小）

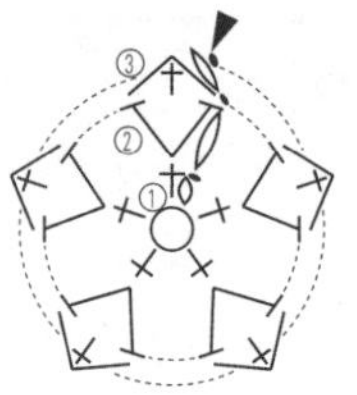

花蕾的组合方法（通用）

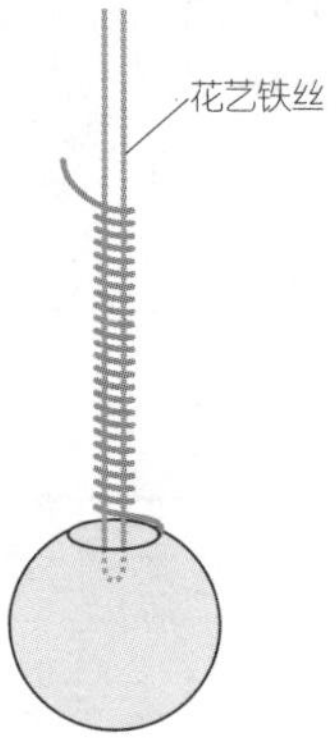

在编织终点穿入花艺铁丝后对折，一边涂上黏合剂一边缠上留出的线头

叶子（大）

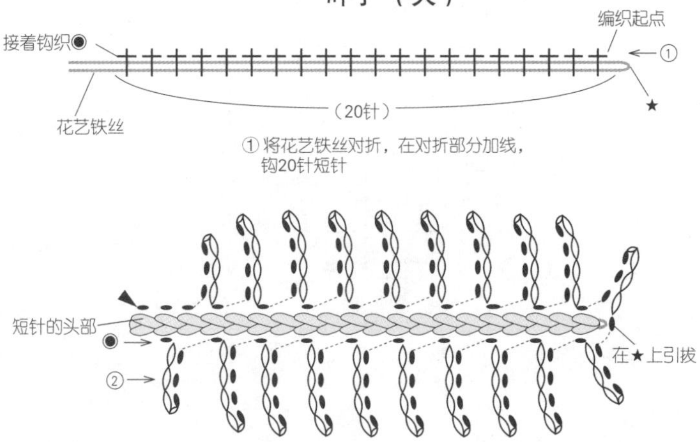

① 将花艺铁丝对折，在对折部分加线，钩20针短针

② 将短针的头部朝上，从两侧挑取半针钩织

叶子（小）

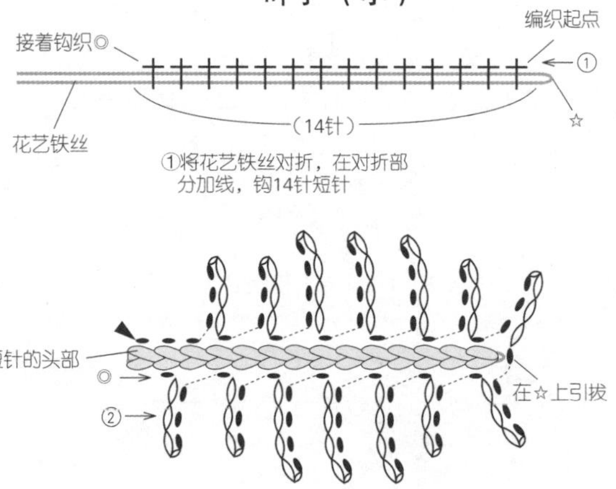

①将花艺铁丝对折，在对折部分加线，钩14针短针

②将短针的头部朝上，从两侧挑取半针钩织

花朵的制作方法

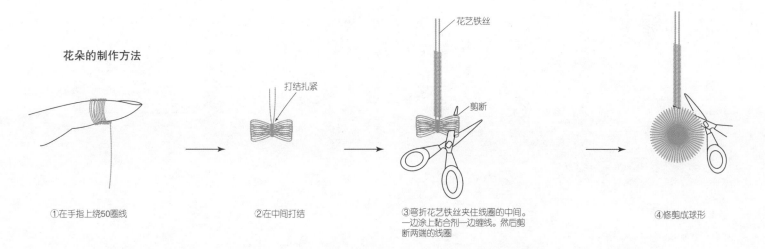

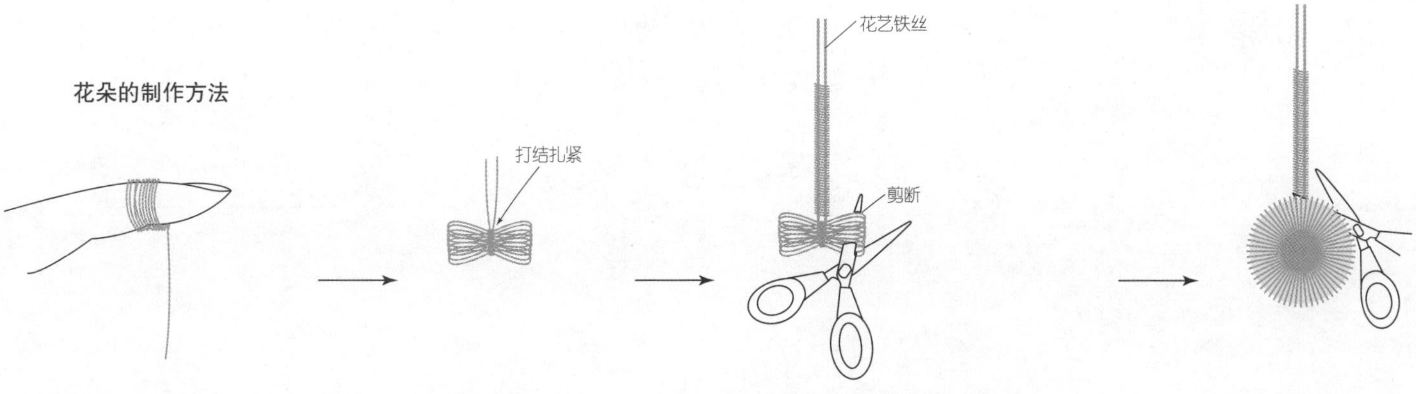

①在手指上绕50圈线

②在中间打结

③弯折花艺铁丝夹住线圈的中间。一边涂上黏合剂一边缠线。然后剪断两端的线圈

④修剪成球形

组合方法

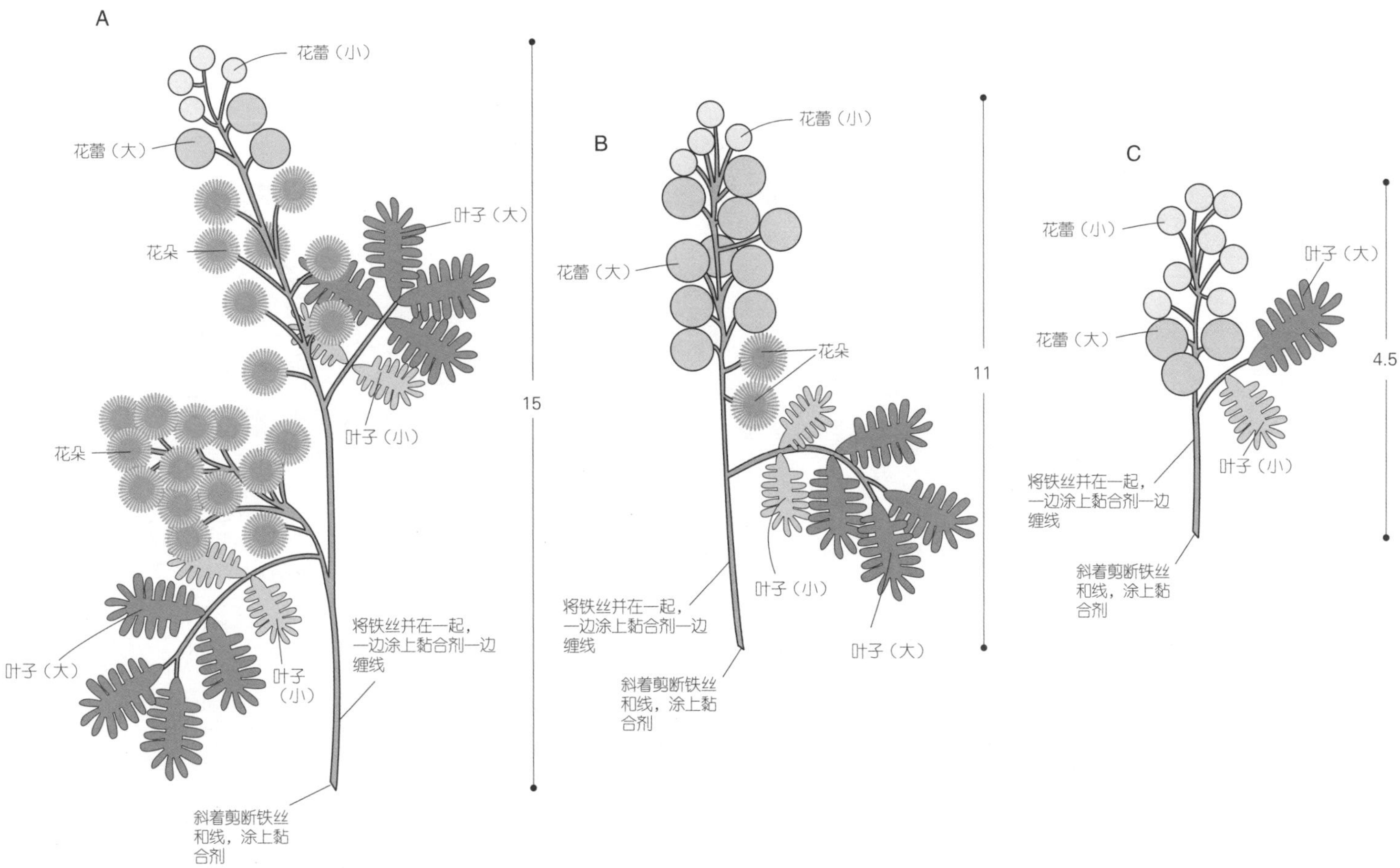

叶子的钩织方法

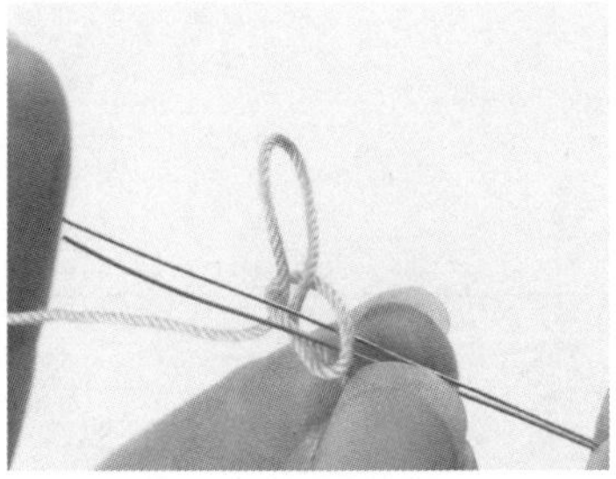

1 将花艺铁丝对折，将对折处放在右边，然后在锁针的初始线结里穿入铁丝。

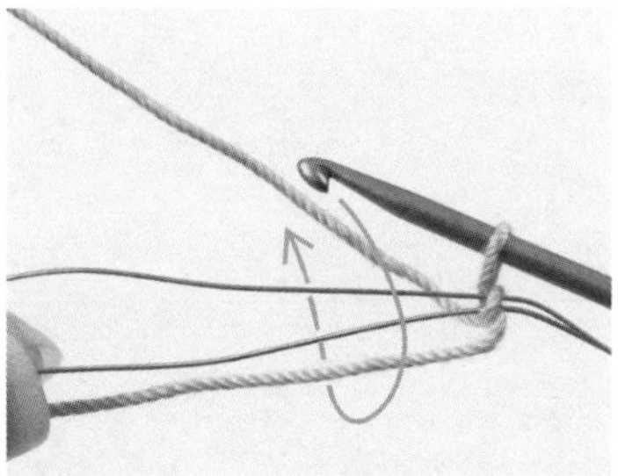

2 拉紧线结，包住铁丝和线头钩织短针。

3 短针完成后的状态。翻转织物。

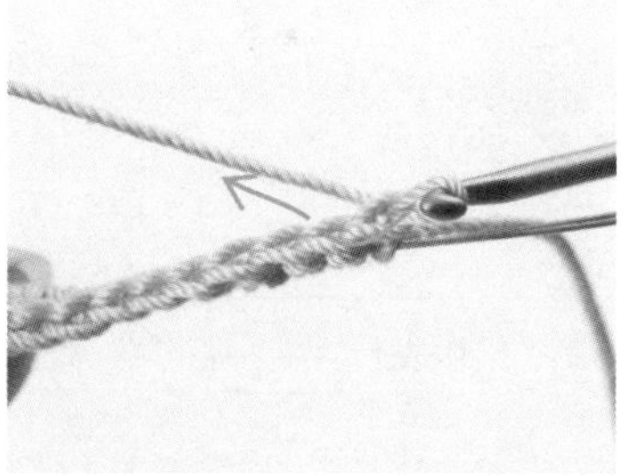

4 第2行在短针头部的后面半针里挑针引拔，接着按符号图钩织。

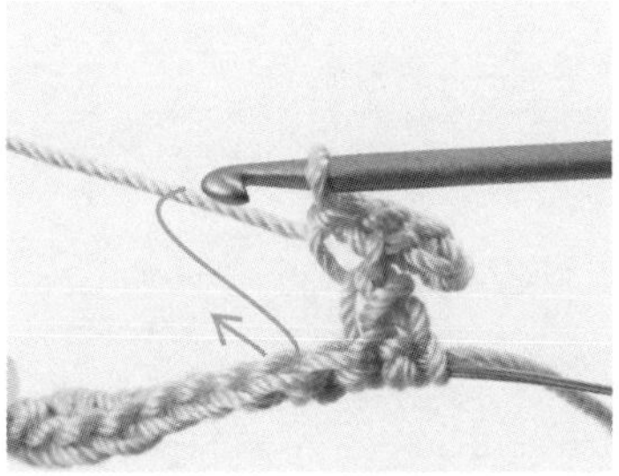

5 跳过1针短针，按相同要领继续钩织。

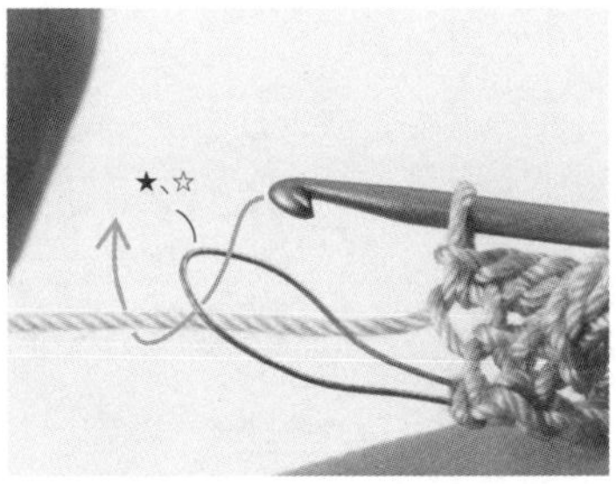

6 一侧钩织结束后，如箭头所示在对折的铁丝环（第170页图中的★、☆）中插入钩针引拔。

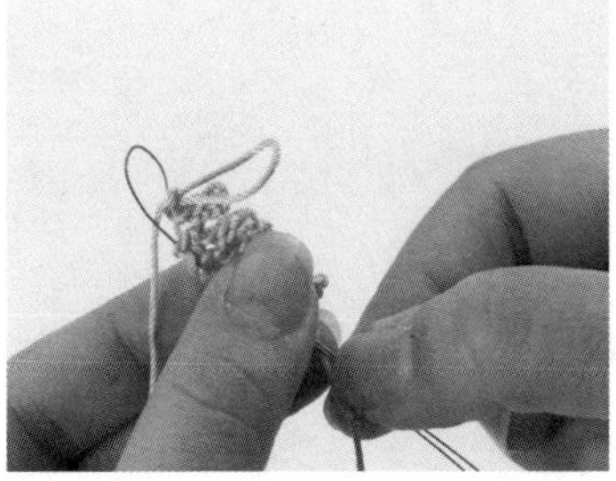

7 将织物滑至看不到铁丝环为止。

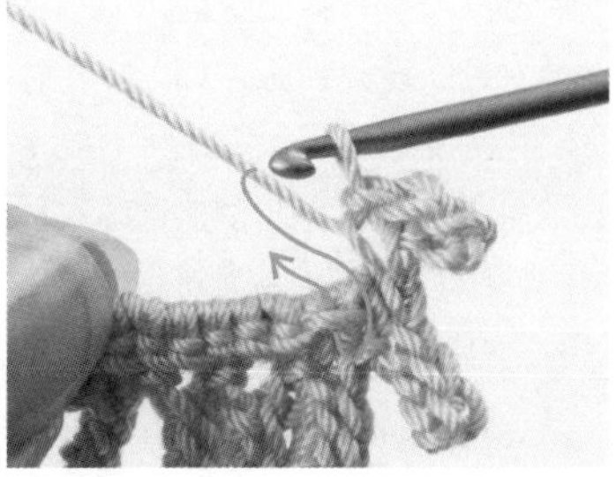

8 另一侧按相同要领在短针头部剩下的半针里挑针钩织。

Photographers: Shigeki Nakashima, Hironori Handa, Toshikatsu Watanabe, Bunsaku Nakagawa, Noriaki Moriya
Original Japanese edition published in Japan by NIHON VOGUE Corp.
Simplified Chinese translation rights arranged with BEIJING Vogue Dacheng Craft Co., Ltd.

图书在版编目（CIP）数据

毛线球. 49, 流转春光里的钩编花片 / 日本宝库社编著；蒋幼幼, 如鱼得水译. -- 郑州：河南科学技术出版社，2024.6
ISBN 978-7-5725-1532-3

Ⅰ. ①毛… Ⅱ. ①日… ②蒋… ③如… Ⅲ. ①绒线-手工编织-图解 Ⅳ. ①TS935.52-64

中国国家版本馆CIP数据核字（2024）第112109号

出版发行：河南科学技术出版社
地址：郑州市郑东新区祥盛街27号 邮编：450016
电话：（0371）65737028 65788613
网址：www.hnstp.cn
策划编辑：仝广娜
责任编辑：梁 娟
责任校对：王晓红 刘逸群
封面设计：张 伟
责任印制：徐海东
印 刷：北京盛通印刷股份有限公司
经 销：全国新华书店
开 本：635 mm × 965 mm 1/8 印张：21.5 字数：350千字
版 次：2024年6月第1版 2024年6月第1次印刷
定 价：69.00元